A árvore-mãe

Suzanne Simard

A árvore-mãe
Em busca da sabedoria da floresta

Tradução:
Laura Teixeira Motta

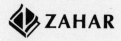

Copyright © 2021 by Suzanne Simard

Grafia atualizada segundo o Acordo Ortográfico da Língua Portuguesa de 1990, que entrou em vigor no Brasil em 2009.

Título original
Finding the Mother Tree: Discovering the Wisdom of the Forest

Capa
Violaine Cadinot

Imagem de capa
Jardins des plantes, Paris, Evelyne Bouchard, 2009, linogravura, 20 × 30 cm.

Revisão técnica
Liana Capucho

Preparação
Cristina Yamazaki

Índice remissivo
Gabriella Russano

Revisão
Jane Pessoa
Luís Eduardo Gonçalves

Dados Internacionais de Catalogação na Publicação (CIP)
(Câmara Brasileira do Livro, SP, Brasil)

Simard, Suzanne
    A árvore-mãe : Em busca da sabedoria da floresta / Suzanne Simard ; tradução Laura Teixeira Motta. — 1ª ed. — Rio de Janeiro : Zahar, 2022.

    Título original: Finding the Mother Tree: Discovering the Wisdom of the Forest.
    Bibliografia
    ISBN 978-65-5979-070-8

    1. Árvores – Conservação 2. Florestas – Conservação 3. Florestas – Regeneração I. Título.

22-108649   CDD: 333.75

Índice para catálogo sistemático:
1. Árvores : Conservação e proteção   333.75

Cibele Maria Dias — Bibliotecária — CRB-8/9427

[2022]
Todos os direitos desta edição reservados à
EDITORA SCHWARCZ S.A.
Praça Floriano, 19, sala 3001 — Cinelândia
20031-050 — Rio de Janeiro — RJ
Telefone: (21) 3993-7510
www.companhiadasletras.com.br
www.blogdacompanhia.com.br
facebook.com/editorazahar
instagram.com/editorazahar
twitter.com/editorazahar

Para minhas filhas,
Hannah e Nava

Mas o homem faz parte da natureza, e sua guerra contra a natureza é inevitavelmente uma guerra contra si mesmo.

RACHEL CARSON

Sumário

Nota da autora 11

Introdução: Conexões 13
1. Fantasmas na floresta 17
2. Lenhadores 39
3. Estorricada 61
4. Acuada na árvore 83
5. Matando o solo 99
6. Canais de amieiros 126
7. Briga de bar 157
8. Radioativa 174
9. Reciprocidade 198
10. Pintando rochas 218
11. Srta. Bétula 232
12. Casa-trabalho: Nove horas de viagem 262
13. Amostras do cerne 285
14. Aniversários 308
15. Passando o bastão 333
Epílogo: Projeto Árvore-Mãe 363

Agradecimentos 367
Bibliografia básica 371
Créditos das imagens 395
Índice remissivo 396

Nota da autora

Ao mencionar as espécies, usei neste livro uma mistura de nomes científicos, em latim, e nomes populares. Para árvores e plantas, muitas vezes me refiro ao nome popular da espécie, mas para os fungos quase sempre menciono apenas o nome do gênero.

Alterei o nome de determinadas pessoas a fim de proteger a identidade delas.

Introdução: Conexões

VÁRIAS GERAÇÕES DA MINHA FAMÍLIA ganharam a vida extraindo árvores da floresta. Nossa sobrevivência dependeu desse ofício humilde.

É o meu legado.

Eu também cortei a minha cota de árvores.

Mas nada em nosso planeta vive sem a morte e a decomposição. Delas brota vida nova, e desse nascimento virá outra morte. Com essa espiral da vida aprendi a me tornar também alguém que semeia, planta mudas, cuida de árvores jovens — uma parte do ciclo. A própria floresta é parte de ciclos muito maiores: da formação de solos, da migração de espécies, da circulação dos oceanos. É a fonte de ar puro, água limpa e bons alimentos. Há uma sabedoria necessária na reciprocidade da natureza — em suas concessões serenas e em sua busca pelo equilíbrio.

Há uma extraordinária generosidade.

Trabalhar para compreender os mistérios do funcionamento da floresta e como eles estão ligados à terra, ao fogo e à água fez de mim uma cientista. Observei a floresta, ouvi. Fui aonde minha curiosidade me levou, escutei histórias da minha família e do povo, e aprendi com acadêmicos. Passo a passo — de enigma em enigma —, dei tudo de mim para me tornar uma detetive e tentar descobrir o que é preciso para curar o mundo natural.

Tive a sorte de ser uma das primeiras mulheres da nova geração na indústria madeireira, mas o que encontrei não condizia com as noções que eu trazia da minha infância. Em vez disso, descobri vastas paisagens desmatadas, solos despojados da complexidade da natureza, uma inclemência persistente dos elementos, comunidades desprovidas de árvores antigas — o que deixa as árvores jovens vulneráveis — e um sistema industrial que parecia mal orientado num grau imenso, terrível. A indústria havia declarado guerra às partes do ecossistema — as plantas folhosas e as árvores latifoliadas, os seres que mastigam, catam, infestam — vistas como concorrentes e parasitas dos cultivos comerciais, mas que eram necessárias para curar a terra, como eu estava descobrindo. A floresta inteira — essencial para minha existência e meu senso de universo — sofria com essa perturbação e, em consequência, todo o resto também sofria.

Iniciei expedições científicas para tentar descobrir onde havíamos errado tanto e para desvendar os mistérios da capacidade da terra para consertar a si mesma quando a deixamos por conta própria — como eu vira acontecer quando meus ancestrais cortavam árvores com mais leveza. Pelo caminho, foi impressionante, quase assustador, o modo como meu trabalho progrediu em paralelo com minha vida pessoal, ambos tão intimamente entrelaçados quanto as partes do ecossistema que eu estudava.

As árvores logo revelaram segredos espantosos. Descobri que fazem parte de uma rede de interdependência, ligadas por um sistema de canais subterrâneos por meio dos quais elas percebem, se conectam e se relacionam — com uma complexidade e uma sabedoria imemoriais, que não podem mais ser negadas. Fiz centenas de experimentos, uma descoberta levando a outra, e ao longo dessa busca descortinei as lições da comunicação de uma árvore para outra, das relações que criam uma sociedade florestal. De início as evidências foram bastante controversas, mas hoje sabemos que se trata de ciência rigorosa, revista por pares e amplamente publicada. Não se trata de conto de fadas, nem de voo da imaginação, unicórnio mágico, ficção de filme de Hollywood.

Essas descobertas põem em xeque muitas das práticas de manejo que ameaçam a sobrevivência das nossas florestas, especialmente quando a natureza luta para se adaptar a um mundo em aquecimento.

Minhas investigações começaram com base numa preocupação séria com o futuro das nossas florestas, mas avançaram para uma curiosidade intensa, pista puxando pista e indicando que a floresta era mais do que um mero agrupamento de árvores.

Introdução

Nessa busca pela verdade, as árvores me mostraram que percebem e respondem, conectam-se e conversam. O que começou como um legado — a minha terra, no oeste do Canadá, onde na infância eu encontrara conforto e aventura — progrediu para uma compreensão mais completa da inteligência da floresta, e mais: para uma investigação de como podemos reaver nosso respeito por essa sabedoria e curar nossa relação com a natureza.

Uma das primeiras pistas surgiu quando eu investigava as mensagens que as árvores trocavam através de uma enigmática rede fúngica subterrânea. Quando segui a trilha clandestina das conversas, descobri que essa rede difunde-se por *todo* o solo da floresta, liga todas as árvores em uma constelação, com árvores funcionando como hubs e fungos atuando como links. Um mapa rudimentar revelou, para meu espanto, que as árvores maiores e mais antigas são as fontes de conexões fúngicas que regeneram plântulas. Não só isso: elas se conectam com todas as vizinhas, jovens e velhas, e funcionam como elementos coesivos de uma selva de linhas, sinapses e nós. Neste livro, você vai acompanhar a jornada que revelou o aspecto mais eletrizante desse padrão: as similaridades com o cérebro humano. Nesse padrão, árvores velhas e jovens percebem, comunicam-se e respondem umas às outras emitindo sinais químicos. *Substâncias químicas idênticas aos nossos neurotransmissores. Sinais criados por íons que atravessam em cascata as membranas fúngicas.*

As árvores mais antigas são capazes de discernir quais plântulas são suas parentes.

As árvores velhas nutrem as novas, lhes dão alimento e água como fazemos com nossos filhos. Isso já é suficiente para nos fazer parar, respirar fundo e contemplar a natureza social da floresta e como ela é crucial para a evolução. A rede fúngica parece programar as árvores para a aptidão. E mais. As árvores velhas criam suas filhas.

As árvores-mães.

Ao morrerem, as árvores-mães — os majestosos hubs no centro da comunicação, da proteção e da senciência da floresta — passam sua sabedoria para suas parentes, uma geração após a outra; elas compartilham o conhecimento do que pode ajudar e prejudicar, de quem é amigo ou inimigo, de como se adaptar e sobreviver numa paisagem sempre em mudança. É isso que toda mãe faz.

Como é possível elas enviarem sinais de alerta, mensagens de reconhecimento e procedimentos sobre segurança com a rapidez de uma chamada telefônica? Como elas ajudam umas às outras na adversidade e na doença? Por que têm comportamentos parecidos com os dos humanos e por que funcionam como as sociedades civis?

Depois de uma vida inteira como detetive da floresta, minha percepção se transformou. A cada nova revelação eu me torno mais enraizada na mata. É impossível desconsiderar as evidências científicas: sabedoria, senciência e cura conectam a floresta.

Este não é um livro sobre como podemos salvar as árvores.

É um livro sobre como as árvores podem nos salvar.

1. Fantasmas na floresta

Eu estava sozinha num território dos ursos-cinzentos, congelando na neve de junho. Com vinte anos, era novata num emprego sazonal de uma madeireira na escarpada cordilheira de Lillooet, no oeste do Canadá.

A floresta estava envolta em sombras e por um silêncio sepulcral. E ali onde eu andava era povoada por fantasmas. Um deles flutuou na minha direção. Abri a boca para gritar, mas não saiu som. Com o coração na garganta, convoquei minha racionalidade — e caí na risada.

O fantasma era apenas neblina densa que perpassava a mata e circundava o tronco das árvores com suas garras de trepadeira. Nada de espectros, apenas os troncos sólidos da minha área de trabalho. As árvores eram *apenas árvores*. Mas para mim as florestas canadenses sempre pareceram assombradas, especialmente pelos meus ancestrais, que haviam defendido ou conquistado a região, e que vieram para derrubar, queimar e levar árvores.

Parece que a floresta sempre se lembra.

Mesmo quando gostaríamos que ela esquecesse nossas transgressões.

A tarde já ia pela metade. Uma névoa rastejou pelos agrupamentos de abetos-subalpinos, deixando-os cintilantes. As gotículas que refratavam a luz continham mundos inteiros. Os galhos se encrespavam com novos brotos cor de esmeralda na felpa de acículas cor de jade. Que prodígio a tenacidade daqueles rebentos, irrompendo cheios de vida a cada primavera para saudar com exuberância os dias mais longos e o clima mais ameno, por pior que houvesse sido o castigo do inverno. Rebentos codificados para originar primórdios foliares em sintonia com a beleza dos verões anteriores. Toquei em algumas acículas e senti sua maciez de pluma. Seus estômatos — os minúsculos orifícios que absorvem dióxido de carbono para juntá-lo à água e produzir açúcar e oxigênio puro — bombeavam o ar limpo que eu sorvia.

Aninhadas junto às altíssimas e laboriosas árvores mais velhas havia arvoretas adolescentes, nas quais se apoiavam plântulas ainda mais jovens, todas bem próximas, como famílias no frio. Os pináculos dos enrugados e antigos abetos projetavam-se para o alto e abrigavam os demais. Do mesmo modo como minha mãe, meu pai e meus avós haviam me protegido. E eu precisei mesmo de muitos cuidados quando era uma plântula, metida em tantas encrencas. Aos doze anos rastejei pelo tronco de um mirtilo-chorão que se debruçava sobre o rio Shuswap para ver até onde conseguiria ir. Tentei voltar, mas escorreguei e caí na correnteza. Vovô Henry pulou em seu barco, que ele mesmo construíra, e me agarrou pela gola da blusa antes que eu desaparecesse nas corredeiras.

Aqui nas montanhas, durante nove meses por ano a neve é mais profunda que uma sepultura. Muito superiores a mim, as árvores têm seu DNA forjado para vicejar, apesar dos extremos de um clima interiorano capaz de me exterminar num átimo. Dei uma palmadinha carinhosa no tronco de uma anciã como gratidão por ela encobrir sua prole vulnerável e aninhei uma pinha caída na dobra de um galho.

Puxei o gorro para cobrir as orelhas ao sair da estrada da madeireira e enveredei pela mata atravessando a neve. Apesar de faltarem poucas horas para escurecer, parei diante de um tronco que fora vítima das serras que abriram a estrada vicinal. A pálida face redonda cortada mostrava anéis de crescimento finos como cílios. O lenho primaveril alourado, com suas células intumescidas de água, aparecia rodeado pelas células marrom-escuras do lenho estival, formado em agosto, sob sol alto e tempo seco. Contei os anéis, marcando cada década com um lápis — a árvore tinha duzentos anos. Mais que o dobro do tempo que minha família vivia na floresta. Como as árvores haviam resistido às mudanças dos ciclos de crescimento e dormência, e que comparações eu poderia fazer com as alegrias e agruras que minha família passara numa fração daquele tempo? Alguns anéis eram mais largos, haviam crescido bastante em anos chuvosos, ou talvez em anos ensolarados depois de alguma árvore vizinha cair com o vento; outros eram quase invisíveis de tão finos, pois cresceram lentamente durante uma seca, um verão gelado ou algum outro tipo de estresse. Aquelas árvores persistiram em meio a convulsões climáticas, competição sufocante e destruição por fogo, insetos ou vento — perturbações que eclipsavam, de longe, o colonialismo, as guerras mundiais e os cerca de dez primeiros-ministros do tempo de existência da minha família. Eram ancestrais dos meus ancestrais.

Acampamento no lago Shuswap, próximo a Sicamous, na Colúmbia Britânica, em 1966. A partir da esquerda: Kelly (3 anos), Robyn (7), minha mãe, Ellen June (29), e eu (5). Chegamos ao acampamento no nosso Ford Meteor 1962 depois de escaparmos por um triz de um desabamento de rochas na Trans-Canada Highway, quando pedras despencaram da montanha, atravessaram a janela do carro e caíram no colo da minha mãe.

Um esquilo tagarela passou ligeiro pelo toco e me alertou para ficar longe de seu depósito de sementes na base da árvore cortada. Eu era a primeira mulher a trabalhar para a madeireira, uma firma que fazia parte de um ramo de atividade rústico e perigoso e começava a abrir suas portas para algumas estudantes mulheres. No primeiro dia de trabalho, algumas semanas antes, eu tinha ido com meu chefe, Ted, a uma área desmatada, um trecho de corte raso de trinta hectares, a fim de verificar se haviam sido plantadas algumas novas mudas de acordo com as regras do governo. Ele sabia como uma árvore devia e não devia ser plantada, e seu jeitão reservado mantinha os trabalhadores na lida até a exaustão. Ted se mostrara paciente com meu constrangimento por não saber diferenciar uma raiz deformada de outra saudável, e fiquei observando e ouvindo. Logo me confiaram a tarefa de avaliar plantações já estabelecidas — mudas plantadas para substituir árvores cortadas. Eu não queria decepcionar ninguém.

A plantação me aguardava depois daquela floresta antiga. A empresa derrubara grande parte dos antigos e aveludados abetos-subalpinos e plantara mudas de agulhados híbridos de abetos-do-canadá na primavera anterior. Meu trabalho era aferir o progresso daqueles novos cultivos. Não pude ir até a área da derrubada pela estrada vicinal aberta pela madeireira, porque ela fora destruída pelas águas — uma dádiva, pois assim eu era obrigada a fazer um desvio e passar por essas belezas veladas pela neblina. Mas estaquei diante de um avantajado monte de excremento fresco de urso-cinzento.

A cerração ainda revestia as árvores, e eu podia jurar que alguma coisa se movia de mansinho lá longe. Prestei mais atenção. Eram feixes verde-claros do líquen conhecido como barba-de-velho, em alusão ao modo como pendem dos galhos. Líquen antigo que crescia particularmente bem em árvores antigas. Apertei o botão da minha buzina a ar para espantar o espectro dos ursos. Herdara o medo desses animais da minha mãe, que era criança quando o avô dela, meu bisavô Charles Ferguson, matou a tiros um urso que estava a poucos centímetros de atacá-la na varanda. Charles foi um pioneiro da virada do século xx em Edgewood, um posto avançado no vale do Inonoaklin, que margeia os lagos Arrow da bacia do Colúmbia na Colúmbia Britânica. Com machados e cavalos, ele e sua

Floresta pluvial temperada típica das casas da infância
de meus pais, na Colúmbia Britânica.

mulher, Ellen, abriram uma área de mata em terras da nação Sinixt que o governo lhes designara para colonizar plantando feno e criando gado. Charles era conhecido por lutar corpo a corpo com ursos e por atirar nos lobos que tentavam matar suas galinhas. Ele e Ellen criaram três filhos: Ivis, Gerald e minha avó Winnie.

De quatro, transpus toras cobertas de musgo e cogumelos, inalando a névoa das coníferas. Uma delas tinha um rio de minúsculos cogumelos do gênero *Mycena* fluindo pelas rachaduras da árvore até desembocar num leque de raízes que se decompunham em pequenos fusos. Eu me perguntei que relação as raízes e os fungos teriam com a saúde das florestas — com a harmonia das coisas grandes e pequenas, incluindo os elementos ocultos e menosprezados. Meu fascínio pelas raízes das árvores vinha da infância, ao me espantar com o poder irrefreável dos choupos e salgueiros que meus pais haviam plantado no quintal: suas raízes enormes racharam os alicerces do nosso porão, adernaram o canil e estouraram a calçada. Meus pais discutiram, preocupados, sobre o que fazer com o problema que eles haviam criado sem querer em nosso pequeno pedaço de terra ao tentarem reconstituir o ambiente rodeado de árvores das casas onde haviam morado na infância. Toda primavera eu assistia impressionada à multidão de brotos nascidos de sementes penugentas em meio a halos de cogumelos que se desdobravam ao redor da base das árvores, e aos onze anos me horrorizei quando o governo municipal instalou um duto que vomitava uma água espumosa no rio ao lado da nossa casa, onde o efluente matou os choupos nas ribanceiras. Primeiro o topo das árvores ficou rarefeito, depois cancros negros apareceram ao redor dos troncos estriados, e na primavera seguinte aquelas árvores magníficas estavam mortas. Nada mais germinou em meio àquele escoamento amarelado. Escrevi ao prefeito, mas minha carta ficou sem resposta.

Colhi um dos cogumelos minúsculos. Os chapeuzinhos de elfo em forma de sino dos *Mycena* eram marrom-escuros no ápice e clareavam gradualmente até um amarelo translúcido nas margens, sob as quais se viam as lamelas e um frágil estipe. Os estipes — pedículos — enraizavam-se nos sulcos da casca da árvore e ajudavam na decomposição do tronco. Eram tão delicados aqueles cogumelos que parecia impossível que pudessem decompor um tronco inteiro. Mas eu sabia que podiam. Os choupos mortos que vi na ribanceira quando criança caíram, e ao longo de toda a casca fina e rachada deles brotaram cogumelos. Em poucos anos, as fibras esponjosas da madeira decomposta haviam desaparecido totalmente, absorvidas pelo solo. A evolução dotara aqueles fungos da capacidade de decompor madeira por meio da exsudação de ácidos e enzimas, e eles usavam suas células para absorver energia e nutrientes da madeira. Pulei do tronco, aterrissei com minhas botas de lenhador na serrapilheira e me segurei em arvoretas de abetos para facilitar a subida íngreme. As arvoretas tinham encontrado um lugar que equilibrava a luz do sol e a umidade da neve derretida que elas recebiam.

Um cogumelo *Suillus* — abrigado junto a uma árvore nova que se estabelecera ali poucos anos antes — usava um chapéu escamoso marrom em formato de panqueca sobre um ventre amarelo poroso e um estipe carnudo que desaparecia no solo. Depois de uma chuva intensa, o cogumelo brotara da densa rede de hifas ramificadas que se entranhavam profundamente no solo da floresta. Como morangos que frutificam a partir de um vasto e intricado sistema de raízes e estolões. Impulsionado por energia vinda de seus filamentos no subsolo, o chapéu fúngico se abrira como um guarda-chuva, deixando vestígios de um véu rendado que circundava mais ou

Cogumelos *Suillus brevipes*.

menos até a metade do talo, que apresentava pequenas manchas marrons. Colhi o cogumelo, fruto do fungo que vivia quase todo no subsolo. A parte inferior do chapéu lembrava um relógio de sol com suas lamelas irradiadas. Cada abertura ovalada abrigava talos minúsculos que descarregavam esporos como fagulhas de fogos de artifício. Os esporos são as "sementes" dos fungos, repletos de DNA que se liga, recombina e muta para produzir material genético novo que seja diverso e se adapte às mudanças nas condições ambientais. Polvilhado ao redor da cavidade colorida deixada pela minha colheita havia um halo de esporos cor de canela. Outros esporos provavelmente foram levados pelo vento, grudaram nas pernas de algum inseto voador ou foram comidos por um esquilo.

Na cratera minúscula que ainda continha o resto do talo do cogumelo havia filamentos amarelos entrelaçados a um véu intricadamente ramificado, o micélio fúngico: a rede que cobre os bilhões de partículas orgânicas e minerais componentes do solo. No talo viam-se filamentos rompidos que haviam sido parte dessa rede antes de eu arrancá-lo de seu ancoradouro. O cogumelo é a extremidade visível de algo profundo e elaborado, como uma grossa toalha de renda tecida no solo da floresta. Os filamentos deixados para trás adejavam por cima da manta orgânica — acículas caídas, brotos, gravetos — e buscavam riquezas minerais para se entrelaçarem com elas e absorvê-las. Eu me perguntei se esse cogumelo *Suillus* seria um tipo de fungo xilófago como os do gênero *Mycenas*, que decompunham madeira e serrapilheira, ou se ele teria algum outro papel. Guardei-o no bolso com o *Mycena*.

Ainda não era possível ver o trecho desmatado onde as mudas substituíram as árvores derrubadas. Nuvens escuras se aglomeravam, e tirei minha capa de chuva amarela de dentro do colete. Estava gasta de tanto eu abrir caminho pelo mato, não oferecia mais uma boa proteção impermeável. Cada passo que me afastava da picape aumentava a aura de perigo e o pressentimento de que eu não alcançaria a estrada antes do anoitecer. Mas eu tinha o instinto de avançar em meio às adversidades, herdara isso da minha avó Winnie, que era adolescente quando sua mãe, Ellen, foi levada por uma gripe, no começo dos anos 1930. A família ficou acamada e impedida de sair por causa da neve, com Ellen morta no quarto, até que finalmente os vizinhos conseguiram atravessar o vale congelado com neve na altura do peito para acudir o clã Ferguson.

Minha bota escorregou, eu me agarrei numa arvoreta, mas ela se desprendeu do solo e eu despenquei no declive, amassando outras arvoretas até ser detida por uma tora encharcada — ainda segurando o polvo de raízes pontudas. A árvore jovem parecia ser adolescente, com cerca de quinze verticilos de ramos laterais, cada um representando um ano. Uma nuvem de chuva começou a garoar e acabou ensopando minha calça jeans. Gotas escorriam no tecido impermeável da minha jaqueta surrada.

Esse trabalho não dava espaço para fraquezas, e desde que me conhecia por gente eu cultivava um exterior durão para viver num mundo de rapazes. Eu queria ser tão boa quanto meu irmão caçula, Kelly, e os meninos que tinham nomes quebequenses como Leblanc, Gagnon e Tremblay, por isso aprendi a jogar hóquei no gelo na rua com a turma do bairro quando a temperatura estava abaixo de vinte graus negativos. Era goleira, a posição menos cobiçada. Eles mandavam o disco para cima dos meus joelhos com toda a força, mas eu escondia sob a calça jeans minhas pernas cheias de hematomas. Como fez a vovó Winnie, que se virou depois que sua mãe morreu, assumindo o trabalho dela de galopar pelo vale do Inonoaklin para entregar correspondência e farinha aos colonos.

Fitei o monte de raízes na minha mão. Estavam meladas com um húmus brilhante que me lembrou esterco de galinha. O húmus é a camada negra e oleosa do solo da floresta que fica entre a serrapilheira, composta de acículas e plantas em decomposição, e o solo mineral formado pelo desgaste do leito rochoso abaixo. O húmus é o produto da decomposição vegetal. É onde são sepultados plantas, insetos e arganazes mortos. A composteira da natureza. As árvores amam fincar raízes no húmus, não muito acima nem abaixo dele, pois assim podem acessar sua riqueza de nutrientes.

Mas as extremidades daquelas raízes tinham um brilho amarelo, como luzes de Natal, e terminavam numa fina gaze de micélio da mesma cor. Os filamentos daquele micélio pendente tinham uma cor parecida com a dos talos do micélio dos cogumelos *Suillus* que se irradiavam no solo; tirei do bolso aquele que eu havia colhido. Ergui numa das mãos o amontoado de extremidades de raízes com sua gaze amarela, e na outra o cogumelo *Suillus* com seu micélio rompido. Examinei bem, mas não consegui diferenciar minhas duas amostras.

Será que o *Suillus* era amigo das raízes, e não um decompositor de coisas mortas como o *Mycena*? Sempre tive o instinto de ouvir o que os seres vivos estão dizendo. Pensamos que as pistas mais importantes são grandes, mas o mundo gosta de nos lembrar que elas podem ser primorosamente singelas. Comecei a escavar o chão da floresta. O micélio amarelo parecia revestir cada minúscula partícula de solo. Sob a palma das minhas mãos passavam centenas de quilômetros de filamentos. Independentemente do estilo de vida, esses filamentos fúngicos ramificados, chamados de hifas — junto com os frutos que eles geram, os cogumelos —, pareciam ser apenas um ínfimo do vasto micélio no solo.

Winnifred Beatrice Ferguson, vovó Winnie, na propriedade rural dos Ferguson em Edgewood, Colúmbia Britânica, c. 1934, aos vinte anos, pouco depois da morte de sua mãe. Winn deu continuidade ao trabalho de cuidar das galinhas, ordenhar as vacas e revolver o feno. Cavalgava a toda e numa ocasião derrubou um urso da macieira com um tiro. Vovó raramente falava sobre sua mãe, mas em nossa última caminhada na orla marítima de Nakusp, quando ela estava com 86 anos, comentou: "Tenho saudade da mamãe".

Fantasmas na floresta 27

Com água da garrafa que tirei do bolso traseiro do colete, lavei os fragmentos de solo das extremidades de raízes. Eu nunca tinha visto um buquê de fungos tão rico — não com aquele amarelo tão vivo, além de branco e rosa —, cada cor envolvendo uma extremidade de raiz distinta com uma barba de gaze finíssima. Raízes precisam crescer por boas distâncias e penetrar em espaços apertados em busca de nutrientes. Mas por que tantos filamentos fúngicos brotavam da extremidade das raízes, e ainda por cima fulguravam numa paleta como aquela? Será que cada cor correspondia a uma espécie fúngica distinta? Será que que cada uma fazia um trabalho diferente no solo?

Eu estava apaixonada por aquele trabalho. A onda de empolgação durante minha subida por essa clareira majestosa era muito mais intensa do que meu medo de ursos ou fantasmas. Coloquei as raízes da arvoreta que eu arrancara, com sua vívida rede de fungos, junto a uma árvore guardiã. As arvoretas tinham mostrado para mim as texturas e os tons do mundo subterrâneo da floresta. Amarelos, brancos e tons de rosa-acinzentado que me lembravam as rosas-silvestres em meio das quais cresci. O solo onde elas se apoiavam era como um livro, uma página colorida sobreposta a outra, cada uma revelando a história de como tudo era nutrido.

Quando finalmente cheguei à área de derrubada, franzi os olhos ante a claridade filtrada pela garoa. Eu sabia o que ia encontrar, mas mesmo assim meu coração disparou. Todas as árvores tinham sido cortadas, só restavam tocos. Ossos brancos de madeira espetados no solo. Desgastados por vento e chuva, os derradeiros restos de cascas de árvores juncavam o chão como pele removida durante a muda. Avancei por entre os troncos decepados, sentindo a dor daquela negligência. Tirei um galho de cima de uma árvore nova, do mesmo modo que costumava tirar lixo de cima das flores que tentavam abrir-se sob montes de detritos nas colinas que margeavam a região onde cresci. Eu sabia o quanto gestos assim eram importantes. Alguns pequenos abetos aveludados foram deixados órfãos próximo aos tocos de suas mães e tentavam recuperar-se do choque da perda. A recuperação seria árdua, considerando o crescimento lento dos brotos desde o corte das árvores. Toquei na minúscula gema terminal da que estava mais próxima de mim.

Alguns arbustos de rododendros brancos e de mirtilos norte-americanos também tinham escapado da lâmina das serras. Eu era parte daquela extração de madeira, daquele negócio de derrubar árvores para limpar os espaços onde elas viviam livres, selvagens, saudáveis. Meus colegas faziam planos para as próximas derrubadas, para manter a serraria funcionando e suas famílias alimentadas, e eu compreendia essa necessidade também. Mas as serras não parariam até que vales inteiros desaparecessem.

Segui em direção às mudas por uma linha tortuosa em meio aos rododendros e mirtilos. A equipe que fizera o plantio para substituir os abetos mais velhos cortados havia inserido mudas de abeto-do-canadá que agora alcançavam a altura dos meus tornozelos. Talvez causasse estranheza o fato de não terem substituído os abetos-subalpinos derrubados por outros abetos-subalpinos. Mas a madeira do abeto-do-canadá híbrido é mais valiosa. Tem uma granulação densa, resiste à decomposição e é cobiçada como madeira de lei. A madeira dos abetos-subalpinos maduros é fraca e de má qualidade.

O governo também incentivava o plantio de mudas enfileiradas, como numa horta, para assegurar que o solo não ficasse desocupado, em nenhum trecho. Porque, quando a plantação é feita em uma configuração reticulada de árvores dispostas em espaços regulares, a produção de madeira é maior do que em agrupamentos esparsos. Pelo menos em teoria. Preenchendo todos os espaços, eles pensavam que poderiam cultivar mais árvores do que se deixassem por conta da natureza. A cada trecho entulhado, eles se achavam no direito de cortar um número maior de árvores, e punham isso na conta de uma produção futura. Além disso, fileiras planejadas facilitavam a contagem. O mesmo raciocínio da minha avó Winnie quando ela plantava os canteiros de sua horta — só que ela arava o solo e variava os cultivos no decorrer dos anos.

A primeira muda de abeto-do-canadá que examinei estava viva, mas por pouco, e tinha as acículas amareladas. Dava pena ver seu caule estranhamente alongado. Como sobreviveria naquele terreno cruel? Dei uma olhada na fileira plantada. Todas as novas mudas estavam em apuros — cada uma daquelas infelizes plantinhas. Por que pareciam *péssimas*? Por que, em contraste, os abetos selvagens que germinavam no trecho de floresta madura pareciam tão *viçosos*? Peguei meu manual de campo, removi as acículas da minha capa impermeável e limpei as lentes dos óculos. Supunha-se que o replantio curaria o que havia sido levado, mas era deplorável o quanto estávamos falhando. Que prescrição eu devia registrar? Queria recomendar à empresa que recomeçasse tudo, mas tamanha despesa seria malvista. Cedi ao medo de ser refutada e anotei: "Satisfatório, porém substituir as mudas que morreram".

Tirei um pedaço de casca de árvore que fazia sombra a uma muda e atirei-o nas moitas. Improvisei um envelope com uma folha de papel quadriculado e nele guardei as acículas amareladas da muda. Achava ótimo ter minha escrivaninha num nicho separado das mesas de mapas e das salas barulhentas onde uns homens faziam suas transações e negociavam preços de madeira e custos de derrubada, onde decidiam quais os próximos trechos de floresta que desmatariam, onde concediam contratos como fitas de chegada numa pista de corrida. Isolada no meu espacinho, eu podia estudar em paz os problemas da plantação. Talvez fosse fácil encontrar a descrição dos sintomas das mudas em obras de referência, pois o amarelecimento podia ser causado por inúmeros problemas.

Tentei encontrar alguma muda saudável, mas em vão. O que estava desencadeando a doença? Sem um diagnóstico adequado, as mudas que seriam plantadas em substituição também sofreriam.

Odiei a mim mesma por minimizar o problema e apontar um caminho mais fácil para a empresa. A plantação era um fracasso. Ted ia querer saber que não estávamos cumprindo as exigências governamentais de reflorestamento no local, pois um fracasso significava perda financeira. Ele se concentrara em cumprir as normas básicas de regeneração com um custo mínimo, mas eu não tinha ideia de que sugestão dar. Tirei outra muda de abeto-do-canadá da cova em que fora plantada — quem sabe a resposta estava nas raízes, e não nas acículas? As raízes tinham sido firmemente enterradas no solo granuloso, onde ainda havia umidade no final do verão. Um trabalho de plantio perfeito. Removi o solo da floresta e vi que a cova fora aberta até mais embaixo, alcançando a terra mineral úmida.

Exatamente como diziam as instruções. Ao pé da letra. Devolvi as raízes à cova e examinei outra muda. E outra. Todas elas comprimidas exatamente dentro de um corte feito por uma pá, com a cova densamente preenchida por terra para eliminar bolsões de ar — mas os torrões das raízes pareciam embalsamados, como se tivessem sido sepultados numa tumba. Nenhuma raiz parecia obter o que necessitava. Em nenhuma delas brotavam novas extremidades brancas para buscar alimento no solo. As raízes eram grosseiras, enegrecidas, e desciam direto para lugar nenhum. Aquelas mudas estavam perdendo acículas amareladas porque tinham muita fome de *alguma coisa*. Havia uma desconexão absurda e total entre as raízes e o solo.

Por acaso, ali perto um abeto-subalpino saudável se regenerara de uma semente, e eu o removi do solo para comparar. Em contraste com o abeto-do-canadá plantado, que puxei do solo como uma cenoura, as raízes esparramadas desse abeto estavam ancoradas tão fortemente no solo que precisei pisar com um pé de cada lado do tronco e puxar com toda força. Só assim as raízes foram arrancadas da terra e, como que por vingança, quase me fizeram cair sentada. As extremidades mais profundas da raiz se recusaram a desgrudar do solo, sem dúvida em protesto. Mas limpei o húmus e a terra solta das raízes que conseguira arrancar, peguei a garrafa de água e lavei o que restava de terra. Algumas das extremidades da raiz eram parecidas com as pontas afiladas das acículas.

Reparei, surpresa, que filamentos fúngicos amarelos como eu tinha visto na floresta madura envolviam as extremidades das raízes, e eles também eram exatamente da mesma cor do micélio, a rede de hifas fúngicas que brota dos talos dos cogumelos *Suillus*. Escavei mais um pouco ao redor do abeto arrancado e encontrei os filamentos amarelos por todo o tapete orgânico que cobria o solo, formando uma rede de micélio que se irradiava para muito longe.

Mas o que eram aqueles filamentos fúngicos ramificados, e o que faziam? Talvez fossem hifas benéficas que enveredavam no solo em busca de nutrientes a serem levados para as plântulas em troca de energia. Ou, quem sabe, seriam patógenos infectando as raízes e se alimentando delas, causando o amarelecimento e a morte das mudas vulneráveis. Os cogumelos *Suillus* talvez emergissem daquele tecido subterrâneo para dispersar esporos em tempos propícios.

Ou ainda podia ser que aqueles filamentos amarelos não tivessem nenhuma relação com os cogumelos *Suillus* e fossem fungos de outra espécie. Há mais de 1 milhão de espécies fúngicas no planeta, cerca de seis vezes o número de espécies de plantas, e apenas 10%, mais ou menos, já foram identificadas. Com meus limitados conhecimentos, eram irrisórias as chances de eu descobrir a espécie dona daqueles filamentos amarelos. Se eles ou os cogumelos não continham pistas, talvez houvesse outras razões para que as novas mudas de abeto-do-canadá plantadas não prosperassem aqui.

Apaguei minha observação "satisfatória" e anotei que a plantação era um fracasso. Um replantio completo usando o mesmo tipo de mudas e métodos — mudas de um ano de idade produzidas em massa em viveiros, plantadas abrindo uma cova com pá e enterrando o torrão da raiz — parecia ser o modo mais barato para a empresa, mas sairia caro se fosse necessário continuar refazendo em razão do mesmo resultado funesto. Era preciso fazer alguma coisa diferente para restabelecer essa floresta, mas o quê?

Plantar abetos-subalpinos? Nenhum viveiro tinha mudas disponíveis para o plantio, além do mais isso não era considerado um futuro cultivo comercial. Poderíamos plantar mudas de abeto-do-canadá com sistemas de raízes maiores. Mas as raízes também morreriam se não conseguissem desenvolver novas extremidades fortes. Ou poderíamos plantá-las de modo que suas raízes alcançassem a rede fúngica amarela no solo. Talvez a gaze amarela mantivesse saudáveis as minhas mudas. Entretanto, as regras determinavam que as raízes fossem plantadas no solo mineral granular mais abaixo, e não no húmus — com a pressuposição de que os grãos de areia, o lodo e a argila conteriam mais água no alto verão, oferecendo assim melhor chance de sobrevivência. Mas o fungo vivia principalmente no húmus. Presumia-se que a água era o recurso mais crucial que o solo devia fornecer às raízes para que as mudas sobrevivessem. Era baixíssima a probabilidade de que as regras mudassem para que pudéssemos plantar as raízes a fim de permitir que alcançassem os filamentos fúngicos.

Eu queria ter alguém para trocar ideias ali na floresta, debater sobre minha impressão cada vez mais forte de que o fungo talvez fosse um auxiliar confiável das plântulas. Será que o fungo amarelo continha algum ingrediente secreto que eu — e todo mundo — estaria desconsiderando?

Se eu não encontrasse uma resposta, seria perseguida pela ideia de estar transformando esse trecho desmatado num campo de extermínio, um cemitério com ossadas de árvores. Um mato de rododendros e mirtilos em vez de uma nova floresta, um problema em cascata, uma plantação morrendo após a outra. Eu não podia deixar que isso acontecesse. Tinha visto florestas voltarem a crescer naturalmente após minha família cortar árvores perto da nossa casa, e sabia que era possível a mata recuperar-se de uma derrubada. Talvez fosse porque meus avós haviam cortado apenas algumas árvores de um povoamento, deixando clareiras que os cedros, as cicutas e os abetos das imediações puderam preencher facilmente com suas sementes, e as plantas novas puderam se conectar ao solo. Tentei enxergar o fim da plantação, mas era distante demais. Aquelas clareiras eram enormes, e talvez seu tamanho fosse parte do problema. Se as raízes estivessem saudáveis, sem dúvida as árvores conseguiriam regenerar-se naquele terreno vasto. Mas, até então, meu trabalho consistira em examinar plantações com pouca probabilidade de se transformar em qualquer coisa parecida com as altíssimas catedrais que haviam vicejado antes naquela região.

Foi então que ouvi o grunhido. A alguns passos de distância, uma mãe ursa servia-se de um bufê variado de frutinhas silvestres azuis, roxas e pretas. A pelagem de pontas prateadas na nuca anunciava: urso-cinzento. Um filhotinho fulvo parecido com o ursinho Pooh, mas com orelhões peludos, estava grudado nela. O filhote me olhou com seus meigos olhos negros e um focinho brilhante, como se quisesse correr para meu colo, e eu sorri. Mas só por um momento. Mamãe Ursa rugiu, e nos fitamos, ambas surpresas. Ela se ergueu nas patas traseiras, enorme, e eu fiquei paralisada.

Estava sozinha num fim de mundo com uma fêmea assustada de urso-cinzento. Quando toquei minha buzina — *aaaaaaaun!* — ela me fitou com mais intensidade ainda. O que eu devia fazer, me manter ereta ou me

Fantasmas na floresta 33

enrolar feito uma bola? Uma dessas providências era para lidar com ursos--negros, a outra com ursos-cinzentos. Por que não prestei mais atenção quando me deram as instruções?

A mãe se pôs de quatro outra vez, balançou a cabeça, o queixo raspando as moitas de mirtilo. Deu um empurrãozinho no filhote, e os dois me viraram as costas. Recuei devagar enquanto eles entravam com estardalhaço no mato. Ela fez o filhote subir numa árvore, arranhando a casca. Seu instinto era proteger a cria.

Desembestei encosta abaixo na direção da floresta velha, pulando por cima de mudas e riachos, desviando dos tocos esqueléticos das árvores decapitadas, pisoteando brotos de heléboro e epilóbio. As plantas viraram um borrão, uma parede verde. Eu não ouvia nada além dos meus pulmões tentando agarrar oxigênio naquela corrida de obstáculos, pulando as toras em decomposição, uma após a outra, até avistar a picape da empresa ao lado de uma árvore à beira da estrada que parecia ter rodado até trombar ali.

Os bancos de vinil eram rasgados e a alavanca do câmbio, frouxa. Dei a partida, engatei a marcha e pisei no acelerador. As rodas giraram, mas a picape não saiu do lugar. Dei marcha a ré, ela afundou ainda mais. Estava atolada num lamaçal.

Liguei o rádio. "Suzanne chamando Woodlands, câmbio."

Nada.

Ao anoitecer, fiz um último pedido de socorro pelo rádio. Um urso podia facilmente quebrar a janela com uma patada. Durante horas tentei permanecer desperta, uma testemunha da minha própria morte, mas acabava cochilando, e nos períodos de vigília pensava na habilidade da minha mãe com escapadas. Fingia que ela estava ajeitando meus cobertores como costumava fazer antes de viajarmos para as montanhas Monashee para visitar meus avós, pondo uma tigela no meu colo e afastando meu cabelo louro porque eu sempre ficava enjoada no carro. "Robyn, Suzie, Kelly, tratem de dormir", ela sussurrava, concentrada nas curvas das ravinas que fatiavam o desfiladeiro. "Logo vamos chegar na casa da vovó Winnie e do vovô Bert." Os verões eram um descanso de seu trabalho de professora e de seu casamento. Meu irmão, minha irmã e eu amávamos aqueles dias que passávamos perambulando na floresta, longe das brigas silenciosas entre nossos pais. Discussões sobre dinheiro, sobre quem era responsável pelo quê, sobre nós. Kelly era o que mais se alegrava nessas escapadas, seguia o vovô Bert colhendo mirtilos, pescando com ele no desembarcadouro do governo ou indo de carro até o lixão onde os ursos procuravam comida. Kelly ouvia de olhos arregalados as histórias do vovô sobre ter cortejado a vovó quando vinha do rancho Ferguson para comprar nata, sobre como ajudava Charles Ferguson no parto de bezerros no começo da primavera e sobre como, no outono, no tempo do abate, ele enchia carroças com miúdos de vaca e de porco.

Acordei sobressaltada no escuro, com o pescoço dolorido, sem saber direito onde estava, o para-brisa embaçado pela condensação da minha respiração. Limpei o vidro com a manga da jaqueta, perscrutei a escuridão em busca de olhos selvagens e consultei o relógio — quatro da manhã. Os ursos-cinzentos são mais ativos ao amanhecer e ao cair da noite, por isso verifiquei de novo se as portas estavam trancadas. Folhas farfalhavam como almas penadas em uma aproximação sorrateira. Cochilei de novo até que uma pancada feroz no vidro me fez gritar. Um homem berrava do outro lado do para-brisa enevoado, e vi com alívio que a madeireira tinha mandado Al atrás de mim. Seu border collie, Rascal, pulava, latia e arranhava minha porta. Baixei o vidro para provar que ainda estava inteira.

"Tudo bem aí?" A voz de Al era tão forte quanto ele era maravilho-samente alto. Ele ainda estava tentando descobrir como conversar com uma garota silvicultora, se esforçava para me incluir na equipe masculina. "Aposto que ficou escuro como breu."

"Foi tudo bem", menti.

Conseguimos mais ou menos fingir que tinha sido apenas uma noite comum de trabalho, e eu abri um pouco a porta para que Rascal pudesse se espremer pela abertura e ganhar um carinho. Eu adorava quando Al e Rascal me levavam para casa depois do trabalho e Al botava a cabeça para fora da janela e latia para os cães que corriam atrás da picape — a cachorrada sempre fugia ganindo, e ele achava o máximo. Eu me acabava de tanto rir, o que o incentivava a latir ainda mais alto.

Nós na casa dos meus avós Winnie e Bert, em Nakusp, c. 1965. Passávamos todas as férias com meus avós maternos em Nakusp ou com meus avós paternos no lago Mabel. A partir da esquerda: eu (5 anos), minha mãe (29), Kelly (3), Robyn (7) e meu pai (30).

Saí da picape e alonguei pernas e braços. Al me passou uma garrafa térmica com café e foi tentar tirar o carro do atoleiro. Deu a partida, e o motor gemeu, estava gelado. O sereno salpicava o capô enferrujado e os epilóbios de flores rosadas que ladeavam a estrada. Eu assistia por trás do vapor do café e me perguntava se teríamos de abandonar aquele *tacot rouillé*, aquela lata velha. Mas na terceira tentativa o motor começou a funcionar. Al afundou o pé no acelerador, e as rodas giraram sem sair do lugar.

"Você travou os cubos?", ele perguntou. Os cubos de roda, no meio das rodas dianteiras, em cada extremidade do eixo, quando são girados manualmente noventa graus prendem as rodas ao eixo, e com isso elas são giradas pelo motor, juntamente com as rodas traseiras. Com as quatro rodas girando, a picape podia avançar por qualquer terreno. Mas com os cubos dianteiros destravados, a picape tinha tanta tração quanto um gato no linóleo. Quase morri quando ele pulou para fora, girou os cubos e dirigiu a picape para fora do lamaçal. Com um sorriso divertido, Al me entregou as chaves.

"Foi mal!", exclamei, dando um tapa na testa.

"Não se preocupe, Suzanne, isso acontece", ele disse, de olhos baixos para me poupar da humilhação. "Já aconteceu comigo."

Assenti em silêncio. Uma onda de gratidão me inundou enquanto o seguia para fora do vale.

NA SERRARIA, entrei no escritório toda amarrotada e sem graça; previa a caçoada e dizia a mim mesma que eu era capaz de suportar. Os homens me olharam de relance e então fizeram a cortesia de retomar imediatamente seu bate-papo animadíssimo sobre casos de construção de estradas, instalação de aquedutos, planejamento de trechos a derrubar, transporte de madeira. O que será que pensavam de mim, tão diferente das mulheres da cidade e das garotas dos calendários de pinups ao lado das mesas de trabalho? Mas eles cuidaram dos seus afazeres e me deixaram em paz.

Procurei Ted pouco depois. Encostei no batente da porta até ele me olhar. Sua mesa era abarrotada de prescrições de plantio e encomendas de mudas. Ele tinha quatro filhas, todas com menos de dez anos. Reclinou-se na sua cadeira giratória, abriu um sorrisão e disse: "Ora, ora, vejam só quem apareceu". Eu sabia o que isso significava: que ele estava contente por eu ter voltado a salvo. Eles tinham ficado preocupados. Ainda por cima — e até mais crucial — nossa placa anunciava "216 dias sem acidentes", e eu escutaria um monte se tivesse estragado essa contagem. Quando ele sugeriu que eu fosse para casa, falei que tinha um trabalhinho a fazer.

Passei o dia redigindo meus relatórios sobre a plantação, depois enviei meu envelope com as acículas amarelas ao laboratório do governo, solicitando uma análise dos níveis nutricionais, e fui procurar pelo escritório obras de referência sobre cogumelos. Informações sobre extração de madeira havia de sobra, mas livros de biologia eram raros como pelo em

Fantasmas na floresta

ovo. Telefonei para a biblioteca da cidade e fiquei feliz por saber que havia no acervo um guia sobre cogumelos. Às cinco horas, Ted e os rapazes se prepararam para sair. Iam ver o jogo no Reynolds Pub e depois voltar para casa e para a família.

"Quer ir com a gente?", ele convidou. Passar meu tempo livre com homens às gargalhadas era a última coisa que eu queria, mas me senti grata pelo gesto. Ele pareceu aliviado quando agradeci e disse que precisava ir à biblioteca antes que fechasse.

Peguei o livro sobre cogumelos e arquivei o relatório sobre a plantação, mas prometi a mim mesma manter sigilo sobre minhas observações e fazer a lição de casa. Muitas vezes eu receava ter sido contratada para aquele clube masculino só como uma concessão pela mudança dos tempos, e achava que estaria perdida se viesse com alguma ideia fajuta sobre como cogumelos ou coberturas de fungos cor-de-rosa ou amarelos nas raízes afetavam o crescimento das mudas.

Kevin, outro estudante de verão contratado para ajudar os engenheiros a abrir estradas em vales intocados, apareceu diante da minha mesa quando eu estava pegando meu colete de trabalho. Tínhamos feito amizade na universidade e éramos gratos por esses trabalhos na mata. "Vamos até o Mugs'n'Jugs", ele convidou. O pub ficava do outro lado da cidade e poderíamos evitar o pessoal mais velho, que estaria no Reynolds.

"Vamos!" Estar na companhia de outros estudantes de silvicultura era fácil. Eu morava com quatro deles no alojamento da empresa, onde tinha meu quartinho escuro com um colchão no chão. Nenhum de nós cozinhava bem, por isso as noites no pub eram frequentes. O bar também era uma pausa bem-vinda, pois eu ainda sofria com a separação do meu primeiro amor de verdade. Ele queria que eu abandonasse os estudos e tivesse filhos, mas eu queria me tornar *alguém*, estava focada em algo maior.

No pub, Kevin pediu cerveja e hambúrgueres enquanto eu catei na jukebox a música dos Eagles que falava sobre não esquentar a cabeça e vi o braço da máquina pegar o vinil. Quando a cerveja chegou, Kevin me serviu um copo.

"Semana que vem vão me mandar para Gold Bridge para abrir estrada", ele contou. "Receio que usem a infestação de besouros como pretexto para derrubar as florestas de pinheiro-lodgepole."

"Não duvido." Olhei em volta para me assegurar de que ninguém estaria ouvindo. Outros estudantes riam numa mesa próxima, tomavam cerveja e se levantavam para jogar dardos. O interior do pub parecia uma cabana de lenhador e tinha cheiro de pinho levemente apodrecido. Era uma cidade da empresa. Desabafei: "Pensei que ia morrer na noite passada, caramba".

"Ah, você teve sorte por não estar mais frio. E ainda bem que a picape atolou, porque teria sido pior dirigir no escuro naquelas estradas. Tentamos avisar você para ficar por ali mesmo, mas acho que seu rádio pifou", Kevin disse, limpando com o braço a espuma de cerveja do bigode — acho que entregam um bigode assim que um cara opta por uma vida na floresta.

"Tive um medo danado", confessei. "Pelo menos consegui ver que Al também tem seu lado simpático."

"Nós todos ficamos aflitos. Mas sabíamos que você daria um jeito de se manter em segurança."

Sorri. Ele queria me consolar, fazer com que eu me sentisse valorizada, parte do time. Na jukebox tocava "New Kid in Town", meio tristonha. No fim das contas, eu tinha sido protegida pela poderosa retenção da lama da floresta, que me salvou dos fantasmas, dos ursos, dos meus pesadelos.

Nasci para a selva. Venho da selva.

Não sei se meu sangue está nas árvores ou se as árvores estão no meu sangue. Por isso cabia a mim descobrir por que as mudas estavam empalidecendo e virando cadáveres.

2. Lenhadores

PENSAMOS NA CIÊNCIA COMO UM PROCESSO de avanço constante, com fatos que vão se encaixando ao longo de um caminho bem organizado. Mas o mistério das minhas mudinhas moribundas requeria de mim um recuo, pois eu só conseguia pensar que por gerações minha família derrubara árvores e, no entanto, novas árvores sempre vingavam.

Costumávamos passar as férias de verão numa casa flutuante no lago Mabel, na cordilheira Monashee, centro-sul da Colúmbia Britânica. O lago Mabel era margeado por exuberantes povoamentos de tuias-gigantes e cicutas centenárias, pinheiros-brancos e abetos-de-douglas. O monte Simard, que se ergue a quase mil metros acima do lago, leva o nome dos meus bisavós quebequenses, Napoleon e Maria, e de seus filhos, Henry (meu avô), Wilfred, Adélard e outros seis irmãos.

Certa manhã, no verão, vovô Henry e seu filho, meu tio Jack, chegaram na sua casa flutuante quando o sol aparecia por trás do monte, e nós saímos da cama morrendo de sono. Tio Wilfred estava nas proximidades, na sua própria casa flutuante. Empurrei Kelly quando mamãe não estava olhando, e ele tentou me fazer tropeçar, mas ficamos em silêncio porque ela não gostava que brigássemos. O nome da minha mãe era Ellen June, mas ela era chamada de June — e adorava madrugar durante as férias. Eram os únicos momentos em que me lembro dela totalmente descontraída, mas nesse dia nos assustamos com um uivo que nos levou correndo até a rampa do nosso embarcadouro. O pijama de Kelly tinha estampa de caubóis; o meu e o de Robyn, de flores amarelas.

O beagle do tio Wilfred, Jiggs, tinha caído no buraco do banheiro que ficava fora da casa.

Vovô pegou uma pá e praguejou *"Tabernac!"*. Papai o seguiu com outra pá, e tio Wilfred foi correndo pela praia. Todos nós voamos para lá.

Tio Wilfred escancarou a porta. Moscas esvoaçaram para fora junto com a fedentina. Mamãe caiu na risada, e Kelly gritava sem parar "Jiggs caiu na casinha! Jiggs caiu na casinha!", excitado demais para se calar. Me espremi no meio dos homens e espiei através do buraco na madeira. Jiggs patinhava no lodo, e latiu mais alto quando nos viu. Estava bem no fundo e não podia ser alcançado por aquele buraco estreito. Os homens teriam de cavar ao lado da casinha e alargar a fossa por baixo até conseguirem

Os irmãos Wilfred (esq.) e Henry Simard (dir.) com uma fieira de peixes no sítio dos Simard, próximo a Huppel, na Colúmbia Britânica, *c.* 1920. Salmões vermelhos desovavam no rio Shuswap e foram importante fonte de alimento para a nação Splatsin e, mais tarde, para os colonos. A família Simard cortou árvores da floresta em terras que lhes foram designadas pelo governo a fim de abrir uma pastagem para criação de vacas e porcos. Quando os homens fizeram uma queimada na clareira para limpar o terreno, perderam o controle do fogo, que escapou montanha acima e incendiou a floresta até o Kingfisher, afluente a quinze quilômetros de distância.

Kelly (4 anos) e eu (6), na casa flutuante de meu avô Henry no dia em que Jiggs caiu no buraco da casinha, em 1966.

alcançá-lo. Tio Jack, que tinha perdido metade dos dedos em acidentes com serra, juntou-se à operação de resgate com uma picareta. Kelly, Robyn e eu fomos mais para trás, junto de mamãe, dando risadinhas.

Corri por uma trilha para pegar um pouco de húmus na base de uma bétula de casca branca. Ali o húmus era mais doce porque aquela exuberante árvore latifoliada exsudava uma seiva adocicada e no outono perdia muitas folhas ricas em nutrientes. As folhas caídas da bétula também atraíam minhocas, que misturavam o húmus com o solo mineral subjacente, mas eu não me importava. Quanto mais minhocas, mais suculento e saboroso era o húmus, e desde que aprendera a engatinhar eu era uma voraz comedora de terra.

Minha mãe precisava me dar vermífugo periodicamente.

Antes de começarem a escavar, vovô retirou os cogumelos. Boletos, *Amanitas*, morels. Os mais preciosos — os cantarelos afunilados cor de laranja-amarelada — ele pôs ao pé de uma bétula, para que ficassem em segurança. O aroma de damasco daqueles cogumelos prevalecia até sobre os miasmas da casinha. Vovô colheu os *Armillarias*, cogumelos-cor-de-mel de chapéu achatado, circundados por halos de esporos que lembravam glacê. Esses não eram bons de comer, mas circundavam as bétulas em cascata, indicando que as raízes poderiam estar moles e fáceis de romper.

Os homens começaram a escavação removendo e amontoando folhas, gravetos, cones e penas. Essa limpeza revelou um tapete congelado de acículas, brotos e raízes finas parcialmente decompostos. Essas partes desmembradas da floresta eram obscurecidas por hifas amarelas e brancas brilhantes que revestiam a colagem de detritos quase como a gaze que protegia meu joelho esfolado. Pelos poros dessa colcha fibrosa rastejavam lesmas e colêmbolos, aranhas e formigas. Para chegar às entranhas da terra, tio Jack fendeu com a picareta aquela camada fermentante, espessa como a cabeça da ferramenta. Sob esse tapete cintilava o húmus, tão decomposto que parecia o creme de chocolate amargo, açúcar e nata que mamãe misturava para preparar nosso chocolate quente. Eu mastigava meu punhado de barro de bétula e prestava atenção. Curiosamente, nem meus irmãos nem meus pais jamais caçoaram de mim por comer terra. Mamãe disse que ia levar Robyn e Kelly para dentro para comerem panqueca, mas eu não perderia aquele drama por nada no mundo. Quando os homens deixaram mais uma camada à mostra, centopeias e tatuzinhos saíram daqueles torrões porosos e foram jogados num canto.

"*Sacrébleu!*", praguejou meu avô. As raízes finas na camada de húmus estavam densas como um fardo de feno. Mas ele era o sujeito mais durão que já conheci. Uma ocasião, quando estava cortando um cedro com uma motosserra, sozinho no trabalho, um galho arrancou uma de suas orelhas. Ele enrolou a camisa na cabeça para estancar o sangramento, procurou a orelha debaixo dos galhos, encontrou-a e dirigiu por trinta quilômetros até sua casa. Meu pai e tio Jack o levaram para o hospital, onde o médico passou uma hora costurando a orelha de volta.

Jiggs, a essa altura, não parava de choramingar. Vovô atacou o torrão de rizomas com a picareta. As raízes, quase impenetráveis, formavam um cesto entrelaçado de matizes terrosos. Tons foscos de branco, cinza, marrom e preto. Uma paleta quente de ferrugem e ocre.

Lenhadores

Movendo a casa flutuante dos Simard no lago Mabel, 1925. Vovô Henry e tio Wilfred construíram essa casa, além do rebocador e de uma barcaça para transportar os cavalos, os caminhões e o equipamento para os acampamentos. No outono, quando o tempo estava bom, pouco antes de o lago congelar, os irmãos transferiam a barreira de estacas para a desembocadura do rio Shuswap e deixavam tudo pronto para o transporte de toras pelo rio no degelo da primavera. Um dito do tio Wilfred ficou célebre: "Só tolos e recém-chegados tentam prever o tempo".

Eu saboreava meu húmus achocolatado enquanto os homens escavavam o mundo subterrâneo.

Tio Jack e papai venceram a camada de húmus e começaram a cavar no solo mineral. Agora todo o solo da floresta — a manta orgânica, a camada fermentada e a camada de húmus — já tinha sido removido numa área da largura de duas lâminas de pá ao lado da casinha. Uma fina camada descorada de areia cintilou, branca como neve. Mais tarde eu aprenderia que na maior parte dos solos daquela região montanhosa as camadas superficiais eram similares — como se tivessem sido drenadas de vida pela infiltração de chuvas pesadas. Talvez a areia das praias fosse tão pálida porque tempestades as esvaziam do sangue de insetos e das entranhas de fungos. Em meio àqueles grãos minerais descorados, um exército de raízes entremeava-se a um matagal de fungos ainda mais denso que exauria o horizonte do solo superior de quaisquer outros nutrientes que pudessem restar.

Quando a escavação se aprofundou mais um pouco, o horizonte branco deu lugar a uma camada carmesim. Uma brisa soprou do lago. A terra fora escancarada, e eu mastigava meu húmus doce mais depressa, como um chiclete velho. Era como se as artérias pulsantes do solo tivessem sido reveladas e a primeira testemunha fosse eu. Fascinada, me aproximei devagar para ver os detalhes da nova camada. Os grãos eram da cor de ferro oxidado e revestidos de graxa preta. Pareciam feitos de sangue. Aqueles novos torrões de solo pareciam corações inteiros.

A situação ficou mais complexa. Raízes do tamanho do antebraço do meu pai projetavam-se em todas as direções, e ele as golpeava com a pá. Ele olhou para mim e deu um sorriso que indicava a insignificância de seus braços magricelas; caí na risada, porque nós caçoávamos dele com o apelido Pinny Pete [Pedrinho Alfinete]. Cada raiz se mostrava obstinada à sua maneira, embora a tarefa comum a todas fosse fixar as árvores na terra. Bétulas de casca branca e papirácea, tuias vermelho-arroxeadas, abetos castanho-avermelhados, cicutas preto-acastanhadas. Impedir que as gigantes desabassem. Extrair água das profundezas. Criar poros para a água descer e os insetos se locomoverem. Permitir que raízes crescessem para baixo a fim de acessar minerais. Impedir que o buraco da latrina cedesse. Dificultar infernalmente a escavação.

As pás foram trocadas por machados, para cortar o alicerce de madeira da floresta. Depois as pás trabalharam de novo, mas deram de cara com grandes pedras manchadas de branco e preto. Rochas de todos os tamanhos, algumas grandes como bolas de basquete e outras pequenas como bolas de beisebol, incrustavam-se na terra como tijolos cimentados num muro. Papai correu até a casa flutuante para pegar um pé de cabra. Os homens revezaram-se na alavanca para remover cada rocha de seu nicho comprimido — torceram, rasparam, ergueram com paciência, aos pouquinhos. Eu me dei conta de que o solo arenoso era um amontoado de grãos de rocha pulverizados. Espancados pelas chuvas de outono, dessecados até virarem pó no verão. Congelados e rachados no inverno e degelados na primavera. Erodidos pelo gotejamento da água ao longo de milhões de anos.

Jiggs estava enterrado num bolo em camadas — a camada superior feita de partes de plantas caídas, a inferior de rocha moída. Um metro adiante, os minerais carmesim desbotavam para o amarelo. As cores ganhavam profundidade e se iluminavam tão gradualmente quanto o céu das manhãs mudava sobre o lago Mabel. As raízes tornaram-se mais esparsas e as rochas, mais numerosas. Na metade do caminho para a fossa, rochas e solo eram cinza. Jiggs parecia cansado e sedento.

"Calma aí, Jiggs, você está quase livre!", gritei para ele.

Vovó Martha tinha baldes espalhados por toda a sua casa flutuante, nos quais ela apanhava água da chuva para beber. Fui até lá correndo e trouxe um balde cheio. Amarrei uma corda na alça do balde e o baixei até onde Jiggs pudesse apoiar as patas dianteiras e beber.

Foi preciso ainda uma hora e muitas imprecações *en français* até que os quatro homens conseguissem agarrar as patas dianteiras de Jiggs, deitados lado a lado de bruços, pendurados pela cintura com meio corpo dentro da fossa. "Um, dois, três", gritaram, e Jiggs ganiu quando eles o arrancaram da imundície. Estremecendo, ele pisou de mansinho no terreno seguro que o tapete entrelaçado de raízes de cores vivas oferecia e veio andando na minha direção, piscando, com a pelagem castanha, preta e branca toda emporcalhada e cheia de papel higiênico grudado. Não conseguia nem abanar o rabo. Os homens estavam exaustos demais para se mover, então pegaram cigarros para descansar. Falei baixinho "Vem, Jiggs", e depois de alguns passos cuidadosos corremos para um banho no lago.

Mais tarde me sentei na margem e atirei gravetos na água para Jiggs buscar. Ele não tinha ideia, e eu também não, de que sua aventura abrira um mundo novo para mim. Uma aventura de raízes, minerais e rochas que compunham o solo. Fungos, insetos e minhocas. E água, nutrientes e carbono que percorriam o solo, os cursos de água e as árvores.

Foi naqueles verões nos acampamentos flutuantes no lago Mabel que aprendi os segredos dos meus ancestrais, pais e filhos que passaram a vida cortando árvores, uma história entrelaçada aos ossos de todos nós. As florestas pluviais do interior, onde minha família derrubara árvores, pareciam indestrutíveis, com as árvores grandes e antigas como guardiãs das comunidades. O importante era que, antes, os madeireiros paravam, mediam e avaliavam cuidadosamente as características de cada árvore que pretendiam cortar. O transporte pelas calhas e pelos rios limitava a quantidade e a velocidade dos cortes; em contraste, os caminhões e as estradas ampliaram absurdamente a escala das operações. O que a companhia madeireira das montanhas Lillooet estava fazendo totalmente errado?

Meu pai adorava contar aos três filhos as histórias de seu tempo de rapaz nas florestas. Robyn, Kelly e eu ouvíamos de olhos arregalados, especial-

Meu avô Henry (de chapéu branco), seu irmão Wilfred Simard e seu filho Odie conduzindo toras pelas corredeiras Skookumchuck, as "Chucks", em Kingfisher, c. 1950. Era preciso andar e pular nos troncos e fazê-los rolar para levá-los rio abaixo, o que era um trabalho extremamente perigoso. Quando as toras se amontoavam e emperravam nas Chucks, os homens precisavam separá-las com dinamite. Já idoso e com lapsos de memória, vovô Henry quase se afogou nas Chucks porque seu motor de popa parou quando ele descia o rio e ele se esqueceu de puxar a corda para dar a partida de novo. Vovó Martha gritou da margem até ele se lembrar do que tinha de fazer, quando já estava quase na cachoeira.

Lenhadores apoiados em pranchas com uma serra de dois cabos no lago Mabel, c. 1898. Dois homens levariam um ou dois dias para derrubar um pinheiro-branco-ocidental, a madeira mais valiosa nessa floresta mista. Os pinheiros antigos dessa espécie já não existem nessas florestas, dizimados pela ferrugem da bolha de pinheiro-branco, doença vinda da Ásia no começo do século xx.

mente os casos medonhos. Como a ocasião em que tio Wilfred perdeu um dedo, preso sob uma corda amarrada em volta de um pinheiro-branco que estava sendo arrastado por Prince, seu cavalo de carga cinzento que pesava quase uma tonelada. Só quando os gritos de Wilfred foram ouvidos acima do ronco da motosserra é que meu avô fez Prince parar. E aquela vez em que um mastro de cedro bateu nas costas de meu avô e o deixou ligeiramente corcunda para o resto da vida. Até que eles tiveram sorte — era comum homens serem esmagados por galhos que despencavam ou por toras arrastadas por cavalos. Alguns eram estraçalhados num entrechoque de troncos ou tinham as mãos explodidas pela dinamite que usavam para separar as toras que se amontoavam e emperravam durante o transporte pelo rio Shuswap.

Certa tarde, naquele mesmo verão em que Jiggs caiu na casinha, papai levou Robyn, Kelly e eu numa caça ao tesouro — fomos procurar ferraduras e cabos de tração descartados ao longo da velha ravina onde

Transporte de uma tora de pinheiro-branco no lago Mabel, *c.* 1898. As maiores árvores nesse povoamento são o pinheiro-branco-ocidental e a tuia-gigante, ambos valiosos para a indústria madeireira. Os troncos grandes e limpos e a vegetação baixa esparsa mostram que essa floresta primária era completamente povoada e altamente produtiva.

ele trabalhara quando jovem. Fora lá que meu avô Henry e tio Wilfred haviam extraído madeira manualmente, serrando e desgalhando árvores, ele nos contou. Coníferas tinham sido abundantes na área, com perdas ocasionais de pequenos agrupamentos de abetos-de-douglas ou pinheiros-brancos, ou de cedros e cicutas, por ataques de insetos ou patógenos. Os homens da minha família extraíam qualquer madeira valiosa que estivesse facilmente ao alcance.

Derrubar uma única árvore manualmente demandava grande parte do dia; cada pequeno trecho, uma semana. Perto do tio Wilfred, um negociante astuto, meu avô era um bufão. Ambos eram inventores: Wilfred construiu um guindaste manual com carrinho de transporte em seu rancho de dois andares, e vovô montou uma turbina hidráulica no afluente Simard a fim de gerar eletricidade para as casas flutuantes. Aquelas florestas antigas tinham árvores da altura de um prédio de quinze andares, e meu avô localizava as mais retas. Ele e Wilfred se posicionavam um de cada lado da árvore, apoiados em tábuas cortadas grosseiramente e elevadas acima da parte mais grossa da base do tronco, onde a circunferência a ser cortada era ligeiramente menor. Estudavam a inclinação da árvore e a configuração do terreno, depois planejavam os cortes de modo que a árvore caísse na direção da calha de rio por onde seria transportada.

A serra de dois cabos cantava conforme os homens suavam no puxa-empurra da ferramenta, as mangas da jaqueta cobertas de serragem; começavam pelo corte superior, fazendo um talho horizontal no tronco pelo lado da árvore que dava para o declive do terreno. A um terço do caminho na circunferência do tronco, eles paravam para descansar e comiam salmão defumado, salgado e desidratado. A seiva gotejava do corte. Vovô praguejava enquanto estudava a inclinação peculiar da árvore — *"Il est un bâtard!"* — e apontava seu indicador decepado para avisar que a árvore podia cair no mínimo em duas direções. Mais uma hora de antebraços doloridos e eles já tinham feito um corte mais abaixo, a um ângulo de 45 graus, para encontrar-se com o outro mais profundamente no cerne. *"Mon chou"*, festejava Wilfred quando removia a fatia de alburno com a parte de trás do machado, deixando um talho escancarado que parecia a boca de cada um deles — cáries tinham levado a maioria de seus dentes na adolescência e agora eles usavam dentadura.

Concluído o corte anterior pelo lado do declive, os homens comiam bolo de morango e bebiam litros d'água. Enrolavam e compartilhavam tabaco. Marca Craven A. Depois tornavam a subir nas pranchas e começavam o corte posterior, do outro lado do tronco, cerca de três centímetros acima do corte superior. Qualquer erro de cálculo, o tronco podia cair para trás e arrancar a cabeça deles.

Largavam a serra quando a árvore se inclinava ligeiramente para a frente e restava apenas um punhado de fibras intactas segurando o cerne dela. Meu avô resmungava *"Sacrament!"* enquanto martelava uma cunha de metal no corte posterior com a ponta rombuda do machado. O xilema rompia-se. Com um gemido rouco, a árvore pendia na direção da calha do rio, os lenhadores gritavam "Madeira!" e corriam encosta acima. A árvore varava o ar, a copa feito uma vela ao vento, criando um torvelinho poderoso que soprava as samambaias rasteiras para a frente e revelava a pálida face inferior de suas folhas. Galhos e acículas rodopiavam. Em segundos, a árvore tombava com estrondo e o chão estremecia. Galhos rachavam como ossos fraturados. Um ninho de aves apanhado por uma corrente de vento flutuava até o chão em meio a uma nuvem de penas.

Vovô Henry e tio Wilfred desgalhavam a machadadas a árvore caída. Serravam seções de dez metros de comprimento, para que Prince pudesse arrastá-las mais facilmente até a calha do rio. Para esse transporte, os homens cingiam a extremidade de cada pedaço cortado com um cabo de tração, como se laçassem um bezerro — só que o "laço" deles era uma corrente de ferro grossa como um pulso de lenhador. Os pedaços menores de tronco eram presos pela extremidade com uma pinça forjada à mão, uma ferramenta que se abria enorme como a boca de um leão. Eles prendiam o cabo de tração ou a pinça no balancim, uma barra de madeira que ficava suspensa acima da cauda de Prince e servia para distribuir e equalizar o peso. Prince queixava-se e resfolegava enquanto arrastava cada tora até a calha do rio. Em seguida, os irmãos rolavam as toras para o ponto mais alto da calha usando uma alavanca munida de um gancho de ferro giratório. Feito o trabalho, quando a árvore tinha sido enviada rio abaixo, eles descansavam fumando mais um cigarro, sãos e salvos por mais um dia, *mais um dia* — uma ideia e um refrão que ainda pontuam as imagens que eu guardo da lida da minha família derrubando árvores.

Tradicionalmente, confio que a natureza é resiliente, que a terra se recobrará e virá em meu socorro mesmo quando a natureza se tornar violenta. Mas a mãe de meu pai tinha uma noção extraordinariamente vívida dos perigos do trabalho na floresta, e não sentia a mesma tranquilidade. Aos vinte anos, tornara-se deficiente física depois de uma infecção que a levou a desenvolver a síndrome do pé caído, por isso ela queria que a vida de seus filhos fosse mais livre e mais segura. Todavia, tio Jack continuara a ser lenhador, e sua preocupação com a mãe era tamanha que só deixou de morar com ela aos quarenta anos.

Meu pai largou o trabalho na floresta ainda jovem. O incidente que precipitou sua decisão — ele nos contou naquele dia da caça ao tesouro, quando nos sentamos em toras à tardinha ao lado da preciosa pilha de cabos de metal que tínhamos encontrado — aconteceu quando ele tinha

Toras despencando no lago Mabel por uma das calhas usadas por meu avô Henry. Essa calha desembocava próximo ao escoadouro do riacho Simard, onde meu avô também construíra uma turbina hidráulica que gerava eletricidade para as casas flutuantes dos lenhadores.

Condutores de toras numa barragem no lago Mabel. Wilfred Simard, o terceiro a contar da esquerda, tem nas mãos uma vara de quatro metros usada para guiar os troncos. As alavancas mais curtas terminavam num gancho de metal com uma ponta de ferro para ajudar os homens a girar as toras e manter o equilíbrio. O trabalho era perigoso, mas o condutor que caísse das toras era considerado um "frouxo". As toras mais curtas de abeto-de-douglas, em primeiro plano, eram serradas em tábuas, e as mais longas, de cedro, no fundo da barragem, eram vendidas para se tornarem postes telefônicos. As toras de cedro davam mais lucro, porém eram muito mais difíceis de conduzir porque emperravam na descida do rio.

apenas treze anos, e tio Jack, quinze. Eles haviam abandonado os estudos para ajudar vovô Henry e tio Wilfred. O trabalho deles era aguardar no lago Mabel, sobre o boom de toras flutuantes enfeixadas com couro cru, pelas novas peças de cedro cortado que desciam com estrondo pela calha do rio, coleando por um quilômetro monte Simard abaixo, trombando nas bordas e despencando na direção deles. Quando os troncos chegavam ao lago, papai e tio Jack tinham de guiá-los até o boom de toras.

Certa manhã, trêmulo sob uma chuva de primavera, meu pai entrou em pânico. Segurando a vara com a ponta de ferro, ele tentava se equilibrar em cima de uma tora. "Está chegando!", Jack gritou, lutando para se equilibrar em sua própria tora enquanto ondas impulsionavam meu pai com força redobrada. A peça de cedro se lançou da desembocadura da calha com tal ímpeto que parecia um esquiador num salto olímpico: arqueou-se a uma altura fora do comum antes de furar a água vinte metros à frente deles e mergulhar nas profundezas impenetráveis do lago. Impossível saber onde ela explodiria feito um míssil quando voltasse à superfície.

O tempo parou. Papai nos contou que sua mente voltou de súbito à redação sobre a Segunda Guerra Mundial que ele escrevera antes de abandonar os estudos, na qual ele dizia: "A noite inteira os canhões troaram, bum! bum! bum!...". O professor pedira um texto de quinhentas palavras, mas papai não sabia como encadear tantas palavras para descrever o terror de um soldado. Tinha certeza de que a tora subiria como um tiro de canhão e o faria explodir em pedacinhos.

"Corra, Pete!", Jack gritou.

Mas ele não conseguiu, nem mesmo quando Jack se precipitou para a terra firme, berrando para que papai o seguisse e saísse de qualquer provável caminho daquela tora. Papai não ouvia nada. Os segundos se arrastaram.

Bum! A tora saltou da água vinte metros atrás dele e despencou com estrondo. Tremores percorreram as mãos de meu pai enquanto ele levava para a barragem a tora agitada. No outono, o barco de meu avô, *Putput*, rebocaria o boom rio abaixo para vender as toras maiores às serrarias, enquanto os cedros de diâmetro menor iam para a Bell Pole Company, que os transformava em postes telefônicos.

Pouco tempo depois papai foi ser gerente de uma mercearia e continuou nesse ramo enquanto trabalhou. Mas a floresta seria sempre nosso sangue vital.

As TRILHAS DAQUELAS TORAS QUE tanto tempo atrás deslizaram pelo solo da floresta persistiam. Lugares perfeitos para o pouso de sementes, algumas pequenas como grãos de areia, outras do tamanho de opalas. As sementes de tuia-gigante e de cicuta vinham de cones do tamanho de uma unha de polegar humano. Outras sementes vinham de cones de abeto-de--douglas, do tamanho de um punho, outras de cones de pinheiro-branco, longas como um antebraço. No trecho ceifado pelas árvores arrastadas, as sementes das árvores antigas haviam germinado e formado um relvado denso de plântulas com raízes de extremidades brancas ancoradas no húmus e em água empoçada. Eram fortes, tinham genes que suas antepassadas haviam moldado ao longo de várias gerações para dotá-las de resiliência. Todas as espécies da floresta formavam camadas de acordo com suas taxas de crescimento. Os abetos-de-douglas e pinheiros-brancos destacavam-se do grupo nas alturas, no meio do espaço onde o solo mineral havia sido exposto e onde o sol batia por mais tempo; cedros e cicutas flexíveis, já altos como eu naquela tarde da nossa caça ao tesouro, descansavam à sombra de seus pais. As arvoretas de abeto-de-douglas no centro dessas trilhas de arraste eram duas vezes mais altas que meu pai.

O corte manual das árvores, assim como o transporte por cavalos e pelos rios, permitiu que as florestas continuassem vibrantes e renovassem a vida. Claramente, muita coisa que eu conhecera havia mudado em comparação com o que meu ramo de trabalho e eu fazíamos agora.

No escritório em Woodlands, olhei pela janela e pensei nas minhas plantações. Havia muitos modos de melhorar — plantar em viveiro sementes mais adaptadas ao local, cultivar mudas maiores, preparar o solo de forma mais meticulosa, plantar pouco depois de derrubar as árvores, remover a vegetação rasteira concorrente. Mas as pistas me diziam que a resposta estava no solo e no modo como as raízes das plântulas se conectavam com ele. Desenhei uma plântula robusta, com raízes ramificadas e percorridas por fungos, e outra doente, com um caule minúsculo e raízes mirradas. Minhas ideias teriam de esperar, pois nesse dia eu fora designada para trabalhar com Ray numa floresta de duzentos anos no vale congelado de Boulder Creek, a algumas dezenas de quilômetros de Lillooet.

Nesse dia eu teria de fazer o papel de executora.

Ray e eu delimitaríamos um trecho a ser desmatado. Ele não era muito mais velho do que eu, e morávamos no mesmo alojamento com os de-

Minha avó Martha, por volta dos vinte anos, andando sobre toras no rio Shuswap, em Kingfisher, c. 1925.

mais estudantes, mas Ray tinha experiência de trabalho no íngreme terreno costeiro do Pacífico e me lembrava os homens da minha família. Já perdera um naco de carne na floresta, arrancado por um urso-cinzento, que o agarrou pelas nádegas com os dentes e o estava carregando assim quando o parceiro de trabalho de Ray espantou o animal com um tiro de espingarda de caça.

Passamos pelas escavadeiras trituradoras e niveladoras que estavam abrindo uma nova estrada de transporte para a madeireira e paramos ao lado de algumas árvores antigas nos leques de solo margoso que haviam se acumulado na dobra do vale. Abetos-de-engelmann, com suas copas largas e vultosas e seus troncos imensos. Ray me mostrara o mapa muito rapidamente — não estava acostumado a compartilhar informações com uma garota, e tinha pressa —, mas consegui vislumbrar os contornos: as encostas subiam até cristas bem altas e a floresta rareava de forma gradativa conforme se aproximava da escarpa rochosa onde as marmotas se empoleiravam. Os abetos-do-canadá ao longo do riacho deram lugar a abetos-de-douglas onde os bolsões de solo eram profundos o suficiente para sustentar um extenso sistema de raízes. A cada poucas centenas de metros, a floresta era interrompida por vastas trilhas de avalanches, onde arbustos de ginseng-do-alasca espinhentos como roseiras e samambaias rendadas que pareciam bordadas em *petit point* alcançavam nossa cintura. Eu me lembrei dessas mesmas plantas no lago Mabel. Uma sensação sublime invadiu meu peito, mas foi esvaziada por um nó na garganta. Colhi um ramo de flor-de-espuma, suas minúsculas florzinhas brancas lembrando espuma do mar.

Com um lápis vermelho e uma bússola, Ray marcou um quadrado perfeito na fotografia aérea — o trecho onde as árvores deveriam ser cortadas. Enrolou a foto e a envolveu com um elástico.

"Ei, Ray, não consegui ver", falei. "Poderia me mostrar de novo?"

Relutante, ele mostrou o mapa com uma expressão indecifrável.

"Nós vamos tirar tudo?", indaguei. "Não poderíamos deixar algumas das mais antigas?" Indiquei uma árvore monumental com liquens que pendiam como cortinas dos galhos.

"Você é ambientalista, por acaso?" Ele era um técnico preciso, alinhado com sua época e seu trabalho. Aquela era sua profissão, gostava dela e era pago para fazer tudo do modo mais correto possível.

Olhei para a floresta morta, ainda em pé. Era emocionante trabalhar naquela área venerável; eu não me incomodava por ter de calcular como cortar algumas árvores. Mas arrasar trechos inteiros de uma vez deixaria pouca base para ajudar a floresta a se recuperar. As árvores cresciam em agrupamentos, com a maior e mais antiga — um metro de circunferência, trinta metros de altura — ocupando a parte mais profunda das depressões onde a água se acumulava, enquanto as árvores mais jovens, de idades e tamanhos variados, cresciam nas proximidades. Como filhotes de aves rodeando a mãe. Nas ranhuras das cascas abrigavam-se tufos de liquens-de-lobo que os cervos alcançavam facilmente para comer no inverno. Arbustos de buffaloberry e de saboeiro cresciam entre as rochas. Pincéis-indianos em vermelho brilhante, tremoceiros roxos e sedosos, orquídeas calypso rosa-claras e orquídeas coralroot listradas ornavam as raízes que se abriam em leque a partir dos troncos das árvores. Nenhuma daquelas plantas cresceria depois de um corte raso. Que diabos eu estava fazendo ali?

Usamos os cálculos de Ray para demarcar o quadrado com fitilhos cor-de-rosa pendurados mais ou menos a cada dez metros. Os lenhadores veriam a borda rosa e saberiam onde parar a derrubada. As árvores antigas fora daquelas fronteiras seriam poupadas.

Ray me disse para fazer a demarcação esticando a trena em linha reta a 260 graus, quase a leste, acompanhando basicamente a borda da trilha deixada por uma avalanche. Ele olhava para a fronteira enquanto eu puxava do bolso de trás do colete a trena — uma corda de náilon escorregadia, cinquenta metros de cordão enrolado. Ele viria atrás, instalando mais bandeirolas para os lenhadores.

Ajustei o mostrador da bússola e encontrei uma árvore a ser usada como baliza. A trena se desenrolava como uma corda de pular, cada um de seus cinquenta ganchos de metal marcando incrementos de um metro. Como um coiote, avancei entremeando a trena por cima de toras, através de moitas de mato e entre famílias de árvores.

"Trena!", Ray gritou quando cheguei ao fim do trecho de cinquenta metros. Ele deu um puxão na sua ponta da corda e eu pendurei um fitilho para marcar o local.

"Marca!", gritei de volta, elevando a voz acima do som da água que corria abaixo. Eu gostava de gritar "Marca".

Satisfeito com a acurácia da nossa primeira mensuração, Ray subiu até onde eu estava pendurando fitilhos cor-de-rosa em galhos. Um esquilo tagarelou em seu galho; introduzi os dedos no local onde ele escavara e encontrei uma pedrinha. Aninhado sob o solo da floresta havia um pedaço de fungo que lembrava uma trufa de chocolate. Removi-o com uma faca, cortando um filamento preto que se enterrava mais profundamente no solo. Guardei a trufa no bolso.

"Está vendo aquelas belezas?", Ray perguntou, referindo-se a uns abetos grandes fora da demarcação do nosso quadrado. Ele achava que deveríamos incluí-los. Os chefes iriam gostar — um bônus em árvores muito valorizadas.

Comentei que estavam bem fora do trecho delimitado na autorização de derrubada. Seria ilegal incluí-los. Árvores antigas de grande porte eram não só importantes fontes de sementes em solo aberto, mas também as preferidas das aves, e eu tinha visto tocas de urso sob a parte superior das raízes.

Nenhum de nós tinha autoridade para uma decisão desse tipo. Eu sabia que ele também amava as árvores — essa era a razão fundamental de termos escolhido aquela profissão. "Não se deve deixar abetos perfeitamente bons sem razão", ele raciocinou. "Eles podem ir para a fábrica de verniz."

Andamos até uma daquelas anciãs proibidas, e eu queria gritar para ela que saísse correndo. Compreendia o orgulho de tomar posse do que era mais grandioso, a tentação — a febre do ouro verde. As árvores mais bonitas alcançavam os preços mais altos. Significavam empregos para os moradores da área, serrarias abertas. Examinei aquele tronco imenso, vendo o corte pelos olhos de Ray. Quando se começa a caçar, é fácil cair no vício. É como querer sempre escalar os cumes mais altos. Depois de algum tempo, o apetite nunca é saciado.

"Vamos ser pegos", argumentei.

"Como?" Ray cruzou os braços, intrigado. O governo não podia verificar cada centímetro da nossa fronteira de derrubada. Além disso, estas estavam tão próximas, tão fáceis.

"Elas são habitat de corujas." Na faculdade, eu tinha ouvido falar nas raras corujas de florestas secas — corujinhas-flamejantes —, mas não sabia muita coisa a respeito delas. Não tinha a menor ideia se viviam ali. Estava procurando uma tábua de salvação.

"Você não quer esse emprego no próximo verão? Pois eu quero." A companhia nos daria crédito por encontrar mais madeira. Ele deu uma olhada para trás, como se a árvore pudesse entender e escapar.

Eu queria berrar com toda a força de que era capaz. Em vez disso, refiz o traçado da trena e intimamente bradei contra a minha fraqueza. No limite da área onde já não crescem árvores havia um abeto magnífico. Meus ombros enrijeceram. Uma cortina de pastinaga-de-vaca e salgueiros obscurecia a trilha de avalanche, mas o ar estava parado. Pendurei rapidamente o fitilho rosa para que a árvore ficasse dentro da fronteira. Dali

Lenhadores

a uma semana, ela estaria sem vida. Desgalhada, serrada e empilhada à beira de uma estrada da companhia, à espera de ser posta num caminhão.

Ray e eu refizemos o traçado de todas as linhas delimitadoras. Condenamos outra anciã.

E outra. E outra. Quando terminamos, tínhamos roubado no mínimo uma dezena de anciãs dos limites das trilhas de avalanche. Na hora do descanso, ele me ofereceu biscoitos com gotas de chocolate que ele mesmo fizera. Agradeci, mas não aceitei, e arrumei a trena de náilon em forma de oito, usando minha bota e meu joelho como apoios. Sugeri que poderíamos convencer a companhia a deixar alguns abetos no meio do bloco para dispersarem suas sementes. "Às vezes deixam as árvores grandes para fornecerem sementes na Alemanha", falei impulsivamente.

"Aqui só fazemos corte raso."

Quando tentei explicar que onde eu crescera nós desmatávamos trechos pequenos e as toras arrastadas revolviam o solo e forjavam um canteiro para as sementes de abeto germinarem, Ray retrucou que, se deixássemos alguns abetos solitários, o vento os derrubaria e os besouros escolitíneos se instalariam. "E a companhia perderá um monte de dinheiro", ele acrescentou, frustrado por eu não entender.

Seria um soco no estômago ver os imponentes abetos reduzidos a tocos, a elegância daquele povoamento escavada num quadrado vazio. No escritório, desolada, recomendei plantios em grupos no trecho desmatado, com abeto-de-douglas nas depressões, pinheiros-ponderosa nos afloramentos e abetos-do-canadá ao longo do riacho, imitando os padrões naturais. Ray obviamente estava certo quando disse que a companhia rejeitaria minha ideia de conservar algumas árvores antigas para que elas dispersassem suas sementes no solo perturbado, mas pelo menos esse esquema de plantio manteria a riqueza das espécies naturais no local.

Ted me disse que só plantaríamos pinheiros.

"Mas lá em cima não tem pinheiros-lodgepole", argumentei.

"Não faz mal. Crescerão mais rápido, e sai mais barato."

Os outros estudantes próximos da mesa do mapa se mexeram. Silvicultores nas salas contíguas cobriram o receptor dos telefones com a mão, atentos para o caso de eu ter coragem de começar uma discussão. Um calendário soltou-se da parede e despencou no chão.

Fui para minha mesa e reescrevi a recomendação de plantio, com o coração apertado. O que acontecera com a menina que comia terra? Que trançava raízes, fascinada pelas maravilhas complexas do mundo natural? Lugares de beleza terrível, de camadas de terra, de segredos enterrados. Minha infância gritava para mim: "A floresta é um todo integrado".

3. Estorricada

PAREI, MONTADA NA BICICLETA, e tomei um longo gole de água. Era meio-
-dia, e o sol batia direto na floresta seca. Eu tinha pedalado por cem
quilômetros, o calor sugava o suor da minha pele tostada de verão. As
montanhas baixas do sul do interior da Colúmbia Britânica continuavam
ressequidas porque o ar que soprava do Pacífico para o leste despejava
a maior parte das chuvas nas montanhas costeiras, que se estendiam a
partir de duzentos quilômetros do oceano até vinte quilômetros a oeste
do local onde eu me encontrava, deixando o céu azul do interior sem
uma gota. Naquele fim de semana, eu sentia uma liberdade pura em tal
paisagem, tirara dos pensamentos a tensão com Ray por causa dos velhos
abetos-de-douglas e minha decepção com Ted por desconsiderar minha
recomendação.

Eu estava indo assistir a uma competição de meu irmão Kelly num
rodeio, em seu mundo de caubóis e cavalos. Da última vez que o vira, dois
meses antes, na casa da nossa mãe, eu o surpreendera chorando por causa
da namorada, uma competidora na corrida dos três tambores; ela o trocara
por outro enquanto ele fazia o curso de ferrador em Alberta. Ficamos no
escuro, ele apoiado em sua picape cor de bronze, que trazia na carroceria
uma forja de ferraduras e uma bigorna novas. Cabisbaixo, tentava engolir
a tristeza, mas não conseguia, e eu chorei com ele.

Olhei o vale lá embaixo por alguns quilômetros, até onde um rio corria
numa depressão forrada de sálvia e capim. Aquelas plantas perenes resistentes que cresciam até a altura dos joelhos eram a única vegetação que
conseguia vingar naquele solo árido. Árvores precisavam de água demais
para sobreviver lá embaixo. Mas na parte alta onde eu estava só havia água

suficiente para que as árvores se estabelecessem em nichos no meio do capim, formando uma floresta aberta.

Uma névoa vespertina estava se formando, provavelmente em razão de algum incêndio, mas a visibilidade ainda era suficiente para ver o vale erguer-se por mil metros até a próxima crista, a mais de seis quilômetros dali. Quanto mais alta a elevação, mais chuva caía, e as ravinas ramificadas logo se enchiam de linhas sinuosas de árvores que acompanhavam o fluxo da água. Depois das árvores ravinas acima vinham, por fim, árvores nas colinas, e a floresta se adensava, formando uma cobertura contínua. Nas florestas em partes ainda mais elevadas da montanha, as árvores se agrupavam de novo em outeiros para escapar do solo frio e úmido, até desaparecerem por completo e serem substituídas pela pradaria alpina verde-clara.

Deixei a bicicleta e fiz uma caminhada curta pelo bosque relvado em busca de alguma sombra; passei por trechos com abetos-de-douglas e sob guarda-sóis de pinheiros-ponderosa em depressões onde se acumulava a pouca água que escorria. Subi numa colina onde crescia um único pinheiro-ponderosa, suas acículas compridas em feixes esparsos para economizar a preciosa água. Isso distinguia o pinheiro-ponderosa como a espécie de árvore mais tolerante à seca naquela região. Esse espécime estava numa posição particularmente precária, onde até as gramas que cresciam em tufos e tinham raízes profundas se tornavam pardacentas e mirravam para minimizar a perda de água. Virei minha garrafa de cabeça para baixo para dar as últimas gotas de água ao pinheiro e ri do meu gesto. Só a raiz principal poderia economizar água num tempo como aquele.

Um bosquete de abeto-de-douglas ocupava uma vala rasa, e fui direto até lá. Fungos conhecidos como cogumelos puffball lançaram nuvens de esporos marrons no meu rosto; gafanhotos estalaram as pernas. Kelly e eu costumávamos colher cogumelos para fazer sopa de puffball; peguei um, e filamentos fúngicos vieram pendurados na base. Pensei em levar para ele. Kelly adoraria saber que eu encontrara aquele cogumelo no mato, pois procurar coisas para comer tinha sido uma das nossas brincadeiras favoritas na infância.

A copa dos abetos mais velhos fazia uma sombra ampla. Eles cresciam naquelas depressões rasas porque suas folhas densas em feitio de escova de garrafa demandavam muita água, ao menos em comparação com os pinheiros-ponderosa, de folhas esparsas. Isso restringia os lugares onde eles podiam crescer, mas também lhes permitia ser mais altos e formar agrupamentos mais densos que os dos pinheiros. Porém o abeto-de-douglas e o pinheiro-ponderosa eram, ambos, mais aptos que o abeto-do-canadá e o abeto-subalpino para minimizar a perda de água, o que os ajudava a suportar a seca. Faziam isso abrindo seus estômatos apenas durante poucas horas pela manhã, quando havia bastante orvalho. Nesse período matutino, árvores sugam gás carbônico pelos poros abertos para produzir açúcar e, no processo, transpiram água trazida das raízes. Por volta de meio-dia elas fecham os estômatos e encerram o expediente de fotossíntese e transpiração pelo resto do dia.

Em 1982, entre Enderby e Salmon Arm. Eu tinha 22 anos e estava fazendo uma pausa na viagem sob um abeto-de-douglas. No começo dos anos 1980, minha amiga Jean e eu passamos muitos fins de semana viajando pelas estradas interioranas apenas com sacos de dormir e dez dólares no bolso. Nesse dia eu tinha perdido a carteira, e quando cheguei de volta em casa um motorista havia telefonado para meu pai dizendo que a encontrara na beira da estrada, junto com minha licença de motorista e dez dólares dobrados lá dentro.

Eu me sentei e comi uma maçã sob a generosa copa de um velho abeto-de-douglas. As plântulas que rodeavam a base de seu tronco indicavam que o solo era fresco e úmido. A casca estriada marrom absorvia o calor e protegia a árvore do fogo. E era grossa, para prevenir a perda de água do tecido subjacente, o floema, que transporta água e açúcar produzidos durante a fotossíntese desde as acículas até as raízes num anel de três centímetros de espessura composto de longas células tubulares. A casca alaranjada do pinheiro-ponderosa também protegia essas árvores com copa em formato de guarda-sol dos incêndios que ocorriam mais ou menos a cada vinte anos.

Aquelas plântulas cresciam felizes da vida onde quase não havia água, enquanto as minhas mudas nas montanhas costeiras a oeste estavam morrendo mesmo com água em abundância.

A arista de uma semente de grama cutucou minha perna enquanto eu espiava uma formiga que subia de um formigueiro próximo, tão alto e largo quanto minha silhueta sentada. A estrutura fervilhava com milhares de operárias. Elas transportavam, empilhavam e armazenavam milhões de acículas de abeto-de-douglas que juncavam o solo da floresta. Também carregavam para o formigueiro esporos de fungos xilófagos marrons em suas pernas e nos grânulos fecais; isso acelera a infecção e a decomposição das acículas, o que, por sua vez, assenta e estabiliza o amontoado de acículas. E os levavam também para o interior dos tocos e árvores caídas, contribuindo para a decomposição — que, do contrário, seria tolhida pela seca do verão. Eu me lembrei dos cogumelos-ostra saprotróficos do lago Mabel, com seus chapéus lisos cor de creme grudados em árvores caídas e em troncos de bétulas mortas. Árvores que tinham sido mortas pelos patogênicos cogumelos-do-mel. Os cogumelos-ostra, eficientíssimos no trabalho de decomposição, também matavam e digeriam insetos para suprirem suas necessidades de proteína. Cogumelos são tão variados quanto os locais em que se apoiam, e são mestres em multitarefas.

Curiosamente, nas ravinas e depressões daquele vale ressequido as plântulas e arvoretas salpicadas ao redor dos abetos-de-douglas e dos pinheiros-ponderosa pareciam bem — mesmo sem se beneficiarem de uma

Estorricada

raiz principal profunda. Será que as árvores velhas ajudavam as jovens passando água para elas através de raízes enxertadas? Os enxertos consistem em uniões nas quais raízes de árvores distintas se ligam em uma raiz única e compartilham o floema — como veias que crescem juntas em enxertos de pele durante um processo de cura.

Estava na hora de ir, senão eu perderia a participação de Kelly na montaria de touro. Ele competia nessa modalidade porque era a que tinha a taxa de inscrição mais barata, e ele vivia sem dinheiro.

Ainda intrigada com o enigma da água, voltei à bicicleta e notei, do outro lado da estrada, um agrupamento de álamos de casca branca e lisa. Também eles haviam se espalhado desde as ravinas mais úmidas até as encostas rochosas. Tinham folhas grandes, planas e trêmulas que sem dúvida emitiam galões de água por dia. Álamos-trêmulos são singulares porque muitos caules do mesmo indivíduo brotam no subsolo ao longo de uma rede de raízes em comum. Eu me perguntei se os arvoredos de álamo não estariam acessando água das ravinas e passando-a encosta acima por meio de seus sistemas de raízes compartilhadas. Como uma brigada de incêndio. Sob suas copas floresciam rosas selvagens, com as pétalas rosa--claras muito abertas para exibir seus vistosos estames amarelos. A flor favorita de Kelly. Emaranhados de tremoceiros roxos, arnicas heart-leaved douradas e pés-de-gato rosados alastravam-se desde a sombra até a área ensolarada. Será que o sistema de raízes dos álamos deixava parte da água vazar no solo e aquelas outras plantas a acessavam? Talvez fosse assim que aquela comunidade vegetal heterogênea sobrevivia no solo mais raso e seco. Mas eu não tinha ideia de como a água passaria dos velhos álamos para as florzinhas sem antes evaporar ao sol.

Parei diante de um sinuoso pinheiro-ponderosa e cavei um buraco no solo incrustado de liquens para enterrar o miolo da minha maçã. A argila dura era toda entrançada com raízes de árvore e rizomas de capim — um sistema de caules subterrâneos com nós em algumas partes, como os estolhos do morango. Embora secos, os torrões minerais eram repletos de volumosos leques rosados, brancos e pretos de filamentos fúngicos. Mais delgados do que os filamentos carnudos que eu vira quando pequena no dia em que Jiggs caíra na fossa de raízes e solo coloridos. Mais delgados que os grossos tapetes amarelos na floresta de abetos-subalpinos abaixo do trecho desmatado na primavera. Um fungo rosado conhecido como fungo coral — por lembrar o coral marinho — projetava-se num leito de liquens formando uma crosta acima do solo. Colhi a minúscula árvore fúngica, de pouco mais de dois centímetros de altura, para examinar melhor seus delicados ramos eretos. Eles eram claramente tão eficientes quanto lamelas, poros e estrias de outras espécies para criar bastante espaço para a produção de esporos — milhões subiram até meu nariz, e eu espirrei. Fibras fúngicas rosadas tremularam desde a base.

O que faziam aqueles filamentos fúngicos desse cogumelo de feitio singular, e como eles ajudavam o fungo coral a se sustentar? Esfreguei os filamentos com o polegar e o indicador. Eram arenosos. Partículas úmidas de solo aderiam ao micélio. Talvez os filamentos tivessem algum papel na absorção de água a partir do labirinto de poros no solo. Nesse clima, qualquer água ainda presente no terreno aderiria firmemente às partículas de solo. Nas florestas esparsas, onde árvores só crescem em depressões e ravinas, obviamente a água limita os locais onde os fungos podem se fixar. Eu me perguntei se aqueles cogumelos minúsculos não estariam ajudando, além de a si mesmos, também as árvores necessitadas de água ou talvez de nutrientes onde as árvores estavam sobrevivendo ao frio. Se eu pedalasse até aquelas florestas de terras altas do outro lado do vale, será que também encontraria cogumelos *Suillus*, como nas montanhas Lillooet? Em lugares com abundância de água, talvez os filamentos rosados, amarelos e brancos levassem às árvores nutrientes, em vez de umidade. Guardei o fungo coral no bolso junto com o puffball.

Outra questão, ainda mais intrigante, era se a multidão de filamentos fúngicos sedosos que se espalhava pela argila poderia ou não explicar como a água se deslocava desde as árvores grandes até as plantas de raízes mais superficiais. Será que aqueles filamentos subterrâneos em feitio de teia de aranha conectavam as árvores e as outras plantas a fim de captarem a tão necessária umidade para a comunidade inteira? Será que os puffballs e os fungos coral participavam do processo? Talvez não tivessem nenhum papel nisso, pois, segundo a sabedoria prevalecente, para sobreviver as árvores só competiam entre si. Era isso que tinham me ensinado na faculdade de silvicultura, e era por isso que a madeireira onde eu trabalhava gostava de plantar árvores de crescimento rápido em renques bem espaçados. Mas isso não fazia sentido num ecossistema onde árvores e plantas pareciam necessitar umas das outras para sobreviver. Diante de uma estação extremamente seca ou de uma aridez profunda para a qual as árvores não estivessem adaptadas, elas poderiam sucumbir ao calor sufocante.

Em cima da hora, como de costume, cheguei à arena de Logan Lake quando a competição de Kelly estava começando. A arena do rodeio ficava no centro do vilarejo, na baixa cordilheira glaciária interiorana coberta por pradarias e por uma floresta pálida e árida de abetos e pinheiros. Ali viviam apenas alguns milhares de pessoas — boiadeiros, madeireiros, mineiros de cobre. As montanhas discretas, formadas por um conglomerado argiloso de origem glaciária e por afloramentos de lava expostos às intempéries há milhões de anos, lembravam-me a gente robusta e laboriosa que elas cercavam. O sol varava o terreno poeirento, aquecia a terra e intensificava o odor de cavalos e touros. Cães bebiam sofregamente em vasilhas de água postas à sombra, e crianças brincavam sob o toldo do tanque de peixes. Os peões e as peoas conduziam as belíssimas montarias — appaloosas, quartos de milha, paints — entre o estábulo e a arena. Os espectadores aquietaram-se para ver os touros sendo montados; encontrei um lugar na parte baixa da arquibancada e tentei avistar nos corredores o chapéu de caubói de feltro marrom de Kelly.

Apesar do calorão, os peões ostentavam traje de gala, com camisa em estilo western de pala bordada e calça jeans justa e vincada — elegantes como aristocratas elisabetanos. Puxei meu boné mais para perto dos olhos a fim de me proteger melhor do sol e pensei em como seria bom ter um chapeu de caubói ali. Minha camiseta e bermuda não davam conta. Naquelas montanhas baixas fazia mais calor do que no centro do inferno, a pele exposta ficava queimada em minutos.

E então avistei Kelly.

Estava montado na cerca do corredor dos competidores, segurando seu touro. O corredor, quase da largura do touro, ficava no outro extremo da arena oval, fechado por um portão. Na arena havia um palhaço. As pernas de Kelly estavam tensionadas sob a calça jeans e as perneiras de couro, e ele esperava o touro ficar um pouco mais calmo. Com um sorriso forçado, ele conversava com o animal. Seus olhos azul-claros estavam tão concentrados que pareciam ancorados sob as sobrancelhas escuras, e suas luvas de couro surradas faziam as mãos já grandes parecerem maiores. Eu sabia que seu cinturão de couro tinha o nome Kelly gravado e era preso por uma fivela de prata que ele ganhara como prêmio numa competição, uma fivela enfeitada com um leão-da-montanha — testemunho apropriado para a região de pumas onde tínhamos crescido. Onde nossos pais nos ensinaram a acampar. A plantar uma horta e a pescar. A remar uma canoa até o curral para que pudéssemos cavalgar em Mieko, a égua de Kelly. Onde aprendemos juntos qual era nosso lugar, nosso significado, nossa razão na natureza. A construir um forte na árvore, a brincar de bandido e mocinho. A fazer balanços com cordas compridas e balsas raquíticas sob chuvas frias no lago Mabel. Quando menino, Kelly praticava por horas no barril azul pendurado entre choupos. Robyn e eu púnhamos todo nosso peso para sacudir as cordas enquanto ele montava seu barril-touro e o espetava com suas esporas imaginárias, aos pinotes.

No sorteio ele havia tirado o touro mais bravo: Inferno de Dante. O placar mostrava as estatísticas de Dante: lançara ao chão 98% dos peões que tentaram montá-lo e recebera 45 pontos pelo desempenho nos giros, coices, quedas e saltos — cinquenta pontos eram atribuídos ao touro e cinquenta ao peão, dependendo de como este respondia aos movimentos do animal e os contrabalançava. Kelly aguardava na cerca enquanto Dante trombava nas paredes do corredor. Peões davam gritos roucos na arquibancada. O palhaço dançava, pronto para escancarar o portão. Kelly ergueu os olhos e vasculhou a multidão. Tirar Dante era uma faca de dois gumes. Ser jogado no chão antes dos oito agonizantes segundos significava pontuação zero, e permanecer depois desse tempo podia aumentar a pontuação pelo desempenho.

A saliva espumosa raiava o pelo de Dante, cuja frustração por estar ali entalado era amplificada pela multidão. Visualizei a cicatriz sob o lábio de Kelly, esticada pelo indefectível pedaço de tabaco preso contra a gengiva. Ele ganhara aquela cicatriz aos onze anos ao colidir de bicicleta com um caminhão estacionado, durante uma corrida que estávamos apostando para testar até onde chegaria meu velocímetro.

Ele me viu na arquibancada e abriu um sorriso. *Não se preocupe. Deixe comigo.*

Enrolei nervosamente o fungo coral entre os dedos.

O locutor tagarelava no alto-falante, o touro corcoveava e marrava. Me empertiguei toda de orgulho quando ele anunciou Kelly como um astro emergente. Nas cidadezinhas de Chetwynd, Quesnel e Clinton, na Colúmbia Britânica, Kelly já era bastante conhecido por segurar-se bem na montaria. Os prêmios eram em dinheiro, coisa que faltava à maioria daqueles peões. Quinhentos dólares para o campeão do dia naquele circuito de pouca projeção. Kelly gracejou com o palhaço, fingindo tapar as orelhas para não ouvir a barulheira roufenha do touro. O palhaço, de cara branca e lábios vermelhos, usava camisa xadrez amarela com calça jeans muito largas.

"Ei, palhaço", provocou o locutor pelo alto-falante.

O palhaço deu uma estrela, tal qual um ginasta. "O quê?", ele gritou.

"Onde é que peão come?"

O palhaço encolheu os ombros, mas sempre profissionalmente de olho no corredor.

"No pasto."

A multidão caiu na gargalhada, e o palhaço se jogou no chão para mostrar o quanto sofria. Kelly esperava na saída do corredor. O touro estava um pouco mais calmo.

"Ei, palhaço. Já ouviu aquela do cachorro de três pernas? Ele entrou num bar e pediu uma cerveja. O balconista não quis servir. O que o cachorro falou?"

O palhaço pôs as mãos na cintura e fez que não com a cabeça, pois cachorros não falam.

"Você não quer me servir porque tem precãoceito."

O palhaço deu um tapa na testa, e a multidão urrou, mas de repente ficou em silêncio.

Avistei tio Wayne, irmão da minha mãe, algumas fileiras à minha frente, olhando para Kelly como se lhe desse instruções silenciosas. Kelly era o protegido de Wayne, e Wayne era o ídolo de Kelly, ambos caubóis natos da linhagem rancheira dos Ferguson. Homens que amavam a vida dura e prefeririam morrer montados num cavalo em uma pradaria a dar o último suspiro lendo um livro sentados numa poltrona.

Eu não herdara aquela natureza arrojada, mas sabia que montar touros era a coisa mais importante para Kelly, estava no sangue dele tanto quanto as árvores estavam no meu.

Dante entendeu subitamente que estava encalacrado e paralisou-se.

Kelly tocou no chapéu, em um gesto para o árbitro, que estava sentado na grade do lado oposto ao corredor; então enrolou no pulso, com força, a corda que enlaçava o torso do touro e subiu em Dante. As tiras de couro pendentes do punho de sua luva pareciam graciosas em contraste com a força de seu braço e a potência do touro. Quando Kelly fez um sinal com a cabeça, o árbitro deu um puxão na tira grossa que envolvia os flancos do animal, para apertá-la na virilha.

O palhaço abriu o portão e o touro saiu furioso, escoiceando, corcoveando, sacudindo. A multidão se levantou aos gritos. A arena tremia. Todo mundo eletrizado com *meu* irmão caçula. A tira no flanco fazia seu trabalho, comprimia e enlouquecia os membros posteriores do touro. Um peão magricela gritou atrás de mim: "Cavalga aí, seu filho da puta!".

Agarrado à corda com a mão direita, Kelly ergueu o braço esquerdo. Engoli em seco, aflita. Dante girou com as quatro patas no ar, e Kelly se aguentou, movendo-se em assombrosa precisão para acompanhar os coices do touro. O animal arremeteu tão próximo da borda da arena que pensei que os dois colidiriam com as tábuas. O touro urrou quando Kelly o esporeou. Eu entendia o suficiente para saber que o árbitro daria mais pontos a Kelly por provocar a fúria de Dante. Os tendões saltavam no pescoço de Kelly. O palhaço agitou o lenço para atrair o touro ao centro.

Estorricada

O relógio chegava nos últimos tiques para os oito segundos, e ergui os punhos no ar e gritei até a garganta doer. Mas também sabia que uma guinada inesperada, talvez por causa de algum berro esganiçado na plateia, poderia transformar Kelly num monte de ossos esmigalhados.

Desviei o olhar depressa mas me forcei a ver o pinote violento que o derrubou. Ele subiu alto no ar e seu corpo arqueou-se antes de aterrissar em cima do ombro com um baque horroroso. O sangue sumiu da minha cabeça. Kelly pulou fora do caminho do touro no último instante. A multidão gemeu e voltou a se sentar. O cronômetro mostrava sete segundos. Tio Wayne gritou *"Geeezuz keerist!"*.

O palhaço deu um salto acrobático na frente do touro para que o animal o perseguisse enquanto Kelly cambaleou até a cerca. Um peão montado a cavalo galopou ao lado de Dante e o agarrou pela tira do flanco. A fivela se abriu, e a tira caiu na terra. Dante deu seu último coice e correu ao redor da arena, depois desacelerou gradualmente e por fim o peão conseguiu conduzi-lo ao curral adjacente.

"Uma salva de palmas para ele, pessoal!", comandou o locutor. Quando ele fez sua habitual demonstração de respeito pelos peões derrubados, a multidão aplaudiu. O peão seguinte já estava no corredor dos competidores.

Tio Wayne, laçador de bezerros muito estimado no circuito e com reputação de criador de gado meticuloso, exímio vendedor de ranchos e bebedor da pesada, discutia com alguns caubóis imitando Kelly enquanto os homens vociferavam detalhes dos sete segundos.

Fui até o trailer de primeiros socorros, verdadeiro forno com aquela carroceria metálica. O médico estava pondo o braço direito de Kelly no lugar. Sua camisa parecia limpa, mas estava enrolada como uma bola. O médico manipulava o ombro de Kelly, devia ser uma dor infernal, mas ele parecia mais feliz do que pinto no lixo. Nenhum sinal de angústia por ter perdido a namorada da corrida dos três tambores. Seu braço caído me deu náuseas. Várias garotas entraram, as camisas justas para dentro de calças jeans ainda mais apertadas, presas por cintos com tachas de prata e enfiadas em botas de caubói bordadas. Como minha família perdeu a chance de se exibir assim? Uma garota tímida na traseira daquele bando, cabelos negros de ébano e olhos verdes como pedras preciosas, chamou a atenção de Kelly, e ele sorriu para ela enquanto acenava para todas as suas admiradoras.

O médico fez uma última torção, e Kelly reprimiu um gemido quando a cabeça do úmero se encaixou de volta na cavidade da escápula. As garotas, mais acostumadas do que eu a esse tipo de dor, pois também eram do mundo dos peões, se aproximaram ainda mais, cheias de admiração. Meu estômago estava revirado, e fui lá para fora.

Atordoado com toda aquela atenção, Kelly gritou para mim: "Ei, Suzie, veio de bicicleta nesse calor?". Tinha um sorrisão no rosto. A garota de cabelos de ébano deve ter sentido que eu era irmã dele, pois deu um passo para trás e me cedeu tempo e espaço para ficar com ele enquanto as outras foram se distanciando.

"Vim, mas saí bem cedo." Eu me apoiei na mesinha de madeira com os apetrechos médicos ao lado dele.

"Segunda vez que isso me acontece. O médico disse que cada vez vai ser mais fácil deslocar."

"Você vai se recuperar." Eu não queria que ele tivesse que abandonar sua carreira. Estava começando a engrenar. Eu nunca vira meu irmão tão animado, tão cheio de vida, desde que éramos crianças.

Kelly riu e, apesar da dor, dobrou o braço para provar que eu tinha razão. "Você também parece firme e forte", ele disse.

Era bom ter uma conversa normal. Quando o casamento dos nossos pais desandou, Kelly ficou muito pior do que eu. Era mais novo, o único de nós que ainda morava com eles quando os dois foram parar no hospital, incapazes de lidar com a situação. Minha mãe tentou me tranquilizar quando fui visitá-la na enfermaria, mas estava tão confusa a respeito da razão de estar ali que não me convenceu de sua melhora. Já em seu apartamento, depois de também ter passado uma temporada no hospital, meu pai acendia um cigarro no outro e ficava com o olhar perdido. Eu queria gritar para os dois tomarem jeito e se reconciliarem, mas principalmente queria chorar. Kelly foi morar com o papai, depois voltou para casa da mamãe, antes e depois de eles se recuperarem, desesperado por estabilidade suficiente

Kelly com vinte e poucos anos montando um touro em Falkland Stampede, no fim dos anos 1980.

para poder concluir os estudos do ensino médio. Levava papai para pescar, mamãe para esquiar, mas não conseguia vencer a tristeza deles. Explodia de frustração, gritava por qualquer coisa. Uma vez buzinei sem querer quando ele estava consertando sua picape e ele saiu da garagem berrando comigo. Enquanto isso, Robyn, perdida em seus estudos na universidade, tirava um ano de folga para viajar. Tentávamos nos consolar uns aos outros mas, jovens sem um lar para o qual retornar, acabamos nos dispersando.

Agora, em terras de rodeio, estar com Kelly me fazia lembrar os velhos tempos na floresta, quando montávamos acampamentos e pedalávamos por trilhas.

A garota de cabelos de ébano aguardava pacientemente, e Kelly perguntou como se chamava. Antes que ela pudesse responder, o trailer foi sacudido pela entrada abrupta de tio Wayne, que exclamou: "Você foi tirar logo o touro mais filho da puta do rodeio!". Sua fivela-troféu no cinto, enorme como um prato raso, tinha a estampa de um touro longhorn.

"É, o desgraçado estava mais doido que uma ratazana de latrina", Kelly replicou e cuspiu um jorro de tabaco na escarradeira. "Foi páreo duro."

"Aquele touro não era uma coisa de louco, Susan?", tio Wayne perguntou com seu vozeirão. Ele sempre errava meu nome. Fiz que sim. Wayne olhou para a garota e falou: "Oi, Shen. A laçada de bezerro está quase chegando, não vejo a hora de ver você competir. Como vai seu pai? Ainda trabalha na 150 Mile House?". Era uma parada com uma lojinha e um posto de combustível, no entroncamento de uma velha estrada do tempo da corrida do ouro.

"Ele está bem", ela respondeu. Parecia surpresa por ele saber sobre sua família. Tio Wayne fazia questão de saber tudo sobre todo mundo.

"Um amigo meu morou em Lac La Hache, perto do 150", comentei, sem saber o que mais poderia dizer.

Quando outra garota entrou e ofereceu aspirina a Kelly, Shen saiu discretamente, e Kelly ficou olhando até ela desaparecer de vista. Até onde sei ele nunca mais a viu, mas sempre serei grata pelo que ela lhe deu naquele dia: seu respeito, aprovação e estima sinceros. Seu súbito desejo de fugir não era diferente dos meus próprios impulsos. Kelly compreendia quando pessoas como eu precisavam desaparecer sem deixar vestígios, do mesmo modo que eu sabia quando ele estava se sentindo soterrado por mudanças repentinas, como se tivesse nascido um século atrasado. Pensei em mostrar o puffball a Kelly, mas não queria constrangê-lo na presença do tio Wayne, por isso dei um soco em seu bíceps não machucado, à guisa de despedida.

"Obrigado por pedalar de tão longe nesse calor miserável só para me ver", ele disse.

"Disponha", respondi com uma risada. "Onde vai ser seu próximo rodeio? Quem sabe eu consigo aparecer."

"Omak, Wenatchee e Pullman", ele respondeu. "No mesmo fim de semana."

Estorricada 75

"Caramba!", exclamei. "Não vai dar. Então, boa sorte. Verei você na próxima vez em que aparecer por estas bandas." Ficamos sem palavras, embora ainda houvesse tanto a dizer.

Kelly tocou a ponta do chapéu em sinal de despedida e pôs um novo naco de fumo sob o lábio.

PEDALEI VELOZMENTE PELA FLORESTA dos abetos-de-douglas para voltar ao meu Fusca, que rodava mais ou menos bem contanto que a alavanca do câmbio permanecesse no lugar, presa por um cabide. Eu precisaria estar no escritório em Woodlands de manhã cedo, e me arrependi de não ter perguntado a Kelly o que ele achava do meu enigma das mudas. Com certeza ele refletiria por um bom tempo, com toda a atenção, depois me daria uma resposta que nunca me ocorrera. Como na vez em que ele trançou fibras de choupo para consertar minhas rédeas que se romperam quando estávamos cavalgando. Eu sabia encontrar bons trechos com morangos nas planícies de pinheiros perto de casa; ele sabia ajudar as vacas a parir e cauterizar ferimentos no pasto. Resolvia problemas compreendendo a ordem fundamental das coisas e chegando a alguma dedução brilhante. Explicava em poucas palavras. Seguidas por uma risada, e então pelo silêncio.

A meio caminho para o carro, percebi que estava faminta, e parei sob um abeto-de-douglas para comer meu sanduíche de queijo, enquanto um esquilo tagarelava comigo. Ele mastigava uma trufa cor de chocolate revestida de uma casca preta, rápido feito um beija-flor. Escavara a trufa no solo do abeto. Várias tocas estavam abarrotadas de montes de solo fresco decorrentes das suas exumações.

"Não vou te dar nada, você tem a trufa", avisei. Comi depressa e peguei minha faca na mochila. Enxotei o esquilo para poder cavar ao redor de uma daquelas tocas. Ele se postou no seu monte de despojos e, falando alto, continuou a comer. Os esporos da trufa voavam.

Cavei através de lâminas de argila dura, cada uma entremeada de leques pretos de filamentos fúngicos. Olhei um torrão bem de perto e vi os filamentos minúsculos crescendo direto para dentro dos poros do solo.

Atravessei as camadas com a faca e percebi que cada lâmina era entremeada pela rede fúngica. Encontrei um local macio, como se espetasse uma batata cozida, e escavei até dar de cara com uma trufa escura e arredondada, com sua casca negra fendida. Varri o solo ao redor, como se estivesse num sítio arqueológico procurando fragmentos de ossos, até conseguir passar os dedos ao redor da trufa.

O buraco já estava do tamanho do meu pé quando encontrei um filamento fúngico que saía da trufa e se afastava. Parecia um cordão umbilical grosso e preto, rijo e resistente, feito de muitos filamentos fúngicos trançados e comprimidos uns contra os outros como fitas em volta de um mastro de festa. Os filamentos propriamente ditos saíam dos leques pretos que entremeavam as lâminas de argila e por fim se trançavam formando um filamento único. O cordão estava compactado na argila, por isso raspei mais solo para ver aonde ele ia. Após uns quinze minutos de trabalho, segui o cordão até um agrupamento branco-arroxeado de extremidades de raízes do abeto-de-douglas. Cutuquei aquelas pontas com a faca: tinham a mesma maciez e textura do cogumelo.

Observei aquela escavação com a mente em rebuliço. O cordão ligava o abeto-de-douglas à trufa através das extremidades de suas raízes, revestidas de fungo. As pontas também eram a fonte dos filamentos fúngicos que se espalhavam em leque por cima dos poros do solo.

A trufa, o cordão, os leques de hifas e as extremidades de raízes eram amarrados num todo único.

O fungo crescia nas raízes daquela árvore saudável. E não só isso: dele brotara um cogumelo subterrâneo, uma trufa. A relação entre a árvore e o fungo era tão robusta que o fungo gerara um fruto.

Exalei, espantada. Como as extremidades de raízes estavam entrelaçadas ao fungo, qualquer água a que as raízes tivessem acesso, ou até qualquer coisa solúvel em água, nutrientes, por exemplo, teria de ser filtrada pelo fungo, que parecia ter todas as ferramentas para atuar como intermediário entre as raízes e a água do solo. Fluía do fungo todo um aparelho subterrâneo — trufas, cordões e filamentos — do qual, por sua vez, saíam hifas ultrafinas que se infiltravam nos poros do solo. Era nesses

Estorricada 77

poros que a água ficava retida, em espaços tão compactos que seria preciso um milhão de filamentos microscópicos para sugar o suficiente para compor uma gota. Os leques talvez absorvessem a água dos poros do solo e então a levassem como funis até os filamentos formadores do cordão, que por sua vez a entregavam à raiz do abeto à qual se ligavam.

Mas por que o fungo abriria mão de sua água em favor das raízes das árvores? Talvez a árvore estivesse tão ressecada, com tamanho déficit decorrente da transpiração da água por seus estômatos abertos, que suas raízes sugavam a água do fungo como um aspirador. Ou como uma criança sedenta sorvendo um canudo. Esse refinado sistema de cogumelos subterrâneos parecia mesmo uma linha vital entre a árvore e a preciosa água no solo.

Depois de meia hora como arqueóloga improvisada, precisei sair em disparada. Embrulhei a trufa, o cordão e as extremidades de raízes anexas no papel-manteiga do meu sanduíche, guardei meu tesouro na mochila vermelha surrada, subi na bicicleta e disse adeus ao esquilo, que ainda se empanturrava de trufas. Pedalei depressa e cheguei ao meu Fusca quando a tarde caía; amarrei a bicicleta no teto do carro e vesti um moletom. Com uma roda de bicicleta pendente na dianteira e outra na traseira, meu velho besouro azul parecia ter ganhado asas de borboleta.

Segui pelas margens sinuosas do rio Fraser até Lillooet, tão cansada que comecei a cochilar ao volante. Acordei sobressaltada com veados imaginários correndo pela estrada. Cheguei ao alojamento da empresa antes da meia-noite. Na ponta dos pés, percorri o corredor ladeado pelos dormitórios apinhados onde outros quatro estudantes de verão, caras jovens, já dormiam. No meu quarto, no fim do corredor — parecia mais um closet do que um quarto —, procurei o livro da biblioteca sobre cogumelos; o quarto era uma bagunça, e desejei ter herdado a personalidade ordeira do meu pai. *Arrá!* Estava debaixo de um amontoado de calças jeans e camisetas.

Folheei o livro. O puffball era do gênero *Pisolithus*, e o fungo coral era *Clavaria*. Tirei meu tesouro do embrulho de papel-manteiga e o comparei às imagens. A trufa, que passa todo seu ciclo de vida no subsolo, era uma espécie totalmente diferente — gênero *Rhizopogon* —, na verdade, uma falsa trufa. Com os olhos enevoados pela exaustão, li as descrições de cada fungo e, em letras quase miúdas demais para serem decifradas, uma nota de rodapé sobre cada um dizia "fungo micorrízico".

Consultei o glossário. Um *fungo micorrízico* forma uma relação — uma ligação de vida e morte — com uma planta. Sem essa parceria, nem o fungo nem a planta poderiam sobreviver. Todos os meus três cogumelos esquisitões eram o corpo frutificado desse grupo de fungos, que extrai água e nutrientes do solo em troca de açúcares produzidos por seus parceiros vegetais através da fotossíntese.

Uma permuta. Um *mutualismo*.

Reli as palavras, lutando contra a necessidade de dormir. Para a planta, é mais eficiente investir no cultivo de fungos do que criar mais raízes, porque as paredes fúngicas são finas, desprovidas de celulose e lignina e requerem muito menos energia para ser produzidas. Os filamentos do fungo micorrízico crescem entre as células das raízes das plantas — suas paredes celulares esponjosas comprimem-se de encontro às paredes celulares mais espessas da planta. As células fúngicas crescem formando uma rede ao redor de cada célula da planta, como uma rede de cabelo na cabeça de um cozinheiro. A planta passa açúcares fotossintéticos através das paredes de suas células para a célula fúngica adjacente. O fungo necessita dessa refeição açucarada para avançar com sua rede de filamentos fúngicos através do solo, a fim de captar água e nutrientes. Em troca, o fungo leva esses recursos do solo de volta à planta, através das camadas de paredes celulares do fungo e da planta comprimidas uma contra a outra, numa permuta dos açúcares fotossintéticos.

Micorriza. Como lembrar dessa palavra? "Mico" de fungo, "riza" de raiz. *Micorriza era raiz de fungo.*

Ah, sim. Numa aula sobre solos, meu professor mencionara as micorrizas de uma forma tão breve, tão de passagem, que eu não tinha anotado. Foi num curso de agricultura, não de silvicultura. Recentemente, cientistas haviam descoberto que fungos micorrízicos contribuem para o crescimento de cultivos comerciais de gêneros alimentícios porque os fungos conseguem acessar minerais, nutrientes e água que as plantas não conseguem alcançar. Quando se acrescentam fertilizantes ricos em minerais e nutrientes, ou quando se fornece irrigação, apelando para recursos artificiais, os fungos desaparecem. Quando as plantas não têm razão para gastar energia investindo em fungos para suprir suas necessidades, elas cortam o fluxo de recursos para eles. Os silvicultores não haviam considerado os fungos micorrízicos muito úteis para as árvores, pelo menos não o suficiente para ensinar isso na faculdade, mas haviam pensado um pouco sobre inocular esporos fúngicos em mudas cultivadas em viveiros para ver se isso ajudava no crescimento das novas plantas. No entanto, os resultados não foram tão persuasivos, e assim tornou-se muito mais fácil despejar fertilizantes do que cultivar micorrizas saudáveis. Eu ri: típico dos humanos, procurar sempre a solução mais rápida.

Com um pouco de esforço, poderíamos aplicar um método mais sustentável, incentivando o desenvolvimento das relações micorrízicas acentuadamente coevoluídas. Em vez disso, os silvicultores ignoravam as micorrizas, ou — pior — matavam-nas com fertilizantes e irrigação no viveiro de mudas e só prestavam atenção nos fungos que danificavam ou matavam as árvores grandes, os *patógenos*. Aquelas espécies fúngicas parasíticas que infestam raízes e caules, danificam a madeira e às vezes matam árvores. Os fungos patogênicos podiam, em pouco tempo, custar uma dinheirama à indústria madeireira. Os professores da faculdade de silvicultura nos ensinaram sobre os *saprófitos*, as espécies fúngicas que decompõem matéria morta, por serem obviamente cruciais para o ciclo dos nutrientes. Sem os saprófitos, a floresta sufocaria com os detritos acumulados, assim como nossas cidades com o acúmulo de lixo.

Em comparação com os fungos patogênicos e os saprófitos, os fungos micorrízicos não eram considerados importantes. No entanto, eles pareciam ser o elo que faltava entre a vida e a morte das mudas que sofriam nas minhas plantações. Era insuficiente plantar sementes com raízes nuas no solo. As árvores pareciam necessitar também de simbiontes fúngicos úteis.

No meu colchão sem cama, com as costas apoiadas na parede, fitei meus três cogumelos de aparência pré-histórica. Eles eram *ajudantes* das plantas, os fungos micorrízicos. Era isso que meu livro sobre cogumelos me dizia. Li mais um pouco e encontrei outra passagem surpreendente. Atribuía-se à simbiose micorrízica a migração de plantas antigas do oceano para terra firme, entre 450 milhões e 700 milhões de anos atrás. A colonização de plantas com fungos permitiu-lhes adquirir nutrientes o bastante das rochas áridas e inóspitas para ganharem um ponto de apoio e sobreviver em terra. Os autores lembravam que a cooperação fora essencial à evolução.

Então por que os silvicultores davam tanta ênfase à competição?

Reli o parágrafo várias vezes. As raízes nuas das mudas amareladas nos trechos desmatados tentavam me dizer por que estavam doentes. O fungo coral com sua nuvem de esporos e os cogumelos puffball com suas hifas palpitantes podiam ter respostas. E também, talvez, as finíssimas redes amarelas como gaze nas extremidades das raízes dos abetos-subalpinos. Na semana anterior eu vasculhara o livro para identificar os cogumelos parecidos com panquecas, os *Suillus*, mas não tinha prestado atenção se eles eram fungos micorrízicos, saprófitos ou patógenos. Reli a descrição do *Suillus*.

O *Suillus* também era um fungo micorrízico. *Um cooperador, um mediador, um ajudante!*

Talvez a *ausência* de fungos no solo fosse a chave para explicar minhas mudas moribundas. O ramo madeireiro tinha descoberto como cultivar mudas em viveiros e plantá-las, mas não percebera que as relações colaborativas, as micorrizas, também precisavam ser cultivadas.

Fui até a cozinha pegar uma cerveja, grata aos rapazes por terem deixado algumas latas de Canadian para quem quisesse. A geladeira a gás as mantinha geladas, junto com pilhas de bifes e bacon. E queijo e salame e alface-americana na gaveta de verduras. Pães brancos e latas de biscoito para o almoço do dia seguinte forravam o balcão de laminado. Os rapazes mantinham o lugar limpinho. Desejei que Kelly morasse mais perto para pensarmos juntos sobre o problema. Ele provavelmente já estava de volta a Williams Lake, com a intenção de começar a ferrar cavalos logo cedo, embora isso fosse quase impossível com a lesão que sofrera.

Uma mariposa bateu suas asas poeirentas em volta da lâmpada piscante pendurada no teto do meu quarto. Um trem apitou ao passar pela margem do rio Fraser, a primeira de duas viagens noturnas para o norte ao longo da ferrovia da corrida do ouro. "Como é bom não trabalhar nesse turno", pensei. Na cama, os joelhos grudentos cobertos por um lençol velho, tomei um gole de cerveja e distraidamente fui removendo o rótulo. Os fungos puffball, coral e panqueca poderiam estar ajudando as árvores e uns aos outros. Mas como? Terminei a cerveja e apaguei a luz, com o cérebro em tumulto e todos os músculos doloridos.

As mudas que estavam morrendo não tinham fungos micorrízicos, e isso significava que não estavam recebendo nutrientes o suficiente. As extremidades das raízes das plântulas saudáveis eram cobertas por redes de fungos coloridos que as ajudavam a adquirir nutrientes solúveis na água do solo. Isso era fascinante, mas eu ainda não compreendia a história toda; pensei nos agrupamentos de árvores. Os velhos abetos-de-douglas cresciam agrupados em ravinas nas montanhas interioranas acentuadamente áridas. Os abetos-subalpinos de acículas macias aglomeravam-se em grupos pequenos em colinas nas montanhas altas, como se quisessem escapar do gélido solo encharcado da primavera. Como essa aglomeração — crescendo tanto em terras baixas quanto em terras altas — os ajudava a sobreviver? Talvez os fungos tivessem um papel no agrupamento das árvores em ambientes mais inóspitos: aproximá-las com o propósito comum de vicejar.

Eu só podia ter certeza de uma coisa: estava na pista de algo importante que poderia curar as plantações doentes.

Por alguma razão, as plântulas precisavam ser colonizadas pelos fungos micorrízicos para obter recursos do solo. Se eu descobrisse mais indícios, insistisse nessa direção, teria de convencer a empresa a *mudar tudo*. Isso não parecia provável, considerando que eu não conseguira nem persuadir meu chefe a plantar uma mistura de espécies nos novos trechos desmatados em Boulder Creek. Se a chave para a sobrevivência era a cooperação, e não a competição, como eu poderia testar essa hipótese?

Empurrei a janela rachada acima da cama para dar passagem às brisas que vinham das montanhas íngremes atrás do alojamento. Elas trouxeram o cheiro das árvores e o som do riacho e banharam meus braços. O ombro de Kelly estava doendo, e suas mãos ardiam por terem segurado aquela corda com tanta força. Por que ir além dos nossos limites nos torna mais fortes? Por que o sofrimento fortalece os relacionamentos que nos mantêm unidos? Eu amava o generoso ritmo com que a terra, a floresta e os rios uniam-se para refrescar os ventos ao fim de cada dia. Isso nos ajudava a nos acomodarmos para passar a noite. O ar depurado pelas florestas antigas envolvia tudo, e eu deixei que a corrente de ar me purificasse.

4. Acuada na árvore

ERA MEU ANIVERSÁRIO, e eu queria muito celebrar meus 22 anos numa das florestas montanas mais primitivas do oeste da América do Norte. O ombro de Kelly estava totalmente curado depois de apenas um ano, e ele voltara ao circuito dos rodeios. Minha amiga Jean veio comigo nesse dia. Pensávamos em subir a trilha do riacho Stryen, o primeiro afluente ao sul do rio Stein, que em seus 75 quilômetros de extensão corria para o leste e desaguava no enorme rio Fraser em Lytton, na Colúmbia Britânica. Estávamos a apenas sessenta quilômetros ao sul de Lillooet, onde ficava a sede da empresa para a qual eu trabalhava, mil quilômetros a sudoeste da cabeceira do rio Fraser nas montanhas Rochosas e a mais de trezentos quilômetros a nordeste de sua foz em Vancouver, na costa. Eu me sentia atraída por esse lugar, por sua energia misteriosa. Jean e eu nos conhecêramos em maio, ambas tínhamos conseguido um emprego de verão no serviço florestal da Colúmbia Britânica, quando eu estava dando um tempo com a minha afoita companhia madeireira, e ela fazia o mesmo com outra madeireira nas ilhas Queen Charlotte (Haida Gwaii). Ela havia reparado em mim durante nossas aulas na universidade, mas eu era tão calada que ela supôs que eu fosse da região que fala francês e que estivesse fazendo intercâmbio. Naquele verão, ambas tivemos a sorte de nos juntar à equipe de ecologistas que ajudava a província da Colúmbia Britânica a catalogar as plantas, musgos, liquens, cogumelos, solos, rochas, aves e outros animais no interior meridional do planalto usando o sistema governamental de classificação de ecossistemas. Depois de apenas alguns meses de trabalho, já tínhamos aprendido sobre centenas de espécies.

Jean, aos 24 anos, em trabalho de campo nas imediações de Lillooet, Colúmbia Britânica, 1983. A trena presa à sua cintura era para medir a distância entre parcelas e assim permitir a contagem das árvores em regeneração. As árvores na borda do terreno são álamos-trêmulos, e as que sobem a encosta são abetos-de-douglas. Essa é a mesma picape que atolou no lamaçal quando fui examinar as mudinhas amareladas.

Estávamos na foz do Stein, onde o desfiladeiro de águas turbulentas juntava-se ao riacho Stryen antes de desaguar no rio Fraser. Eu andava aflita porque havia planos de corte de árvores na bacia do Stein ao longo da década seguinte, e eu já tinha visto áreas desmatadas de um extremo ao outro do vale. Acompanhava os madeireiros e redigia prescrições para o replantio nas áreas desmatadas que se emendavam umas às outras, e minha angústia só aumentava, porque eu amava a silvicultura mas me enfurecia com o que estava acontecendo. Foi nesse estado confuso que considerei participar de uma manifestação, na semana seguinte, no riacho Texas, um afluente setentrional do Stein. Se eu fosse descoberta, poderia ser despedida.

Jean abriu um mapa topográfico sobre o capô de seu Fusca. O vale principal era estreito, rochoso e ribeirinho, entrecruzado por trilhas batidas durante milhares de anos por viagens a pé do povo Nlaka'pamux. "Vi pictogramas aqui", disse Jean, indicando uma cachoeira no mapa. "Eles pintam com ocre avermelhado. Lobos e ursos. Corvos e águias. Os jovens que atingem a maturidade vão à cachoeira cantar e dançar, e um espírito guardião em forma de ave ou animal visitará seus sonhos. Eles ganham resistência, força e imunidade ao perigo, e podem adquirir outras formas, como a de um cervo. Acreditam que, quando uma pessoa se transforma em cervo, a tribo pode matá-la e comê-la, e se seus ossos forem jogados na água, ela voltará a ser uma pessoa."

"Mentira!" Olhei para ela, pasma. "Os cervos são mesmo pessoas?"

"Sim. O povo Coast Salish acha que as árvores também são pessoas. Ensinam que a floresta é composta de muitas nações que vivem lado a lado em paz, e que cada uma tem sua contribuição para esta Terra."

"As árvores são como nós? E são professoras?", perguntei. *Como é que Jean sabia disso?*

Ela assentiu. "Os Coast Salish dizem que as árvores também nos ensinam sobre sua natureza simbiótica. Que, no subsolo da floresta, existem fungos que mantêm as árvores conectadas e fortes."

Disfarcei meu assombro, mas não poderia imaginar um presente de aniversário mais mágico: o que eu suspeitava sobre os fungos já era algo arraigado nas pessoas que tinham uma ligação profunda com o mundo natural.

Jean pôs na bagagem a corda de náilon fina para pendurar nossa comida numa árvore fora do alcance de ursos — levávamos vinho, mingau, cozido de atum e arroz e um pacote de bolo de chocolate para assar na fogueira do acampamento — e eu carregava meu guia de plantas. Amarramos as botas de trilha e pusemos nas costas as mochilas, uns quinze quilos cada. Ajustei as tiras da mochila na cintura e nos ombros — estavam acolchoadas com fita adesiva e já machucavam como o diabo. Precisávamos chegar à trilha alpina antes de escurecer.

Não muito longe de alguns pinheiros-ponderosa havia moitas de trigo bluebench, com sementes que agarram o caule principal de forma alternada, como mãos subindo por uma corda. Cenouras selvagens, com suas flores lembrando plumas, cresciam até a altura dos joelhos, em moitas esparsas para suportarem a aridez. Depois de ouvir a história dos indígenas sobre as redes que conectavam as árvores, comecei a pensar sobre a possibilidade de as gramas, as flores e os arbustos ao longo da trilha também serem micorrízicos. Todas as espécies de plantas do mundo, com poucas exceções — como as cultivadas em plantações naturalmente não micorrízicas ou em plantações irrigadas e fertilizadas —, requerem os fungos ajudantes para terem acesso a água e nutrientes para a sobrevivência. Colhi um punhado da grama que cresce em pálidos tufos azul-esverdeados, e um denso leque de rizomas desprendeu-se quando olhei de perto as extremidades das raízes, esperando encontrar fungos gordos e coloridos como os que eu tinha visto nas raízes das árvores jovens saudáveis. Mas essas pareciam nuas, eram apenas umas vassouras finas e fibrosas. Fui examinar um tufo de festucas, um tipo de grama cujas aristas peludas cutucaram meus braços, e vi que suas raízes também não eram cobertas. Observei o mesmo com os rizomas de junegrass, a grama pontiaguda também chamada de capim-de-crista. Desapontada, joguei as gramas no chão.

Subimos pela trilha até alguns abetos-de-douglas bem espaçados, de galharia aberta, imponentes como carvalhos. Essa parte da floresta era úmida. Grama pinegrass crescia em moitas densas sob a copa dos abetos, com folhas muito mais viçosas, verdes e abundantes do que o trigo bluebench que deixáramos para trás perto dos pinheiros-ponderosa. Puxei um punhado de brotos, e os caules avermelhados da pinegrass se soltaram de repente. Caí de costas sobre a mochila, como uma tartaruga de barriga para cima. Mais extremidades de raízes raquíticas, desgrenhadas e fibrosas. Não pareciam nem um pouco micorrízicas.

"Ué, está aparando a grama?", Jean caçoou.

"Procurando micorrizas, mas todas estas raízes parecem peladas", respondi.

Jean me jogou uma lupa de aro metálico do tamanho de um monóculo, e eu examinei as raízes ampliadas. "Parecem meio gordinhas", falei. "Mas não como a extremidade de raízes micorrízicas dos abetos-de-douglas." Encontrei a descrição da pinegrass no meu livro sobre plantas. Uma nota de rodapé dizia "micorrizas arbusculares" e indicava que só podiam ser vistas ao microscópio, com a ajuda de corantes.

Folheei o livro até encontrar a página que mostrava o abeto-de-douglas. A nota de rodapé dizia "ectomicorrízico".

Fitei as raízes que eu segurava como um punhado de cabelos arrancados numa briga e torci para conseguir ver *alguma coisa* crescendo sobre as extremidades. Eu podia jurar que elas pareciam intumescidas.

"Não admira que eu esteja confusa", resmunguei para Jean, vasculhando as páginas. Os fungos micorrízicos arbusculares de gramas só crescem *dentro* das células de raízes de árvores e arbustos. São invisíveis. Em contraste com os fungos ectomicorrízicos, que crescem *por fora* das células de raízes e arbustos, como toucas. O sol estava alto, e precisávamos seguir caminho, ou nos perderíamos no escuro. Mas eu não conseguia acreditar no que estava lendo. "Ouve essa. O fungo micorrízico arbuscular cresce atravessando diretamente a parede celular da grama e permeia o interior da célula onde estão o citoplasma e as organelas. É como se crescessem atravessando a pele e invadissem as entranhas."

"Como uma micose?", Jean perguntou.

"Não, na verdade, o fungo micorrízico não é um parasita, é um ajudante", respondi. Expliquei que, no interior da célula vegetal, o fungo cresce como se fosse um carvalho. "Ele forma uma membrana ondulada que lembra o formato de uma copa de árvore."

Jean, de dedo em riste e ligando pontos, sugeriu que talvez por isso fossem chamados de micorrizas *arbusculares*: "árvore vem do latim *arbor*", falou. "Mas por que as micorrizas das gramas são diferentes das micorrizas das árvores?"

Eu não sabia. Segundo meu livro, a membrana em formato de árvore tem uma área superficial enorme para que o fungo possa entregar fósforo e água à planta em troca de açúcar. Útil para plantas em climas secos e solos pobres em fósforo.

Joguei as raízes na grama pinegrass, e continuamos nossa subida; passamos pela majestosa floresta de abetos-de-douglas e chegamos a um trecho onde a trilha se torna plana, acompanhando um platô. Com exceção de uns raros abetos-do-canadá e amieiros-verdes no subdossel, a floresta era completamente dominada por pinheiros-lodgepole, com seus troncos esguios e espigados, excelentes para vigas-mestras em construções. Seus troncos não tinham galhos na parte inferior, e suas copas, pequenas e densas, evitavam vizinhas muito próximas.

Peguei algumas madeiras carbonizadas e constatei, surpresa, que eram bem duras mas leves, como se estivessem petrificadas. Provavelmente eram vestígios de algum incêndio que abrira as pinhas e gerara aquele bosque. As pinhas de pinheiro-lodgepole só se abrem quando a resina que mantém as escamas fechadas começa a derreter. Nessas florestas montanas há grandes incêndios mais ou menos a cada cem anos, em consequência do clima seco e da frequente incidência de raios; todo o povoamento é incinerado e o dossel é consumido. Os esparsos amieiros ajudam a repor o nitrogênio eliminado pelos incêndios. Fazem isso sustentando em suas raízes bactérias simbióticas especiais que convertem o nitrogênio gasoso presente no solo de volta às formas que plantas e árvores conseguem usar. Na ausência de incêndios recorrentes, os pinheiros, que gostam de muita luz, morreriam naturalmente em cem anos, e os abetos-do-canadá, tolerantes à sombra, acabariam por dominar o dossel. Eis a sucessão natural das coisas nessas paragens.

Gordos mirtilos-norte-americanos medravam na vegetação baixa em meio à grama pinegrass. Examinei a extremidade das raízes também ali, mas constatei mais uma vez que não eram revestidas. Suas ajudantes micorrízicas formavam outro grupo: os fungos ericoides, que crescem espiralados no interior das células vegetais e me lembravam os bobes que minha mãe usava para enrolar meu cabelo. Mais adiante, uma planta espectral, cerosa, com folhas translúcidas e flores que lembram cabeças encapuzadas, parecia uma espada cintilante espetada em meio aos arbustos. Depois de alguns minutos com meu livro, nós a identificamos como planta-fantasma, que parasita plantas verdes por não ter clorofila própria. E ela forma um tipo especial de micorriza: *micorrizas monotropoides*. Soltamos uma exclamação entre uma risada e um gemido: lá estava mais um tipo... Quantos existiam? As micorrizas monotropoides são como as ectomicorrizas no sentido de formarem um revestimento fúngico na parte externa das extremidades das raízes. Mas elas também crescem no interior das células vegetais, como as variedades arbusculares e ericoides — o que talvez fizesse delas um tipo intermediário. As micorrizas da planta-fantasma também crescem em raízes de árvores e roubam o carbono delas.

Jean provocou: "Fungo não é comida de francês? E não existem cogumelos alucinógenos? Você está tendo uma alucinação". Comentou que a garrafa de vinho estava ficando mais pesada, mas na verdade ela estava tão radiante quanto eu.

A mil metros de elevação e com dez quilômetros já percorridos, chegamos ao primeiro trecho pedregoso do caminho, uma área de deslizamento de rochas. Salgueiros-de-scouler e amieiros-verdes desciam em cascata pelo terreno pedregoso, oferecendo um bom habitat para ursos. O sol escorria generosamente pela crista bem íngreme e alta. Na base do local do deslizamento havia uma cabana de mineiro, lar de um bando de camundongos, ratazanas e esquilos. O cômodo único era feito de vigas de pinho pregadas, e uma pequena área ao lado tinha sido desmatada, provavelmente para uma horta de batata e cenoura. Ou talvez para enterrar mortos. De arrepiar os cabelos, mas estávamos famintas. "Sanduíche de queijo processado", disse Jean, e me passou alguns. Tínhamos aperfeiçoado a arte de fazer um sanduíche durável em segundos com queijo e pão de centeio integral. Justo quando eu estava pensando no quanto aquele lugar era fantasmagórico, Jean comentou: "Provavelmente alguns dos velhos mineiros de ouro morreram aqui".

Ela era perita em dizer essas coisas bem nos momentos em que eu estava tentando engolir.

Seguimos passando por dezenas de curvas fechadas. Em um zigue-zague onde musgos de cabeleira longa vestiam as rochas, a névoa de uma cachoeira nos ensopou. Esguios pinheiros-lodgepole cresciam de forma mais esparsa; foram substituídos aos poucos por abetos-subalpinos mais velhos e abetos-de-engelmann. No meio da tarde, em um vale suspenso no alto da montanha, o último zigue-zague nos deixou em um trecho plano onde um riacho jogava-se do precipício. Abrimos os braços no topo da cachoeira para sentir a forte corrente de ar frio que passava sobre nós e a parede de rocha abaixo. Jean pegou o binóculo: "Olha". Dentro de poucas horas chegaríamos à trilha alpina.

Dei uma olhada panorâmica na paisagem. Prados viçosos estendiam-se na direção de penhascos de topo nevado a poucos milhares de metros acima de nós. Agrupamentos delgados de abetos-subalpinos, as copas afinadas pela neve e pelos ventos fortes, minguavam gradualmente até desaparecer em meio às rochas da trilha alpina. Mais perto do riacho havia trechos mais densos de abetos-subalpinos e abetos-de-engelmann, com arvoretas que se regeneravam nas brechas criadas por quedas de raio, massas de neve e rajadas de vento.

"É lá que eu quero passar meu aniversário", falei, apontando para a crista da montanha.

Era um esboço de trilha o que margeava o riacho fragoroso, com densos bosques de amieiros-verdes e salgueiros flexíveis. Parecia não ser usada havia muito tempo. Tentamos andar depressa, mas a trilha tinha outros planos. Lodo envolvia nossas botas e nos prendia nas baixadas. Troncos atravessavam nosso caminho mais ou menos a cada dez metros, e caules de ginseng-do-alasca arranhavam nossos braços. Ao dobrar uma curva, Jean parou diante de um monte de excremento de urso do tamanho de uma travessa de peru. "Urso-cinzento", ela disse. "Os de urso-negro não são assim tão grandes."

O monturo cintilava com pedaços de mirtilo e grama. Seguimos entre amieiros e salgueiros, berrando, e encontramos mais fezes, ainda maiores e mais recentes.

Jean tocou-as: "Frias, mas moles", murmurou. "Têm cerca de um dia."

"Estou ficando nervosa", falei. Ainda por cima, o riacho era barulhento e com toda aquela vegetação os ursos não nos veriam ao dobrar uma curva. Jean já me salvara no começo do verão, depois que a maré nos prendeu nas cataratas Tsusiat, na trilha da Costa Oeste ao longo da ilha Vancouver, e estávamos em risco de sermos arrastadas para o mar. Eu não era forte o bastante para escalar o penhasco de dez metros, por isso ela passou um braço em volta de mim e foi me puxando até o topo, de mochila e tudo, provavelmente uns setenta quilos no total.

"Vamos avançar só mais um pouco. Eu queria muito que meu aniversário fosse na trilha alpina", falei, mas depois da curva seguinte senti o peito apertar. As pegadas no lodo tinham a profundidade do meu tornozelo e o comprimento do meu antebraço. As marcas de garras faziam talhos profundos no solo, afundando cerca de um dedo a partir da extremidade da pegada.

"Urso-cinzento com certeza", Jean exclamou. "Essas pegadas são enormes. E olhe só as árvores."

Lanhos recentes feitos por garras entalhavam os choupos retos como setas da margem do riacho. Cinco feridas paralelas, de um metro cada uma. Seiva transparente escorria como sangue de cada cicatriz branca recente. Um arbusto de pastinaga-de-vaca de uns dois metros de altura jazia arrancado pela raiz, suas substâncias químicas tóxicas saindo das folhas rasgadas. Pela primeira vez vi Jean com medo.

"Vamos!", gritei. Podíamos ficar na cabana do mineiro. Não havia dúvida de que tínhamos passado do ponto. Peguei no cinto a buzina de espantar ursos e ziguezagueamos trilha abaixo, as mochilas pesadas aos solavancos nas costas; não nos preocupamos em ajustar as correias para a descida. Anoitecia quando chegamos à cabana — mais decrépita do que eu me lembrava, com frestas entre as vigas e um plástico todo rasgado cobrindo as janelas e portas. Mesmo assim era mais segura do que nossa barraca.

Espantamos o medo adicionando água e leite em pó à massa pronta para bolo e mexendo tudo na frigideira de Jean. Cobrimos a massa com papel-alumínio e pusemos para assar no fogareiro que ela trouxera. Caímos na risada quando a massa transbordou borbulhando da frigideira. Celebramos sob um céu estrelado com copos de vinho tinto e pedaços quentes de bolo de chocolate, cantando "Parabéns a você" como lobas uivando para a lua. Os Nlaka'pamux dizem que quando um homem se transforma em lobo encontra coragem e força.

Conversamos até altas horas ao pé da fogueira. Desde nossa viagem pela trilha da Costa Oeste Jean vinha lutando contra a depressão. Falamos sobre a tristeza e a apreensão que podem destruir uma vida, sentimentos que conheci muito bem quando o casamento dos meus pais ruiu e fui dominada pela primeira vez por um abatimento implacável. Uma confusão que prejudicava meu raciocínio. Jean contou que às vezes se sentia como sua mãe, que estava internada para tratamento. Enchi de novo nossos copos. O vinho encorpado corria pelas nossas veias e dava brilho às estrelas. Conversamos sobre truques para lidar com os problemas, sobre rituais que compartilhávamos. Enumeramos pequenas tarefas, como "sair da cama", "escovar os dentes" — lascas de realização. Subir pedalando uma montanha até a gente não sentir mais nada, de tanta exaustão. Caminhar pela crista de um monte sob um sol tão brilhante que a gente acaba abrindo um sorriso. Minhas batalhas eram fáceis perto das dela. Eu só queria que Jean ficasse bem.

Por fim, apagamos o fogo e voltamos para o breu da cabana. Com a débil luminosidade das lanternas de cabeça, abrimos os sacos de dormir no beliche de pinho. Fechei o zíper e me entoquei profundamente, como se isso fosse me proteger de algo mais além do frio.

De manhã, Jean organizou o café enquanto fui até um laguinho cor de esmeralda para me lavar. Olhei as árvores à procura de sinais de urso-cinzento, mas estava tudo tranquilo. Avencas de caules pretos delicados cresciam em um trecho de húmus na base da parede de rocha coberta por uma cascata de samambaias-alcaçuz. Joguei água no rosto. Rendas de samambaias cresciam em recessos de húmus, e minúsculas samambaias-de-carvalho cobriam os aclives à sombra das árvores. Cada uma, como os tentilhões de Darwin, encontrara um nicho.

Atordoada por um fedor de carniça, olhei em volta. As árvores e os arbustos estavam imóveis; as samambaias, serenas. Ocorreu-me que aquilo era cheiro de carne decomposta que algum urso-cinzento arrastara até ali durante a noite.

Voltei afobada para a cabana e gritei: "Jean! Vamos cair fora daqui!".

Botamos depressa as mochilas nas costas enquanto o sol pálido aparecia atrás dos picos no horizonte. Na trilha ao lado do laguinho, vimos um osso de perna de cervo.

Descemos a trilha na corrida, cantando a plenos pulmões. Em poucos minutos estávamos passando pelos pinheiros-lodgepole — aflitas porque os troncos delgados não tinham galhos, e mesmo se pudéssemos dar um jeito de trepar neles só pelo tronco, a casca rugosa cortaria nossas pernas. Possíveis esconderijos se mostravam subitamente para mim. Cada curva do caminho, cada riacho que pudesse ser atravessado, cada galho baixo representava uma possível rota de fuga. Depois de uma eternidade por aquele trecho de pinheiros, a trilha descia até a área dos abetos-de-douglas.

Com seus galhos grandes e o subdossel macio e gramado, os abetos pareciam acolhedores e seguros. Florestas secas de abetos-de-douglas não são o habitat favorito dos ursos-cinzentos — em agosto eles preferem as florestas em terras altas e os prados alpinos, porque lá é mais fresco e as bagas estão amadurecendo. Relaxei e passei a caminhar em passadas longas ao lado de Jean.

Descemos, descemos, descemos, sentindo o peso das mochilas. A fita adesiva que eu usara para acolchoar a correia estava se rasgando, por isso eu mexia nela o tempo todo e quase não notava a grama e as flores que acenavam para mim. De repente, Jean gritou: "Urso!".

A alguns metros, uma mãe e dois filhotes nos encaravam. Procurei pela buzina de ar, mas ela tinha caído da bagagem em algum lugar.

Os ursos estavam tão atônitos quanto nós. Próximos o bastante para sentirmos seu bafo de carniça. Recuamos devagar até algumas árvores ali perto. Jean deixou a mochila no chão e começou a subir num abeto-de-douglas, apoiando os pés nos galhos nodosos. Me agarrei no tronco escamoso de uma árvore vizinha enquanto mamãe ursa gritava com as crias. Abri caminho pelo emaranhado de ramos usando a cabeça como aríete. Jean já estava uns cinco metros acima do que eu conseguira subir, e eu me angustiava tentando equiparar meu ritmo com o dela. A ursa poderia facilmente me fazer em pedaços se eu estivesse numa parte baixa. Sangue escorria profusamente de cortes e arranhões em meu rosto e em meus braços. Minha árvore sacudia com o medo. A árvore de Jean permitia que ela escalasse depressa por seu tronco enorme e adentrasse logo o dossel. Eu, na pressa, não havia tirado a mochila e escolhera uma árvore muito menor! Quando cheguei o mais alto que podia, meu galho balançava, e eu temia despencar em cima da mamãe e seus ursinhos, que agora perambulavam bem ali embaixo.

Depois de me lançar um olhar fulminante, ela fez os filhotes subirem em dois pinheiros-ponderosa — botou os pequenos em segurança, fora do caminho, enquanto ela lidaria conosco. Os troncos alaranjados não tinham ramos, mas os filhotes eram leves e tinham garras afiadas. Mamãe grunhiu as instruções, e os dois treparam meio desajeitados até descansarem em copas muito acima de nós duas. Mamãe virou-se para nós e se ergueu nas patas traseiras para enxergar melhor. Os ursos-cinzentos são célebres pela visão fraca. Quando ela decidiu que não queríamos conversa, pôs-se a andar para lá e para cá entre as quatro árvores. Empoleirada lá no alto enquanto ela mostrava quem mandava no pedaço, eu dava graças aos céus. Com os dedos dos pés engatados no tronco, as mãos sangrando, me encostei na árvore para descansar. O calor da casca e o cheiro adocicado das acículas me acalmaram momentaneamente. Jean olhou para mim e indicou com a cabeça os filhotes, que cravavam em nós seus olhos negros, emoldurados por pelos louros e rentes como cabelo de soldado. Jean não pôde evitar sorrir para eles.

As horas se arrastaram. Mudei os pés de lugar para aliviar a dor nas costas e rearranjei a mochila, preocupada com a possibilidade de passarmos

Com 22 anos, tomando café da manhã na cabana
de mineiro no riacho Stryen, 1982.

a noite toda ali. Por sorte eu estava desidratada demais pela caminhada para precisar urinar. Os filhotes — juro — adormeceram enquanto a severa mamãe nos mantinha de castigo.

Desejei poder dormir também, mas não conseguia parar de tremer.

Os pensamentos me levaram até minha mãe, porque o aroma de baunilha que emanava da casca do pinheiro-ponderosa me fez lembrar de sua cozinha, e porque eu adoraria lhe perguntar como sair daquele apuro.

A esplêndida árvore de Jean não chacoalhava como a minha. Ou Jean era mais corajosa do que eu — do que eu tinha quase certeza — ou sua árvore era mais robusta. Uma verdadeira anciã. Dominante, imperiosa, augusta. Copa mais profunda e mais imponente que as de suas vizinhas. Fornecia sombra para as árvores mais jovens abaixo. Liberava sementes evoluídas ao longo de séculos. Estendia seus galhos prodigiosos onde aves canoras se abrigavam e faziam ninho. Nela, liquens-de-lobo e viscos encontravam fendas para se enraizar. Permitia — necessitava — que esquilos subissem e descessem por seu tronco em busca de pinhas para armazenar e comer mais tarde. E que pendurassem cogumelos nas dobras de galhos até secarem e ficarem prontos para comer. Essa árvore, sozinha, era um andaime para a diversidade e abastecia os ciclos da floresta.

Meus braços envolveram o tronco com mais força. Mamãe acomodou-se sob os pinheiros enquanto os filhotes dormiam. Meus tremores reduziram-se a estremecimentos, o terror a mero medo. Na segurança da minha árvore, tive a sensação de que me enxertava em sua casca e me fundia em seu cerne, assombrada por estar calma em seus galhos. Um pica-pau martelava numa árvore doente próxima, espalhando serragem ao cavar uma toca nova para sua família. Ali perto, uma protuberância abrigava uma cavidade maior. Também parecia toca de pica-pau, porém maior e mais rudimentar, pois a árvore começara a se decompor, e as bordas da cavidade eram cheias de farpas. Um pica-pau não estaria a salvo de predadores naquele buraco. Algo se moveu lá dentro. A cara branca e os olhos amarelos de uma coruja apareceram. Ela virou a cabeça e piou, talvez para o pica-pau, talvez curiosa com o tumulto. O pica-pau e a coruja pareciam se conhecer. Vizinhos de ninho que trocavam sinais de alerta.

O sol poente pincelou as árvores com um fulgor ardido. Meus pensamentos derivaram para as sobras de bolo de chocolate na mochila de Jean. A mamãe tinha vindo lá dos pinheiros e farejava em torno da mochila.

Ela bufou uma ordem. *Arranhar, arranhar.* Os filhotes desceram depressa e seguiram a mãe aos pulinhos mata adentro, num rastro de folhas estalando.

E então — silêncio. Os galhos vergavam com meu peso — imaginei que estavam torcendo para que eu os largasse.

"Será que foram embora?", perguntei a Jean na voz mais baixa possível.

"Não sei, mas estou com fome. Hora de ir." Ela começou a descer. Expliquei minha preocupação, mas Jean — sensatamente — replicou que não poderíamos permanecer nas árvores para sempre.

Desci e cheguei à base logo depois que as botas de Jean tocaram o chão. Ela olhou meus braços esfolados, mas ficou ainda mais impressionada ao ver que ela mesma tinha cortes mais profundos. "Sorte que não sentiram o cheiro do sangue", ela disse, examinando a mochila. Sem marcas de dentes. Abriu o zíper de um dos bolsos laterais, grandes como orelhas de elefante — motivo de orgulho porque duplicava o tamanho da mochila — e devoramos o resto do bolo. "Acho que eles não gostam de chocolate." Jean garantiu ter ouvido pedras despencando vale acima, e isso significava que estávamos seguras.

Sua árvore, imperturbável, serena, assistia à nossa partida. Olhei para a minha, o topo aninhado sob a copa da árvore de Jean. E me perguntei se a árvore de Jean não seria a genitora da minha, já que a maioria das sementes cai nas proximidades, quase direto no chão em um raio de cem metros. Algumas sementes pesadas vão parar mais longe, atravessam riachos e depressões levadas por esquilos, tâmias e aves. Às vezes, uma é apanhada por uma corrente de ar ascendente e voa para a outra encosta do vale. Mas a maioria cai mesmo é na periferia da copa da árvore. Provavelmente a velha árvore de Jean era genitora da minha. Parecia protegê-la, proteger todas nós. Toquei no gorro em um gesto de agradecimento e sussurrei que talvez voltasse para aprender mais sobre ela.

Corremos batendo panelas e gritando para os ursos-cinzentos que já estávamos de partida. Mas mesmo à beira do perigo fui envolvida por uma nova sensação de paz, pela arrebatadora sabedoria dos velhos abetos e pinheiros. Senti a conexão da floresta que os povos indígenas já compreendiam tão profundamente. Eu tinha chorado pelo corte das velhas árvores depois que Ray e eu delimitamos as áreas a desmatar nas montanhas Lillooet, e continuava atormentada pela sensação de culpa por ter condenado árvores de quinhentos anos. A eficiência do corte de árvores parecia brutalmente dissociada da natureza, um desdém por seres que considerávamos mais quietos, mais holísticos e espirituais.

Mas eu estava ali na floresta com Jean por uma razão. As árvores nos salvaram, e pensei na possibilidade de ajudar minha madeireira a descobrir um novo modo de cortá-las e ao mesmo tempo proteger as plantas e os animais. E as mães da floresta. Talvez pudéssemos nos tornar líderes no ramo. O corte de árvores não cessaria enquanto as pessoas precisassem de madeira e papel, por isso era preciso encontrar novas soluções. Meu avô cortou árvores deixando a floresta vibrante e com capacidade de regeneração, e as mães intactas. Não enriqueceu, mas viveu em uma paz valiosa com a floresta; tirava apenas o necessário, deixava brechas para que as árvores pudessem voltar. Tive sorte por ele me mostrar isso. Como proteger a floresta enquanto ela nos fornecia madeira para construir nossas casas, fibras para produzir papel e remédios para curar nossas enfermidades. Eu queria pertencer a uma nova estirpe de silvicultores que honraria essa responsabilidade.

VOLTEI A TRABALHAR NA MADEIREIRA no verão seguinte e fiquei até o fim de setembro, porque já me formara na universidade, mas fui dispensada quando a neve caiu nas montanhas mais cedo e interrompeu o trabalho de campo. Eu queria concluir as prescrições de plantio e as encomendas de mudas, e Ted prometeu contratar-me de novo na primavera seguinte. Eu torcia para que isso levasse a um emprego permanente.

Uma semana depois, encontrei-o por acaso em frente à agência do correio em Kamloops, cidade cem quilômetros ao norte, onde minha mãe morava. Ted pareceu querer se esconder quando eu disse olá e perguntei como ele estava administrando o trabalho que eu deixara inacabado. Com um riso nervoso, ele me disse que a empresa havia contratado Ray para terminar de redigir as prescrições de silvicultura durante o inverno. Desviou o olhar e não deu nenhuma justificativa.

Será que eu tinha feito alguma coisa errada? Não fora por causa da manifestação no vale Stein, porque acabei não participando. Eu tinha dito a mim mesma que poderia resolver melhor os problemas estando dentro da indústria. Também não era pelo meu desempenho, pois era bem sabido que eu tinha aprendido mais sobre a ecologia e a silvicultura das florestas do que qualquer outro dos estudantes — inclusive Ray. Será que eu não me entrosara com os rapazes?

Ted telefonou na primavera seguinte e ofereceu o emprego temporário em silvicultura, como ele havia prometido, mas recusei. Eu queria descobrir outro modo de trabalhar na natureza. Um modo que pudesse me dar mais insights sobre o misterioso comportamento das árvores-mães nas florestas.

Eu não tinha ideia de que, para isso, eu precisaria primeiro aprender a envenenar uma árvore.

5. Matando o solo

"Suzie, estou com medo", minha mãe chamou. Tínhamos atravessado com cuidado um terreno rochoso em aclive, acima de nós havia paredes íngremes onde só as cabras conseguiam transitar, e penedos se espalhavam como carros numa colisão. Olhei para trás e a vi sobre uma pedra enorme, escorregando na direção de um amplo barranco.

Pulei sobre as rochas, segurei sua mochila por cima e a ajudei a rastejar para a frente. Estávamos na trilha alpina do lago Lizzie, na divisa elevada entre o vale Stein a leste e o lago Lillooet a oeste. Minha mãe não tinha experiência em escalar terrenos de deslizamento de rocha, apesar de ter crescido nas montanhas Monashee, e fiquei com raiva de mim mesma. Andava sensível por ter sido preterida no trabalho de silvicultura durante o inverno, e queria lhe pedir conselhos enquanto mostrava a paisagem pela qual me apaixonara. Mas precisava ter posto minha mãe em perigo para isso? Ela podia ter quebrado um braço.

"Vamos descansar, mãe", falei. Ela transpirava tanto que fios de suor escorriam pelos retalhos de couro que ela costurara por cima dos buracos de sua mochila especialmente para esse passeio. Eu lhe dera aquela mochila depois de comprar uma maior, de montanhista, como a de Jean. Peguei o pacote de granola, e ela catou os pedacinhos de chocolate. Foi bom confortá-la por um momento.

"Já fiz a trilha da Costa Oeste, Suzie, mas nunca mochilei num campo de bolas de boliche", ela disse.

"É difícil mesmo a gente se equilibrar em cima de uma pedra arredondada com quase dez quilos nas costas", falei, fingindo andar sobre uma corda-bamba para mostrar que sabia como era complicado. "A gente tem que ir mudando a mochila de lugar conforme sobe, ela é como um lastro. Parece bastante com esquiar. Ajuste o peso da mochila pelo ângulo da rocha, como se estivesse desviando dos moguls na pista de neve." Minha mãe se tornara uma esquiadora hábil depois do divórcio, e todo ano comprava um ingresso familiar para esquiarmos na pista local. No primeiro dia ela caiu em todas as curvas. No final da temporada, já conseguia descer pela pista do teleférico controlando sua velocidade com a ponta dos esquis virada para dentro. No segundo ano já descia pelas pistas de moguls na montanha, decidida a ser tão boa quanto os filhos adolescentes. Preparava lanches generosos com pães e biscoitos caseiros e então nos levava para esquiar com nossos amigos, como uma mãe loba e sua matilha de filhotes.

"Se eu consigo descer esquiando a montanha Chief, consigo escalar um trecho de rochas", ela disse, jogando amendoim para uma marmota. "Adoro essas marmotas grandonas", exclamou, encantada por ver o bicho comer. Do outro lado do vale despontavam picos cor de grafite moldados por geleiras e avalanches. Abaixo deles, trechos desmatados por deslizamento entre bosques de abetos-subalpinos, desde a parte mais elevada até as florestas de abetos-de-douglas nas mais baixas. O mato rasteiro nas clareiras reluzia em tons vermelho-alaranjados naquele começo de outubro, no fim de semana da Ação de Graças no Canadá.

"Que florzinha linda é essa, Suzie?". Ela indicava uns papilhos prateados, esfiapados como estopa. Estavam na ponta de caules esguios com folhas parecidas com as de salsa.

"Flor-do-vento", respondi, alisando um papilho com a palma da mão. Um punhado dessas plantas crescia numa camada de húmus que se acumulara entre dois penedos e cintilava ao sol.

"Flor-de-vento!", ela exclamou. Amo cada vez mais o jeito como ela mistura os nomes. "Já percebi por que me trouxe aqui, Suzie. É um lugar especial."

"Por aqui é mais perigoso", falei, apontando para os barrancos que os sinalizadores de pedra nos mandavam atravessar.

"Tudo bem", ela disse. "Não é a primeira vez que faço trilha no Stein, você sabe." Animada como vovô Bert, teimosa e decidida como vovó Winnie.

Matando o solo

Uma mistura tão esplêndida dos dois que, mais tarde, Robyn, Kelly e eu combinamos esses nomes, Hubert e Winnifred, para formar o apelido Bertifred.

"Você já veio aqui?" Eu ainda estava na idade em que pensava saber muito mais sobre os meus pais. Mas ela vivia me surpreendendo — viajara pela Europa e pela Ásia, lera Aristóteles e Chomsky, Shakespeare e Dostoiévski.

"Fizemos com uns amigos a trilha até a Rocha do Pedido, na foz do rio Stein, no encontro com o riacho Stryen", ela comentou, amarrando um lenço em volta do pescoço porque seus volumosos cabelos castanhos eram curtos e ela tomava cuidado para evitar queimaduras. "É uma rocha enorme com berços esculpidos pela água, onde as mulheres Nlaka'pamux dão à luz." Elas batizam seus bebês no riacho, e a Rocha do Pedido é onde elas pedem permissão para entrar no vale Stein. Para viajar em segurança.

Como Jean e eu tínhamos deixado passar isso durante nossa trilha no verão? Perturbadora a possibilidade de termos ficado acuadas nas árvores pelos ursos-cinzentos porque ignorávamos a ordem das coisas.

À tarde, montamos nossa barraca em uma saliência de rocha. Pendurei a comida num galho alto de um abeto-subalpino — claramente a mãe dos abetos mais jovens que cresciam em volta de sua base — para não atrair nenhum urso. Abaixo de nós resplandecia o lago Lizzie, como uma joia engastada em veludo verde, e acima sobressaía um escoamento de geleira pontuado por pequenos lagos alpinos. Passamos a tarde escalando as rochas polidas e molhando os pés nas lagoas.

"Olha só o líquen nesta rocha, mãe" — era como a crosta de uma torta, avermelhada e com bordas preenchidas por filamentos fúngicos irradiados para fora. Uma simbiose. "Um fungo se apaixonou por uma alga", eu disse.

Ela fez cara de dúvida sobre meu gracejo e replicou: "Está mais parecido com o vômito seco que limpei no banheiro dos meninos na semana passada". Mamãe era professora, dava aulas de reforço para crianças com dificuldade em leitura, escrita e matemática.

Eu me admirei diante de outra mancha, um leito mais profundo de húmus incrustado de líquen na rocha, com urzes brancas brotando a partir do centro. As flores minúsculas pendiam como dedaleiras no topo de caules curtos e sinuosos revestidos de folhas coriáceas e escamosas. As flores pareciam felizes em seu leito de solo de líquen. As raízes dos liquens — rizinas — exsudam enzimas para decompor a rocha, enquanto o corpo deles contribui com material orgânico; juntos, produzem húmus para as plantas se enraizarem e crescerem. Puxei uma das urzes, mas ela estava fortemente ancorada no húmus gerado pelo líquen. Será que eu encontraria raízes com uma rede de fungos anexa? Ou uma trufa? Não me agradava nada destruir aquele oásis para procurar por micorrizas, por isso consultei meu guia de plantas. As urzes formavam uma simbiose com os fungos ericoides espiralados, o mesmo tipo de simbiose que eu descobrira no caso dos mirtilos quando Jean e eu estivemos no riacho Stryen. Esses liquens-fungos transformam rochas em areia e liberam minerais, produzindo lentamente um solo onde outras plantas podem crescer.

Quando li esse trecho para minha mãe, ela concordou. "Faz sentido. Basta uma planta vingar, as outras a imitam." Ela apontou para ilhas verdes maiores que haviam fabricado camadas mais espessas de matéria orgânica sobre outras rochas. Urzes rosadas e arbustos de crowberry tinham raízes naquela crosta. Alguns até tinham brotos.

"Mirtilo-anão", falei, indicando alguns caules curtos que cresciam no húmus de líquen, carregados de frutinhas azuis. Essa espécie só cresce em regiões alpinas. Não é como os mirtilos da casa da vovó Winnie. Mamãe e eu colhemos alguns, perambulando entre os trechos de vegetação.

"Vovó saberia como cultivar uma horta aqui, se precisasse", comentei.

Minha mãe riu. A mãe dela não precisava de quase nada para cultivar plantas. Só sementes, adubo e água. "É como ensinar uma criança a ler", ela dizia. "A gente dá o básico, e aos pouquinhos ela aprende."

"Mamãe, estou muito chateada por terem dado o meu trabalho para Ray", deixei escapar. "O que eu faço?"

Ela parou de colher frutinhas e me olhou. "Procure outro emprego, Suzie", ela disse, na maior calma. "Levante a cabeça. Use o que aprendeu na empresa — com aquele sujeito, o Ted — e não olhe para trás."

"Não consigo entender, eu não fiz bobagem." Não queria me conformar com o que achava uma injustiça.

Matando o solo

"Talvez eles não estivessem prontos para contratar você. Vai encontrar coisa melhor."

Ela estava certa. Por que eu era tão impaciente? Mamãe não era. Podia passar meses construindo os sons do alfabeto com seus alunos. Cuidara de nós um dia após o outro, com pequenos atos que se somavam. Pensando bem, liquens, musgos, algas e fungos também agiam com toda a calma, construindo o solo gradualmente, com tranquilidade e em conjunto. Coisas — e pessoas — trabalhando juntas para que algo digno de nota possa acontecer. Assim como minha mãe e eu naquele dia — encontramos um espaço na agenda para andarmos juntas e deixamos cada instante nos conectar de modo cada vez mais íntimo até que nosso amor, rico, variado, estivesse firmemente enraizado em nós.

Mamãe deu um sorriso sereno e se espreguiçou para descansar. Ela nasceu numa família paupérrima durante a Depressão e viu seu pai voltar da guerra com estresse pós-traumático. Casou-se com um homem que era bom mas não era a pessoa certa para ela, aos 26 anos tinha três filhos, formou-se professora em um curso por correspondência e em cursos de férias de verão, teve um emprego em período integral enquanto criava os filhos — numa época em que se achava que lugar de mulher era em casa. Além disso, ensinava crianças a ler — crianças que eram pobres, maltratadas ou vulneráveis por alguma razão —, sofria com dores de cabeça que matariam um cavalo, divorciou-se de meu pai contra a vontade de todos, e então, quase sozinha, mandou seus três filhos para a universidade. Tinha comido o pão que o diabo amassou, mas para mim ela poderia ter sido também a primeira pessoa a pisar na Lua.

Assim que voltei para casa depois da nossa trilha, atualizei meu currículo e me candidatei a empregos em madeireiras.

Consegui duas entrevistas. A primeira consistiu em me sentar do outro lado da mesa enorme de um gerente em Weyerhaeuser enquanto ele me contava que não via a hora de derrubar todas as florestas maduras para a empresa reconfigurar a serraria e trabalhar com árvores cultivadas de pequeno porte. Na segunda, o sujeito das indústrias Tolko me disse que estavam tentando mecanizar o processo o máximo possível. Nenhum dos dois me ofereceu emprego.

"O Serviço Florestal tem um novo pesquisador em silvicultura chamado Alan Vyse. Tente com ele", Jean sugeriu quando voltei de Tolko desanimada e desabei na cadeira diante da escrivaninha que tínhamos comprado de segunda mão. Ela e eu estávamos dividindo um apartamento em Kamloops, no centro-sul da Colúmbia Britânica; era uma cidade operária de fábricas de celulose e minha mãe também morava lá, a apenas cinco minutos de distância. Jean acabara de ser contratada por um ano pelo Serviço Florestal para investigar problemas de regeneração em florestas de abetos-de-douglas.

"Ou eu poderia receber o dinheiro do seguro-desemprego", falei, contando as semanas que havia trabalhado e esperando que fossem suficientes para o número mágico que me daria direito ao benefício.

"Alan é severo, mas muito esperto. Você vai causar uma boa impressão", Jean disse com brandura.

ENTREI NA SALA DE ALAN VYSE, ele sorriu e me cumprimentou com um aperto de mão. Seu rosto seco e o tênis high-tech me disseram que ali estava um corredor inveterado. Ele fez um gesto para que eu me sentasse perto de sua mesa de carvalho, onde havia um manuscrito parcialmente concluído aberto diante dele e ao lado uma pilha bem-arrumada de artigos de periódicos. Uma prateleira abarrotada de livros sobre florestas, árvores e aves fazia companhia a cabides com o colete de campo, a capa de chuva e binóculo, as botas de trabalho embaixo. Uma sala de trabalho padrão, com paredes bege e vista para o estacionamento, mas confortável, e dava a impressão de que ali haviam ocorrido conversas de peso. Olhei de relance uns pingos de gema de ovo na parte da frente da minha camiseta. Se ele notou, não deixou transparecer. Embora tivesse uma fisionomia de homem influente, seus olhos transmitiam grande afabilidade. Ele perguntou sobre minhas experiências na mata, meus interesses, minha família, meus objetivos de longo prazo.

Falei sobre meus empregos de verão e sobre o trabalho de classificação de ecossistemas que eu fizera para o Serviço Florestal, aprumando os ombros. "Experiência na indústria *e* no governo", falei, esperando que ele concordasse que aquela era uma bagagem bem rica para alguém de apenas 23 anos.

"Já fez pesquisa?", ele perguntou, cravando em mim seus olhos verde-lodo, como se a verdade nua e crua se escondesse logo atrás da minha cabeça. Mirou justo na lacuna do meu currículo.

"Não, mas durante a graduação fui auxiliar de ensino em alguns cursos, e também já trabalhei como assistente de pesquisa no Serviço Florestal", respondi, com uma voz tão tensa que me deu o trabalho adicional de não me encolher.

"O que sabe sobre regeneração?" Ele rabiscava anotações em um bloco de papel. Guardas-florestais de calça verde e camisa cinza passaram apressados, um carregando uma pá e o outro uma lata de água presa às costas com uma bomba manual — para apagar incêndios.

Falei sobre minhas mudas amareladas nas montanhas Lillooet e disse que gostaria de entender o motivo do fracasso daqueles plantios. Não chegamos a conversar sobre eu não pretender voltar à madeireira para concluir minha investigação. Mas eu disse que tinha deduzido que ficar testando diferentes prescrições de plantio nunca daria a resposta à minha questão, pois era impossível isolar o problema das raízes quando tantas outras coisas estavam mudando ao mesmo tempo. Contei que tentara encomendar mudas com raízes maiores, plantar árvores em húmus e perto de outras plantas com fungos micorrízicos, na esperança de que os fungos fizessem contato com minhas mudas.

"Você precisa entender sobre planejamento de experimentos para resolver isso", ele explicou. Pegou um texto de estatística muito manuseado na estante, e notei seu diploma de mestrado em economia florestal na Universidade de Toronto emoldurado ao lado do diploma de graduação em silvicultura na Universidade de Aberdeen. Alan tinha sotaque inglês, mas imaginei que também tinha sangue escocês.

"Estudei estatística na universidade", falei. Vi de relance o prêmio em sua mesa por anos de excelência no trabalho — uma placa dourada gravada com uma árvore e seu nome — e me senti absolutamente ingênua. Ele me deixou à vontade quando explicou que nada em sua formação acadêmica o preparara para o planejamento de experimentos, por isso precisou ser autodidata.

Não tinha empregos disponíveis, mas me garantiu que na primavera possivelmente haveria vagas para investigar "plantações de crescimento livre", e entraria em contato comigo.

Eu não tinha ideia do que significava "de crescimento livre", e me perguntei se não teria chegado ao fim da linha. Ainda não sabia sobre a nova política governamental de eliminar as plantas vizinhas para que as mudas de coníferas ficassem "livres para crescer" sem a competição de não coníferas — isto é, quaisquer plantas nativas, que eram vistas como espécies daninhas a serem removidas. Uma política que brotara da influência de práticas mais intensivas nos Estados Unidos, práticas que tratavam as florestas cada vez mais como plantações de árvores. E ali estava eu, falando sobre a necessidade de as mudas crescerem próximas a mirtilos, amieiros e salgueiros. "Que idiota eu sou", pensei. Por que tinha de mencionar as mudinhas amareladas? Ele vai pensar que meu mundo é tão pequeno que não me importo com nada além delas. Era novembro, e a primavera estava tão distante que mesmo se ele pensasse que eu valia a pena até lá já teria me esquecido.

Procurei emprego como salva-vidas na piscina. Se nada desse certo, eu me qualificaria para o seguro-desemprego, mas meu pai não ia gostar nada de me ver recebendo dinheiro do governo. Por fim, consegui um emprego burocrático de meio período, editar o texto de um relatório governamental sobre florestas; esquiava em áreas rurais afastadas e lamentava não abrir um espaço na agenda para visitar Kelly. Mas ele estava ocupado ferrando cavalos e fazendo parto de bezerros.

Alan telefonou em fevereiro. Tinha encontrado um projeto de contrato para eu investigar, sobre efeitos da remoção de vegetação considerada daninha em áreas de corte raso em altitudes elevadas. Não era exatamente o problema que me interessava, mas contribuiria para meus conhecimentos sobre pesquisa. Ele me ajudaria a planejar o experimento e me orientaria

Matando o solo 107

durante o estudo, porém eu precisaria contratar gente para me ajudar com o trabalho de campo.

Eu mal acreditava. Telefonei para minha mãe, e ela disse que ia assar dois frangos para comemorar. "Talvez você possa contratar Robyn", ela sugeriu, fazendo um barulhão com as panelas para o jantar que começou imediatamente a preparar. O trabalho de Robyn como professora substituta não era estável, e ela precisava de um emprego no verão.

Uma ideia brilhante. Telefonei para Kelly para contar a novidade, e ele berrou *"Geeezuz keerist*, Suzie", exatamente como tio Wayne faria. "Que ótima notícia!" Ele contou que Williams Lake era mais gelada que traseiro de urso-polar, mas estava indo bem no seu trabalho de ferreiro. E melhor ainda: tinha encontrado uma nova namorada, Tiffany.

Robyn e eu chegamos a Blue River, a cidade mais próxima do nosso experimento, que seria feito nas florestas de abetos-de-engelmann e abetos-subalpinos no alto das montanhas Cariboo, a oeste das Rochosas. A cidade nascera cem anos antes para apoiar o comércio de peles e a construção da ferrovia e rodovia de Yellowhead; a povoação desalojou o povo Nlaka'pamux, que vivia na área há no mínimo 7 mil anos. Eles foram realocados numa pequena reserva na confluência do rio Blue com o North Thompson.

O que eu estava fazendo? Fora incumbida de um experimento que requeria matar plantas, criar mais um tipo de desalojamento. De repente, minha tarefa me pareceu contrária a todos os meus propósitos.

A floresta de trezentos anos fora derrubada alguns anos antes e, sem o bloqueio da luz solar oferecido pela copa de árvores, plantas como rododendros brancos e falsas azaleias, mirtilos-pretos e groselhas, sabugueiros e framboeseiras tinham crescido em abundância. Os arbustos se esparramaram e produziram um mar de folhas, flores e bagas. As ervas também haviam crescido descontroladamente — valeriana, pincel-indiano e lírios-do-vale. No meio delas haviam germinado sementes de abeto-do-canadá, e mais tarde foram plantadas mudas de abeto cultivadas em viveiro para aumentar esse estoque natural. Mas as mudas plantadas estavam crescendo apenas meio centímetro ao ano, muito menos que o necessário para atender às futuras expectativas de colheita. Várias delas haviam morrido, e por isso o local tinha sido declarado "insatisfatoriamente repovoado".

Para resolver esse problema, os silvicultores da companhia pretendiam borrifar herbicida para matar os arbustos mais altos e, com isso, "libertar" as mudas remanescentes de abeto-do-canadá para que pudessem receber sozinhas toda a luz, água e nutrientes. A Monsanto inventara um herbicida nos anos 1970 — o glifosato Roundup — que envenenava as plantas nativas sem afetar as mudas de coníferas. O Roundup ganhara tamanha aceitação que muita gente o usava despreocupadamente em seus jardins e hortas — com exceção obstinada de vovó Winnie. Segundo a concepção do reflorestamento, matar as plantas folhosas livraria as mudas da competição, e dessa forma as empresas poderiam cumprir suas obrigações legais de plantio com "crescimento livre". Liberdade para crescerem à beça e serem cortadas de novo daqui a cem anos, muito mais cedo do que se as deixassem crescer naturalmente, como no povoamento anterior. Uma vez livre para crescer, a plantação seria considerada uma floresta bem manejada.

Alan me ajudou a desenhar o experimento para testar a eficácia de diferentes volumes de herbicida para matar as plantas nativas e "livrar" de competição as mudas no subdossel. Assim, supunha-se que sobreviveriam melhor e cresceriam mais depressa, e com isso seriam atendidos os critérios de replantio e altura de crescimento — portanto, a regulamentação da política de crescimento livre. Era esse trabalho que Robyn e eu deveríamos realizar nessa área desmatada, apesar das minhas dúvidas. Alan também não estava enamorado da nova política de crescimento livre, mas era seu trabalho testar se matar os arbustos melhorava a produtividade das plantações. Ele já me dissera que achava essa política equivocada; porém, antes de tentar convencer qualquer um sobre como fazer mudanças, precisávamos de ciência rigorosa e digna de crédito, fundamentada em critérios que tinham credibilidade junto ao governo.

Isso significava descobrir, passo a passo, como diferentes doses de herbicida afetavam as mudas e a comunidade de plantas. E comparar se, em

Matando o solo

Robyn, aos 29 anos, trabalhando no lago Mabel, *c.* 1987. A Weyerhaeuser Company ("Weyco") transportava madeira de árvores cortadas na floresta pluvial próxima do riacho Kingfisher pela estrada da floresta Simard. Nessa época Robyn trabalhava com Jean, avaliando problemas associados à regeneração de mudas nas parcelas de corte.

vez de usar herbicida, deveríamos roçar o terreno ou não fazer coisa alguma. Verificar se matar as plantas não comercializáveis realmente criaria uma plantação de crescimento livre mais saudável e mais produtiva do que se as nativas fossem deixadas ali para crescer à vontade.

Com a ajuda de Alan, formulei quatro tratamentos de remoção, testando três volumes de Roundup — um, três e seis litros por hectare — e uma aplicação de remoção manual. Também adicionamos uma parcela de controle, na qual deixaríamos os arbustos intocados. Precisávamos repetir esses cinco tratamentos dez vezes cada um, para que pudéssemos ter certeza sobre qual funcionava melhor. Designamos aleatoriamente os tratamentos replicados, um para cada uma das cinquenta parcelas circulares. Um estatístico deu um selo de aprovação ao desenho do experimento que traçamos num mapa. Um mundo novo se abriu para mim. Orientada por Alan, formulei meu primeiro experimento! Embora abominasse seu propósito — o oposto do que deveríamos fazer, eu tinha certeza —, eu me senti um passo mais perto de ter as habilidades necessárias para resolver o enigma das minhas mudinhas amareladas.

Robyn e eu armamos duas barracas pequenas em nosso acampamento no terreno municipal de Blue River, a dela laranja e a minha azul, uma de cada lado da fogueira. Precisávamos de um dispositivo de escape uma da outra, pois o experimento poderia levar várias semanas e éramos parecidas — cada uma protegia seu próprio território. Acomodei meu fogareiro a gás improvisado em um pedaço redondo de madeira, e Robyn arrumou suas panelas e utensílios na mesa de piquenique para completar nossa sala de estar. Ela se ofereceu para fazer uma torta de mirtilo com a receita da vovó Winnie. Robyn adorava cozinhar — tarefa que aprendera por ser a filha mais velha de uma mãe que trabalhava fora. O segredo das tortas da vovó era colher os mirtilos mais doces nas partes mais baixas dos arbustos em meados de agosto, quando estavam azul-escuros com matizes esbranquiçados. Depois, assá-los numa massa com bastante manteiga. Em menos de uma hora de coleta nas trilhas que serpenteavam a cidade, tínhamos duas tigelas cheias. Robyn fez a torta no meu fogareiro minúsculo enquanto eu grelhava hambúrgueres na fogueira.

Depois de jantar, fomos perambular pela cidade. No inverno anterior ela trabalhara como cozinheira no Hotel Blue River, o histórico prédio de madeira de dois andares com um restaurante, um balcão de cerveja e os quartos de hóspedes no andar de cima, e quando passamos por lá ela comentou: "Todo mundo adorava as minhas tortas". Depois de voltarmos ao acampamento, Robyn perdeu-se lendo um romance enquanto fui passear à procura de mais mirtilos. Quando tirei pela raiz uma muda de pinheiro, para minha alegria encontrei um buquê de extremidades de raízes ectomicorrízicas roxas e rosadas.

Montamos o experimento ao longo da semana. Seguindo o mapa que Alan e eu tínhamos traçado, usamos bússolas e uma trena de náilon para localizar os pontos centrais das cinquenta parcelas circulares. Cada parcela tinha aproximadamente quatro metros de diâmetro. Os centros ficavam a

Matando o solo

dez metros uns dos outros, portanto o tamanho da nossa matriz, no fim das contas, era de cem por cinquenta metros, ou meio hectare. Depois de montarmos esse traçado, passamos a semana seguinte identificando e medindo a abundância de plantas, musgos, liquens e cogumelos em cada parcela, para que pudéssemos avaliar a eficácia de nosso tratamento em matá-los.

Partimos alguns dias depois, às cinco da manhã, para borrifar os tratamentos. Ao virar a última esquina, pisei bruscamente no freio diante de uma barreira de corda. Três manifestantes brandiam cartazes em protesto contra nossa chegada para borrifar herbicidas. Um homem, ágil, conhecia Robyn do tempo em que ela trabalhara no Hotel Blue River. Seguiu-se uma discussão acalorada, até finalmente eles aceitarem a explicação de que nossa esperança era aqueles experimentos comprovarem que os herbicidas eram desnecessários, desencorajando seu uso no futuro. Eles nos deixaram passar.

Chegou então o momento temido. Eu tinha comprado os litros de glifosato sem prescrição na loja de produtos agrícolas de Kamloops, desalentada pelo fato de que qualquer um podia simplesmente entrar e comprar aquilo. Mas ainda bem que pelo menos precisei solicitar autorização para aplicar o produto em terra do governo. O medo de Robyn era parcialmente reprimido por sua expressão de desagrado. Medi a quantidade de líquido cor-de-rosa necessária para o tratamento de um litro por hectare, despejei no borrifador de herbicida azul e amarelo de vinte litros que levaríamos nas costas e adicionei água para obter a diluição adequada. Orientei Robyn para que ela pusesse uma capa de chuva e uma máscara contra gases, como eu. Eu ainda era a irmã mais nova, mas a ordem da nossa relação — e quem era responsável — temporariamente se invertera. Ela cuidara de mim a vida inteira, e agora era minha tarefa assegurar que ela não se intoxicasse.

Robyn pôs a máscara e ajustou a correia. Me encarou por trás dos óculos de proteção, como quem dizia que era bom eu saber que raios estava fazendo. Seus longos cabelos pretos estavam puxados para trás, destacando seu rosto moreno e anguloso e o nariz afilado de quebequense. "É pesado", ela gemeu quando pôs nas costas o desajeitado tanque quadrado — pesava mais de dez quilos — e desenrolou a mangueira ligada à vareta.

Mostrei como eu havia treinado no quintal da nossa mãe, com água no borrifador, explicando que era preciso acionar a alavanca enquanto borrifasse o produto.

As toras e os arbustos que tinham sido fáceis de transpor quando medimos as plantas de repente pareceram uma pista de obstáculos. Os óculos de Robyn embaçaram, e ela deu um grito abafado dentro da máscara: "Não estou enxergando, Suzie!". Como um cão-guia, eu a levei até a primeira parcela.

Ela brandiu a varinha preta e espargiu uma névoa letal sobre rododendros em flor, reclamando que aquilo não era certo. Assim como eu, ela detestava estar matando aquelas plantas. E usar capa de plástico e máscara contra gases enquanto carregava uma mochila cheia de veneno a deixava rabugenta.

Orientei que aplicasse o tratamento de seis litros nas dez parcelas seguintes, tentando amenizar a dor do que eu estava lhe dizendo para fazer.

No fim do dia fomos tomar uma cerveja no Blue River Legion. O bar tinha paredes revestidas de tecido roxo, e os frequentadores ocupavam banquinhos de vinil. A garçonete nos serviu cerveja sem espuma, e quando Robyn educadamente comentou isso a mulher replicou: "Aqui a gente não serve milk-shake, meu bem".

Nos três dias seguintes, aplicamos com precisão todos os tratamentos de herbicida. Nota dez. Dois dias depois, voltamos com tesouras de podar, aplicamos o tratamento manual às dez parcelas designadas e deixamos as dez restantes sem tratamento, como controle. Agora precisávamos aguardar um mês antes de medir a eficácia dos tratamentos em matar as plantas. Era ótimo aprender como fazer um experimento na floresta, mas eu odiei transformar aquelas plantas em fantasmas. Para um objetivo de manejo florestal que eu já sentia ser equivocado.

Quando voltamos, os rododendros, falsas azaleias e mirtilos tratados com a dose mais alta haviam murchado e morrido. Não só os arbustos, mas todas as plantas, inclusive os gengibres-selvagens e as orquídeas. Os líquens e musgos estavam pardos, e os cogumelos apodreciam. Alguns arbustos estavam tentando produzir novas folhas, mas elas eram amareladas

Matando o solo 113

e mirradas. Bagas antes maduras nos ramos haviam caído. Nem as aves as comiam agora. Só as mudas de híbridos de abeto-do-canadá estavam vivas, com suas acículas ainda pálidas e atrofiadas, algumas com líquido rosado escorrendo, e sem dúvida em choque com a súbita inundação de luz. A maioria das plantas que recebeu o tratamento intermediário também havia morrido, mas ainda restavam algumas verdes porque tinham ficado escondidas sob folhas de plantas mais altas durante a aplicação dos jatos de herbicida. Nas parcelas que receberam a dose mais baixa, a maioria das plantas ainda estava viva, mas danificada e em sofrimento. Os caules dos arbustos que haviam sido cortados já estavam brotando de novo e superando as mudas em altura. Ou seja, o melhor tratamento para produzir uma plantação de crescimento livre foi o da dose máxima de veneno.

Quase chorando, Robyn queria saber como o glifosato havia matado as plantas: "Sei o que fizemos. Mas o que aconteceu?". Ela sempre carregou o peso das nossas dores emocionais, suportava as injustiças, desejava remediá-las.

Baixei a cabeça, porque nós duas chorando machucaria demais. Aquelas plantas eram minhas aliadas, e não inimigas. Mentalmente, enumerei depressa as razões para fazer aquilo, para me justificar. Eu queria aprender a fazer um experimento. Queria ser uma detetive da floresta. Era para o bem maior, em última análise para salvar as mudas. Eu conseguiria a prova de que aquela era uma prática estúpida e poderia recomendar ao governo que investigasse outros caminhos para ajudar as mudas a crescer. Olhei para um pé de framboesa thimbleberry que tentava sobreviver, seus ramos desfolhados e curvados sobre algumas mudas pálidas agora reveladas, mas ele só conseguira produzir uma pontinha minúscula de folhas amarelas na base. O herbicida supostamente não era prejudicial a aves e outros animais, pois o veneno atuava numa enzima que só ervas e arbustos produziam para fabricar proteínas.

Mas os cogumelos tinham murchado e morrido.

Nossos cantarelos favoritos — mortos.

Minha intuição me garantia que o problema das mudas doentes vinha de não conseguirem conectar-se ao solo. Precisavam dos fungos para ajudá-las a fazer isso. Mesmo assim, as mudas naquela área cresceriam devagar, porque nevava durante nove meses por ano. No entanto, lá estava eu explicando a Robyn que o que estávamos tentando fazer era matar plantas, inclusive alguns arbustos hospedeiros dos fungos que eu supunha serem capazes de ajudar as mudas. As empresas estavam frenéticas, usando helicópteros para cobrir a província toda com glifosato. Talvez nosso experimento mostrasse que esse plano não daria conta de tudo o que se pretendia com ele.

Robyn argumentou: "Mas, vendo essa desgraceira, não está na cara que isso é tremendamente errado?". Parecia impossível que alguém pudesse decidir que o crescimento livre era uma ideia genial.

Naquela noite, no acampamento, estávamos tão mal que não conseguimos jantar. Eu me encolhi no saco de dormir e Robyn ficou calada em sua barraca. Não dava para saber se nosso mal-estar era consequência do herbicida ou do arrependimento pelo que tínhamos feito com as plantas.

Alan lastimou o resultado — que a maior dose de herbicida fosse a melhor para matar as plantas. Como consolo, salientou que essa evidência ainda não tinha relação alguma com detectar se o plano de exterminar ajudaria as mudas. Só provava que uma dosagem alta matava as plantas consideradas daninhas. Não havia tempo para remorso; ainda tínhamos muito trabalho pela frente para desvendar as complexas relações entre as mudas e as plantas vizinhas.

AGORA QUE EU SABIA como montar um experimento de "remover ervas daninhas", consegui um contrato maior para testar tratamentos com doses de herbicidas e corte manual para matar amieiros de folhas verdes, salgueiros-de-scouler com suas folhas lanceoladas, bétulas-de-papel com suas cascas brancas, álamos e choupos de crescimento rápido. Eliminar epilóbios roxos, tufos de grama pinegrass, valerianas de flores brancas. Plantas nativas, inclusive árvores, que poderiam impedir o crescimento de cobiçadas mudas plantadas — o abeto-do-canadá, o esguio pinheiro-lodgepole, o abeto-de-douglas de acículas macias. Essas três espécies de

Matando o solo 115

conífera, especialmente o lodgepole, agora estavam sendo plantadas em quase todas as áreas desmatadas da província por serem lucrativas, duráveis e crescerem depressa. E quanto mais rápido as importunas árvores e plantas nativas fossem mortas e o crescimento livre fosse alcançado, mais cedo a empresa cumpriria sua obrigação de cuidar das plantações.

A consagração da política de crescimento livre representava uma guerra total a plantas nativas e árvores latifoliadas. Robyn e eu nos tornáramos especialistas relutantes em decepar, serrar, fazer um anel de Malpighi para interromper o floema e assim matar a raiz, envenenar árvores decíduas, arbustos, ervas, samambaias e quaisquer outros seres incautos nas novas florestas da província. Não importava que as plantas forneciam ninhos para aves e alimentos para esquilos, esconderijos para veados e abrigos para filhotes de urso, nem que elas adicionavam nutrientes ao solo e impediam a erosão — tinham de sumir e pronto. Não interessava o nitrogênio que era adicionado ao solo pelos amieiros-verdes, agora eles eram cortados e queimados para dar lugar a mudas. Nem que a densa grama pinegrass proporcionava sombra a novos brotos de abeto-de-douglas que, sem isso, torrariam no calor intenso das clareiras abertas. Ou que os rododendros protegiam as mudas menores de abeto-do-canadá das geadas fortes, que eram muito mais severas em terrenos abertos do que sob um dossel intricado.

Não, o modo de pensar era claro e simples. *Elimine a competição*. Assim que a luz, a água e os nutrientes fossem liberados pela eliminação das plantas nativas, as lucrativas coníferas os sugariam e cresceriam rápido como sequoias. Um jogo de soma zero. Às vencedoras, tudo.

Lá estava eu, como soldado numa guerra na qual não acreditava. Aquela conhecida sensação de culpa por ser parte do problema me mordia quando começamos esses novos experimentos. Mas eu estava atrás do prêmio máximo: aprender a ser cientista e a descobrir o que adoecia as mudas plantadas.

"Estou com dor de garganta", Robyn disse. Voltávamos para o hotel depois de borrifar amieiros no riacho Belgo, próximo de Kelowna, cerca de duzentos quilômetros ao sul de Kamloops. Tínhamos começado às três da madrugada, para fugir do calor. Ao meio-dia não só o calor era demais para usarmos a capa plástica como o herbicida borrifado evaporava das folhas das plantas antes de ter a chance de matá-las.

"Eu também", falei.

"Será que é o herbicida?"

"Duvido. Usamos o verão inteiro. Vai ver, estamos com insolação."

Na clínica, o médico foi simpático; percebeu que estávamos assustadas e nos levou juntas para a sala de consulta. "Sua garganta está muito irritada", ele disse a Robyn, "mas as glândulas não estão inchadas. O que andou fazendo?"

Quando contei que estávamos borrifando glifosato, Robyn me fuzilou com os olhos, e ele inclinou a cabeça e indagou: "Usaram máscara?".

Respondi que sim, e ele pediu para vê-las. Fui buscar uma no porta-malas. Ele desenroscou as tampas pretas de plástico e assobiou. "Sem filtros", ele disse.

"Como assim?", falei, olhando assustada para o local onde os filtros deveriam estar. Tínhamos respirado vapor de glifosato o dia todo. Robyn segurou-se na bancada e minhas pernas começaram a vergar.

"Não é nada grave, a garganta está doendo porque foi queimada pela substância química", ele explicou. "Bebam milk-shake e pela manhã se sentirão melhor." Deu um tapinha tranquilizador no ombro de Robyn e sorriu para mim enquanto saíamos trôpegas do consultório, mas eu estava tão apavorada quanto Robyn. Tomamos enormes milk-shakes de chocolate e o ardor na garganta diminuiu. De manhã a dor havia sumido.

Era fim de agosto, e tinha sido nosso último experimento. Em alguns dias Robyn partiria para Nelson, a pequena cidade natal de nossa mãe, no sudoeste da Colúmbia Britânica. Ia trabalhar como professora substituta do primeiro ano, e sentia saudade do namorado, Bill. Não me abandonou naquele dia, mas tinha sido a gota d'água. Jamais esqueceríamos a gravidade daquele erro.

Nenhum dos tratamentos ajudou a melhorar o crescimento das coníferas, com exceção de um; e como era de esperar a diversidade das plantas

Matando o solo 117

nativas diminuiu. No caso das bétulas, matá-las melhorou o crescimento de alguns dos abetos, *mas causou a morte de um número maior deles* — o oposto das expectativas. Quando as raízes das bétulas sofreram estresse pelos cortes e envenenamentos, não conseguiram resistir ao *Armillaria*, fungo patogênico que vive naturalmente no solo. O fungo infectou as raízes em sofrimento das bétulas e passou delas para as raízes das coníferas vizinhas. Já nas parcelas de controle, onde as bétulas ficaram intocadas e continuaram a crescer misturadas às coníferas, o patógeno permaneceu sob controle no solo. Era como se as bétulas promovessem um ambiente onde o patógeno existia em homeostase com outros organismos do solo.

Por quanto tempo ainda eu conseguiria prosseguir com aquela farsa?

E então minha sorte mudou.

Surgiu uma vaga para um cargo permanente de pesquisadora em silvicultura no Serviço Florestal. Candidatei-me, concorrendo com quatro homens jovens. Uma banca de cientistas veio da capital da província para assegurar que o processo de contratação fosse rigoroso e justo, e mal consegui acreditar na minha sorte quando consegui o emprego. Alan seria meu supervisor direto.

Agora eu estava livre para fazer perguntas que julgava importantes. Ou pelo menos poderia tentar convencer a agência financiadora de que essas perguntas eram importantes. Poderia resolver problemas conduzindo experimentos com base no que eu pensava sobre o crescimento das florestas. E não simplesmente testar tratamentos baseados em esquemas que pareciam solapar a ecologia da floresta, agravando os problemas. Eu teria condições de aproveitar minhas experiências para fazer uma ciência que pudesse nos ser útil para ajudar a floresta a se recuperar da extração de árvores. Era o fim dos meus dias testando tratamentos com herbicida. Agora eu poderia realmente descobrir o que as mudas requeriam dos fungos, do solo e de outras plantas ou árvores.

Recebi financiamento para pesquisar se as mudas de coníferas precisavam se conectar aos fungos micorrízicos do solo para sobreviver. Inseri no projeto mais um objetivo: investigar se plantas nativas ajudavam as mudas a fazer essas conexões, e para isso propus comparar mudas plantadas em diversas comunidades com mudas plantadas isoladamente, em terra pura. Minhas ideias para esse projeto e a obtenção do financiamento deveram-se, em grande medida, ao que estava acontecendo na silvicultura ao sul da fronteira. Na época, o Serviço Florestal dos Estados Unidos estava mudando suas práticas, movido pela preocupação do público com a fragmentação das florestas e com as ameaças a espécies como a coruja-pintada, e os cientistas estavam reconhecendo que a biodiversidade, incluindo a conservação de fungos, árvores e animais selvagens, era importante para a produtividade da floresta.

Uma espécie isolada seria capaz de sobreviver por conta própria?

Se mudas plantadas fossem misturadas a outras espécies, a floresta resultante seria mais saudável? Plantar árvores em agrupamentos, junto com outras plantas, melhoraria seu crescimento ou elas deviam ficar bem espaçadas, dispostas como num tabuleiro de xadrez?

Esses testes também poderiam me ajudar a descobrir exatamente por que os velhos abetos-subalpinos, nas áreas mais altas, e os imponentes abetos-de-douglas, nas mais baixas, cresciam agrupados. Talvez me ajudassem a entender se plantas nativas que cresciam vizinhas a coníferas melhoravam as conexões com o solo. Se as coníferas tinham fungos mais coloridos na extremidade de suas raízes quando cresciam perto de árvores latifoliadas e arbustos.

Escolhi a bétula-de-papel porque sabia, desde criança, que ela formava um húmus fecundo que devia ser tão útil para as coníferas quanto fora delicioso para mim na minha fase de comer terra. Também me intrigava o fato de que esse húmus parecia controlar os patógenos em raízes. Para as madeireiras, porém, a bétula não passava de uma planta daninha. Para todos os demais, era uma brilhante fornecedora de cortiça branca forte e impermeável, de folhas que proporcionavam boa sombra e de seiva revigorante.

Caramba, que surpresa me esperava...

Meu plano era testar como três espécies lucrativas — lariço, tuia e abeto — se desenvolviam em diferentes misturas de bétulas. Escolhi essas três porque são nativas nas florestas primárias não exploradas por madeireiras. Amava a tuia por suas folhas longas e trançadas, o abeto-de-douglas

Matando o solo

por seus sedosos ramos laterais em feitio de escova de garrafa, e o lariço por suas acículas com contornos estrelados, que ganham tons de ouro antes de polvilharem o solo da floresta no outono. Na época, a indústria madeireira via a bétula como uma das competidoras mais perniciosas, porque supostamente fazia sombra às cobiçadas coníferas e lhes tolhia o crescimento. Mas, se as arvoretas de bétula fossem úteis às coníferas, que misturas produziriam as florestas mais saudáveis? As três espécies de conífera diferiam no quanto podiam crescer à sombra de bétulas — o lariço crescia pouco, a tuia, bastante, e o abeto-de-douglas ficava entre eles. Só isso já sugeria que as melhores misturas variavam conforme a espécie.

Decidi por um esquema que pareava a bétula-de-papel primeiro com abetos-de-douglas numa parcela, com tuias-gigantes em outra e, em ainda outra, com o lariço-ocidental, numa seção do que, na época, era uma plantação fracassada numa área de corte raso, onde nem os pinheiros-lodgepole tinham vingado. Planejei o mesmo experimento em duas outras áreas desmatadas para ver como as árvores responderiam em terrenos ligeiramente diferentes.

Em cada combinação de espécies, planejei uma ampla variedade de misturas para poder comparar as espécies de coníferas quando cresciam sozinhas e quando cresciam em companhia da bétula em diferentes densidades e proporções, e para poder testar minha intuição de que as misturas se desenvolveriam melhor em certas configurações, talvez com poucas bétulas entre os lariços, e mais tuias do que bétulas. Eu desconfiava que as bétulas enriqueciam o solo com nutrientes e forneciam uma fonte de fungos micorrízicos para as coníferas. Meus experimentos anteriores também sugeriam que elas protegiam de algum modo as coníferas contra a morte precoce pela armilariose.

No total eram 51 misturas diferentes, cada qual em sua própria parcela. Em três áreas de corte raso.

Após centenas de dias em plantações e em meus experimentos de remoção de vegetais daninhos observando como as plantas e mudas crescem juntas, eu sentia que as árvores e plantas podiam, de algum modo, perceber como suas vizinhas estavam próximas — e até *quem* eram as vizinhas. Mudas de pínus entre amieiros que crescem esparramados e fixam nitrogênio podiam abrir seus galhos por distâncias maiores do que se estivessem sob uma densa cobertura de epilóbios. Brotos de abeto-do-canadá cresciam muito bem quando aninhados junto às gualtérias e às tanchagens, mas mantinham grande distância ao redor das pastinagas-de-vaca. Abetos e tuias adoravam uma cobertura moderada de bétulas, mas murchavam quando uma densa cobertura de thimbleberry também crescia acima deles. Por sua vez, o lariço precisava de uma esparsa vizinhança de bétulas para apresentar melhor crescimento e menor mortalidade por doença na raiz. Eu não sabia exatamente como as plantas percebiam essas condições, mas minhas experiências me diziam para plantar com precisão as misturas a serem testadas. As distâncias entre as árvores tinham de ser exatas, e as áreas desmatadas usadas na pesquisa tinham de estar em solo plano para que a acurácia fosse máxima. Como a Colúmbia Britânica é uma província de montanhas, encontrar três áreas planas para a pesquisa seria uma façanha.

Eu queria estar bem preparada, o máximo possível, para observar as raízes, identificar se as coníferas se conectavam melhor com o solo quando plantadas próximo a bétulas do que quando estavam sozinhas. Dessa forma, encomendei um microscópio de dissecção e um livro para identificar as características das micorrizas e, a caminho de casa, fui praticando com raízes de bétulas e abetos. Jean revirava os olhos quando eu carregava minhas amostras para nosso apartamento, que se tornara depósito-escritório, e depois caçoava de mim por queimar a panela nas noites em que eu prometia fazer o jantar. Minha especialidade era cozido com chili, e a dela, espaguete — nenhuma das duas tinha pendores culinários. Eu me entocava no meu escritório-caverna até meia-noite, excisando extremidades de raízes, fazendo cortes transversais e dispondo-os em lâminas. Logo adquiri prática em identificar redes de Hartig, fíbulas, cistídias e as muitas partes da extremidade da raiz micorrízica que ajudam a distinguir uma espécie fúngica de outra.

Algumas das espécies de fungos nos abetos de acículas macias pareciam ser as mesmas encontradas nas bétulas. Se isso fosse verdade, talvez os fungos micorrízicos das bétulas passassem para a extremidade das raízes

Matando o solo

dos abetos e fizessem uma polinização cruzada. Talvez essa inoculação conjunta ou compartilhamento de fungos ou simbiose ajudasse as mudas recém-plantadas de abeto-de-douglas a escapar de ter raízes nuas, talvez lhes permitissem evitar a sentença de morte que se abatera sobre minhas primeiras mudas amareladas nas montanhas Lillooet. Se o abeto *precisasse* da bétula de algum modo, a bétula não seria prejudicial ao abeto, como supunham os profissionais do reflorestamento.

Muito pelo contrário.

Após meses de busca, encontrei três áreas planas onde fora feito o corte raso, todas em terras do governo — locais de plantações de pínus que haviam fracassado, possivelmente porque a biologia do solo era desequilibrada. Em uma dessas áreas, arrumei encrenca com um criador de gado que estava usando a área ilegalmente como pasto para vacas. Ele protestou com veemência contra minha ideia de converter aquela plantação fracassada em campo de teste, argumentando que ele tinha direito àquele terreno desmatado que explorava fazia anos. E não gostou nada do meu contra-argumento de que, como pesquisadora em silvicultura, eu tinha direito ao local e ele estava invadindo propriedade pública.

Maudit tabernac! Só me faltava essa.

Os preparativos da plantação para o experimento levaram mais alguns meses. Foi preciso pintar no solo cada um dos 81 600 pontos de plantio. Mas primeiro tivemos de lidar com as infecções causadoras de doença radicular nas três áreas desmatadas. Cerca de 20 mil tocos velhos das árvores originais cortadas precisaram ser removidos do solo porque a armilariose estava infectando as raízes mortas e se alastrava como um parasita para as árvores sobreviventes. Aproximadamente 30 mil pinheiros infectados estavam mortos, moribundos ou em péssimas condições, por isso tiveram de ser removidos junto com as plantas nativas infectadas. O solo da floresta acabou sendo uma vítima inesperada dessas escavações, atulhado com montes de tocos, arvoretas mortas e plantas nativas doentes que foram empurrados para a borda da mata. Mas, com isso, os possíveis problemas nesses locais foram zerados.

Eu não sabia se o local se parecia mais com um campo agrícola ou um campo de batalha depois de os mortos terem sido retirados. Minha verba para pesquisa não cobria a instalação de uma cerca de proteção contra gado, por isso pintei uma sinalização falsa do outro lado da estrada, na entrada do sítio. Ouvira dizer que as vacas não atravessam linhas em estradas por medo de quebrar as pernas. Funcionou — nos primeiros meses. No verão seguinte, eu e o pessoal que contratei para me ajudar passamos um mês debaixo do sol quente plantando meticulosamente as mudas em suas localizações precisas.

Em poucas semanas, todas estavam mortas.

Fiquei pasma. Nunca tinha visto um fracasso tão completo numa plantação. Examinei os caules apodrecidos e não vi indícios de escaldadura nem de danos por geada. Desenterrei as raízes e levei para casa, queria examinar ao microscópio. Nenhum sinal óbvio de infecção patológica. Mas elas me lembraram as raízes de abeto-do-canadá embalsamadas em Lillooet. Não havia extremidades radiculares novas, apenas raízes aprumadas escuras e sem ramificações. De volta ao local, um luxuriante relvado de capim-dos-pomares havia crescido. Eu me perguntava como aquilo podia ter dominado o terreno, e então o criador de gado passou de carro. "Suas árvores estão mortas", ele riu, olhando para as ruínas.

"Pois é, não entendo."

Acontece que ele entendia. Entendia muito bem. Furioso por ter perdido sua pastagem, ele semeara o terreno com grama densa.

Meus ajudantes e eu (resmungando baixinho, principalmente eu) removemos a grama e replantamos o sítio. A plantação fracassou de novo — todas as combinações. As bétulas morreram primeiro, depois os lariços, depois os abetos e por fim as tuias. Obedecendo à ordem de sensibilidade à luz e à escassez de água.

Uma terceira tentativa no ano seguinte. Outro fracasso.

Um quarto replantio.

Novamente, todas as mudas morreram. O local era um buraco negro onde nada vivia. Nada exceto a relva exuberante. As vacas apareciam para caçoar de nós, e eu tinha vontade de juntar todo o esterco e despejar no caminhão do rancheiro. Minha suposição era de que o capim roubara a água das mudas no primeiro ano, mas também tinha uma impressão preocupante de que o próprio solo estava sofrendo. Precipitadamente, culpei o

Matando o solo

rancheiro, mas lá no fundo eu sabia que minha preparação tão agressiva do local tinha desalojado o solo da floresta e removido sua camada superficial. Isso com certeza não ajudara nada.

Os abetos-de-douglas e os lariços-ocidentais formam simbioses apenas com fungos ectomicorrízicos, aqueles que envolvem por fora a extremidade das raízes, enquanto as gramíneas formam relações apenas com fungos micorrízicos arbusculares que penetram nas células corticais de suas raízes. As mudas morreram de fome porque o tipo de fungo micorrízico de que elas necessitavam fora substituído pelo tipo apreciado apenas pelas malditas gramíneas. Eu me dei conta de que o rancheiro me ajudara a chegar à minha questão mais essencial: conectar-se ao *tipo certo* de fungos do solo é crucial para a saúde das árvores?

Replantei tudo no quinto ano, mas dessa vez coletei solo vivo sob velhos abetos e bétulas na floresta adjacente. Em um terço das covas de plantio, adicionei uma xícara desse solo por cova. Meu plano era comparar essas mudas com outro grupo, plantado direto em outro terço do terreno limpo e sem nenhuma transferência de solo. De quebra, no último terço das covas de plantio adicionei solo maduro que fora tratado com radiação em laboratório para matar seus fungos. Isso me ajudaria a descobrir se os fungos vivos ou a química do solo isoladamente eram responsáveis por quaisquer melhoras nas mudas decorrentes de transferências de solo. Após cinco tentativas, eu me sentia no limiar de uma descoberta.

Voltei ao local no ano seguinte. As mudas plantadas no solo maduro estavam se desenvolvendo muito bem. Como previsto, as mudas sem solo transferido e as mudas com solo transferido morto e tratado por radiação estavam mortas. Haviam sofrido o usual destino mórbido que as perseguia — e a nós — durante anos. Desenterrei amostras das mudas e levei para casa a fim de examinar ao microscópio. Como eu imaginei, as mudas mortas não tinham novas extremidades radiculares. Mas, quando examinei as mudas cultivadas em solo maduro, pulei da cadeira.

Caramba! A extremidade das raízes estava coberta por um conjunto estonteante de fungos variados. Amarelos, brancos, rosados, roxos, bege, pretos, cinzentos, creme, todos os fungos imagináveis.

O segredo *era* o solo.

Jean tornara-se especialista em florestas de abetos-de-douglas e no tão disseminado fracasso no cultivo de mudas em locais áridos e frios. Fui buscá-la para dar uma olhada. Ela tirou os óculos, olhou ao microscópio e gritou: "Bingo!".

Eu não cabia em mim de alegria. Mas também sabia que estava apenas arranhando a superfície. Recentemente haviam surgido áreas enormes de corte raso na montanha Simard, aniquilando as florestas maduras. Passei de carro pela nova estrada madeireira que margeava o rio onde ancorávamos o barco a motor do meu avô, onde antes ficava a casinha em que Jiggs caíra. E a roda-d'água do vovô Henry e sua calha. Agora um trecho desmatado emendava no outro. A derrubada de árvores, a monocultura e o uso de herbicidas haviam transformado a floresta da minha infância. Mesmo feliz com minha revelação, eu estava consternada com a extração incessante, e era minha responsabilidade reagir. Combater as diretrizes governamentais que estavam, eu sentia, enfraquecendo o vínculo entre as árvores e o solo. A terra. Nossa conexão com a floresta.

Eu também conhecia o fervor religioso por trás das diretrizes e práticas — um fervor escorado no dinheiro.

No dia em que deixei meu experimento, parei para absorver a sabedoria da floresta. Fui até uma velha bétula na margem do rio Eagle onde eu coletara o solo que transferi para as covas de plantio. Afaguei a casca com textura de papel que envolvia seu perímetro vasto e reforçado e sussurrei um agradecimento à árvore por me mostrar alguns de seus segredos. Por salvar meu experimento.

E então fiz uma promessa.

Prometi aprender como as árvores sentem outras plantas, insetos e fungos e como trocam sinais com eles.

Prometi divulgar o que descobrisse.

A morte de fungos no solo e o rompimento da simbiose micorrízica continham respostas para explicar por que as mudinhas amareladas de abeto tinham morrido nas minhas primeiras plantações. Eu havia descoberto que *matar acidentalmente os fungos micorrízicos também matava árvores.*

Recorrer às plantas nativas para obter húmus e pôr os fungos contidos no húmus de volta no solo da plantação ajudava as árvores.

Ao longe, helicópteros borrifavam os vales com substâncias químicas para matar álamos, amieiros e bétulas e dar lugar a cultivos comerciais de híbridos, pínus e abetos. Eu detestava aquele som. Tinha de pôr um fim àquilo.

O que me intrigava acima de tudo era a guerra contra o amieiro, pois as *Frankia* — bactérias simbióticas no interior das raízes dessa árvore — tinham a capacidade singular de converter nitrogênio da atmosfera em uma forma que o arbusto pequeno podia usar para produzir folhas. Quando os amieiros perdiam as folhas no outono e se degradavam, o nitrogênio era liberado no solo e disponibilizado para os pinheiros o absorverem por meio de suas raízes. Os pinheiros precisavam dessa transformação do nitrogênio porque aquelas florestas incendiavam-se a cada cem anos, enviando o nitrogênio de volta à atmosfera.

Mas, se eu quisesse trazer mudanças para as práticas florestais, precisava de mais provas sobre as condições do solo e sobre como as árvores podiam conectar-se com outras plantas e sinalizar para elas. Alan me incentivara a voltar para a universidade e fazer pós-graduação para melhorar minhas habilidades. Eu estava com 26 anos, começaria o mestrado na Universidade do Estado do Oregon em Corvallis dali a alguns meses, e decidi fazer um experimento para testar se o amieiro realmente matava os pinheiros, conforme as suposições que fundamentavam as práticas vigentes, ou se essa árvore melhorava o solo com nitrogênio e impulsionava o desenvolvimento dos pinheiros.

Eu apostava na segunda alternativa.

Minha intuição mostraria ser muito mais auspiciosa do que eu podia imaginar. Eu sabia que minha convicção em analisar a proposta do crescimento livre podia irritar quem elaborava as políticas e diretrizes. Só não tinha ideia do quanto.

6. Canais de amieiros

QUANDO O CAMINHÃO QUE transportava os prisioneiros chegou, bateu aquela dúvida.

Vinte prisioneiros listrados de preto e branco desembarcaram na estrada da madeireira. Detidos em centros de correção ao norte de Kamloops, eles não eram assassinos, estavam mais para ladrões, mas formavam uma turma barra-pesada. O guarda da prisão e um colega do Serviço Florestal trataram logo de enfileirá-los. Robyn e eu tínhamos uma visão panorâmica, postadas duzentos metros acima da área desmatada. Ela vinha sendo minha companheira constante fazia um mês, ajudando a montar meu experimento de mestrado em uma área desmatada riquíssima em canais de amieiros-verdes.

O terreno da derrubada era perfeito para meu experimento, cujo objetivo era examinar como o amieiro arbustivo influenciava a sobrevivência e o crescimento de mudas de pinheiro-lodgepole. Em toda a província, amieiros estavam sendo cortados e envenenados até quase desaparecerem para que se declarassem áreas de crescimento livre para plantações de pínus. Esse ambicioso programa de erradicação, ao custo de milhões de dólares, estava sendo implementado na ausência total de evidências de que isso ajudaria os pinheiros a crescer, mas era uma resposta — drástica — ao receio de que os amieiros arbustivos suprimissem e matassem árvores de valor comercial.

Os amieiros cresciam no subdossel das florestas nativas de pinheiros-lodgepole, que se regeneraram em todo o vasto platô glaciado interior após os incêndios causados por colonos que, no fim do século XIX, construíram ferrovias e garimparam ouro. Um século depois, essas florestas foram derrubadas com *fellers bunchers* — tratores com um braço mecânico dotado de serra —, e os desafortunados amieiros foram esmagados pelas esteiras ou cortados com os pinheiros. Dizimado o subdossel, a luz incidiu nos tocos dos amieiros cortados, e neles brotou uma infinidade de novos ramos e folhas. Água e recursos do solo não faltavam. Era o paraíso dos amieiros. Os agrupamentos expandiram-se facilmente a partir dos rizomas existentes, enquanto abaixo das folhosas coroinhas dos amieiros vingava uma profusão de grama pinegrass, epilóbios e framboesas thimbleberry. Para um silvicultor que passasse de carro, talvez parecesse que as mudas de pínus que se desenvolviam naquele mar de amieiros e gramas estavam se afogando. Nos anos anteriores à defesa do meu mestrado, eu tinha passado de picape por muitas florestas para ver como aquelas plantações eram por dentro — saía do carro e vagava entre os amieiros que se aglomeravam à beira da estrada. Depois de atravessar aquela parede verde, geralmente eu descobria que os pinheiros estavam se desenvolvendo muito bem. No entanto, ver da estrada um mar de amieiros, mesmo que muitos pinheiros estivessem despontando acima deles, era tudo de que um silvicultor precisava para justificar um ataque químico ou um verdadeiro massacre da serra ou tesoura.

Mas de que adiantava? Ninguém sabia se essa remoção estava melhorando o crescimento das plantações. O objetivo do meu experimento era ajudar a preencher essa lacuna. Eu queria quantificar o efeito competitivo dos amieiros e das plantas associadas sobre os pinheiros. Para mim, o que me interessava ainda mais era saber se os arbustos nativos podiam até colaborar com os pinheiros, contribuindo para que se conectassem ao solo e criassem uma comunidade florestal saudável.

Para descobrir como — e se — os amieiros podiam interferir no desenvolvimento dos pínus, eu precisava reduzir a abundância dos arbustos que tinham a altura do meu ombro, adotando diferentes densidades e inclusive eliminando-os totalmente em algumas parcelas. Depois eu poderia comparar o crescimento dos pínus combinados a diferentes quantidades de amieiros vizinhos com o crescimento de pínus sozinhos, sem o estorvo de competidores. Em vez de meramente reduzir a densidade de amieiros, decidi cortar todos eles e deixar que rebrotassem em quantidades controladas; assim, os pínus da altura dos meus tornozelos, que eu estava prestes a plantar, enfrentariam um inimigo realista. Se começassem juntos a disputa pela altura, eu poderia avaliar melhor como poderiam competir em pé de igualdade. Se eu tivesse estado no local para começar meu experimento bem no momento da derrubada, poderia ter simplesmente reduzido a densidade de amieiros que estivessem brotando quando eu plantasse meus pinheiros experimentais. No entanto, cheguei depois que os tocos de amieiro já haviam brotado e se transformado em arbustos de bom tamanho. A natureza é uma colaboradora imparcial.

Os prisioneiros deveriam cortar todos os amieiros com machete, deixando tocos da altura do tornozelo. Cada arbusto de amieiro era um agrupamento de aproximadamente trinta ramos que saíam de um mesmo rizoma — uma versão mais espessa do modo como as roseiras crescem. Para criar a variedade de densidades de amieiros, meu plano era cortar e controlar os agrupamentos que podiam ganhar folhas novas e os que não podiam, pincelando herbicida no topo dos caules de agrupamentos selecionados. Desse modo, criaríamos cinco densidades variadas — desde uma parcela sem amieiros (todos eles pincelados com herbicida e mortos) até 2400 agrupamentos de amieiros por hectare (nenhum dos amieiros pincelados, deixando todos vivos). Também criaríamos três níveis intermediários (600, 1200 e 1600 agrupamentos de brotos por hectare).

No grupo sem amieiros eu também queria criar um gradiente separado de cobertura herbácea — diferentes quantidades de pinegrass, epilóbios, mirtilos-norte-americanos, framboesas thimbleberry e uma dúzia de outras espécies menos destacadas. Então eu poderia avaliar o efeito competitivo desse componente sobre as mudas de pínus separadamente das mudas deixadas com os amieiros. O amieiro era considerado o principal inimigo, mas julgava-se que as plantas baixas também eram competidoras. Curiosamente, apenas o epilóbio era uma erva verdadeira, enquanto a pinegrass era obviamente uma grama, e o mirtilo e a framboesa eram arbustos; todos esses, porém, não cresciam além da altura dos meus joelhos, por isso eu os agrupei numa categoria que chamei de "camada herbácea".

Floresta madura com antigas árvores-mães de tuias-gigantes no dossel e cicutas, abetos-
-prateados-do-pacífico, mirtilos norte-americanos e amoras silvestres no subdossel.
A tuia-gigante é chamada de árvore da vida pelo povo aborígene da Costa Oeste da
América do Norte e tem para eles grande importância espiritual, cultural, medicinal
e ecológica. A madeira dessa espécie é essencial para a feitura de totens, tábuas de
construção, pirogas, remos e baús, enquanto a casca e o câmbio são usados em cestos,
roupas, cordas e chapéus. A tuia-gigante é a árvore oficial da Colúmbia Britânica.

Suillus lakei, ou *Suillus* pintado, ou cogumelo-panqueca. Essa espécie ectomicorrízica só cresce em associação com abetos-de-douglas. Embora não muito apreciados, seus cogumelos comestíveis são usados em sopas e cozidos. Os cones sob os chapéus dos cogumelos são de abeto-de-douglas. Em primeiro plano aparecem framboeseiras e cornisos rasteiros. Os Haida misturam framboesas com oxicocos e os desidratam.

Árvore-mãe de abeto-de-douglas com aproximadamente quinhentos anos. A casca espessa e profundamente enrugada protege a árvore do fogo, e os galhos grandes servem de habitat para aves e animais como a cambaxirra e o cruza-bicos, esquilos e musaranhos. O povo aborígene usa a madeira em fogueiras e anzóis de pesca, e os ramos em pisos de cabanas e saunas.

Árvore-avó de tuia-gigante, com aproximadamente mil anos de idade. As fendas verticais indicam que a casca foi removida pelo povo First Nations. A casca interna é separada da externa e usada na confecção de cestos e esteiras de tuia, roupas e cordas. Antes da remoção, as pessoas oram pedindo licença com as mãos no tronco, e assim firmam laços fortes com a árvore. São retiradas faixas de até um terço da circunferência e nove metros de altura, deixando uma cicatriz estreita o suficiente para que a árvore se restabeleça.

Cogumelos do gênero *Mycena*. Os *Mycena* são saprotróficos, isto é, nutrem-se de matéria orgânica em decomposição, e geralmente não são comestíveis.

Cogumelo *Amanita muscaria*, ou agário-das-moscas. A espécie forma ectomicorrizas com muitas árvores, entre elas o abeto-de-douglas e a bétula-de-papel, além de pinheiros, carvalhos e espruces. Os cogumelos podem ser venenosos e psicoativos.

Árvore-mãe de abeto-sitka, em Haida Gwaii. As arvoretas de cicuta no subdossel se regeneram sobre troncos em decomposição, que protegem os novos rebrotamentos contra predadores, patógenos e seca.

Extremidades de raízes fúngicas ectomicorrízicas e rizomorfas.

Suillus spectabilis é um fungo ectomicorrízico. O manto fúngico branco está envolvendo uma extremidade de raiz da árvore e forma uma estrutura pinulada. O manto protege a extremidade de raiz contra danos ou patógenos e é a base a partir da qual micélios fúngicos irradiam para explorar nutrientes no solo. Os cogumelos são comestíveis, mas azedos e picantes.

Apontando para o micélio fúngico branco que se entremeia no solo da floresta.

Tuia-gigante em uma floresta pluvial da costa do Pacífico, provavelmente com quinhentos anos de idade. Essa árvore é o alicerce da cultura aborígene da Costa Oeste da América do Norte. Embora a árvore seja usada em muitos artefatos culturais importantes — roupas, ferramentas e remédios —, poucas eram derrubadas antes do contato com europeus. Em vez disso, os nativos aproveitavam árvores caídas ou extraíam tábuas de árvores vivas, inserindo cunhas de teixo ou chifres de animais nos veios da madeira.

Árvore-mãe de tuia-gigante com suas filhas. As tuias se reproduzem por sementes, mas também por propagação vegetativa, quando um ramo da árvore-mãe desce até o solo e desenvolve raízes no ponto de contato. Assim que o ramo se enraíza com firmeza, a arvoreta se separa da árvore genitora e se torna uma árvore individual. O bordo, à direita, é uma árvore comumente associada às tuias. Ambas prosperam em solos férteis e úmidos e se unem em uma rede micorrízica arbuscular.

Árvore-mãe de abeto-de-douglas, centenária, na floresta pluvial do litoral da Colúmbia Britânica. As árvores vizinhas são abetos-de-douglas, cicutas e tuias-gigantes, e o subdossel é rico em samambaias-espada e mirtilos-vermelhos. As folhas de samambaia--espada são usadas pelo povo aborígene do noroeste do Pacífico como camada protetora em fornos escavados no chão, para embrulhar alimentos armazenados e para forrar pisos e leitos. Os rizomas no subsolo, extraídos na primavera, são assados, descascados e comidos. Os frutos vermelhos do mirtilo são aproveitados como isca de pesca em rios, desidratados e macerados para fazer bolos, ou espremidos para produzir um aperitivo ou enxaguante bucal.

Árvore-mãe de abeto-sitka rodeada por arvoretas de cicuta e abeto margeando o rio Yakoun em Haida Gwaii. Algumas das arvoretas se regeneram sobre troncos caídos em decomposição, que as protegem de predadores, patógenos e seca. Os Haida, Tlingit, Tsimshian e outros povos da Costa Oeste extraem raízes de abeto para fazer chapéus e cestos impermeáveis, comem a casca interna ou a desidratam para consumir com bagas. Os brotos crus são excelente fonte de vitamina C.

Cogumelo *Suillus lakei* com micélios fúngicos brancos emanando da base do estipe (pedículo). Os cogumelos brotam dos filamentos fúngicos espalhados pelo solo da floresta e se conectam com árvores próximas. As árvores fornecem açúcar da fotossíntese ao fungo em troca de nutrientes que o fungo capta no solo.

Extremidades de raízes ectomicorrízicas com abundantes hifas fúngicas. Essa foto foi feita em um sistema minirhizotron (tubo transparente instalado no solo que permite observações do sistema radicular in situ) no Laboratório Nacional de Oak Ridge.

Ursos-negros, mãe e dois filhotes.

Águia-americana.

Tuia-gigante.

Rizomorfos se projetam de um tapete de fungos ectomicorrízicos.

Rede fúngica ectomicorrízica nas camadas superiores de um perfil de solo.

Árvore-mãe milenar de tuia-gigante em Stanley Park, Vancouver, Colúmbia Britânica. A cicatriz vertical é consequência da tradicional remoção da casca, por isso a árvore é conhecida como "culturalmente modificada" (em inglês: *culturally modified tree*, ou CMT).

Sentada ao pé de uma árvore-mãe de tuia-gigante.

Canais de amieiros 129

Para avaliar o efeito competitivo dessa camada eu criaria três tratamentos herbáceos distintos e sem amieiros: 100% de cobertura herbácea, onde eu deixaria a cobertura natural de ervas crescer livremente; 50% de cobertura herbácea, onde eu a reduziria à metade, e 0% de cobertura herbácea, onde eu eliminaria completamente todas as ervas. Em cada um desses casos, eu cortaria e pintaria primeiro os amieiros, depois borrifaria herbicida para matar as porções designadas das ervas. No tratamento de aniquilação total, eu borrifaria tudo o que estivesse à vista — arbustos, ervas, gramas e musgo —, deixando a terra nua.

Esse tratamento extremo de terra nua lembrou-me os campos agrícolas nos fundos de vales. Um plano de batalha atemorizante, mas eu o criei porque os cientistas norte-americanos que preconizavam a remoção de plantas daninhas nos anos 1980, seguindo o caminho adotado pela revolução verde na agricultura — uso de pesticidas, fertilizantes e variedades de cultivos de alta produtividade —, presumiam que essas condições ensejavam os cultivos de crescimento mais rápido, e o pessoal responsável pela formulação de diretrizes na Colúmbia Britânica acreditava que poderia copiar esses critérios para obter o maior potencial de crescimento para os pinheiros. Seria negligência da minha parte não testar a suposição deles — isto é, de que, se pudessem fazer pinheiros crescerem como feijão, poderiam derrubar mais florestas, prevendo assim um crescimento mais rápido. Eu precisava avaliar essa possibilidade comparando-a com todos os outros níveis de desempenho. Repetiríamos três vezes cada um desses sete tratamentos — quatro com parte dos amieiros mantida e mais três sem amieiros, mas com diferentes porções da camada herbácea remanescente. Cada parcela era um quadrado de vinte metros de lado, e todas as 21 parcelas foram distribuídas por um hectare dos dez da área desmatada.

Em cada um dos sete tratamentos eu plantaria mudas de pínus para medir a intensidade com que eles competiriam — ou colaborariam — com os amieiros e as camadas herbáceas para obter luz, água e nutrientes. Eu descobriria quanto os amieiros ajudavam os pínus, talvez adicionando nitrogênio ao solo, e quanto eles competiam por luz, água ou outros nutrientes, como fósforo, potássio ou enxofre. Também descobriria se as plantas herbáceas eram ou não competidoras intensas, ou protetoras de algum modo. Meu objetivo era computar a quantidade de recursos que os pínus, os amieiros e as plantas herbáceas adquiririam. Eu também examinaria a velocidade com que os pinheiros cresceriam e como eles sobreviveriam nos sete níveis de densidade de amieiros e ervas.

Robyn e eu contemplamos a ondulante floresta montanhesa de pínus enquanto a turma de prisioneiros se aproximava pela trilha. Ela estava com 28 anos, dois a mais que eu. Queria que eu desse alguma indicação de que daria tudo certo, mas eu também estava apreensiva. Ela estava de regata, e eu disse "Acho que seria bom você...".

"Certo", ela falou, e vestiu a camisa xadrez de lenhador por cima.

Os prisioneiros vinham resmungando em nossa direção, e suas imprecações dariam uma ária cômica. *Olha isso, vai se foder! Quero um cigarro!* Eles pularam a cerca de arame farpado, e foi uma gritaria. A cerca, feita no capricho, tinha cinco fios bem retesados; Kelly, que viera construí-la numa semana de folga em suas funções de ferreiro, tinha em mente manter as vacas fora do terreno, e não espetar traseiros. *Puta merda, minha calça rasgou!* Músculos, bocas mascando fumo, cabelos compridos, caras de mau. "Oba, garotas!", um exclamou. "E aí, a gata quer dançar?", gritou outro, balançando o quadril.

Expliquei ao guarda como eles deveriam cortar os arbustos rente ao solo. Ele escutou, mas a situação era potencialmente explosiva. Sua única arma era um cassetete. Robyn e eu deixamos os homens trabalhando e escapamos para o lado oposto do experimento.

Nossas podadeiras e latas de herbicida com borrifador estavam onde havíamos deixado. Eu tinha decidido que para o tratamento extremo da terra sem camada herbácea nós duas trabalharíamos sozinhas, sem envolver os detentos. Para remover o máximo de vida vegetal possível, tínhamos cortado rente todos os amieiros e levado os caules para as laterais das parcelas, deixando expostas as gramas e ervas. Cobrimos o topo dos caules cortados com o herbicida 2,4-D e borrifamos glifosato sobre as gramas e ervas para matar todas elas. No tratamento de 50% de cobertura herbácea tínhamos borrifado apenas metade das ervas, seguindo um esquema de

Canais de amieiros

tabuleiro de xadrez. Os locais pareciam áridos. Nenhuma de nós se sentia bem matando plantas, mas dessa vez estávamos mais firmes em nosso propósito. Se descobríssemos que essas plantas nativas não eram as assassinas que os responsáveis pelas diretrizes achavam que elas eram, talvez as práticas draconianas fossem reconsideradas em toda a província.

Tiramos as luvas e a capa de plástico e fomos descansar à margem de nosso último talhão de terra nua. Tínhamos trabalhado desde as três da madrugada, com os filtros adequadamente instalados nas máscaras. Robyn me ofereceu um muffin feito com mirtilos colhidos antes da aplicação de herbicida. Embora tivéssemos nos lavado e nos sentássemos fora do terreno rebrilhante, comemos com as mãos dentro de sacos plásticos.

"Olhe, arganazes!", ela exclamou, apontando na direção de gotículas de água com herbicida cor-de-rosa aderidas às folhas. Eles corriam levando folhas de grama cortadas para os montes de ramos de amieiro que tínhamos empilhado na borda do talhão. "E coelhinhos também!"

Ela ainda não se dera conta de que os animaizinhos estavam comendo grama envenenada. A cena passou de relance pelos meus olhos: eles dariam as folhas letais para seus filhotes na toca, e todos morreriam embaixo da terra.

"Saiam daqui!", gritei, correndo na direção deles. "Não comam isso!"

Mas não podíamos impedir os arganazes, coelhos e esquilos de comer. Tínhamos rompido o equilíbrio deles matando os amieiros. Robyn e eu nos entreolhamos, impotentes — antes mesmo de qualquer medição, já era evidente a perturbação do ecossistema.

Foi quando ouvimos gritos. Robyn seguiu-me até a parcela com grande densidade de amieiros, onde tínhamos deixado os prisioneiros, mais ou menos a cem metros de onde estávamos. Os grunhidos aumentavam em altura e ritmo. Rastejamos por entre os arbustos para ver melhor.

"Uh, uh, uh", fazia o coro dos prisioneiros.

Assistimos à querela. Os que estavam em pé projetavam a virilha para a frente ao ritmo das palavras. Na liderança estava um sujeito irado que assustava até fantasmas. Outro, com cicatrizes fundas, estava sentado num toco e cantava com tanta força que as veias do pescoço inchavam. Um magricela tinha uma expressão vazia aterradora. Eles haviam largado as machetes, em protesto. O guarda ordenou aos detentos que se levantassem, e Robyn e eu aguardamos, apreensivas. Tudo podia acontecer — eram só dois guardas desarmados, vinte prisioneiros e nós duas.

O líder se calou, e o guarda e meu colega silvicultor conduziram os homens pela trilha e para dentro da viatura. Tinham estado no terreno por apenas duas horas.

Quando inspecionamos o trabalho deles, meu estômago revirou. Eu esperava cortes bem-feitos na base dos tocos de amieiro para que pudéssemos pincelar facilmente o herbicida e controlar o número de amieiros que voltariam a brotar. No entanto, os amieiros pareciam ter sido golpeados para morrer, as copas foram cortadas, restando caules afiados da altura da minha coxa. Seiva exsudava das cascas partidas e escorria pelos caules marrons manchados. Os ramos pareciam lanças. Um cervo poderia cravar a barriga neles.

UMA SEMANA MAIS TARDE, depois que Robyn e eu completamos a poda que os prisioneiros deveriam ter feito, meus outros assistentes de pesquisa se juntaram a nós. Minha família. Robyn, os cabelos negros presos num rabo de cavalo, estava agachada junto às caixas de mudas de pinheiro com sua pá, louca para fincá-las no chão. Kelly parecia competente com sua calça jeans, botas de caubói e cinto de carpinteiro, pronto para terminar o portão e ajustar os arames da cerca contra as vacas — rancheiros da região tinham obtido autorização de pastagem. Jean, como um membro da família, carregava as ferramentas — compasso de calibre e trena — para avaliar o tamanho e a condição das mudas conforme fossem plantadas. Minha mãe, sentada num toco, bloco de notas na mão, sorria para nos mostrar sua alegria de ver os filhos assim. A inquietação que Robyn e eu tínhamos absorvido dos prisioneiros evaporou com a presença da nossa mãe. Dentro de algumas semanas, chegaria meu pai. Um bom escalonamento para evitar que mamãe e ele estivessem no mesmo lugar no mesmo momento.

Ao meu lado estava Don, um cara moreno de cabelo encaracolado que eu conhecera em janeiro na Universidade do Estado do Oregon, assistente

Canais de amieiros

de pesquisa de um professor que estudava os efeitos da extração de madeira sobre a produtividade do solo no longo prazo. Don se incumbira de me ensinar os conhecimentos básicos para um pós-graduando. Como trabalhar com planilhas, onde correr, onde ficavam os melhores pubs. "É assim que se escreve um código de análise estatística", ele disse, e me mostrou algo que me intrigava fazia tempo. Eu contara os dias para sua chegada. Ele se entrosou facilmente com todo mundo, batendo papo sobre silvicultura. E eu andava na maior animação por tê-lo por perto. Estava me apaixonando.

"Que beleza de trabalho a disposição dessas parcelas, Suzie", Don elogiou, olhando as estacas que eu tinha usado para marcar os cantos de cada uma das 21 parcelas do teste. Eu estava adorando que ele já me chamasse pelo apelido que minha família usava. Ele pôs a mão de leve nas minhas costas enquanto falava.

Para chamar a atenção dele de volta para o trabalho, Robyn explicou que cada parcela seria plantada com sete fileiras de sete mudas de pínus, espaçadas por dois metros e meio, e outras dez entre as fileiras que pudessem ser sacrificadas quando fosse preciso fazer mensurações destrutivas especiais. Ela podia ver que Don era competente — mas precisava ter certeza. Don captou tudo num instante, explicou como procederia e rematou com uma de suas citações favoritas de Grocho Marx: "Esses são os meus princípios, se você não gosta deles… tudo bem, tenho outros". Rindo, eles subiram a elevação para começar o plantio das 1239 mudas nas várias densidades.

"Nossa vez", Jean disse a mamãe. Elas tinham de seguir atrás de Robyn e Don. Mamãe anotava dados nas fichas enquanto Jean percorria a primeira fileira de mudas de pínus recém-plantadas, martelando uma estaca de madeira com um marcador de metal ao lado de cada muda e medindo a altura com a trena e o diâmetro com o compasso de calibre. Sob os candelabros de amieiros que estavam brotando, as acículas das mudas de pínus espiralavam em ramos, como buquês. Elas depois cresceriam encimadas por coroas com tufos como chamas de velas e se tornariam os esguios pinheiros-lodgepole que estávamos plantando em substituição às árvores que haviam sido cortadas.

"Vai querer um passador ou um portão com trava, Suzie?", Kelly perguntou enquanto seguíamos para o local onde ele tinha construído a última parte da cerca. Era um alívio ter alguns minutos tranquilos com Kelly, examinando os montículos e as depressões onde os mourões ficariam. Ele adicionara a construção de cercas à longa lista de coisas de caubói que sabia fazer. Cavara os buracos na mão, tinha ombros fortes apesar das luxações sofridas montando touros com a mesma paixão da adolescência. No fim, meu experimento estava cercado por uma paliçada que se manteria sólida por décadas.

"Não sou entendida, mas um passador simples está bom, aquele tipo uma entrada em Y, sabe?, em que dá para uma pessoa passar mas uma vaca, não", falei.

"É o mais fácil e mais barato", Kelly aprovou.

"Só tem de ser largo o suficiente para podermos passar com nosso equipamento, por exemplo a bomba de pressão que papai e eu vamos usar daqui a algumas semanas", lembrei, mostrando com um gesto o tamanho aproximado do instrumento. Mais ou menos do tamanho da caixa da máquina de costura portátil da vovó Winnie.

"Posso instalar os mourões da entrada num ângulo estreito o suficiente para que uma vaca não consiga se espremer por ali, mas que seja largo o suficiente para uma bomba?", ele disse, esticando a cicatriz sob o lábio quando sorriu. "Eu adoraria ver o papai aqui com as vacas."

"Vai ser divertido. Vamos trazer as coisas no meio da noite."

"Pena que ele não está aqui hoje", Kelly disse baixinho; ainda não se conformara com a separação dos nossos pais, embora já tivessem se passado treze anos.

"Tensão demais com a mamãe aqui."

"Vou estar com ele no próximo fim de semana no rodeio de Williams Lake. Me inscrevi para laçar bezerro e montar touro."

"Boa!", falei. Agradeci por fazer uma cerca tão legal e pedi que mandasse lembranças a Tiffany. Eu ainda não me encontrara com ela, mas sabia que tinha uma cabeleira ruiva rebelde e dançava o *two-step* como ninguém.

Kelly abriu um sorrisão do tamanho do lago Mabel e respondeu: "Obrigado, mandarei". Orgulhoso de seu trabalho e comovido com minha gratidão, ele ainda estava radiante quando pegou a pá e fez um gesto para eu voltar para as minhas árvores.

Don ajudou Robyn e eu a plantar mais árvores enquanto Jean e mamãe martelavam as estacas de marcação e coletavam os primeiros dados das mudas. "Sua paisagem é tão mais selvagem e despovoada que as nossas", ele disse, abarcando com um gesto do braço o panorama e me deixando orgulhosa da terra onde cresci. "Espero poder vir para o Canadá para estar sempre com você", ele tagarelou. Era bom de conversa. As palavras lhe saíam aos borbotões, em cachoeira, e eu adorava. Com o passar dos dias, nosso trabalho se avolumou e passou de cansativo a hercúleo. À noite eu sentia o aroma de terra na sua pele.

No último dia antes de ele voltar ao seu trabalho de assistente de pesquisa, Don e eu coletamos as amostras de solo com um trado, um instrumento em forma de T com uns trinta centímetros de comprimento. Ele me mostrou como introduzir a ponta do trado no solo da floresta e depois puxá-lo pelo cabo para extrair um longo tubo de solo mineral para cada saco de amostra. No terreno onde havíamos matado todas as plantas, o solo parecia manteiga. Mas onde as plantas cresciam com vigor foi dificílimo fazer a extração, pois o emaranhado de raízes vivas ricas em carbono resistia ao trado e era preciso subir no instrumento para romper o solo com o peso do corpo. Ao meio-dia eu estava tão dolorida que ele fez massagem nas minhas costas.

Chorei quando ele se preparava para partir. Ele me garantiu que voltaria em setembro para ajudar com o último conjunto de medições das mudas. Prometemos fazer canoagem no Wells Gray Park.

Robyn e eu voltamos algumas semanas depois para medir quanto de luz, água e nutrientes havia em cada tratamento. Os amieiros selecionados estavam brotando e as ervas remanescentes se enchiam de folhas — quanta luz eles roubavam das mudas de pinheiro? Quantos nutrientes essas plantas absorviam e quanto restava para nossas mudas? Quanta água permanecia no solo para as raízes dos pinheiros depois que as outras plantas se serviam?

Para medir a água no solo, usamos uma sonda de nêutrons. Era tão letal quanto seu nome dava a entender: uma caixa de metal amarelo que parecia um detonador de dinamite, com uma fonte de nêutrons radioativos para medir o grau de adesão da água aos poros do solo. Quanto mais escassa a água, maior seria sua adesão às partículas de solo e maior a dificuldade para ser absorvida pelos pinheiros — era isso que a sonda de nêutrons poderia nos dizer. Amieiros, pínus e ervas precisavam de água para a fotossíntese, mas os amieiros demandavam a maior quantidade a fim de produzir energia suficiente para transformar (fixar) o nitrogênio atmosférico em amônia, o qual então os amieiros podiam usar. Eu supunha que eles absorviam proporcionalmente mais água do solo para realizar esse processo, que requeria muita energia. Era essa minha intuição. As gramas e ervas, com seu emaranhado de raízes fibrosas, provavelmente também eram muito sedentas.

Robyn e eu levamos a caixa amarela até um cilindro de alumínio que havíamos inserido um metro solo adentro e cuidadosamente a ajeitamos em cima do cilindro. Tínhamos instalado esses tubos em cada uma das parcelas para medir os níveis de água no solo. Quanto mais água os amieiros absorvessem, maior sua taxa fotossintética e mais energia eles podiam investir no processo de fixação de nitrogênio. Porém, ao mesmo tempo, menos água sobraria para as mudas de pinheiro. Uma troca.

Dentro da caixa havia um cabo espiralado que terminava num tubo com uma pelota radioativa que emitia nêutrons. Um êmbolo soltava o cabo, e o tubo descia pelo cilindro; com isso, a pelota disparava nêutrons em alta velocidade, os quais colidiam com moléculas de água no solo. Um detector eletrônico registrava quantos nêutrons desacelerados voltavam como bumerangues ao local de partida, e era assim que se media o teor de água no solo. Quando apertávamos um botão, o cabo se retraía dentro da caixa com a rapidez de um fio elétrico ao se enrolar num aspirador de pó.

"Não tenho a menor ideia de como isso funciona, mas quero ter filhos um dia", Robyn comentou.

Empurrei o êmbolo para baixo e liberei o cabo dentro do tubo. Eu detestava a sonda de nêutrons. Era velha e pesada, o cabo era pegajoso. Não

Canais de amieiros 137

gostava do jeito esquisito como os motoristas me olhavam quando viam o sinal de dispositivo nuclear na traseira do meu carro. Acima de tudo, eu tinha medo da radioatividade.

Medir a água nos 21 cilindros de acesso nos tomou o dia todo. Repetiríamos essa medição várias vezes ao longo do verão, para verificar o quanto cada parcela ia se tornando seca, sobretudo as que tinham alta densidade de amieiros. Era um trabalho delicado, pois o instrumento era desajeitado para carregar, o cabo nem sempre descia de modo apropriado e às vezes encontrávamos água dentro dos cilindros, quando os copos plásticos que tínhamos usado para mantê-los tapados eram removidos por esquilos.

No último cilindro de alumínio, aliviada por aquele dia estressante estar quase no fim, olhei para o chão e levei um susto. O tubo com a pelota de nêutrons arrastava-se descoberto aos nossos pés. O mecanismo de fechamento havia falhado, provavelmente no último cilindro, e o cabo não se retraíra. Estávamos sendo atacadas pela radioatividade.

"Suzie!", Robyn gritou.

"Merda!", berrei em resposta. Apertei o botão na caixa amarela, e o cabo com o tubo voltou para o compartimento.

Quão perigoso isso tinha sido? Como condição para usar o equipamento, a Atomic Energy of Canada requeria que afixássemos um crachá com um dosímetro no bolso da camisa, para medir a exposição de nossos órgãos vitais à radiação. Os pés eram o menos preocupante, por terem massa pequena e não conterem órgãos, portanto sofreriam pouco dano em tecidos moles.

"Acho que não teremos problemas", falei, explicando sobre os crachás.

Robyn sentia saudade de Bill, com quem se casaria no Dia de Ação de Graças, na sala da casa da nossa mãe, e esse erro estúpido a derrubou. Prometi enviar os crachás imediatamente — também estava preocupada. Afinal de contas, radiação causa câncer. Jean nos distraiu durante o jantar falando sobre as vacas que ficaram inchadas e desandaram a peidar e arrotar depois de comer o fertilizante deixado acidentalmente em uma plantação que ela estava frequentando. Escrevi para Don, uma enxurrada de palavras sobre meus temores.

Quando chegou o informe da Atomic Canada, olhei imóvel para o resultado. Nossa exposição tinha sido bem inferior ao limiar considerado problemático. Escapamos por um triz, mais uma vez.

Robyn e eu voltamos lá a cada duas semanas, desde o começo de junho até o final de setembro, para repetir a mensuração de água no solo com a sonda. Baseada nas leituras digitais quinzenais, analisei a tendência do teor de água no solo ao longo da temporada de crescimento. Encontrei um padrão distinto. Na primavera, a neve recém-derretida deixara os poros do solo cheios de água. Não fazia a menor diferença se os amieiros tinham brotado ou não: nenhuma quantidade de amieiros afetara a umidade deixada por uma camada de dois metros de gelo derretida. Mas no começo de agosto os poros do solo haviam secado totalmente nos locais onde os amieiros tinham voltado a crescer em alta densidade. As viçosas folhas de amieiro transpiraram tão avidamente galões de água por seus estômatos abertos que tinham usado a maior parte da água livre. Já nos locais onde havíamos eliminado totalmente os amieiros, os poros do solo sem raízes permaneceram cheios de água durante todo o verão. Epa, talvez os fanáticos da remoção de plantas daninhas estivessem certos. Os amieiros realmente pareciam deixar bem pouco para as mudas de pinheiro usarem durante o alto verão. As questões decisivas eram: os pinheiros sem amieiros na vizinhança tinham crescido o mais depressa possível, como supunham os responsáveis pela formulação das diretrizes, em contraste com os pinheiros que tinham amieiros nas proximidades? Estavam acessando e *usando* a água adicional quando ela estava sazonalmente disponível?

Para descobrir as respostas, eu precisava medir quanta água estava indo para as mudas de pinheiro em meados do verão. Recrutei meu pai para me ajudar.

Saímos da cidade à meia-noite de 7 de agosto, quando, segundo as leituras que Robyn e eu tínhamos feito com a sonda de nêutrons, o solo coberto de amieiros estava com o maior grau de aridez. A viagem de carro até o local levava duas horas. Na cabine da minha picape espremiam-se

Canais de amieiros

o corpo alto e esguio do meu pai e o almoço gigantesco preparado pela nova mulher dele, Marlene. No caminho, ele foi nos servindo o café que levava em sua garrafa térmica. Quando entramos na estrada da madeireira, meu pai viu as sombras da vegetação se aprofundarem na floresta e ficou pensativo. Ele nunca deixara que o medo do escuro — que tinha desde criança — atrapalhasse nossas aventuras em família, inclusive nas semanas que passávamos na casa flutuante em praias isoladas no lago Mabel, onde tudo podia acontecer. Eu o tranquilizei dizendo que trazia luzes fortes para facilitar as coisas.

Na borda da floresta, esperando por nós, havia um cilindro de alta pressão com gás nitrogênio do tamanho de uma boia grande. Eu tinha explicado que precisávamos usar esse gás no meio da noite para descobrir se as mudas estavam se recuperando do estresse da seca diurna. Meu palpite, baseado na grande quantidade de água no solo medida pela sonda de nêutrons, era de que os pinheiros no tratamento de terra nua se recuperariam mais completamente à noite do que os que cresciam entre os amieiros sugadores de água. Depois das medições da madrugada, reavaliaríamos as mudas ao meio-dia para verificar o quanto se estressavam no calor diurno. Se elas apresentassem estresse hídrico de dia *e* de noite, eu saberia quais mudas estavam muito ameaçadas e corriam risco de morrer antes do fim do verão. Isso poderia explicar por que minhas mudas em terra nua estavam começando a crescer mais depressa do que as mudas em meio aos amieiros.

Meu pai começou a mexer na faixa de borracha de sua enorme lanterna de cabeça. Liguei a luz alta, e imediatamente ele sorriu ao ver a inundação de claridade. Fiz o mesmo com a minha, liguei também as duas lanternas de mão e desliguei os faróis da picape. Nos entreolhamos. As lanternas de cabeça e de mão não eram páreo para a escuridão profunda. "Cola em mim, pai", falei. Ele fez que sim.

Tínhamos de transferir gás do tanque grande para um cilindro do tamanho de uma garrafa térmica, pois o tanque grande era pesado demais para ser carregado pelo aclive até o local do experimento; mostrei a ele como o regulador reduzia a pressão do gás que saía do tanque grande e entrava na tubulação ligada ao cilindro pequeno. Sem o regulador, explodiríamos em mil pedacinhos a tubulação e o tanque pequeno, e talvez nós mesmos. Disfarcei meu nervosismo diante da ideia de cometermos algum erro.

Transferimos o gás e adentramos o negrume do matagal, tão próximos um do outro que nos acotovelávamos a todo momento. Papai levava a buzina de urso e o cilindro pequeno de gás nitrogênio, e eu carregava a bomba de pressão de nove quilos. Eu mediria a pressão da água no xilema das mudas — o tecido vascular central no caule que transporta a água.

Iluminei a cerca com a lanterna e comentei: "Kelly fez essa cerca".

"É mesmo?" Papai puxou o arame superior para ver se estava bem firme, depois passou o indicador por ele, como se fosse uma peça de mobília fina. "Ficou perfeita!" Papai trabalhou duro para dar tudo que podia a Kelly, talvez para compensar sua própria pobreza na infância. Deu ao filho o melhor equipamento de hóquei e assistia às partidas, inscreveu-o em aulas de *power skating* e lhe deu todo apoio para chegar às equipes de elite; queria que ele gostasse do gelo, como muitos dos meninos no Canadá.

Depois de andarmos aos tropeções pelo local, instalamos uma estação de medição entre um tratamento com máxima densidade de amieiros e um tratamento de terra nua. Apoiei uma tábua de madeira compensada sobre um toco velho e arrumei ali o equipamento. Papai grudado em mim como velcro. A pesada mala de metal contendo a bomba de pressão parecia ter guardado alguma bomba durante a Guerra Fria. Quando aberta, revelava uma câmara, um mostrador e botões de controle — parecia um aparelho para detectar mentiras. Ou para eletrocutar um espião. "O meu velho tinha um negócio assim", papai comentou, e começou a assobiar. A oficina do meu avô no porão de sua velha casa guardava uma porção de engenhocas esquisitas, a maioria construída por ele mesmo para seu trabalho de lenhador.

"Vá até aquele trecho cheio de amieiros e corte um ramo lateral da muda de pinheiro marcada", pedi, iluminando com a lanterna um pinheiro decorado com fitilho rosa. "Pegue o ramo lateral, não o principal, pois sem o ramo principal os pinheiros não saberão como crescer na direção do céu."

Canais de amieiros 141

Meu pai me olhou como se eu tivesse pedido que pulasse de um penhasco, e então murmurou: "Entendi".

Até então ele se mostrara razoavelmente tranquilo, mas comecei a me preocupar com a possibilidade de seu medo dos perigos da mata — sem falar no breu — chegar ao ponto de fazê-lo entrar em pânico. "Estou logo aqui, papai", falei, ligando o walkman emprestado de Jean. Dire Straits. "Walk of Life" tocou noite adentro, e ele desapareceu deixando entrever apenas sua lanterna de cabeça balouçante, enquanto eu continuei a gritar que estava logo ali. Ele voltou momentos depois, todo orgulhoso, trazendo um suculento ramo principal.

Peguei o ramo mesmo assim, removi as acículas e o floema e deixei apenas o xilema central com uns três centímetros de comprimento. O xilema transporta água das raízes para os ramos em resposta ao déficit hídrico criado pela transpiração — o vapor de água emitido dos estômatos das acículas para o ar durante a fotossíntese. De dia, a pressão da água no xilema deveria ser baixa, pois as raízes se esforçam para puxar água do solo que está secando para compensar o déficit de vapor criado pela transpiração. A pressão do xilema registrada na leitura da noite deveria ser maior porque os estômatos estão fechados e as raízes principais continuam a acessar a água do solo, deixando o xilema saturado, e não sob estresse hídrico. Mas, se houvesse uma forte seca no meio do dia, as mudas talvez não se recuperassem completamente durante a noite, e as células de seu xilema ainda estivessem secas no meio da noite.

Passei o xilema central — tudo o que restava agora do caule descascado — pelo orifício que fizera no meio de uma rolha de borracha do tamanho de uma moeda; o resto, ramos e acículas, ficou pendurado de cabeça para baixo na parte inferior da rolha. No meio da pesada tampa de rosca da bomba de pressão eu tinha feito um buraco também do tamanho de uma moeda, no qual inseri a rolha, e depois introduzi o ramo macio na câmara de gás, que tinha o tamanho de um pote de conserva, e tapei bem. A árvore parecia um bonsai de cabeça para baixo numa garrafa de vinho de boca larga. Com a lanterna, iluminei a parte de cima da tampa atarraxada e vi, satisfeita, o pedaço de xilema descascado espetado para cima como um palito de dente.

Atarraxei o tubo ligado ao cilindro pequeno de gás nitrogênio na câmara de pressão e girei o botão para ouvir o gás, e papai observava tudo com admiração. Uma bolha de água emergiria da ponta cortada do ramo quando a pressão que eu aplicava se igualasse à resistência da água contida no xilema. Quanto maior o estresse sofrido pela muda, mais fortemente a água era contida no xilema, e mais eu precisaria girar o botão.

A tarefa do meu pai era dizer "Agora!" quando visse a bolha.

Ele se empolgou e gritou "Agora!" tão alto que dei um pulo. Desliguei o gás e assobiei quando vi o mostrador — cinco barras. A muda estava sedenta, não estava se recuperando totalmente durante a noite. Papai me garantiu que tinha coletado a amostra no meio do agrupamento de amieiros.

Eles estavam absorvendo a maior parte da água e deixando as mudas secas. Expliquei que os amieiros provavelmente demandavam muita água para promover a transformação de nitrogênio em amônia. Os dados do solo também me disseram que os amieiros estavam liberando muito nitrogênio de volta para o solo quando suas folhas envelheciam e se decompunham no outono. As raízes dos pinheiros podiam, então, captar o nitrogênio liberado. "Esta muda devia ter muito nitrogênio em suas acículas, apesar de estar sedenta", comentei.

"Dá para verificar isso?", ele perguntou.

Concordei em enviar aquelas acículas ao laboratório para descobrir sua concentração de nitrogênio, abri a câmara e entreguei a amostra de muda ao meu pai. Em segundos, ele pôs as acículas num saco plástico. Comecei a pensar que meu pai daria um bom técnico.

"Onde está a próxima muda que vai ser medida?", ele perguntou, animado para uma nova incursão pelas trevas. Dessa vez ele encontrou mesmo um ramo lateral, numa parcela onde todos os amieiros tinham sido eliminados. O sinal de estresse hídrico foi zero. Seu xilema estava cheio de água. As mudas nas parcelas onde os amieiros tinham sido removidos estavam se recuperando durante a noite porque havia mais água no solo. Tentei não ficar decepcionada por, até aquele momento, as mudas estarem dando razão aos formuladores das diretrizes: no alto verão, os amieiros estavam de fato se apossando da água necessária aos pinheiros. No entanto,

Canais de amieiros 143

o principal objetivo da minha investigação era justamente analisar os perigos da miopia e das conclusões simplistas. O que uma análise de longo prazo — e a complexidade adicionada pela necessidade vital de nitrogênio — poderiam provar?

ROBYN E EU VOLTAMOS mais três vezes para medir a água do solo com a sonda de nêutrons. Todas as vezes, papai e eu retornamos de madrugada para verificar como as mudas estavam respondendo às flutuações hídricas no solo.

Eu me surpreendi com o que descobrimos.

Em fins de agosto, a sonda de nêutrons mostrou que o solo com grande densidade de amieiros enchera-se de água novamente. *Agora — já — havia tanta água nos tratamentos com alta densidade quanto nas parcelas de terra nua.* Os poros do solo não só voltaram a se encher com as chuvas de fim de verão e as gotas de orvalho como também estavam sendo inundados com água subterrânea durante a noite, quando as raízes principais dos amieiros extraíam água do solo profundo e a exsudavam por raízes laterais na superfície seca, num processo de *redistribuição hidráulica*. Água mudando de curso.

E outra coisa estava acontecendo naquele solo nu exceto pela presença de mudas de pinheiro. Quando as águas da chuva caíam ali, corriam pela superfície e carregavam junto partículas de solo. Barro, argila e húmus eram transportados em córregos, porque não havia folhas e raízes vivas para barrar seu caminho. Enquanto as parcelas com maior densidade de amieiros foram ganhando água a partir de fins de agosto e no decorrer dos poucos meses seguintes, a terra nua começou a perder água.

Papai e eu usamos a bomba de pressão para testar se as mudas estavam sentindo as alterações no teor de água no solo. *Conforme a água reabasteceu o solo, o estresse que os pinheiros haviam sofrido em meio aos amieiros desapareceu completamente.* Exceto naquele breve período no começo de agosto, os pinheiros nas parcelas com amieiros não estavam sofrendo mais estresse hídrico do que os plantados em solo sem outra vegetação. Remover os amieiros para que os pinheiros pudessem ter liberdade para crescer revelou-se apenas uma vantagem fugaz na absorção de água. Toda aquela matança começou a parecer um massacre inútil. Além disso, seu efeito colateral fora a perda de solo.

Verifiquei em seguida os níveis de luminosidade. As mudas em meio aos amieiros em desenvolvimento recebiam quase tanta luz do sol quanto as que estavam no tratamento de terra nua; portanto, melhor luminosidade não podia explicar a taxa de crescimento mais rápida dos pinheiros livres de amieiros. Havia outra consideração importante: as amostras de solo extraídas por Don mostraram que matar amieiros *interrompia* novas adições de nitrogênio ao solo porque a bactéria *Frankia*, fixadora de nitrogênio, era eliminada quando as raízes dos amieiros morriam. O nitrogênio é essencial para a construção de proteínas, enzimas e DNA, o material das folhas, da fotossíntese e da evolução. Sem ele, as plantas não conseguem crescer. Ele também é um dos nutrientes mais cruciais em florestas temperadas porque frequentemente se evola na fumaça de incêndios. Sabe-se que déficits de nitrogênio, combinados ao frio, limitam o crescimento de árvores em florestas setentrionais.

Porém, enquanto a adição de nitrogênio — ou, mais precisamente, de nitrogênio atmosférico que havia sido transformado em amônia — cessou com a perda dos amieiros e de sua parceira *Frankia*, no curto prazo ocorreu um pulso de outros nutrientes (fósforo, enxofre, cálcio), adicionados ao solo conforme as raízes e os ramos mortos se decompuseram. À medida que esses detritos se deterioraram, as proteínas e o DNA dos amieiros mineralizaram-se ou se decompuseram ainda mais, formando amônia e nitrato, compostos nitrogenados inorgânicos. Por meio desses processos, o nitrogênio foi reciclado e liberado como nitrogênio inorgânico. Os compostos inorgânicos, dissolvidos na água do solo, ficaram então prontamente disponíveis para serem absorvidos pelas mudas de pinheiro, e isso favoreceu seu crescimento por um período breve. Contudo, decorrido cerca de um ano, depois que os amieiros mortos já tinham se decomposto fazia muito tempo e o nitrogênio mineralizado havia sido consumido por mudas, plantas ou micróbios, ou lixiviados pela água subterrânea, a quantidade total de nitrogênio no tratamento de terra nua despencou em comparação com as parcelas onde os amieiros cresceram de forma livre. O breve pulso de nitrogênio em forma de amônia e nitratos liberados durante a decomposição foi rapidamente consumido, e não houve mais amieiros para substituir ou aumentar o nitrogênio. Ele desapareceu durante o combate.

No outono do primeiro ano, o aumento de curto prazo na água e nos nutrientes — liberados durante a decomposição — resultou em maior crescimento das mudas de pinheiros em comparação com as parcelas onde os amieiros haviam rebrotado. Isso foi o que os responsáveis pelas diretrizes viram. Mas as mudas se manteriam sempre em boas condições? Ou a iminente escassez de nitrogênio as alcançaria? Analisar os dados dava a estranha sensação de estarmos lendo o mapa astral das mudas.

"Vamos ter que esperar até isto virar uma floresta totalmente desenvolvida para ter a nossa resposta?", Robyn perguntou.

Eu não sabia. Pensei nos artigos que eu tinha lido. Estava claro que os pínus obtêm nitrogênio do solo depois de ele ter sido enriquecido por plantas fixadoras de nitrogênio como o amieiro. As raízes dos pínus — ou os fungos micorrízicos que colonizavam suas raízes — absorvem então o nitrogênio do solo.

O que eu não conseguia entender era por que os pínus — a base de uma floresta de pinheiros-lodgepole — ficavam aguardando sobras. Eles não deveriam ter descoberto um modo melhor de sobreviver?

Talvez aquelas mudas de pinheiro na terra nua fossem capazes de adquirir nitrogênio suficiente após as raízes mortas dos amieiros e gramas se decomporem. Ou quem sabe houvesse alguma fonte mais direta.

Por enquanto, eu chegara aos limites do meu conhecimento.

Em outubro eu estava em posse dos dados sobre o nitrogênio foliar. As mudas de pinheiro que cresciam em meio a amieiros eram ricas em nitrogênio, enquanto nas parcelas sem amieiros ele se esgotara. Embora os pínus em meio às raízes mortas de amieiros no tratamento de terra nua estivessem absorvendo mais fósforo e cálcio liberados pela decomposição, estavam mais carentes de nitrogênio, em especial devido à ausência de novas adições de nitrogênio ao solo. E, embora o estresse hídrico da alta estação tivesse causado a perda de algumas das mudas que cresciam em meio aos amieiros densos, as demais estavam bem, repletas de nitrogênio e água e crescendo tão rapidamente quanto as mudas em terra nua. Isso me sugeria que, durante a maior parte do tempo, salvo nas semanas mais estressantes em agosto, os amieiros substituíram tanto a água como o *nitrogênio* no solo. O modo como essa floresta funcionava revelava-se bem mais complexo do que se imaginava segundo aquela política insensível de crescimento livre.

Quem elaborava as diretrizes só vira os dados da depleção, pensei. O curto prazo, o primeiro vislumbre do caminho. Amieiros apossando-se de recursos que poderiam ficar disponíveis para mudas de pinheiro, caso os amieiros fossem eliminados.

Mas, assim que analisei com isenção e por mais tempo os períodos, as estações e o cenário, pude ver que claramente aquela interpretação não era completa. Os dados pareciam revelar uma história de fartura.

Onde eu tinha eliminado todos os amieiros, também perdi muito mais mudas de pínus para os arganazes e coelhos, que ficaram com um caminho livre para as acículas. Os bichinhos com quem Robyn e eu nos preocupáramos se reproduziram para valer nos montes de amieiros cortados. As mudas, únicas plantas verdes que restavam nos terrenos de terra nua, atuaram como ímãs, e os roedores podaram alegremente os rebentos viçosos na primeira temporada. Na maioria das mudas plantadas, só restou uma saliência marrom. Os coelhos fizeram uma limpa tão bem-feita quanto Robyn e eu com nossas podadeiras. Algumas mudas sucumbiram aos danos da geada, deixando acículas curtas amareladas e por fim apenas caules pálidos e mortos. Outras tinham queimaduras de sol, com cicatrizes na base onde não havia sombra — uma proteção que, em condições normais, viria das plantas folhosas próximas. No final do verão, mais de metade das sementes sem vizinhos amieiros tinha morrido. A terra nua parecia tão inóspita quanto a Lua.

Por sua vez, quase todos os pínus entre os amieiros estavam vivos. Cresciam a um ritmo ligeiramente inferior ao dos poucos remanescentes do tratamento de terra nua, mas suas acículas estavam saudáveis e verde-escuras. Quando calculei o volume de madeira das mudas — todas as 59 que tínhamos plantado no tratamento com alta densidade de amieiros —, vi que o povoamento tinha um volume total muito maior do que na parcela de terra nua, onde restavam apenas alguns pinheiros que cresciam rapidamente. Um número elevado de árvores menores resultou em mais volume de madeira do que uma pequena quantidade de árvores grandes.

Com o tempo, veríamos que onde os amieiros se desenvolviam bem — em comparação com os locais onde eu os envenenara anualmente para assegurar que eles e outras plantas não se restabelecessem —, eles continuariam a adicionar nitrogênio ao solo. Em quinze anos haveria três vezes mais nitrogênio do que nos locais onde os amieiros tinham sido mortos. O tratamento de terra nua havia trocado um ganho no curto prazo — aumentos breves de água, luz e nutrientes — por problemas no longo prazo, um declínio de longo prazo nas adições de nitrogênio fixado. O tratamento de remoção de plantas estava descobrindo um santo para cobrir outro.

Voltei a Corvallis para concluir meu trabalho de pós-graduação e fui morar com Don, no conforto de sua pequena casa, e ele converteu o quarto adicional num escritório para mim. Estabelecemos uma rotina de ir de bicicleta para o campus, praticar corrida no meio do dia em estradas do interior e fazer nossas refeições no jardim. Colhíamos maçãs e mirtilos, e ele fazia tortas. Ele plantava tomate e abóbora para preparar cozidos quando amigos vinham para jantar, e, com sua descontração e loquacidade, me permitia relaxar apesar da minha timidez. Eu me concentrava em minhas aulas e em meus dados de pesquisa, e ele trabalhava, cozinhava e assistia aos jogos do campeonato de beisebol. Quando não estava coletando amostras de solo, ele as estava examinando com instrumentos, ou analisando dados e organizando o laboratório de seu supervisor. Dias de oito horas. Ele amava essa rotina. Ela me dava estabilidade. Don arranjou tempo para me ensinar a analisar minhas amostras com um espectrômetro de massa, calcular a capacidade de retenção hídrica do solo e compilar minhas montanhas de dados. Os lentos dias de setembro deram lugar a semanas revigorantes em outubro. Chuvaradas em novembro foram sucedidas por neve em dezembro, profunda o suficiente para esquiar pelo campus. Eu lia, escrevia e aprendia. Ele não se incomodava com minha concentração intensa, e se interessou por minha missão de decodificar o segredo dos pínus e amieiros. Nos fins de semana, íamos caminhar ou esquiar nas trilhas de Cascades. Eu finalmente me sentia em casa naquela cidade universitária no noroeste do Pacífico, e ele estava contente por morar comigo. Acho que nenhum de nós se dava conta do quanto nossa vida era tranquila naquela época.

Meus dados me alertaram de que haveria problemas à frente.

Ficara claro que remover os amieiros reduzia a adição de nitrogênio transformado no solo. Em um ano de plantio, os efeitos dessa remoção já se evidenciavam na concentração menor de nitrogênio nas acículas dos pinheiros. Para rematar, embora os pínus livres de amieiros estivessem crescendo a taxas maiores, mais da metade deles havia morrido. Eu receava que no longo prazo, nas décadas seguintes, a redução de nitrogênio no solo diminuiria as taxas de crescimento dos pinheiros que restavam nos terrenos sem outras plantas. Eu acabaria descobrindo que esses pínus sem amieiros se tornaram tão desnutridos que foram infestados pelo besouro--do-pinheiro, e a maioria dos restantes morreria. Três décadas depois, restavam apenas 10% das mudas originais plantadas no tratamento de terra nua.

Os que viam as plantas como daninhas continuavam a ignorar as consequências da perda de nitrogênio no longo prazo e o declínio que por fim se abatia sobre as plantações. Como podíamos fechar os olhos para isso? Eu precisava convencê-los de que os amieiros eram necessários para reabastecer o solo e de que, no longo prazo, eram complementares, e não prejudiciais, ao crescimento dos pínus. Eu precisava de mais evidências de que o amieiro era um facilitador, e não um mero competidor. Mas talvez levasse décadas para que os impactos da remoção de amieiros — o declínio na fixação, decomposição e mineralização de nitrogênio — se revelassem como perda de produtividade da floresta. Eu não podia esperar tanto tempo. Além disso, as mudas pareciam sentir a depleção de nitrogênio quase imediatamente. Após um ano, as acículas dos pínus em terra nua

Canais de amieiros

tinham menos nitrogênio do que as daqueles plantados entre amieiros. Tinha de existir algum caminho mais direto entre os amieiros e os pínus.

Eu quebrava a cabeça tentando entender *como* as mudas de pinheiros recebiam tão rapidamente o nitrogênio dos amieiros. A ideia convencional era de que o nitrogênio transformado ficava armazenado nas folhas de amieiro, que caíam no final do outono e eram decompostas por uma cadeia alimentar de pequenas criaturas. Uma pirâmide de seres, os maiores comendo os menores. Minhocas, lesmas, caracóis, aranhas, besouros, lacraias, colêmbolos, centopeias, enquitreídeos, tardígrados, ácaros, paurópodes, copépodes, bactérias, protozoários, nematódeos, arqueias, fungos, vírus — todos devorando uns aos outros. Mais de 90 milhões de criaturas vivendo em cada colher de chá de solo. Ao comerem as folhas, elas geram pedaços cada vez menores de detritos. Ao comerem os detritos, e umas às outras, elas excretam o excesso de nitrogênio nos poros do solo, produzindo uma nutritiva sopa de compostos de nitrogênio acessível às raízes dos pinheiros. Mas nesse processo de decomposição e mineralização, plantas de crescimento mais rápido, por exemplo, as gramas, poderiam apossar-se do nitrogênio inorgânico antes dos pinheiros, e isso não condizia com a grande quantidade que acabava indo para as acículas de pínus que cresciam em meio a amieiros e gramas.

Um estudo particularmente chocante mostrou que os filamentos de fungos micorrízicos que crescem das extremidades de raízes podem invadir o estômago de colêmbolos que vivem no solo e se alimentam de restos vegetais em decomposição. Os filamentos fúngicos sugam o nitrogênio do estômago dos colêmbolos e o levam diretamente para as plantas parceiras. Os colêmbolos, obviamente, sofrem uma morte horrível. Os fungos fornecem um quarto do nitrogênio da planta simplesmente com o conteúdo do estômago de colêmbolos!

Eu me perguntava se haveria uma rota ainda mais direta de transferência do nitrogênio dos amieiros para os pínus que envolvesse os fungos. Uma rota que não passasse por decompositores como os colêmbolos.

Vasculhei artigos em publicações especializadas, conversei com cientistas do solo e visitei laboratórios de micologia. Lembrei que as plantas-

-fantasma no riacho Stryen — aquelas brancas sem clorofila — tinham micorrizas monotropoides especiais que se ligavam aos pinheiros, absorviam fotossintatos deles e os levavam diretamente para as plantas-fantasma. Como Robin Hood.

E então encontrei o que estava procurando. Após dias consultando periódicos na biblioteca da universidade, topei com um novo artigo escrito por uma jovem pesquisadora sueca, Kristina Arnebrant. Ela acabara de descobrir que uma espécie fúngica micorrízica compartilhada podia ligar amieiros com pínus e transferir nitrogênio diretamente. Devorei a matéria, aturdida.

Os pínus obtinham nitrogênio dos amieiros não por intermédio do solo, mas *graças a fungos micorrízicos*! Como se o amieiro enviasse vitaminas para o pinheiro diretamente, por um encanamento. Depois que fungos micorrízicos colonizavam raízes de amieiro, os filamentos fúngicos cresciam em direção a raízes de pinheiro e conectavam as plantas.

Imaginei o nitrogênio passando dos amieiros ricos — com baldes dessa substância — para os pinheiros pobres por meio dessa ligação, fluindo por um gradiente de concentração.

Larguei as pilhas de revistas e fui correndo ligar para Robyn. Ela estava em Nelson no outono, lecionando para o primeiro ano.

"Um minuto." Ela gritou para uma criança parar com a correria enquanto eu tagarelava sobre os pinheiros que obtinham nitrogênio dos amieiros graças a fungos micorrízicos.

"Calma aí, calma aí. Como é que o encanamento do fungo sabe fazer isso? Aliás, por que o amieiro se daria o trabalho de fazer tal coisa?"

"Ah, bem, é que ..." Ela sabe me botar contra a parede como ninguém. "Talvez os amieiros tenham mais nitrogênio do que precisam."

"Ou os pinheiros dão algo em troca para os amieiros? Tenho que desligar", ela disse. Fiquei olhando o fone, ouvindo o som de discagem, depois corri para a sala de trabalho de Don, onde ele estava analisando dados. Entrei berrando que tinha encontrado um artigo legal que mostrava que os amieiros podiam ligar-se aos pínus numa rede fúngica e enviar nitrogênio para eles.

Canais de amieiros

"Ahn? O quê? Mais devagar!"

Afundei na cadeira ao lado da mesa dele. Na tela do computador do tamanho de uma televisão, um programa rolava resmas de dados. Desembestei a falar sobre os detalhes do que tinha lido.

"Faz sentido", ele disse. E me contou sobre um novo estudo feito na Califórnia mostrando que a mesma espécie de fungo micorrízico colonizava carvalhos-brancos-do-oregon e abetos-de-douglas, e disse que havia cientistas tentando descobrir se havia uma ligação entre essas árvores. E se nutrientes passavam de uma para outra.

Remexi na mochila e peguei uns biscoitos com gotas de chocolate que ele tinha feito. O gosto era muito melhor do que a aparência, e eu estava queimando energia como um foguete enquanto trocávamos ideias. Se uma planta transformadora de nitrogênio como o amieiro podia enviar nitrogênio para uma árvore como o pinheiro, as florestas talvez não fossem tão limitadas em nitrogênio quanto supúnhamos.

Conversamos sobre as implicações disso para a agricultura: se legumes passassem nitrogênio para o milho, por exemplo, poderíamos misturar os cultivos e não precisaríamos mais ter de poluir o solo com fertilizantes e herbicidas.

Minha mente estava a toda. A ligação direta entre amieiros e pínus, explicando a rapidez com que um pinheiro sentia a disponibilidade de nitrogênio recém-transformado num amieiro, poderia estar nos fungos micorrízicos. O efeito da remoção de amieiros talvez fosse detectado imediatamente pelo pinheiro graças a essa ligação. Se eu pudesse mostrar como o amieiro enviava nitrogênio para o pinheiro, e a que velocidade, não teríamos de esperar cem anos até a floresta crescer para mostrar como sua produtividade ficava comprometida com a remoção dos amieiros. Os ponteiros do meu relógio mental seguiram andando e soou meia-noite.

"Você acha que isso pode fazer com que eles parem de matar os amieiros?", perguntei.

Don digitou no teclado ao terminar seus cálculos. "Suzie, sinto muito, mas eu duvido", ele disse. "A indústria madeireira quer madeira rápido e a preço baixo, e os empresários aperfeiçoaram o crescimento do abeto-de-

-douglas para quarenta anos em vez das centenas de anos que essas árvores levam para crescer na cordilheira da costa do Oregon. Estão fazendo isso há anos. Faturam rápido matando amieiros-vermelhos e depois adicionando fertilizantes nitrogenados." O amieiro-vermelho é uma árvore, e não um arbusto como seu primo amieiro-verde, por isso é substancialmente mais competitivo por luz, embora adicione dez vezes mais nitrogênio ao solo. Era o número um na lista dos condenados.

Um último aluno passou pelo corredor e partiu, findas suas aulas. As medições que eu fizera em meus experimentos forneciam apenas parte do quadro. Não refletiam aquilo que ainda não compreendíamos plenamente: como as bactérias simbióticas e as micorrizas nas raízes dos amieiros, e também os outros seres invisíveis no solo, ajudavam os pínus. E não esclareciam o cenário mais abrangente: não mostravam que as interações relacionadas aos recursos não eram um jogo no qual o vencedor fica com tudo, e sim uma permuta, uma construção de algo maior a partir de algo pequeno, e uma busca de equilíbrio no longo prazo. Don tinha razão; o governo e as empresas que visavam ao lucro queriam saber de soluções baratas e rápidas, para fechar o balanço no azul.

Quando ele viu meus ombros vergarem, disse para eu montar uma argumentação sólida e defendê-la com meus dados. Eu me reanimei; havia uma porção de experimentos nos quais eu aplicara herbicida em amieiros e não constatara melhora no crescimento de pínus. Mas eu precisava mesmo era de evidências de que os amieiros *ajudavam* os pinheiros.

"Você se lembra de que no verão eu coletei amostras no local da sua pesquisa de mestrado para descobrir quanto nitrogênio os amieiros estavam fixando e quanto do nitrogênio mineralizado acabava indo para os pinheiros?" Ele fechou o computador. "Vou usar os dados para fazer algumas previsões de longo prazo." Se ele publicasse suas projeções, isso poderia ajudá-lo a encontrar trabalho no Canadá, quando mudássemos para lá de volta. Ele calibraria o modelo Forecast com meus dados sobre crescimento e nitrogênio e simularia como diferentes quantidades de amieiros podiam afetar o crescimento dos pínus no longo prazo. Don já tinha usado seu modelo para processar dados de amieiros-vermelhos e abetos-de-douglas,

Canais de amieiros

e o crescimento dos abetos-de-douglas declinou em cem anos quando os amieiros-vermelhos foram excluídos.

"Então nós *temos* dados que nos dirão se os amieiros ajudam ou não os pínus", eu disse, novamente com empolgação na voz. O pôr do sol pintava as paredes com um alaranjado vivo.

Ele pegou seu capacete de ciclista, íamos voltar para casa. Os dados eram apenas parte da batalha. Remover amieiros poderia interromper as adições de nitrogênio, mas até então só tínhamos resultados do crescimento de mudas no período de um ano. Mesmo com as projeções de seu modelo, eu ainda precisaria de dados de longo prazo para ser persuasiva.

"Os silvicultores têm de *ver* os resultados", ele disse. Eu precisaria disso, se quisesse sair em defesa do que estava descobrindo.

Afivelei meu capacete, sabendo que ele tinha razão.

"Mas eu sou péssima para falar em público", lamentei. Tinha pavor de falar diante de uma plateia. "Vivo tendo um pesadelo no qual derrubo os meus slides e tenho que fazer a palestra sem as anotações." Na única vez em que precisei falar sem consultar anotações fiquei paralisada e quase desmaiei de vergonha.

"Pois é, por isso é que sempre vou ser um técnico", ele disse. "Mas você não vai poder se esconder se quiser mudança."

Voltamos pedalando para casa. Os bordos de folhas grandes, debruçados sobre as ruas, estavam dourados, e os carvalhos-vermelhos pareciam em chamas no ar frio e límpido do outono. Entramos numa rua vazia, e eu acelerei para emparelhar com a bicicleta de Don. Passamos pelas casas de madeira do alojamento universitário, onde grupos de estudantes liam ou conversavam nas varandas abertas, e pelos casarões brancos das fraternidades, com carros caros e bandos de caras jogando vôlei e bebendo cerveja. Eu não vira fraternidades ou irmandades como essas na Universidade da Colúmbia Britânica, onde fizera minha graduação, por isso essa amostra da cultura norte-americana era sedutora. Eu não conseguia deixar de olhar.

Desviamos de um gambá morto, e eu me peguei pensando em como ele se sentira sendo tão malfalado por fuçar composteiras e churrasqueiras — ignoravam seu papel crucial de comer carrapatos, lesmas e caracóis.

Paramos num cruzamento e perguntei o que as empresas poderiam fazer se a ciência atrapalhasse o faturamento delas.

Don encolheu os ombros. "Vão querer diretrizes que protejam seus ganhos. Você vai precisar apresentar uma argumentação convincente."

Ele acelerou de novo, e eu ruminava: como conseguiria chegar até os indivíduos que poderiam ajudar a fazer mudanças? Tinha aprendido a lidar com conflitos correndo deles. Eu era péssima em defender minha posição, e pior ainda em dar palestras.

"Cuidado, Suzie!", ele gritou, e eu freei bruscamente. Um carro atravessou nosso caminho e por um triz não me atropelou.

Quando concluí meu mestrado, eu já adquirira mais prática fazendo palestras em conferências regionais sobre silvicultura. Aos poucos fui desenvolvendo algumas habilidades oratórias; comecei com slides bem preparados e apresentações simples de dados, e pratiquei minha exposição. Depois precisei deixar de lado algumas dessas habilidades e falar com mais descontração para não ser maçante. Cometi muitos erros. Como na ocasião em que eu disse "Essas mudas estão uma merda" e alguns homens reclamaram que "moças não devem dizer palavrão". Mas também fui elogiada por um pesquisador renomado: "Você tem o dom de falar em público", ele disse. Eu não tinha esse dom, mas me senti extremamente grata pelo incentivo. Meu caminho seria longo. Eu tinha uma mensagem, mas ainda não sabia como transmiti-la com uma argumentação cativante.

Don e eu voltamos a morar no Canadá. Naquele outono, quando eu estava com 29 anos e ele, 32, nos casamos sob os álamos cintilantes nas imediações de Kamloops. Eu não tinha pressa, mas nosso cronograma estava apertado se quiséssemos permanecer no Canadá. Tudo bem — eu estava apaixonada, e não havia razão para não nos casarmos.

Robyn foi minha madrinha e Jean a dama de honra. Robyn, Jean e eu usamos saias simples e blusas combinando. A minha, escolhida por mamãe, tinha o tom de branco leitoso da casca do álamo, e a de Robyn, o matiz das folhas de junco das margens do lago. A de Jean tinha florzinhas azuis como

Canais de amieiros

a água. Mamãe e vovó Winnie estavam de roxo. Mamãe fez sanduíches de pepino e o bolo de casamento — um bolo de frutas umedecido com xerez e coberto com marzipã. Vovó se incumbiu do meu penteado: uma trança embutida enfeitada com gipsófilas brancas. Calada como sempre, ela ajeitou minha saia e disse que eu estava linda. Eu sabia que ela estava orgulhosa por eu ser tão durona quanto ela, mas não demais. O lúpus quase a matara cinco anos antes, mas ela se recuperou e cultivou jardins enormes — porém as lágrimas nunca estavam muito longe em sua velhice. Conseguiu afastá-las naquele momento, enquanto me via assumir meu lugar ao lado de Don.

Robyn estava com Bill, agora seu marido, fazendo fotos low key com a câmera dele, e Jean também era recém-casada. Papai chegou com Marlene, e ficaram gracejando com mamãe porque Robyn, Jean e eu nos casáramos em um período de três anos e Kelly logo nos imitaria. "Caramba, quantos casamentos!", Marlene comentou, hábil em relaxar a tensão entre meus pais. Apesar do mau tempo, os pais de Don vieram de St. Louis, uma longa viagem.

Kelly tirara folga no fim de semana; vestia calça azul-clara e o suéter azul-marinho que vovó Winnie tricotara para ele, e calçava sapatos em vez de botas de caubói. Era uma época difícil no ano, tempo de arrebanhar o gado e remover os canos de irrigação dos campos para o inverno, mas eu adorei que ele tivesse dado um jeito de vir. Tiffany não teria perdido o evento por nada neste mundo, mas a avó dela estava doente. Kelly se aproximou de mim com seu sorrisão de lago Mabel e o peito cheio de orgulho. Tinha sua namorada e sua ferraria, e percorria os campos a cavalo, cuidando de rebanhos. "Parabéns, Suzie", disse no meu ouvido.

Tia Betty martelou o piano durante a cerimônia, e atacou a marcha nupcial enquanto nosso grupo de dezessete pessoas aguardava ao sol. Depois de Don e eu dizermos o "sim" e abraçarmos nossa família, ficamos todos parados por um momento.

Não muito depois disso, vi Kelly sozinho em um arvoredo, mãos no bolso, pensativo. Talvez estivesse apenas apreciando um momento de paz. Crescemos sabendo muito bem o quanto o silêncio pode ser tranquilizador. Ou ensurdecedor. Controlar nossos sentimentos, ocultando algo perturbador. Kelly ergueu os olhos e sorriu para mim, mostrando que ele estava bem.

Bill quis que posássemos para fotos perto do lago. "Você vai ficar com o salto preso na lama", ele brincou, apontando para o húmus coberto de geada ao me ver mancar nos meus sapatos altos verdes e violeta. "Sem problema", falei, sentando num tronco e tirando botas de caminhada da mochila.

"Tire as fotos dos tornozelos para cima, Bill", Kelly recomendou quando seguimos pela trilha até o trecho em que Bill nos captou rindo, iluminados pelo sol pálido sob os álamos e a água começando a congelar ao longo das margens.

Minha vida se enredara de modo tão firme quanto as tranças que me caíam pelas costas.

7. Briga de bar

ATORDOADA DE MEDO, eu me dirigi ao tablado. Sob as luzes fortes, o salão de conferências era um mar de cortes à escovinha e bonés. Peguei o suado controle remoto do projetor de slides. Os aplausos generosos ao orador anterior, um pesquisador da Monsanto que acabara de enaltecer o uso de Roundup para remover as plantas consideradas daninhas, diminuíram e por fim silenciaram. Ainda estavam vívidas as imagens de pinheiros-lodge-pole crescendo livremente cercados por álamos mortos, de abetos-de-dou-glas entre bétulas sem vida, de abetos-do-canadá libertados da vizinhança de mirtilos. Tremendo nas minhas calças de algodão azul, a camisa polo branca empapada de suor, eu dava graças por Barb, minha técnica de pesquisa no Serviço Florestal durante três anos, ter me emprestado seu blazer azul-marinho. Nós duas tínhamos 32 anos, nem altas nem baixas, embora nossas bagagens fossem tão diferentes quanto bétulas e abetos — ela era uma experiente mãe de três adolescentes, enquanto eu ainda vivia com a cabeça nos livros.

"Obrigada por me convidarem", comecei. O microfone guinchou e meus ouvintes se crisparam. Alguns dos silvicultores de campo e dos responsáveis pela formulação de diretrizes pegaram seu bloco de anotações, e as moças me observavam atentamente. Outros cochichavam com os vizinhos. Alguém lá atrás gritou para eu falar mais alto. O sujeito da Monsanto não dissera se matar as plantas nativas e aplicar o livre crescimento ajudava ou não as coníferas a sobreviver melhor ou a crescer mais depressa.

Barb me mandou um sinal de positivo com os dois polegares enquanto eu abotoava o blazer. Estávamos na cidade pecuarista de Williams Lake para apresentar minha pesquisa sobre os amieiros. Eu tinha vindo de avião de Corvallis, onde trabalhava para o doutorado investigando mais a fundo o relacionamento exato entre árvores decíduas e coníferas. Com sua picape verde do governo, ela viera de Kamloops, trezentos quilômetros a sudoeste, e me encontrara no aeroporto, onde eu logo avistei sua cabeleira ruiva flamejante e sua mochilinha rosa da Disney, herdada de uma das filhas.

Dei o braço a ela e passamos depressa pelas grandes fotos em preto e branco que registram a história do Rodeio de Williams Lake, com peões em trajes de couro arriscando a vida no lombo sem sela de touros e cavalos indomados, ao lado de fotos de homens que tinham morrido muito jovens explorando rios e terras em busca de ouro, pele e gado. Barb me alertou que no Serviço Florestal já havia conversas questionando a acurácia dos nossos experimentos. Mas eu aproveitara essa oportunidade porque Kelly morava em Williams Lake e assim eu teria a chance de vê-lo. Combinamos um encontro no pub, e eu estava torcendo para que Tiffany, com quem ele se casara dois anos antes em Onward Ranch, fosse também. Eles tinham estado muito atarefados com o circuito de rodeios e o trabalho de Kelly como ferreiro, enquanto eu organizava um ambicioso programa de pesquisa sobre reflorestamento para o governo, e Don começara um negócio de consultoria sobre ecologia florestal antes de fazermos uma pausa para cada um voltar ao doutorado.

Mostrei meus primeiros slides cuidadosamente preparados. A plateia vibrou ao ver o mar de amieiros seguido pelos tocos marrons após o corte. Com a prática eu aprendera a disfarçar o tremor da voz, e me lembrei do meu pai me ensinando a imaginar o público como um monte de repolhos. Fiz um reconhecimento das fileiras de repolhos, demorei o olhar em Barb, deixei escapar um arquejo nervoso e informei: "Toda a pesquisa que vou mostrar aqui está publicada em revistas especializadas e foi revisada por pares".

Algumas das cabeças de repolho assentiam enquanto meus slides passavam. Barb estava animada. Don, lá em casa, trabalhava em sua pesquisa de doutorado, cozinhava, ia de bicicleta para as aulas, reacomodado na vida universitária no Oregon depois de alguns anos em Kamloops numa casa de madeira que havíamos construído na floresta nos arredores da cidade. Embora sentíssemos saudade da nossa casa no mato, ele não se entrosara muito bem na cultura da cidadezinha de operários da indústria de celulose, e estava feliz por termos retomado nossa rotina de corridas e pedaladas nas estradas rurais de Corvallis, com ele me aconselhando sobre como analisar meus dados e adquirir confiança.

Respirei fundo, me preparando para o próximo slide. Ele mostrava que remover amieiros, fosse totalmente fosse apenas uma pequena parte, tinha resultado nulo no crescimento dos pinheiros. Os tratamentos de remoção destinados a cumprir as diretrizes do crescimento livre — que custavam milhões de dólares às empresas — não haviam melhorado o desempenho das árvores. Apesar do dinheiro gasto, os pínus que haviam sido deixados para crescer livres de outras plantas tinham se desenvolvido à mesma taxa dos que estavam entre os amieiros.

O salão caiu num silêncio constrangedor. Dave, um silvicultor jovem e descontraído que eu conhecera num seminário sobre reflorestamento, cochichou com seu administrador, apontando para o slide. Eles tinham sido tão zelosos na remoção em suas plantações, e lá estava eu afirmando que não precisavam tirar nenhum amieiro. Em meu experimento de mestrado, o único tratamento que aumentara o crescimento dos pínus fora o desnudamento apocalíptico da terra, no qual removemos todas as ervas, folhas e gramas. Mas aqueles indivíduos livres de mato — os poucos que não morreram por geada ou queimaduras de sol, ou que não viraram refeição de roedores — se transformaram em árvores muito altas e feiosas, com galhos grandes e desajeitados e troncos inchados de tanto se banquetearem com a inundação de luz, água e nutrientes das carcaças decompostas de suas vizinhas mortas. Respirei fundo para explicar.

"Não há benefício para os pínus quando removemos só os amieiros. É preciso matar todas as ervas e gramas também para que os pínus possam crescer depressa", falei, mostrando slides das enormes árvores espalhadas por um terreno onde todas as outras plantas haviam sido removidas. O público murmurou ao ver os pinheiros de aparência insólita, com seus troncos retorcidos esburacados por úlceras e cancros. Aqueles silvicultores sabiam que árvores que se desenvolvem velozmente, como aquelas, teriam anéis de crescimento largos e nós grandes, muito diferentes das árvores de crescimento lento que se regeneram naturalmente após incêndios; mas torciam para que as árvores cultivadas superassem esses defeitos e ainda viessem a ser valiosas dali a meio século, na época da próxima colheita. Meus dados refutavam tais esperanças. Eles também sabiam, tanto quanto eu, que nunca poderiam obter aquelas condições de terra nua em operações normais — o custo de uma remoção tão radical seria proibitivo. O que podiam fazer na prática era cortar os amieiros uma vez e deixar as plantas do sub-bosque — o que de nada adiantaria, segundo meus dados. Mas eles estavam de mãos atadas pela política de crescimento livre, que acarretaria multas ou tratamentos mais caros se suas plantações não fossem expurgadas dos amieiros, que são plantas mais altas e arbustivas. Eu compreendia que o intuito da política era assegurar que as florestas públicas fossem deixadas com árvores saudáveis crescendo livremente após os cortes, mas, em seu zelo, os responsáveis pelas diretrizes pareciam ter esquecido que a floresta é muito mais do que um grupo de árvores que crescem depressa. Apostar tudo no crescimento inicial rápido, removendo plantas nativas na esperança de lucros futuros, não acabaria bem. Para ninguém.

Argumentei que uma política voltada para árvores comerciais enormes não era boa se não produzisse de fato florestas mais saudáveis. Concentrada nas minhas anotações, não me dei conta de que os responsáveis pelas diretrizes estavam cruzando os braços. "Vocês podem ver neste slide que remover os amieiros aumentou um pouco não só a quantidade de luz que os pínus recebiam, como previsto, mas também a quantidade de água por uma semana no alto verão. Porém, isso foi ao custo de diminuir a disponibilidade de nitrogênio depois que os montes de plantas mortas se decompuseram. Como resultado, ao fim de cinco anos observamos pouca melhora líquida no crescimento da população", falei, e passei a apresentar os dados da minha estação meteorológica, mostrando que matar todas as plantas tornou os climas locais mais extremos — escaldante durante o dia e com geada na superfície do solo à noite. Eu tinha voltado a gaguejar enquanto meu cata-vento, meu pluviômetro de báscula, os fios esparramados, os sensores e o coletor de dados ligado pareciam se materializar ao meu

Briga de bar

lado. Barb, a caminho de se tornar uma fotógrafa premiada, fez uma foto para ver se me dava força.

Uma mão se ergueu, e me virei em sua direção. "Isso foi no seu local de pesquisa, mas e no mundo real?", indagou um silvicultor. Os homens ao redor dele aprovaram.

"Ótima pergunta", respondi, me animando. "Acompanhei as respostas de árvores plantadas diante de operações regulares de remoção de vegetação, nas quais as empresas cortaram os amieiros mas deixaram as gramas e ervas intactas. E comparei com parcelas de controle que ficaram sem tratamento. Encontramos o mesmo resultado várias vezes. Essas práticas de fato garantem que as árvores ficam livres para crescer — mais altas do que as plantas remanescentes —, porém, independentemente de aplicação de herbicidas, corte com serras, locais secos ou úmidos, no sul ou no norte, de ser cultivo de pínus ou de abetos, independentemente disso tudo, o crescimento da população não melhora, embora ela possa ser considerada livre para crescer mais cedo. O que me preocupa é que metade dos pínus de crescimento livre agora tem alguma infecção ou lesão que acabará em morte ou mutilação dessas árvores."

Um dos principais estrategistas do Serviço Florestal me olhou feio. Ele fizera meus colegas revisarem meu artigo em busca de falhas, mesmo eu já o tendo publicado numa revista especializada com revisão por pares. O apelido dele era Reverendo, por causa de sua pregação sobre as diretrizes que ajudara a formular. Diretrizes que determinavam a composição das espécies e a saúde de toda a paisagem florestal. Ao lado dele estava Joe, o silvicultor do manejo de vegetação do mesmo Serviço Florestal onde Barb e eu trabalháramos, e onde ela entreouvira conversas sobre a confiabilidade dos nossos experimentos. O Reverendo e Joe de repente me pareceram perigosos.

Barb fez sinal com a cabeça para eu não perder o foco. Adicionei outra peça da argumentação: mostrei a previsão, baseada no modelo de Don, de que a produtividade das centenárias florestas de pínus despencaria pela metade se os amieiros não estivessem mais presentes para repor o nitrogênio no solo. E expus que a vitalidade da floresta se reduziria cada vez mais com a remoção de amieiros a cada ciclo sucessivo de corte. O modelo mostrava que os pínus necessitavam de amieiros nas proximidades para fornecer-lhes nitrogênio a fim de que pudessem crescer e formar florestas saudáveis, especialmente quando o capital de nitrogênio se esgotava após um distúrbio como desmatamento ou incêndio.

Uma jovem ergueu a mão e nem esperou meu gesto de consentimento para perguntar: "Mas então por que estamos gastando tanto para aplicar herbicida nos amieiros, se isso não melhora o desempenho das nossas plantações e pode até piorar as coisas?".

Gente se remexendo nas cadeiras, cochichos. Senti meu pescoço tensionar, mas fui em frente e respondi diretamente para ela: "Deveríamos analisar mais detalhadamente a política de crescimento livre para ver se esses custos se justificam. Eu me preocupo com a saúde futura das plantações". Desejei que Alan estivesse ali, e me apoiei na lembrança dele e no apoio que dera àquela pesquisa e a mim. Alan teria ajudado a lidar com essas questões.

O Reverendo disse algo a Joe que fez os dois caírem na risada. Não eram mais repolhos. Estimulado, Joe levantou a mão e declarou meus resultados prematuros, depois indagou: "Não deveríamos adotar uma abordagem mais cautelosa e aguardar os dados de longo prazo?".

O tom era brando, mas a posição era clara. No começo, Joe apoiara meu trabalho, mas depois mudara de ideia, quando os resultados começaram a tomar forma. Ele estava tentando subir na carreira, e discordar das diretrizes de seus superiores não o ajudaria. Eu disse a mim mesma que não deveria demonstrar fraqueza. Se concordasse que meu trabalho estava incompleto, seria menosprezada e não haveria mudança alguma. Barb curvou-se um pouco para a frente e me deu coragem para abordar essa questão de forma direta. Eu me inclinei para o microfone. Ela virou sua juba vermelha na direção de Joe e o fulminou com um olhar. Surpresa comigo mesma, argumentei calmamente que seria maravilhoso ter em mãos os resultados de longo prazo, mas esses estudos já anunciavam o futuro. A ausência de aumento de crescimento nos primeiros anos provavelmente não se transformaria em grandes progressos mais à frente. Não devíamos contar com uma melhora na produtividade. Prossegui: "Esses tratamentos de remoção da vegetação arbustiva para obedecer às diretrizes de crescimento livre parecem pôr as nossas plantações em risco. As perdas podem ser altas com a mortalidade precoce e o menor crescimento no longo prazo. Uma abordagem mais cautelosa seria deixar essas plantações crescerem com as comunidades vegetais intactas enquanto nos concentramos em outros pontos fracos do planejamento da silvicultura, por exemplo: quando plantar, o que plantar e como preparar os locais".

Alguns sujeitos da plateia se levantaram para sair. Um, na primeira fila, começou a conversar em voz alta com seu amigo. Tentei indicar que ele estava me interrompendo, mas ele continuou, o que me fez tentar com mais afinco, como quando jogava hóquei na rua na minha infância. Dave, que sempre se mostrara receptivo a discutir novas práticas comigo, olhou feio para o perturbador.

Reprimi o impulso de parar e indagar ao sujeito se ele tinha alguma pergunta. Mas murchara por dentro e não quis fazer cena. Como vovó Winnie agiria? Prosseguiria, firme e tranquila. Minhas mãos tremiam, mas avancei para o slide seguinte e continuei com minha profusão de experimentos em outras comunidades vegetais. Eram 130, para ser exata. Todos replicados, randomizados e com controles consistentes — e todos conduziam a conclusões similares.

Cortar ou matar salgueiros com herbicidas não melhorou o crescimento ou a sobrevivência de abetos.

Cortar ou envenenar epilóbios ou trazer gado para comê-los não melhorou o desempenho de abetos nem dos pinheiros-lodgepole.

Tampouco extirpar framboesas ou deixar o gado pastá-la ajudou os abetos.

Remover álamos não aumentou o perímetro dos pinheiros.

O crescimento dos abetos não se alterou quando aplicamos herbicida, cortamos ou franqueamos ao gado as comunidades de rododendros, falsas azaleias e mirtilos em plantações em altitudes elevadas. Lembrei de Robyn borrifando herbicida em rododendros, e de como já então desconfiávamos de que aquilo era perda de tempo.

Naquelas florestas de altitude elevada, gastava-se muito dinheiro para cultivar mudas em espaços abertos onde aquelas plantas não existiam naturalmente. É verdade que 20% a mais de mudas sobreviveram onde os arbustos não comercializáveis foram removidos do que nos terrenos onde eles permaneceram intocados — *mas isso apenas no curto prazo*. Nos mesmos ambientes subalpinos, aplicar herbicida em samambaias até elas encolherem ao tamanho de uma almofada de alfinetes não melhorou a taxa de sobrevivência de abetos-do-canadá no longo prazo, embora no curto prazo o aumento da altura das mudas tenha sido de 25% maior que nos locais onde as samambaias foram deixadas vivas. Esses rendimentos mínimos e temporários bastavam para satisfazer aos responsáveis pelas diretrizes.

"Pensei profundamente sobre as razões por que não costumamos ver melhoras na sobrevivência ou no crescimento das árvores quando removemos as plantas nativas, apesar de as árvores ficarem livres para crescer", eu disse. "E refleti sobre por que muitas das árvores livres para crescer estão infestadas de insetos ou patógenos — e em piores condições. Para começar, acho que superestimamos o quanto essas plantas nativas competem com as coníferas. Na maioria dos locais, as plantas nativas não voltam a crescer de forma tão densa a ponto de atrapalhar as árvores. Também desconfio que as plantas protegem as árvores contra pragas e danos por mau tempo. Deveríamos mudar nosso enfoque: em vez de privilegiar a remoção de plantas na esperança de obter ganhos de crescimento no curto prazo, deveríamos pensar sobre o que torna a floresta mais saudável no longo prazo."

Lembrei-me de algumas amigas que depilaram tanto as sobrancelhas que os pelos nunca mais voltaram a crescer. Uma analogia que não dava para mencionar naquela conferência.

Expliquei que obter o tipo de colheita que desejávamos nos levava a tratar as novas florestas como campos agrícolas. E que as regras do crescimento livre estavam sendo aplicadas a todas as paisagens de modo indiscriminado. Muito dinheiro espalhado por muitos terrenos, em geral com redução da diversidade vegetal.

Barb e eu chamávamos isso de "abordagem fast food da silvicultura". Aplicar a remoção generalizada de arbustos a todos os tipos de ecossiste-

Briga de bar 165

mas florestais era como servir o mesmo hambúrguer a todas as culturas, fosse em Nova York ou em Nova Délhi. Um sujeito de boné amarelo na terceira fila pegou um saco de cenouras e começou a mastigar uma, ruidosamente. Estava quase na hora da pausa para o café.

"Estamos gastando vela com mau defunto, com essa questão da remoção", falei. Alguns silvicultores riram. Barb gargalhou, como sempre fazia com minhas piadas ruins, mas os outros continuaram de cara fechada.

Um dos responsáveis por elaborar as diretrizes levantou a mão. "Você escolheu estudar as plantas com as quais não estamos tão preocupados. Já sabemos que essas não são tão importantes." O Reverendo assentiu, embora tanto ele quanto o que fizera o comentário soubessem que aquelas plantas eram muito visadas pelas diretrizes deles. "E quanto às mais competitivas, como a grama pinegrass e a bétula-de-papel?"

"Boa pergunta", repliquei. "A pinegrass suga bastante água e nutrientes do solo, mas descobrimos que aplicar herbicida ou removê-la com escavadeira aumenta em apenas 20% a sobrevivência e o crescimento das mudas de pinheiros. E há efeitos colaterais inesperados — os tratamentos também compactam o solo e reduzem o teor de nutrientes. Aumentam a erosão e diminuem a diversidade de fungos micorrízicos."

"Estamos pondo escavadeiras em todos os nossos sítios com pinegrass. Está dizendo que não vale a pena?", uma jovem perguntou. Um pouco mais descontraída, procurei na plateia e detectei seu rosto interessado, os cabelos castanhos presos num coque alto. Ela não parecia incomodada com o silêncio pesado em torno dela. O Reverendo se virou para ver quem diabos faria uma pergunta dessas.

"Bom, precisamos entender melhor o que estamos ganhando e o que estamos perdendo ao mesmo tempo", respondi. "Talvez existam modos mais convenientes de melhorar as plantações do que roçar todo o solo da floresta. No longo prazo, a remoção de matéria orgânica e a compactação do solo não são um bom sinal para a saúde do plantio. Precisamos de dados melhores antes de aplicar esses tratamentos à paisagem inteira."

"Suzanne, e as bétulas?", veio do fundo da sala. "Esse é o verdadeiro alvo da política do crescimento livre." Era um cientista de Victoria que também estava tentando entender a fundo como as bétulas e os álamos tolhiam ou ajudavam as coníferas. Como eu, ele estava interessado nas consequências ecológicas de longo prazo da remoção da vegetação, só que sua posição estava mais fundamentada na formulação de diretrizes.

Finalmente um gancho para meus resultados sobre as comunidades vegetais que continham bétulas. "Você tem razão. Cortar, aplicar herbicida ou matar as árvores com um anel de Malpighi aumenta o perímetro dos abetos-de-douglas, às vezes em uma vez e meia", eu disse, e mostrei um histograma indicando o crescimento de abetos em resposta a diferentes tratamentos. Um feixe de sol rasgou brevemente a sala quando alguém se encostou numa persiana, e os repolhos se aprumaram, interessados. Tive vontade de sair correndo para o ar livre e fresco. Eu queria falar sobre as bétulas, mas seria mexer num vespeiro.

Joe fez um sinal de cabeça para o Reverendo e apontou para o slide — enfim estava vendo o que desejava.

"Só que precisamos ter cuidado, pois quanto mais bétulas são removidas, mais abetos morrem por doença das raízes", falei. "Cortar e matar com o anel de Malpighi estressam os abetos e os deixam vulneráveis a infecções nas raízes. Assim que cortamos as bétulas, a infecção domina suas raízes e se propaga para as raízes dos abetos, acarretando taxas de infecção sete vezes maiores do que nos povoamentos não tratados. Receio que estejamos obtendo um crescimento inicial maior em detrimento de menor sobrevivência no longo prazo."

Um patologista aparteou que, uma vez que meus estudos não mostravam como a doença se comportava em florestas inteiras, eu devia ser cautelosa. Os fungos patogênicos cresciam em trechos distintos, e sem saber exatamente onde eles se situavam no subsolo, a alocação aleatória de minhas duas parcelas de teste — a tratada e a de controle — poderia ter uma ligação acidental com um trecho virulento, ou não. Ele achava que talvez eu tivesse obtido esses resultados por acaso, por pura casualidade na escolha de local. Em outras palavras, eu precisava estudar as respostas comportamentais do patógeno em áreas maiores. Tínhamos discutido essa questão em particular e concordado que, como eu havia repetido os experi-

Briga de bar 167

mentos em tantos locais, minhas conclusões eram válidas, por isso me senti frustrada por ele estar levantando tais incertezas justo naquele momento.

"Sim, isso é verdade", respondi, tão impassível quanto consegui. "Acontece que esse experimento foi replicado quinze vezes, por isso tenho confiança nos resultados." As cabeças de repolho se viraram para o patologista aguardando a palavra final, e ele balançou muito ligeiramente a cabeça em negativa para sinalizar sua autoridade na questão. Uma mordida estrondosa na cenoura pelo sujeito que estava lanchando pareceu confirmar a coisa.

Concluí minha apresentação sob aplausos anêmicos. Os silvicultores de campo gostaram de saber que as evidências condiziam com parte do que eles estavam vendo nas florestas, mas os responsáveis pelas diretrizes resmungavam. Continuaram a me questionar daquele jeito bem conhecido, explicando que as plantações virariam matagais se "plantas daninhas" como as bétulas crescessem sem controle. Precisavam de dados de longo prazo, caso se encaixassem melhor na visão deles. Certamente não mudariam suas políticas por causa dos meus experimentos. A plateia dispersou-se para o intervalo.

Formaram-se grupinhos, que bebiam o café de sabor metálico e comiam muffins. Derrubei minha bandeja de slides, e eles voaram em todas as direções. Um jovem logo veio me ajudar. Os demais deram uma olhada e voltaram para suas conversas. Trêmula, peguei um café, sem querer mas ao mesmo tempo precisando ficar por ali para obter algum feedback. Alguns silvicultores me disseram "Boa exposição". Dave comentou que meus resultados faziam sentido, mas que eles eram obrigados a remover os arbustos porque, enfim, eram as regras. Os responsáveis pelas diretrizes continuaram absortos em suas conversas. Nenhum parecia interessado em se aproximar de mim, e além disso o Reverendo centralizava as atenções. Barb veio para o meu lado, sabendo o quanto era difícil — e até humilhante — esperar por reconhecimento. Eu já era péssima em jogar conversa fora até nas melhores ocasiões, e agora estava desconcertada. Por fim ela me conduziu lá para fora. A brisa nos envolveu, um passarinho passou voando.

"Desgraçados!", ela esbravejou. "Pelo menos podiam ter lhe agradecido pelo trabalho de compreender o que estamos fazendo com nossas florestas."

Eu estava esgotada. Do mesmo jeito que Robyn e eu tínhamos nos sentido ao tirar a capa ensopada de pesticida depois de borrifar amieiros. Cada célula do meu corpo exaurida. Fazendo algo que detestávamos e no entanto amávamos. Barb fotografou velhos abetos-do-canadá e álamos-trêmulos na borda do estacionamento, com abetos jovens plantados no sub-bosque. A jovem de cabelo castanho preso num coque parou para me agradecer. As diretrizes não mudariam da noite para o dia, mas parte do que eu dissera condizia com o pensamento de outros silvicultores preocupados, e talvez a mudança fosse possível.

O MAL ILUMINADO PUB OVERLANDER cheirava a cerveja velha e esterco de vaca. Kelly, de chapéu e botas de caubói puídos, negociava cavalos com Lloyd, um rancheiro grisalho. Os dois apoiavam os cotovelos ossudos no desgastado balcão encerado do bar e, com as pernas arqueadas bem afastadas, defendiam seus territórios. Tentei chamar a atenção de Kelly, mas ele estava saboreando sua conversa provocadora com Lloyd — uma linguagem bem adequada à sua cadência natural, de pausas longas. Eu estava perto o suficiente para ouvi-los negociar um garanhão appaloosa, mas senti que aquela transação ia requerer muito mais tempo de tratativas muquiranas. Kelly fazia de tudo para fingir que não me via, como quando éramos pequenos e eu queria a atenção dele.

Isso me chateou mais do que o normal, depois do desrespeito daquele dia — o sentimento de exclusão. Barb me deu um cutucão para que eu reparasse na escarradeira quase cheia num canto. Nós duas, de camiseta e bermuda e obviamente de outra cidade, estávamos chamando a atenção dos caubóis. Um deles olhou para a jaqueta da conferência que eu vestia por cima da camiseta e cochichou alguma gracinha para um amigo. Eu nem liguei. Queria ver Kelly, pois há um ano não tínhamos chance de nos encontrar. Uma agitação me subiu pela garganta porque ele não conseguia

Briga de bar 169

se livrar da sua venda de cavalo para vir me dizer olá. Tiffany não estava ali, e senti falta do modo como ela sabia dar um toque em Kelly para ele ficar mais ligado. Sentindo minha impaciência, ele fez sinal de que precisava de mais dois minutinhos.

Eu estava prestes a me mandar dali cinco minutos depois, mas Barb comprou um caneco de cerveja para nós, sentou-se numa mesa de canto e me chamou com um gesto. Quando a negociação de Kelly e Lloyd chegou a seu previsível beco sem saída, ele veio até nós na maior calma, trazendo seu caneco. Lloyd tinha dinheiro à beça e estava comprando. Um sorrisão se abriu no rosto largo de Kelly, e meu aborrecimento se esvaiu. Era muito bom vê-lo. Nos ocupamos da importante tarefa de beber. Tinha sido um dia duro.

"Tem visto o tio Wayne?", perguntei.

"Sim, o filho da mãe me arranjou um trabalho de tocar boiada para a Caribou Cattle Company." Ele deu uma cusparada de tabaco marrom grosso que aterrissou com perícia na escarradeira. Barb arregalou os olhos de espanto, o que me deixou orgulhosa do meu mano caçula. Ele era exótico. Impressionante. Sem igual. Eu tinha saudade de Kelly e de sua obstinada dedicação àquele modo de vida relicto. Um caubói reencarnado, que montava em touros, mascava tabaco, fazia parto de bezerros e trabalhava de ferreiro.

"Ele está morando no rancho?"

"Sim, e Tiffany e eu ficamos no alojamento do Onward, perto da Missão. Você sabe: o Internato para Indígenas mantido pelos padres pedófilos." Ele baixou a cabeça, enojado com o que aqueles canalhas tinham feito com as crianças. Essa era uma parte vergonhosa da história do Canadá. Kelly e eu conhecemos crianças que frequentaram aquela escola e vimos como isso destruiu muitas delas. Algumas haviam fugido, como nosso amigo Clarence, hoje um escultor dos tradicionais totens de madeira em Haida Gwaii.

Amigos de Kelly entraram no bar, gritaram um alô e perguntaram: "Você pode ir ferrar o meu cavalo amanhã?". Ele agitou sua mão enorme para dizer que sim, claro.

"Cadê a Tiffany?", perguntei.

"Está enjoada." Kelly não conseguiu esconder seu orgulho monumental.

"Uau, que demais! Parabéns! Toca aqui!", falei, me levantando num pulo. Abraços não existiam na nossa família, mas sorrisos e gestos com a mão davam conta do recado.

Lloyd veio de onde ele estivera batendo papo com outro caubói e encheu nosso caneco vazio para um brinde. Agitei o meu com força demais, e Lloyd acabou derrubando meu copo. Kelly estava começando a falar arrastado como um texano.

"Como foi a reunião?" Ele estava falando meio enrolado.

Barb entrou na conversa. "Aqueles babacas não gostam de ouvir verdades de uma mulher."

"Não acreditaram em mim", falei calmamente. O que eu mais detestara tinha sido Joe cochichando com o Reverendo quando mostrei os resultados do nitrogênio e a sonda de nêutrons. Meu corpo ficou tenso com a lembrança — era como costumava me preparar para uma fuga rápida. Era difícil minha família falar sobre as emoções. Dei uma olhada para os amigos de Kelly no outro canto do bar.

"Aquele pessoal da silvicultura também não sabe lidar com gado por perto. É um trabalho duro para caramba, e eles querem que a gente tire as vacas de suas plantações depressa, num estalar de dedos. Eu tenho que estar montado no cavalo assim que o dia amanhece", disse Kelly.

Caí na risada. A sala começava a flutuar. Fui cambaleando para o banheiro, pensando em como Kelly e eu costumávamos fugir da tensão entre nossos pais andando de bicicleta na floresta, laçando tocos velhos como se fossem bezerros. Voltei para mais um caneco de cerveja.

"Mas é possível fazer as vacas se mexerem", disse Kelly. Estava tão bêbado quanto eu. "Se você manejar elas como mulheres."

Encarei atônita seus olhos já sem foco, sem saber se tinha ouvido bem. Eu sempre era pega tão de surpresa por comentários ofensivos que minha mente tentava mudar a intenção deles. Fingir que não tinha ouvido. Ou reformular o que tinha sido falado, transformando em algo mais suave, frequentemente concordando com o que não concordava. Dessa vez eu estava embriagada demais para distorcer uma ideia. Barb estava sentada mais ereta, embora ela também estivesse de porre, eu tinha certeza.

"Como assim?" Minhas bochechas vermelhas ardiam. Do outro lado do bar, a jukebox mudara para a voz áspera de Willie Nelson, cantando sobre mamães e bebês. Desejei poder mudar de assunto, ser salva do que talvez estivesse por vir. A cadeira de Barb arranhou o chão quando ela se apoiou na mesa com as mãos para se levantar; talvez tentando descobrir o que fazer, como interromper, qualquer coisa para me conter. Lloyd, mais afastado, achou graça e apontou para nós indicando ao garçom que nos levasse mais cerveja. Mais lenha na fogueira com mais bebida.

"As vacas são o centro do rebanho. Seu único trabalho é alimentar as crias." Kelly girou a mão acima da cabeça como quem laça uma rês.

"As mulheres fazem mais do que alimentar bebês. Você está de brincadeira, não é?" Eu estava alta demais para conter a tensão na voz, todas as injustiças do mundo na garganta. Sóbria, teria deixado passar. Teria percebido que Kelly não dissera aquilo para me ofender. Ele estava rela-

Kelly lançando bezerro em um rodeio regional, no começo dos anos 1990. Depois de laçar, ele desmonta correndo, segura o bezerro e amarra três patas juntas.

xando depois de uma longa semana a cavalo. Mas naquele momento eu queria esganá-lo.

Ele prosseguiu em seu discurso etílico. "O que interessa são os machos. Eles controlam as vacas."

"Está falando sério?" Minha amígdala sequestrou firmemente meu córtex pré-frontal.

A bile irrompeu no meu estômago, e eu empurrei o caneco de cerveja. Barb o pegou e foi até o bar com toda cautela, como quem entrega um gazeteiro rebelde.

Kelly resmungou mais alguma coisa sobre as malditas vacas dele.

"Nós podemos fazer o que bem entendermos, merda! Podemos até ser primeiras-ministras se quisermos!" Girei na cadeira, minha imagem se moveu desfocada no espelho atrás dele. Sem dúvida eu não estava nada parecida com uma primeira-ministra. Que raios eu estava falando?

Não escutei o que Kelly disse em seguida, além de "Hã?". Tudo estava tão borrado que eu mal conseguia discernir o rosto dele do outro lado da mesa. Barb disse que precisávamos ir. Eu me levantei, grogue, e tentei vestir a jaqueta.

"Vai se foder!", gritei, e saí furiosa, com um braço dentro de uma das mangas e o resto da jaqueta pendurado. Peões que tomavam enormes tragos de uísque no bar viraram a cabeça, e um deles assobiou baixinho.

Kelly berrou alguma coisa enquanto eu sumia do Overlander, trôpega, sob os lamentos da jukebox.

Peguei o avião para Corvallis com a pior ressaca da minha vida. A cabeça doía, os lábios ardiam. Entrei em casa e desabei no sofá com um pano molhado cobrindo os olhos. Don me abraçou e disse que eu ia melhorar e Kelly esqueceria o assunto.

EM VEZ DISSO, entrei numa guerra fria com meu irmão e com o pessoal das diretrizes. A ironia da briga no bar é que ela ia justamente de encontro à questão que eu abordava na minha tese de doutorado, sobre colaboração na natureza. As florestas são estruturadas sobretudo pela competição, ou a cooperação é igualmente importante, ou até mais?

Briga de bar 173

Enfatizamos a dominação e a competição no manejo das árvores nas florestas. E dos cultivos nos campos agrícolas. E dos animais nos estabelecimentos pecuaristas. Enfatizamos facções em vez de coalizões. Na silvicultura, a teoria da dominância é posta em prática com as remoções, o espaçamento, o desbaste e outros métodos que promovem o crescimento de indivíduos valorizados. Na agricultura, essa teoria embasa programas multimilionários que recorrem a pesticidas, fertilizantes e genética para promover cultivos de alto rendimento em vez de plantações diversificadas.

Divulgar francamente o que eu pensava sobre o manejo da terra parecia ser o propósito maior da minha vida. Mas eu já havia tentado acessar as pessoas em posição de comando, e fracassara. Tinha sérias dúvidas sobre como proceder, considerando a facilidade com que eu me sentia menosprezada e o quanto lidara mal com a discussão no bar.

Enquanto isso, as áreas de corte raso na província cresciam como um câncer, e os silvicultores matavam "plantas daninhas" como se estivéssemos numa guerra. Ativistas se mobilizavam, acorrentavam-se a árvores. Clayoquot Sound foi cenário de grandes manifestações contra o corte raso, mas concluí que eu seria mais útil se me concentrasse nas pesquisas.

Naquele verão, voltei para minha terra, para as florestas onde eu tinha crescido. Enviei um cartão-postal a Kelly me desculpando, mas ele não respondeu. Mamãe disse que a gravidez de Tiffany estava indo bem, mas me doía ele não se comunicar comigo. Logo meu sobrinho nasceria, e eu queria participar. Decidi dar um tempo até que ele mudasse de ideia por si mesmo. Não o pressionaria. Na infância passávamos horas em silêncio construindo fortes com madeira de bétulas caídas à sombra de abetos, e Kelly precisava de espaços abertos imensos para ser ele mesmo. Ficaríamos bem.

Porém, cabisbaixa, eu me perguntava por que Kelly demorava tanto para responder. Por que sempre dava tanto trabalho manter contato? Ser uma família?

8. Radioativa

BARB E EU TIRAMOS DE SUA PICAPE quarenta tendas que batiam na nossa cintura. *"Jeezus*, que peso!", ela reclamou. Com cerca de nove quilos cada, eram feitas de material para proteção solar costurado em um cone montado sobre um tripé de vergalhões. O lenço amarelo que cobria os cabelos ruivos de Barb estava incrustado de mosquitos — era o auge desses insetos, meados de junho — e seus braços musculosos reluziam com bloqueador solar e repelente. Ela era pulso firme por fora e um coração grande por dentro. Viéramos do outro lado da montanha, de Vavenby, uma cidade ferroviária oitenta quilômetros ao sul de Blue River, até essa área de corte raso no extremo norte do lago Adams para montar o principal experimento de campo da minha tese de doutorado. Eu tinha seis experimentos, mas esse era o mais importante, sem dúvida.

Jovens bétulas já haviam brotado de cepos cortados, e algumas tinham nascido de sementes vindas de bosques vizinhos — estavam mais altas e cresciam duas vezes mais rápido que as coníferas plantadas por nós um ano antes. Eu queria saber se essas bétulas eram simplesmente competidoras — reduzindo os recursos que os abetos-de-douglas necessitavam para crescer — ou se também eram colaboradoras, melhorando as condições nas quais toda a floresta podia vicejar. E, se as plantas folhosas nativas de fato colaboravam com suas vizinhas coníferas, eu queria saber como. Para ajudar a encontrar as respostas, eu estava testando se as bétulas-de-papel doavam recursos ao mesmo tempo que faziam sombra para os abetos e lhes restringiam a capacidade de produzir alimento pela fotossíntese. Será que, quando as bétulas interceptavam a luz para sua própria produção de açúcar, compensavam a redução na taxa de fotossíntese dos abetos-de-douglas do subdossel compartilhando suas riquezas? Minha investigação me ajudaria a descobrir como os abetos podiam sobreviver e até prosperar, apesar de viverem entre bétulas vizinhas que os silvicultores consideravam competidoras fortes e daninhas. E, se as bétulas realmente difundiam essa benesse — a grande quantidade de açúcar que elas eram capazes de produzir à luz plena —, talvez ela fosse entregue aos abetos-de-douglas que cresciam à sombra das bétulas através de uma via subterrânea: fungos micorrízicos que conectariam as duas espécies. Bétulas cooperando com abetos pela saúde maior da comunidade.

"Não sou boa costureira", resmunguei enquanto ajustávamos os arames que prendiam o tecido rústico às hastes do tripé.

"Mas elas estão construídas como casinhas de tijolos", disse Barb, admirando a coleção alinhada como as pirâmides do Egito. "Nada vai derrubá-las." Ela não me deixava ter pena de mim mesma por muito tempo.

Só precisariam durar um mês. Seria o suficiente para inibir a taxa fotossintética e a produção de açúcar dos abetos. As grossas tendas verdes bloqueariam 95% da luz, enquanto as tendas pretas finas bloqueariam metade. Dois meses tinham se passado desde a briga no bar, e Kelly ainda não entrara em contato, mas Barb me garantia que ele ia me procurar, era só eu dar um tempo.

Barb e eu carregamos as tendas pela área desmatada até a plantação das árvores do teste, manobrando as pirâmides por cima de toras e em meio a agrupamentos de arbustos de falsebox e epilóbios. Nossos bolsos estavam estufados com trenas, compassos de calibre e blocos de notas que usávamos para aferir o pulso das mudas quando as cobríamos com a tenda. De um saco onde havia sessenta pedaços de papel marcados com 0, 50 ou 95, tirei um deles — como um coelho da cartola — para alocar aleatoriamente o tratamento da sombra. Fiz isso para evitar algum viés na resposta dos abetos que poderia ser causado por outra coisa que não o sombreamento, algo que eu desconhecesse, como um manancial subterrâneo. O papelzinho dizia 95. Posicionei um cone coberto por tecido verde pesado sobre o abeto, envolvendo-o em sombra densa enquanto o vergalhão adentrava a folha metálica de trinta centímetros que eu enterrara no ano anterior para conter as raízes entrelaçadas de cada trio — uma muda de bétula que eu plantara próxima a uma de abeto e uma de tuia. Tentei balançar a borda — a folha de metal estava firme no chão — e empurrei o topo do cone para baixo até que as pernas dos vergalhões estivessem bem fincadas na terra. Peguei um mapa todo amassado no bolso da minha calça jeans manchada de ferrugem. Eu amava mapas; levavam a aventuras, descobertas. Esse mostrava onde havíamos posicionado os sessenta trios, espalhados por uma área do tamanho de uma piscina olímpica.

Meu plano era cobrir um terço dos abetos-de-douglas com as tendas verdes pesadas e outro terço com as tendas pretas leves, deixando o terço restante totalmente exposto ao sol. Isso criaria um gradiente da luminosidade que chegava até os abetos — desde pouquíssima luminosidade sob a sombra forte até a maior possível sob o sol. Assim eu emulava a variedade de locais sombreados e ensolarados onde jovens abetos crescem em meio às sombras mutáveis de arvoretas de bétulas mais altas que ocorriam naturalmente.

Porém, em contraste com os abetos crescendo de forma natural, que normalmente brotam de sementes ou de toras cortadas logo após o corte raso — e por isso têm uma vantagem na altura em relação às coníferas plantadas —, minhas bétulas eram da mesma altura que meus abetos plantados. Não faziam sombra alguma no meu experimento, por isso eu precisava criar sombra artificial com aquelas tendas. Mas, em contraste com o que ocorre na natureza, as tendas forneceriam apenas sombra, sem simultaneamente alterar a disponibilidade de água ou de nutrientes do solo. Elas me ajudariam a detectar com precisão o efeito do sombreamento como fator isolado, não afetado por outras relações despercebidas.

Engasgada com um mosquito, Barb pegou seu chapéu anti-insetos — um chapelão de abas largas com um véu — e comentou que eu tivera sorte por receber permissão do Serviço Florestal para estudar se as bétulas cooperavam com os abetos.

"Inseri essa pesquisa discretamente entre os outros experimentos", expliquei, sorrindo. Estava ficando hábil em esconder estudos controversos em meio aos mais convencionais quando solicitava financiamento de pesquisa.

Eu andava fascinada pela possibilidade de bétulas e abetos permutarem açúcar através de fungos micorrízicos, desde que lera sobre uma descoberta feita no começo dos anos 1980 por Sir David Read, professor da Universidade de Sheffield, e seus alunos. Eles constataram que uma muda de pinheiro transmitira carbono a outro pinheiro por via subterrânea. No laboratório, ele instalou pinheiros lado a lado, com as raízes em caixas transparentes. Inoculou as raízes das mudas com fungos micorrízicos para conectá-las em uma rede fúngica subterrânea, depois marcou os açúcares fotossintéticos produzidos por um dos pinheiros — o doador — com carbono radioativo. Para isso, selou os brotos de pinheiro em caixas transparentes e numa das mudas substituiu o dióxido de carbono que ocorre naturalmente no ar por dióxido de carbono radioativo. Permitiu que ao longo de alguns dias o pinheiro absorvesse essa substância e a convertesse em açúcares radioativos por meio de fotossíntese. Depois posicionou filme fotográfico ao lado da caixa das raízes, na esperança de registrar quaisquer partículas radioativas que pudessem estar sendo transmitidas, pela rede de raízes, do pinheiro doador para o pinheiro receptor. Quando revelou o filme, ele viu o caminho que as partículas carregadas haviam feito ao passar de um pinheiro ao outro. Elas tinham viajado através da rede fúngica subterrânea.

Eu me perguntava se isso poderia ser detectado fora do laboratório, em florestas reais. Talvez o açúcar fosse transmitido da raiz de uma árvore para outra. Se isso ocorresse, talvez o carbono-14 radioativo adicionado passasse apenas entre árvores da mesma espécie, como Sir David descobrira — mas e se ele também fosse transmitido entre espécies *diferentes* de árvores misturadas, como elas em geral crescem na natureza?

Se o carbono realmente passasse entre espécies diferentes, teríamos aí um paradoxo evolucionário, pois a noção vigente era de que as árvores evoluem pela competição, não pela cooperação. No entanto, minha teoria era totalmente plausível para mim: fazia sentido que elas tivessem o interesse egoísta de manter um bom desenvolvimento de sua comunidade para que assim também pudessem ter suas necessidades atendidas. Eu me preocupava com o que o pessoal do Serviço Florestal pensaria, mas não podia desconsiderar essa possibilidade. O pinheiro doador no experimento de Sir David mandou carbono para uma muda receptora, e até mais quando a receptora foi posta à sombra, mas Sir David não sabia se a receptora enviara algum carbono de volta. Se a doadora recebeu de sua vizinha tanto quanto lhe deu, isso indicaria uma transação equilibrada, sem uma diferença de ganho entre os indivíduos. O experimento de Sir David nunca poderia revelar tal coisa, já que ele havia marcado apenas uma de suas mudas com carbono radioativo e não adicionara um rastreador para ver se a muda receptora retribuíra tanto quanto recebera. Mas, se uma delas realmente ganhasse mais, isso era suficiente para ajudá-la a crescer? Em caso positivo, isso poderia pôr em xeque a teoria dominante de que a cooperação é menos importante na evolução e na ecologia do que a competição.

Comecei a visualizar, às margens do lago Mabel, bétulas e abetos conectados no subsolo por fungos micorrízicos — do mesmo modo que os pinheiros no laboratório, enviando e recebendo mensagens por conexões de hifas. Como uma conversa pela world wide web, inventada apenas alguns anos antes, em 1989. Só que, em vez de palavras, eu sonhava que as mensagens eram feitas de carbono. Lembrei das aulas que tive sobre fisiologia vegetal e imaginei uma folha de abeto fazendo a fotossíntese — convertendo energia luminosa em energia química (açúcar) através da combinação de dióxido de carbono do ar com água do solo. Graças à capacidade de fazer fotossíntese, as folhas são a fonte de energia química, os motores da vida. O açúcar — anéis de carbono ligados com hidrogênio e oxigênio — acumula-se nas células das folhas, e a seiva então entra nas veias das folhas como sangue bombeado em artérias. Das folhas, o açúcar viaja para as células condutoras do floema — o cobertor de tecido que circunda o tronco da bétula por baixo da casca e forma um caminho das folhas até as extremidades das raízes. Quando a seiva adocicada está nas células crivadas superiores do floema, um gradiente osmótico desenvolve-se entre elas e as células adjacentes ao floema. A água vinda das raízes no solo sobe pelo xilema — o tecido vascular mais interno que liga as raízes à folhagem — e é levada por osmose até as células crivadas superiores do floema, diluindo a solução para equilibrar a concentração com as células crivadas de interligação. O aumento de pressão nas células — *pressão de turgor* — força o fotossintato a descer pela cadeia lisa de células crivadas até chegar às raízes. Assim como as partes das árvores que estão na superfície — brotos e sementes, por exemplo —, as raízes precisam de energia e são *drenos* para essa explosão de açúcar. (Enquanto as folhas são a *fonte* do fotossintato, as raízes são drenos.) As células da raiz metabolizam rapidamente o açúcar e transferem parte dele para células adjacentes da raiz, levando água junto e aliviando sua pressão de turgor. O êxodo de água açucarada de uma célula da raiz para outra tem seu próprio papel no gradiente fonte-dreno conforme a solução continua a fluir das raízes para as folhas, e então do topo da árvore para a base — processo que os cientistas chamam de *fluxo de pressão*, ou fluxo de massa. É como o sangue que é enviado da medula óssea (nossa fonte) para os vasos e então para as células (os drenos) a fim de suprir nossa necessidade de oxigênio. Enquanto as folhas sintetizarem açúcares por meio da fotossíntese, aumentando a força da fonte, e enquanto as raízes continuarem metabolizando os açúcares transportados para que mais tecidos de raiz sejam produzidos, aumentando a força do dreno, a solução de açúcar continuará a se deslocar por fluxo de pressão pelo gradiente fonte-dreno, das folhas às raízes.

Barb e eu carregamos mais tendas pelo declive até os trios restantes. Com esse experimento eu estava correndo um risco, pois ainda não se sabia que redes subterrâneas se formam em florestas, quanto mais entre árvores de espécies diferentes. Ainda mais inacreditável era a ideia de que as redes poderiam servir de avenidas para colaboração e rotas de troca de açúcar. Eu absorvera as qualidades da sinergia de ter crescido na floresta. De subir a pé as encostas densamente arborizadas da montanha Simard. De trepar em árvores e construir cabanas com Kelly.

Na minha imaginação, o trem do açúcar não parava nas raízes. Eu lera que o fotossintato era descarregado da extremidade das raízes nos fungos micorrízicos parceiros — como mercadorias descarregadas de vagões em caminhões. As células fúngicas que envolviam as células das raízes e de lá se estendiam solo adentro como filamentos eram inundadas com o açúcar. A água trazida do solo entraria com força nas células fúngicas receptoras para equilibrar a concentração de açúcar com a concentração nas células fúngicas vizinhas, exatamente como ocorria nas folhas e no floema. A pressão crescente da água que entrava forçaria a solução açucarada a dispersar-se pelos filamentos das células fúngicas que envolvem as raízes e então a sair através das hifas para o solo, como água que sai por uma torneira vinda de um conjunto de mangueiras conjugadas. Alguns dos açúcares se espalhariam em leque para colaborar no desenvolvimento de mais hifas pelo solo, o que também ajudaria a coletar mais água e nutrientes a serem levados para as raízes.

Meu plano era marcar as bétulas-de-papel com o isótopo radioativo carbono-14 para que eu pudesse acompanhar o deslocamento do fotossintato até os abetos-de-douglas, e ao mesmo tempo marcar os abetos-de-douglas com o isótopo estável carbono-13 para rastrear o trajeto do fotossintato até as bétulas. Desse modo, poderia descobrir não só se havia transferência de carbono das bétulas para os abetos, mas também distinguir se havia passagem na direção oposta, dos abetos para as bétulas, como caminhões numa estrada de mão dupla. Medindo quanto de cada isótopo ia para cada muda, eu também poderia calcular se as bétulas davam mais aos abetos do que recebiam em troca. E então saberia se as árvores dançavam um tango mais sofisticado do que apenas uma competição por luz. Descobriria se minha intuição estava correta — se as árvores tinham mesmo uma alta sintonia e alteravam o comportamento de acordo com o funcionamento de sua comunidade.

Minha empolgação ao examinar as mudas uma semana depois foi um tônico contra a preocupação com Kelly, que prosseguia. Elas haviam crescido vigorosamente da altura dos tornozelos para a dos joelhos. Barb e eu fomos andando de trio em trio, e as mudas nos saudavam com buquês perfumados e um colorido suave. As arvorezinhas estavam firmes, bem vivas. "Parece que você quer me contar uns segredos", murmurei ao dar um leve puxão num abeto de caule robusto. Suas acículas em feitio de escova de garrafa já tocavam nas folhas serrilhadas macias da bétula vizinha. Os cedros reluziam onde as bétulas projetavam uma sombra fresca, protegendo seus delicados cloroplastos do sol alto. Onde as folhas de bétula não alcançavam, os cedros estavam avermelhados para prevenir danos à sua clorofila. As mudas do trio estavam tão próximas que pareciam ligadas por uma história comum, com algum tipo de começo, meio e fim.

Barb perguntou por que eu tinha incluído os cedros ao lado de bétulas e abetos.

O cedro não pode formar parcerias de fungos micorrízicos com bétulas e abetos pela simples razão de que ele forma micorrizas arbusculares, e não ectomicorrizas como as outras duas espécies. Se as raízes de cedro adquirem alguma parte dos açúcares fixados por abetos ou bétulas, é porque os captaram depois de eles terem vazado das raízes dessas árvores para o solo. Eu tinha plantado cedros como um controle, para descobrir quanto carbono vazava para o solo em comparação com a quantidade que podia ser transmitida pela rede ectomicorrízica que ligava bétulas e abetos.

Com um analisador de gases infravermelho portátil — uma engenhoca do tamanho de uma bateria de carro com uma câmara transparente em formato de barril —, Barb e eu verificamos se as tendas de sombreamento estavam fazendo seu trabalho de conter as taxas de fotossíntese das mudas de abeto. Abri o conjunto de bocas e encaixei a câmara sobre as acículas de um abeto sem tenda. Quando foram aprisionadas lá dentro, elas continuaram a fazer a fotossíntese, mas em vez de os gases flutuarem pelo ar eram forçados a passar pela maquineta. Em outras palavras, o analisador de gases media a taxa de fotossíntese.

A luz do sol atravessou o plástico transparente da câmara, e a agulha se moveu no medidor. As acículas do abeto estavam absorvendo sofregamente o dióxido de carbono no interior da câmara, e a máquina me dizia que o abeto estava fazendo fotossíntese à taxa mais alta possível. Barb anotou o número, e passamos para o próximo trio, onde o abeto estava sob forte sombra, recebendo apenas 5% da luz. Depois que introduzi a câmara sob a tenda e a fechei por cima das acículas do abeto, suspirei de alívio. Minhas tendas estavam funcionando. A muda de abeto sob a sombra forte estava fazendo a fotossíntese a apenas um quarto da taxa encontrada na muda plenamente exposta ao sol. Também foi um alívio ver que as tendas não estavam afetando a temperatura do ar — eram porosas o suficiente para permitir que o ar circulasse livremente, algo que poderia ter afetado as taxas de fotossíntese. Corremos para a próxima árvore, coberta por uma tenda preta. A muda parcialmente sombreada estava fazendo a fotossíntese a uma taxa intermediária.

De abeto em abeto, confirmamos o padrão. Depois testamos as bétulas. As que estavam sob luz plena faziam a fotossíntese a uma taxa duas vezes maior que a das mudas de abeto expostas à luz total do sol. Oito vezes a taxa das mudas de abetos sob a sombra forte das tendas verdes, confirmando que havia entre elas um íngreme gradiente fonte-dreno. Se as duas árvores estavam ligadas por uma rede micorrízica, e se o carbono realmente passava através das hifas conectoras ao longo de um gradiente fonte-dreno como pensava Sir David, então o excedente de açúcares fotossintéticos nas folhas de bétula deveria fluir para as raízes do abeto. Das folhas-fontes das bétulas para as raízes-drenos dos abetos. Eu olhava as colunas de dados corada de tanto entusiasmo. Quanto mais sombra a tenda fazia, mais íngreme o gradiente fonte-dreno da bétula para o abeto.

Levamos o analisador de gases de volta à picape no fim do dia. Sentada na carroceria, chequei se não tínhamos esquecido nada. Barb havia anotado a concentração de dióxido de carbono, água e oxigênio, a quantidade de luz que incidia sobre as acículas e a temperatura do ar no interior da câmara. Quando me lembrei do estudo de laboratório de Kristina Arnebrant, a jovem pesquisadora sueca que mostrou que o amieiro passa nitrogênio para o pinheiro através de conexões micorrízicas, voltei no dia seguinte para coletar amostras foliares de bétulas e abetos e submetê-las a teste de concentração de nitrogênio.

Algumas semanas depois, chegaram do laboratório os resultados desses dados. Em comparação com as acículas de abetos, as bétulas haviam dobrado a concentração de nitrogênio em suas folhas. Isso não só ajudava a explicar as taxas de fotossíntese mais elevadas nas bétulas, em comparação com as dos abetos (o nitrogênio é um componente essencial da clorofila), como também significava que havia um gradiente fonte-dreno de nitrogênio entre as duas espécies. Como entre o amieiro fixador de nitrogênio e o pinheiro não fixador no estudo de Kristina.

Eu me perguntei se esse gradiente fonte-dreno de nitrogênio não seria tão importante quanto o gradiente fonte-dreno de carbono para impelir o fluxo de carbono da bétula para o abeto. Ou quem sabe os gradientes fonte-dreno nos dois elementos atuavam em conjunto? Em vez de o carbono fluir em moléculas de açúcar inteiras pelos canais fúngicos, talvez os açúcares se decompusessem nos seus elementos puros (carbono, hidrogênio e água), e o carbono livre pudesse juntar-se ao nitrogênio aspirado do solo para formar aminoácidos (compostos orgânicos simples essencialmente usados para produzir proteínas), por exemplo, nas folhas e sementes. Os aminoácidos recém-formados, e quaisquer açúcares remanescentes, seriam então enviados através da rede. Com gradientes no carbono e no nitrogênio — carbono nos açúcares e nitrogênio mais carbono nos aminoácidos —, a bétula estaria perfeitamente equipada para mandar ao abeto mais alimento do que recebia em troca.

Era preciso esperar um mês até que os abetos desacelerassem à sombra das tendas, e esse tempo me pareceu interminável. Fui com Jean fazer trekking pelas margens do rio Stein, visitar a Rocha do Pedido e molhar os pés na água glacial. Passei dias com minha equipe medindo árvores em nossos outros experimentos; verificava nas minhas mensagens se Kelly tinha telefonado. Papai disse que ele e Tiffany estavam bem, mas eu ainda queria que ele mesmo me desse notícias. A cada dia que se arrastava, eu ficava imaginando o gradiente na taxa fotossintética entre as bétulas e os abetos tornando-se mais acentuado. Uma semana, duas semanas, três semanas se passaram, devagar. "A fisiologia dos abetos sob forte sombra deve estar tão lenta agora quanto moscas no frio", pensei. Quando minha licença de quatro semanas terminou, em meados de julho, chegou a hora de descobrir se as bétulas e os abetos-de-douglas estavam se comunicando.

Voltei ao sítio com um pesquisador associado da universidade, dr. Dan Durall, especialista em marcar árvores com isótopos de carbono. Ele era também meu vizinho em Corvallis. Dan concluíra recentemente um projeto para a Environmental Protection Agency no qual ele marcara árvores com carbono-14 e descobrira que metade do carbono era transportado e armazenado no subsolo — em raízes, solos e micróbios como fungos micorrízicos. A agência precisava dessa informação para começar a investigar o melhor modo de armazenar carbono em florestas a fim de mitigar a mudança climática. Estávamos no começo dos anos 1990, eu tinha ouvido falar em mudança climática num seminário na Universidade do Estado do Oregon e ficara estarrecida com a catástrofe prevista. Quando voltei ao Canadá com a notícia, os administradores do Serviço Florestal não acreditaram em mim.

Nosso primeiro trabalho foi instalar uma tenda no local porque os mosquitos eram tamanho-família. Eram tantos — e borrachudos, mutucas e mosquitos-pólvora — que cada inspiração trazia um inseto alvoroçado. Carregamos uma mesa para fazer as vezes de bancada de laboratório, onde montaríamos o equipamento e manusearíamos as amostras. No tempo que levei para correr até a picape, pegar as seringas e os tanques de gás, voltar correndo para a tenda e fechar a entrada com zíper, meu rosto ficou todo ferido de picadas. Foi um alívio quando a tenda foi montada e o equipamento organizado. Sem esse abrigo os insetos nos sugariam. Com ele, sobreviveríamos — por pouco.

Marcar as mudas nos tomaria seis dias — dez trios por dia. Em cada trio pusemos um saco plástico transparente do tamanho de um saco de lixo por cima da bétula e outro por cima do abeto. Em metade dos trios, injetamos dióxido de carbono marcado com o isótopo carbono-14 no saco que cobria a bétula e dióxido de carbono marcado com carbono-13 no saco que cobria o abeto — e as mudas absorviam isso em cerca de duas horas, por meio da fotossíntese. Dessa forma podíamos detectar a movimentação de carbono entre as árvores, em ambas as direções. O carbono-13 e o carbono-14 são formas ligeiramente mais pesadas do elemento comum carbono-12 (com pesos atômicos de treze e catorze em vez de doze), mas são muito raros na natureza, portanto podem ser usados para rastrear como o carbono-12 se comporta na fotossíntese e no transporte de açúcar. Na outra metade dos trios, troquei o tipo de marcador em cada árvore (marquei as bétulas com carbono-13 e os abetos com carbono-14) para o caso de os diferentes isótopos serem distinguíveis pelas bétulas e pelos abetos e, portanto, afetarem o quanto as árvores absorviam por fotossíntese e o quanto transmitiam à sua vizinha. Se as árvores realmente detectassem a minúscula diferença de massa entre os dois isótopos, eu poderia calcular a magnitude relativa da transferência de cada isótopo e então fazer a correção para suas sutis diferenças de discriminação, a fim de assegurar que isso não interferiria na minha capacidade de detectar como o sombreamento afetava os fluxos de carbono.

Dan e eu conversamos sobre como assegurar que o isótopo de carbono que os abetos-de-douglas pegavam das bétulas não fosse dióxido de carbono marcado que tivesse escapado na brisa quando removemos os sacos após o período de duas horas da marcação. Eu estava tão concentrada no que transitava pelas redes micorrízicas que nem me preocupei com quantidades minúsculas que poderiam ser levadas pelo ar. Além disso, o cedro era meu controle, ele captaria uma mistura de transferências de carbono pelo ar e pelo solo e me revelaria a totalidade de eventuais fugitivos.

Mas Dan insistiu, disse que podíamos fazer melhor. Antes de remover os sacos, poderíamos aspirar o dióxido de carbono isotópico não absorvido e capturá-lo em tubos. Desse modo, eliminaríamos grande parte das possíveis transferências aéreas.

Depois de tanto planejamento, eu estava louca para começar a marcar as mudas. Era o experimento mais ousado que eu já fizera, com muito potencial para transformar o modo como víamos as florestas, mas ao mesmo tempo aquilo tudo podia não dar em nada. Parecia que eu estava prestes a pular de paraquedas de um avião, talvez aterrissando na ilha de Páscoa. Tremia de tanta adrenalina. Assim que tivesse meus resultados, mesmo se ainda não estivéssemos nos falando, eu ia pessoalmente mostrar a Kelly o prêmio. Ia visitar Kelly e Tiffany, e que se danasse nossa briga no bar.

No dia seguinte, dentro da tenda, testamos o método que tínhamos criado para marcar as mudas com carbono-13. Eu comprara gás $^{13}C\text{-}CO_2$ 99% puro, diretamente de um fornecedor especial, e o produto chegara pelo correio em dois cilindros de gás do tamanho de espigas de milho. Cada cilindro de gás custou mil dólares, o que consumiu 20% da minha verba de pesquisa. Para praticar a extração do $^{13}C\text{-}CO_2$ dos cilindros, Dan pegou um e o atarraxou a um regulador, depois ajustou um tubo de látex de um metro de comprimento na saída do tubo. A ideia era liberar o gás lentamente no tubo, como se estivéssemos enchendo um balão daqueles em forma de salsicha. Assim que o tubo estivesse cheio de gás, usaríamos uma seringa grande para retirar 50 ml do $^{13}C\text{-}CO_2$ e injetaríamos essa quantidade no saco plástico que cobria a muda para que ela pudesse absorver o gás por meio de fotossíntese e, talvez, transmitir parte do isótopo à sua vizinha através dos fungos micorrízicos. Meu trabalho era assegurar que o fecho na saída do tubo estivesse bem ajustado, enquanto Dan abria o registro do cilindro para encher o tubo com gás.

"Pronta?", ele perguntou, debruçado sobre a bancada do laboratório, o suor escorrendo de suas sobrancelhas.

"Pronta", falei. Nervosa, apertei a entrada do tubo na saída do cilindro. Nas aulas práticas de laboratório de química na universidade eu me saíra bem, mas estar no mato com aquelas substâncias químicas me dava pavor.

Dan girou o botão do regulador.

"Que chiado é esse?", perguntei. O tubo estava no chão, serpenteando, com os mil dólares de gás escapando pela extremidade. Minha braçadeira soltara-se com a pressão. Dei um nó no tubo de látex quando o último restinho do gás escapava.

Dan estava boquiaberto. Olhei para ele como se tivesse derrubado um vaso Ming.

Que bom que tínhamos dois cilindros.

Aperfeiçoamos nossa técnica de injetar os gases isotópicos nos sacos, e chegou o dia em que estávamos prontos para marcar as mudas. Fazia calor na área desmatada, e mais ainda dentro da minha capa plástica. Como o carbono-14 é radioativo, eu me preocupava com a exposição, por isso usava capa de chuva, respirador, gigantescos óculos de proteção de plástico e luvas de borracha seladas com fita adesiva nas mangas da roupa. Dan achou que eu tinha enlouquecido, e preferiu apenas seu avental de laboratório, sabendo que o carbono-14 não era tão perigoso daquele modo como o usávamos. A energia das partículas era tão baixa que mal penetrava numa camada da pele. Facilmente barrada por luvas cirúrgicas. O mais assustador no carbono-14 é que, se ele conseguir aderir na pessoa, talvez alojar-se no pulmão, permanecerá ali por muito tempo, considerando sua meia-vida de 5730 (+/−40) anos.* Já o carbono-13 era um isótopo não radioativo e não nos preocupava.

No primeiro trio, retirei a tenda de cima da muda de abeto-de-douglas e a cobri com um caixote de tomates; fiz o mesmo com a muda de bétula e deixei a de cedro sem cobertura. Os caixotes serviriam de armação para os sacos plásticos, assegurando que eles permanecessem inflados no período de marcação.

Com os caixotes colocados, estávamos prontos para o momento que eu vinha planejando e aguardando por um ano inteiro, desde que plantara as mudas no terreno: descobrir se as bétulas e os abetos trocavam carbono, se eles se comunicavam entre si através de redes subterrâneas. Eu sentia que estava num momento crítico — se minha intuição estivesse correta, essa colaboração na floresta era importante para sua vitalidade. E, se assim fosse, eu tinha a grande responsabilidade de impedir a loucura da remoção em massa de plantas nativas. Ajeitamos os sacos impermeáveis a gases por cima dos caixotes de tomate — feito uma cortina por cima de uma gaiola —, cobrindo assim toda a bétula e todo o abeto individualmente. Usamos fita adesiva para selar a base dos sacos ao redor dos caules das mudas e as pernas dos caixotes de tomate e nos asseguramos de que não havia pontos de vazamento. Imediatamente antes que a última tira de fita adesiva fosse colada, Dan grudou dentro de um dos sacos um frasco congelado de bicarbonato de sódio radioativo. Cuidadosamente, ele injetou ácido láctico na solução radioativa congelada usando uma grande seringa de vidro inserida no saco por um orifício vedável. Quando ele introduziu a agulha por essa entrada, o ácido gotejou lentamente no frasco congelado, liberando $^{14}C\text{-}CO_2$ para a bétula absorver por meio de fotossíntese.

Enquanto isso, eu estava na barraca do laboratório, extraindo cinquenta mililitros de $^{13}C\text{-}CO_2$ do cilindro em forma de espiga de milho para

---

* O valor entre parênteses representa o desvio padrão do cálculo da média. (N. R. T.)

poder injetar o gás no outro saco, que cobria o abeto-de-douglas. Suando a ponto de meus óculos de proteção embaçarem, eu andava como uma pata desengonçada de trio em trio, aplicando minhas injeções enquanto Dan aplicava as dele. Mosquitos e moscas enxameavam como poeira. Dan se movia rapidamente entre os trios e nossa bancada de laboratório, enquanto mantínhamos os frascos de radioatividade congelados em nitrogênio líquido. Eu ficava para trás, extraía cada seringa de $^{13}C\text{-}CO_2$ na bancada e depois ia com meus passinhos desajeitados até o próximo trio.

Após deixarmos as mudas absorverem por duas horas o dióxido de carbono marcado, aspiramos todo possível excesso do isótopo e removemos os sacos. Quaisquer vestígios de gás que pudessem ter restado foram rapidamente levados para a atmosfera pela brisa suave.

Removidos os sacos, Dan correu para a barraca do laboratório para escapar das nuvens de insetos. Eu fui atrás dele tão depressa quanto pude, fechei a entrada com zíper e tirei minha armadura de plástico. Como um cirurgião, Dan removeu suas luvas de látex e as descartou no saco de equipamento usado. Olhamos um para o outro. "Conseguimos!", exclamei.

"Talvez", disse Dan. Ainda precisávamos examinar as mudas com o contador Geiger.

Ah, é. Vesti de novo o traje de plástico e as luvas cirúrgicas, peguei o contador e corri para o trio mais próximo. A brisa estava mais forte, e as folhas das mudas de bétula agitavam-se em torno de seus pecíolos rodopiantes; o abeto inclinava-se na direção da corrente de ar. Do outro lado do lago, nuvens de tempestade amontoavam-se como cogumelos. Um esquilo correu na minha frente e parou em cima de uma tora para assistir.

Ergui o contador Geiger até as folhas da bétula marcada com carbono-14. Prendi a respiração de tanto suspense — estariam radioativas? Se não, todos os nossos preparativos teriam sido em vão. Se as doadoras não tivessem absorvido o dióxido de carbono radioativo, não saberíamos se poderiam então transmitir compostos orgânicos para as bétulas vizinhas. Dan apareceu ao meu lado, com um ar ansioso.

Liguei o aparelho. Uma crepitação cantou no cilindro. O rosto de Dan se animou. O ponteiro do medidor pulou depressa para a direita, indicando uma radiação alta.

Radioativa

"Que bom. Fiz certo", Dan exclamou, aliviado.

"Será que vamos conseguir detectar alguma coisa no abeto vizinho?", perguntei.

"Duvido. Faz só algumas horas que começamos a marcação", ele respondeu, treinado para ser cauteloso com resultados precoces. Com base no estudo de Read, provavelmente demoraria alguns dias para que a radioatividade fosse transmitida no subsolo das bétulas para os abetos. Mesmo se ela passasse para uma vizinha, provavelmente a quantidade ficaria abaixo do limite de detecção do contador Geiger, e teríamos de esperar pelos resultados até levarmos as amostras para exame no laboratório.

Mas que mal havia em verificar com o contador Geiger naquele momento? Podíamos tentar um registro antecipado, só para ver se havia algum indício de que as acículas do abeto-de-douglas tinham as respostas. Tratei de me acalmar. Tinha certeza de que Dan estava certo; poucos sabiam mais do que ele sobre a marcação de plantas.

Mesmo assim, puxa vida, não custava nada tentar. Instintivamente, fui até o abeto vizinho e me ajoelhei. Dan não resistiu, me seguiu e se debruçou por sobre meu ombro. Nós dois inalamos o aroma penetrante da resina das acículas do abeto, e por um momento me esqueci dos anos de trabalho difícil e dos períodos de frustração. Esfreguei com a mão a extremidade do cilindro do contador, para assegurar que não havia nada ali que pudesse mascarar o sinal. Chegara o momento da verdade. O maestro ergueu as mãos para a orquestra, os músicos prepararam seus instrumentos. Inclinei o ouvido na direção do caule e passei o contador sobre as acículas do abeto.

Meu pulso se ergueu ligeiramente, como que segurando a batuta para começar a música, e o tubo do meu contador Geiger crepitou debilmente enquanto o mostrador se moveu um pouquinho. Cordas e instrumentos de sopro, metais e percussão explodiram em uníssono e inundaram meus ouvidos — um alegro intenso, harmônico e mágico. Extasiada, concentrada, imersa, senti a brisa que perpassava a copa de meus pequenos abetos, bétulas e cedros e parecia me erguer no ar. Eu era parte de algo muito maior. Dei uma olhada para Dan, que estava pasmo.

"Dan! Você ouviu?", exclamei.

Ele fitava o contador. Desejara de todo o coração que a marcação funcionasse, e o que ouvíamos daquele abeto ia muito além de qualquer coisa que ele pudesse esperar.

Estávamos ouvindo a bétula comunicar-se com o abeto!

Não teríamos certeza antes de analisar adequadamente as amostras de tecido com um contador de cintilação, mais sensível para detectar o carbono-14 radioativo, e com um espectrômetro de massa, para medir o carbono-13. Esses dois instrumentos quantificariam de forma precisa quanto fotossintato marcado passara entre a bétula e o abeto. Mesmo assim, os olhos de Dan eram duas brasas diante desse indício inicial. Eu estava nas nuvens, extática, com um sorriso irreprimível. Joguei os braços para o alto e gritei. Lá no fundo, cada um a seu modo, nós dois sabíamos que tínhamos captado algo milagroso acontecendo entre as duas espécies. Algo transcendente. Como se interceptássemos uma conversa em ondas de rádio que pudesse mudar o curso da história.

Silêncio. O cedro estava em seu próprio mundo arbuscular. Perfeito.

Quanto tempo os isótopos levariam para passar totalmente de uma muda a outra, completar sua jornada, era um mistério, por isso planejei aguardar seis dias. Tempo suficiente para que mais do isótopo seguisse das raízes da doadora, através do fungo, e chegasse aos tecidos das mudas vizinhas. Eu desabei e Dan sentou-se ao meu lado, nossos instrumentos no colo; a brisa se acalmou, uma cotovia solitária cantou. Meus sentimentos de frustração e rejeição no trabalho, de tristeza e raiva de mim mesma por ter brigado com Kelly evaporaram por um momento. Passei o braço sobre os ombros de Dan e murmurei: "Acabamos de descobrir algo sensacional".

Após a espera de seis dias, retiramos as mudas do solo. As raízes dos abetos, bétulas e cedros estavam grandes, entrelaçadas e cobertas de micorrizas. "Parece que um bando de geomiídeos esteve aqui", comentei depois de terminarmos a colheita. Separamos as raízes e os ramos em sacos distintos e acondicionamos a barraca antimosquitos e a mesa transformada em bancada de laboratório.

Quando partimos, olhei para trás, para o pedacinho de terra que nos diria quantas das nossas mudas estavam fazendo conexão e se comunicando umas com as outras. Um corvo passou voando e emitiu um grasnido grave. Lembrei que os Nlaka'pamux, em cuja terra fizéramos esse experimento, veem o corvo como símbolo de mudança.

No dia seguinte, levei as amostras para Victoria, em refrigeradores. Eu estava usando instalações de laboratório reservadas para triturar e pulverizar minhas amostras de tecido vegetal, que depois enviaria a um laboratório da Universidade da Califórnia em Davis. Nessa análise seria detectada a quantidade de carbono-14 e carbono-13 em cada uma delas. Triturei minhas amostras radioativas no exaustor, um armário fechado especial com uma janela de vidro e um duto na parte superior que levava o ar para fora, de modo que quaisquer partículas radioativas eram sugadas do interior do armário e expelidas com segurança para alguma câmara oculta a fim de serem adequadamente coletadas e descartadas. Triturar os tecidos era tedioso e desajeitado; eu tinha de pôr o triturador, uma máquina de metal do tamanho de uma cafeteira, dentro do exaustor para que o pó de madeira fosse sugado e a radioatividade não se espalhasse por todo o laboratório. E para que eu não ficasse coberta desse pó nem o inalasse.

No primeiro dia, cheguei ao laboratório às oito da manhã, vesti o avental, pus os óculos de segurança e a máscara contra pó, enchi o triturador com uma amostra de raiz e me inclinei para dentro do exaustor. Por horas seguidas, triturei as amostras na granulação mais fina que consegui. Às cinco da tarde, acondicionei numa caixa as amostras trituradas naquele dia. Limpei o exaustor, a bancada e os pisos, examinei as superfícies com o contador Geiger para assegurar que nenhuma partícula radioativa permanecesse no recinto, lavei-me e saí do prédio. Fui para meu quarto no hotel, tomei banho, comi um hambúrguer no pub ao lado, desabei na cama e adormeci com a televisão ligada. Nos quatro dias seguintes, acordei com o despertador às seis da manhã e repeti tudo isso.

Levei cinco dias de dez horas de trabalho para triturar todas as amostras. No último dia, eu estava aspirando o exaustor e mexendo na máscara de proteção quando notei a lâmina de metal em cima do meu nariz. Apertei as laterais e ela milagrosamente ajustou a máscara. Gelei. Eu nunca tinha apertado adequadamente o adaptador nasal.

Arranquei a máscara e olhei para uma camada fina de poeira em seu interior. Removi uma película de pó de madeira do nariz e quase desmaiei. Eu vinha inspirando as partículas trituradas. Desabei no banco do laboratório, incrédula.

Não havia como desfazer o erro.

Liguei para Dan. Ele procurou me tranquilizar, disse que era improvável o pó ter entrado nos pulmões e que se eu me lavasse bem não haveria problema. Torci para que ele estivesse certo. Fui até o lava-olhos e limpei os olhos, nariz e boca. Tirei o que faltava do equipamento e embalei o restante das amostras em caixas a serem enviadas à Califórnia.

Alguns meses depois, eu estava na Universidade do Estado do Oregon, examinando os dados dos isótopos enviados pelo laboratório da Califórnia. Minha sala, minúscula e sem janela, era um ex-laboratório de criação de insetos transformado em refúgio. As lâmpadas aquecedoras do teto haviam sido desligadas muito tempo antes, e torneiras de gás saíam sem vida das paredes de azulejo branco. Don trabalhava em sua tese, examinando os efeitos de cortes rasos sobre a composição das florestas e os padrões de armazenamento de carbono em uma área da Colúmbia Britânica do tamanho do Oregon — logo descobriria que o desmatamento estava aumentando o dióxido de carbono na atmosfera a taxas sem precedentes. Nosso mundo agora se resumia a analisar dados, correr e tomar cerveja com outros pós-graduandos.

Quando não estava analisando os dados dos isótopos, eu estava no laboratório de microscopia, examinando a extremidade de raízes de mudas de abetos-de-douglas e bétulas-de-papel, à procura de micorrizas. Eu cultivara essas espécies num experimento em estufa separada, usando solo que eu coletara no local do meu experimento de campo. Alguns dos abetos e das bétulas cresciam isolados em diferentes vasos com solo, outros estavam plantados juntos, num mesmo vaso. Após oito meses regando e observando, colhi os que cresciam isolados e examinei a extremidade de suas raízes ao microscópio. Os esporos e as hifas no solo haviam colonizado algumas das extremidades de raiz. Embora os abetos e as bétulas tivessem sido cultivados separadamente, a maioria dos fungos micorrízicos que colonizavam suas raízes *era igual*. Não uma única espécie de fungo, mas *cinco*. Fungos tão variados quanto os cogumelos que eles geravam.

Phialocephala, com suas hifas escuras fantasticamente translúcidas dentro e fora das raízes das bétulas e também dos abetos.

Cenococcum, com seu manto azeviche revestindo a extremidade de algumas raízes e com cerdas fortes como as de um porco-espinho.

Wilcoxina, com seu manto marrom liso e o micélio transparente emergindo de cogumelos delicados de chapéu bege.

Thelephora terrestris, que formam raízes com extremidade cor de nata e brotam em firmes rosetas de polpa marrom com borda branca.

Laccaria laccata, minúsculos mas prolíficos, com raízes de extremidade inexpressiva e hifas brancas como neve que saem do solo e se fundem com chapéus sem cerdas, de um castanho-alaranjado.

Quando chegou a hora de examinar as bétulas e os abetos cultivados aos pares, meu rosto ardia de ansiedade. Estudos anteriores haviam mostrado que espécies diferentes que crescem em grupos geram espécies micorrízicas totalmente novas que não poderiam formar-se em nenhuma das árvores que crescesse sozinha. Era como se elas precisassem instruir umas às outras, incentivar-se mutuamente, talvez fornecendo à vizinha carbono transmitido por conexões fúngicas.

Examinei as raízes de abeto ao microscópio, e quase caí da banqueta. As raízes pareciam tão grandes e abundantes quanto os fios de um esfregão de cozinha. Mais espantoso era que as diferentes espécies fúngicas que as colonizavam eram tão diversas quanto as espécies de árvore numa floresta tropical. E não só isso: duas espécies novas em folha apareceram no abeto *e também* na bétula: *Lactarius*, com seu manto cor de nata, a mesma cor do fluido leitoso que pinga das lamelas de seus cogumelos de chapéu lactescente, e *Tuber*, que cobre a extremidade das raízes com estruturas claviformes rechonchudas e louras e geram trufas negras no subsolo, similares à trufa Périgord.

Corri à sala do meu orientador de doutorado, Dave Perry, e o encontrei todo concentrado no computador. Quando ele ergueu os olhos, pôs os óculos de leitura na cabeça grisalha. Não se via um único centímetro quadrado livre em sua mesa, abarrotada de periclitantes pilhas de artigos que ele acumulara ao longo de décadas. Gritei que os abetos cultivados junto com bétulas pareciam árvores de natal decoradas, e que os abetos cultivados sozinhos tinham menos micorrizas.

"Viva! Toca aqui!", disse Dave, e pulou da cadeira. E foi balançando a cabeça em aprovação enquanto eu descrevia os fungos coloridos nos vasos mistos e mostrava com gestos o tamanhão das raízes. Ele já tinha visto abetos-de-douglas compartilharem espécies de fungos com pinheiros-ponderosa, mas não sabia se eles conectavam as árvores ou transmitiam nutrientes. Dave e eu sabíamos que esses resultados significavam que abetos e bétulas tinham potencial para formar uma rede interligada robusta e complexa. E mais importante, como eu desconfiava depois de ter analisado os dados dos isótopos do meu experimento de campo: sabíamos que estávamos prestes a descobrir se as árvores se comunicavam através dessa rede. Dave pegou uma garrafa de uísque escocês na sua mesa e nos serviu uma dose em dois béqueres. Ele adorava ver seus alunos fazerem sua primeira descoberta sensacional. Imaginei bétulas e abetos tecendo uma rede tão vistosa quanto um tapete persa.

Os sete fungos compartilhados, descobrimos depois, eram só uma fração das dezenas de espécies fúngicas comuns às bétulas e aos abetos. Os cedros, como esperado, foram colonizados apenas por fungos micorrízicos arbusculares e não faziam parte da rede que unia as bétulas-de-papel e abetos-de-douglas.

Quando os dados da transferência de carbono do meu experimento de campo chegaram do laboratório, respirei fundo. Era o momento decisivo. A ciência era bem fundamentada. O experimento considerava todas as variáveis. Eu estava sozinha na minha sala sem janelas quando olhei rapidamente o relatório. Minhas bochechas queimavam enquanto os olhos

Radioativa

percorriam as colunas de dados. Rodei o código estatístico para comparar quanto de carbono-13 e carbono-14 tinha sido absorvido pelos abetos e bétulas e para saber se o fato de sombrear os abetos fizera diferença para a quantidade. Verifiquei várias vezes os números, para ter certeza. Incrível. Bétulas e abetos *permutavam* carbono fotossintético através da rede. E ainda mais impressionante: os abetos recebiam muito mais carbono das bétulas do que doavam em retribuição.

As bétulas, longe de serem uma "planta daninha do diabo", generosamente forneciam recursos aos abetos.

A quantidade era impressionante — grande o bastante para que os abetos produzissem sementes e se reproduzissem. Mas o que me deixou pasma foi o efeito do sombreamento: quanto mais sombra as bétulas faziam, mais carbono doavam aos abetos. *As bétulas cooperavam em sincronia com os abetos.*

Analisei os dados muitas vezes para me assegurar de que não cometera nenhum erro.

Mas lá estavam eles, me dizendo a mesma coisa, independentemente de como eu os analisava. Bétulas e abetos permutavam carbono. Comunicavam-se. As bétulas detectavam as necessidades dos abetos e se mantinham sintonizadas com eles. E não só: descobri que os abetos também devolviam algum carbono às bétulas. Como se a reciprocidade fizesse parte de sua relação cotidiana.

As árvores eram conectadas e cooperavam.

A emoção era tanta que me apoiei nas paredes azulejadas da sala para absorver o que estava sendo revelado, pois a terra parecia tremer. O compartilhamento de energia e recursos significava que elas trabalhavam juntas, como um sistema. Um sistema inteligente, perceptivo e responsivo.

Respire. Pense. Absorva. Processe. Eu queria ligar para Kelly, mas continuávamos naquele impasse. Não demoraríamos a ter contato de novo.

Raízes não se desenvolvem bem quando crescem sozinhas. As árvores precisam umas das outras.

Examinei uma pilha de artigos que documentavam os efeitos da competição entre árvores, ela estava ao lado de outra pilha crescente de artigos que mostravam como as árvores beneficiavam umas às outras — guardava esses estudos porque me frustrava essa divisão tão firme dos pesquisadores. Brigas irrompiam em seminários. Cada lado defendia uma parte da verdade, mas toda a complexidade das interações entre as árvores ainda estava por emergir. Independentemente das discordâncias, a remoção indiscriminada de plantas nativas prosseguia, e a diversidade da floresta continuava a ser a vítima. Eu tinha uma escolha: podia mostrar tudo isso aos responsáveis por formular as diretrizes e correr o risco de tentarem me barrar, ou podia permanecer no meu laboratório e torcer para que um dia alguém viesse a usar as minhas descobertas.

O telefone tocou no escritório. Fui até lá, embora os telefonemas ali quase nunca fossem para mim.

Atendi.

Como que de um lugar remoto, ouvi Tiffany chorando antes de me dizer de supetão: "Suzie, escute. Kelly morreu".

Me segurei na borda da mesa, a orelha colada no telefone.

As palavras de Tiffany saíam em espasmos: trocando as torneiras do irrigador — estacionou o trator quase encostado no celeiro — deixou em ponto morto — se agachou embaixo da porta do celeiro — a porta caiu — esmagou-o contra um caminhão basculante.

Ouvi, paralisada.

Ela me contou que Kelly tivera uma premonição. Na sexta-feira anterior, ele estava levando uma boiada dos pastos alpinos para uma pastagem menos elevada. A grama estava congelada, a superfície da água dos riachos tinha virado gelo, e o gado se aglomerava na neblina de novembro. Ele viu em meio à névoa um vaqueiro vindo em sua direção. Achou aquilo bom; era difícil tocar cinquenta reses só com seu cavalo e Nipper, seu border collie.

Olhou de novo: era um velho amigo, que cordialmente cumprimentou-o tocando no chapéu e sorriu sob o bigode grisalho. Cavalgava com leveza em sua sela, perneiras aquecendo suas pernas compridas.

De repente, Kelly tremeu.

Conhecia o vaqueiro. Mas ele tinha morrido no ano anterior.

O velho fez um aceno, Kelly o seguiu. O vaqueiro morto cavalgou velozmente pela neblina. Kelly, incrédulo, esporeou sua montaria para alcançar o homem. O vaqueiro olhou para trás para ver se Kelly estava vindo. Estava.

Tão rápido quanto aparecera, o velho sumiu na neblina.

Kelly ficou apavorado. Tiffany começou a soluçar. "Fui com ele para o hospital, seu corpo estava gelado. Como ele pôde me deixar?" Seu bebê nasceria em três meses.

Depois do telefonema não consegui ouvir nada, foi como se todos os sons tivessem cessado. O tempo colapsou. Eu não conseguia parar de tremer. Don estava fora, jogando beisebol, mas eu não sabia onde. Fui para casa, atordoada. Precisava dar os telefonemas — mãe, pai, irmã, avós —, mas esperei até Don voltar para casa, e ele me ajudou a contar a todos, revivendo o choque com cada um deles. Como levar repetidos socos na cara.

No dia seguinte, peguei o avião para Kamloops. Meus sentidos estavam adormecidos, era como se eu estivesse num filme mudo.

O funeral aconteceu em meio a um frio torturante. Álamos sem folhas, a neve pendendo da copa ramificada dos abetos. Tiffany abraçava seu filho no ventre, a pele de porcelana, o rosto enlutado sereno. Eu queria ficar do lado dela, apenas estar com ela, mas estava ocupada com meus pais. Robyn, também grávida no sexto mês, ficou com Bill e Tiffany nos fundos da igreja. Os amigos de Kelly, olhos cobertos pelos chapéus de caubói, trocavam histórias sobre o bom homem que ele era, sobre o tempo que haviam passado juntos. Os bancos da igreja, que ali estavam muito antes de qualquer um de nós ter nascido e ali permanecerão muito depois de todos nós termos partido, continham em sua madeira uma solidez que nenhum de nós poderia igualar, uma solenidade que não podíamos senão tentar absorver. Kelly jazia frio num caixão de pinho simples. Eu não conseguia respirar. Queria beijar sua testa, mas não consegui me curvar. Estava roída de remorso. Nunca poderia fazer as pazes. Nunca nos reconciliaríamos. Nossas últimas palavras tinham sido despedidas brutais ditas com a raiva e a incompreensão de bêbados.

Irmão e irmã. Rompidos para sempre.

9. Reciprocidade

O LUTO VEIO EM ONDAS. Lágrimas, arrependimento, raiva. Don continuava nos Estados Unidos terminando sua tese, por isso eu estava sozinha. Nossa vizinha em Corvallis, Mary, telefonou para me consolar, comentou que esse tipo de dor é demorado, e fiquei muito grata por sua bondade. Mas minha tristeza não dava trégua. Eu não conseguia me concentrar no trabalho, então saía para esquiar. Dia. Noite. Longos e penosos trajetos de esqui. Eu me punia, mas na floresta, onde, mesmo angustiada como estava, eu sabia que havia uma promessa de cura.

Às vezes, quando o pior acontece, deixamos de temer o que antes nos assustava. As coisas pequenas. Que não são questão de vida e morte. Mergulhei na minha pesquisa, mesmo que fosse para enterrar o desespero por aquilo que eu não tinha como consertar, para tentar encontrar, em minhas conexões com as árvores, o que eu havia perdido para sempre com meu irmão. Não sei se foi por causa de Kelly ou apesar dele, mas decidi publicar as conclusões da minha pesquisa. Incentivada por Dave, Dan e pelos outros membros da minha banca de qualificação do doutorado, enviei um artigo para a *Nature*.

Uma semana depois, recebi uma carta do editor da revista. Ele rejeitava o artigo.

As críticas pareciam suficientemente simples de corrigir, e eu não tinha nada a perder, por isso revisei o texto e tornei a submeter o artigo, do mesmo modo que costumava jogar de volta no lago Mabel pedaços de madeira que viviam voltando para as margens. Do mesmo modo que Kelly e eu costumávamos consertar vezes sem conta nossa balsa caseira para podermos explorar juntos o rio na barragem ali perto.

A *Nature* decidiu publicar a nova versão como matéria de capa em agosto de 1997. Usaram uma das fotos feitas por Jean, de uma floresta madura mista de bétulas e abetos perto de Blue River. Fiquei pasma. Meu artigo vencera a descoberta do genoma da mosca-das-frutas na concorrência para artigo principal. A revista também convidou Sir David Read para escrever uma resenha independente sobre meu artigo, e a publicou na mesma edição. Ele escreveu: "O estudo de Simard et al. [...] [aborda] essas questões complexas em uma situação de campo pela primeira vez [...] mostra inequivocamente que quantidades consideráveis de carbono — o meio geral de troca de energia de todos os ecossistemas — podem passar através das hifas de simbiontes fúngicos compartilhados de árvore para árvore, inclusive de uma espécie para outra, em uma floresta temperada. Como florestas cobrem grande parte da superfície terrestre no Hemisfério Norte, onde constituem o principal escoadouro do CO_2 atmosférico, é essencial compreender esses aspectos da sua economia do carbono".

A *Nature* chamou minha descoberta de *"the wood-wide web"*, e as comportas se abriram. Ligações da imprensa faziam meu telefone tocar o dia todo, e-mails lotaram minha caixa de entrada. Eu estava tão espantada quanto meus colegas com a atenção despertada pela publicação da *Nature*. Uma noite, minhas próprias comportas se abriram, e desatei no choro... Não era algo frequente na minha família. Eu escondera minha tristeza para permitir que meus pais expressassem a deles em paz, mas agora não conseguia mais impedir que ela fluísse, e chorei até não ser mais capaz. Recuperei o autocontrole quando o *Times* de Londres me telefonou, e depois o *Halifax Herald*. Recebi uma mensagem da França, e uma carta amassada com carimbo do correio da China.

Sob os holofotes globais, quem sabe o Serviço Florestal desse atenção. Não pude salvar Kelly. Mas talvez pudesse salvar alguma coisa.

UMA TARDE, Alan parou na porta da minha sala. O inverno demorava a ir embora, e eu estava desanimada. Apesar da divulgação pela imprensa internacional, a publicação da *Nature* não mudara as diretrizes do Serviço Florestal, o que me deixava em dúvida: onde concentrar meus esforços dali para a frente? Alan me aconselhou a calçar as botas e voltar ao trabalho de campo para clarear as ideias. Quando eu me sentisse melhor, ele falou, íamos levar os caras das diretrizes para a floresta e mostrar a eles o que essa pesquisa significa. Peguei as chaves da picape e segui para meus experimentos com misturas, onde o velho rancheiro tentara me atrapalhar semeando grama.

Saí da Trans-Canada na altura de rio Eagle. A estrada de cascalho estava coberta de lama de neve derretida, sem marcas, e eu soube que era a primeira pessoa a estar ali desde o outono. Cheguei à velha bétula onde eu coletara solo para reviver minhas mudas. Peguei o telefone para ligar para Robyn, mas estava fora da área de serviço. Seu bebê deveria nascer dali a algumas semanas, e o de Tiffany também. Eu queria filhos, mas Don ainda estava concluindo sua tese em Corvallis, com término marcado para um período em que estava sendo planejada uma homenagem a Kelly, no começo do Rodeio de Williams Lake — e tudo bem, pois misturar Don com peões seria como querer misturar óleo e água.

Desisti de telefonar, peguei o colete de trabalho e o spray antiurso e percorri o último quilômetro a pé. Eu precisava de ar fresco e úmido nos pulmões, sentir *algo* real. Andar no meio de árvores, sentir o aroma da seiva fluindo, a presença das plantas, fazê-las saber que eu estava ali, ouvindo.

Na floresta madura contígua ao experimento das misturas, atravessei a neve que batia nos joelhos, as calças impermeáveis pesando. Um fiapo de nuvem, um fulgor débil, me chamava. Filamentos de líquen cor de nata pendiam de ramos, como as camisas brancas de Kelly, ainda penduradas no guarda-roupa de Tiffany. Nas profundezas dessa mata, eu tinha estabelecido o segundo dos experimentos de campo para meu doutorado. Plantara vinte agrupamentos, cada um com cinco abetos-de-douglas, sob um denso dossel florestal, para ver como as mudas poderiam sobreviver num local intensamente sombreado, quanto tempo poderiam viver na penumbra. Em metade dos agrupamentos, as raízes das cinco mudinhas estavam livres para entrelaçar-se com a rede micorrízica das árvores antigas. Nos outros dez agrupamentos, eu impedira o acesso das raízes das mais velhas circundando o grupo novo com uma lâmina metálica de um

Reciprocidade 201

metro de profundidade. Como eu fizera com os trios de abeto, bétula e cedro no meu experimento *"wood-wide web"*, só que aqui, na sombra escura do dossel, eu plantara apenas abetos. A possibilidade de mudas de abeto fazerem conexão e se comunicarem com suas vizinhas mais velhas era ainda maior no interior dessa floresta elevada.

Onde os brotos, agrupados nas proximidades de genitoras, aferravam-se à sobrevivência.

Onde conectar-se à rede micorrízica de árvores centenárias talvez significasse a diferença entre viver e morrer.

Onde as anciãs podiam sustentar as jovens para que estas tivessem condições de preencher as lacunas das árvores caídas quando as mais velhas se fossem. Dar uma vantagem inicial às novas gerações. Considerando que esse dossel era acentuadamente sombreado, conjecturei que as árvores gigantescas seriam uma fonte de carbono muito mais forte para os minúsculos abetos do que as mudas de bétula tinham sido para os abetos dos trios que eu marcara na área desmatada. As cataratas do Niágara comparadas a um riacho balbuciante. Aqui o gradiente fonte-dreno era extraordinariamente íngreme, em sincronia com os papéis dessas sentinelas anciãs.

No primeiro agrupamento de abetos no interior da floresta densa havia apenas um sobrevivente, com seu ramo principal débil e amarelado que mal se enxergava acima da cobertura de neve. Eu amava esse experimento, mas ele parecia condenado ao fracasso. Minha garganta parecia pedra; meu coração doía. Água gelada pingava do dossel e escorria pelo meu pescoço. Galhos de cedro arqueados pela capa de neve me lembravam esqueletos de peixe descorados. A fraca luminescência dos repolhos-fedorentos despertando nos brejos de húmus mal rompiam a palidez.

Tremendo, removi com batidinhas a neve da sobrevivente, tão jovem e já tão próxima do fim da vida. Retirei cristais de gelo de outros ramos enegrecidos, quatro deles com suas raízes mortas aprisionadas. Tateei em volta e encontrei o círculo de folha metálica com que eu envolvera o grupo para isolá-los das árvores velhas, e confirmei o que suspeitava — eu estava produzindo uma sepultura. Era ali, no subdossel escuro, que a conexão com a família parecia mais crucial.

Atravessei a neblina até o meio do agrupamento seguinte, consultando meu mapa traçado à mão. Um grupo de ramos principais verdes emergia da neve. Eu tinha plantado essas mudas sem barreira, permitindo que elas se conectassem com a rica rede fúngica das mais velhas. Todas apresentavam um centímetro de novo crescimento em relação ao verão anterior, e cada uma tinha um novo e gorducho broto terminal. Removi a neve, que aqui era rasa graças aos ramos que se aqueciam, e afastei a serrapilheira de alguns centímetros de profundidade. Micorrizas grossas, coloridas como uma pintura renascentista, serpenteavam pelo horizonte orgânico, e de súbito me senti mais leve, esperançosa. Desenterrei a raiz de uma muda e identifiquei um filamento escuro de fungo do gênero *Rhizopogon*, que a conectava a um gigantesco abeto-de-douglas a alguns metros dali. Outra raiz estava revestida de um cintilante fungo micorrízico amarelo, um *Piloderma*, e segui os carnudos filamentos amarelos até um velho abeto. Sentei-me, surpresa. Aquela mudinha estava entrelaçada em uma próspera rede micorrízica não só com o abeto-de-douglas maduro, mas *também* com a bétula-de-papel.

Puxei a touca para cobrir as orelhas. A rede realmente parecia estar sustentando as mudas. As velhas árvores talvez enviassem seus açúcares ou aminoácidos através dos polpudos tapetes fúngicos, para compensar tanto as irrisórias taxas de fotossíntese que as minúsculas acículas conseguiam produzir naquela penumbra como os golinhos de nutrientes que as raízes incipientes extraíam do solo. Ou talvez as árvores antigas apenas inoculassem as mudas com seu próprio conjunto diversificado de fungos micorrízicos para que as jovens pudessem acessar, sem assistência adicional, os nutrientes fortemente entrelaçados no solo.

Escavei o chão da floresta que circundava outra muda e encontrei mais meia dúzia de micorrizas em suas raízes. A essa altura eu sabia que havia mais de cem espécies de fungos micorrízicos naquela floresta. Aproximadamente metade eram fungos generalistas, colonizavam tanto as bétulas-de-papel quanto os abetos-de-douglas, numa rede diversificada. Um tapete de tessitura bastante complexa. A outra metade compunha-se de especialistas, fiéis ou a bétulas ou a abetos, mas não a ambas as espécies. Supunha-se que cada um desses fungos especialistas tinha seu nicho. Alguns eram bons em

Reciprocidade 203

adquirir fósforo de húmus, outros nitrogênio de madeira velha. Alguns absorviam água de partes profundas do solo, outros de camadas rasas. Alguns eram ativos na primavera, outros no outono. Havia os que produziam exsudações ricas em energia que abasteciam bactérias responsáveis por outras tarefas, como desintegrar húmus, transformar nitrogênio ou combater doenças, enquanto outros fungos produziam menos exsudações porque suas tarefas requeriam menos energia. O brilho da micorriza de *Piloderma* que eu vira conectada à bétula sugeria que ela continha um rico suprimento de carbono sustentando um biofilme de bactérias luminescentes da espécie *Pseudomonas fluorescens*, cujos anticorpos podiam tolher o crescimento do patógeno de raízes *Armillaria ostoyae*. A micorriza de *Tuber* abrigava bactérias do gênero *Bacillus* que transformam nitrogênio, o que ajuda a explicar por que as folhas de bétula contêm tanto nitrogênio a mais que as acículas dos abetos.

Mas não sabíamos quase nada sobre as funções desempenhadas pela imensa maioria dos fungos micorrízicos. Sabia-se que as florestas mais antigas continham mais variedade de fungos do que as plantações, e que esses conjuntos de espécies especialmente associadas a árvores velhas eram espessos, carnosos e robustos, capazes de acessar recursos sequestrados em partes do solo de difícil alcance. Franqueavam nutrientes essenciais que ao longo de séculos tinham estado firmemente contidos em tenazes complexos de húmus e partículas minerais. Átomos de nitrogênio e fósforo antigos que estavam sequestrados em filossilicatos e unidos em anéis de carbono interligados como uma tela de galinheiro.

Coletando cogumelos ao longo das estações e dos anos, Dan e eu tínhamos descoberto que as florestas maduras contêm fungos maduros especiais. Alguns só aparecem em meses e anos particularmente chuvosos, alguns aparecem uma única vez. Outros só frutificam em meses secos, enquanto há cogumelos que frutificam independentemente da estação. Também havíamos desenterrado raízes de bétulas e abetos em florestas de idades que variavam bastante, de alguns anos a centenas de anos. Analisamos seu DNA e comparamos com dados de uma biblioteca genética universal para determinar as espécies fúngicas.

Enveredei ainda mais pela floresta, onde cicutas e híbridos naturais misturavam-se sob os abetos e as bétulas, e parei diante de uma arvoreta que estava se livrando do seu agasalho de neve. Depois que removi a última crosta de cristais sortidos, seu caule flexível endireitou-se lentamente. "Somos feitos para nos recuperar", pensei. Parei diante de algumas arvoretas de cicuta que marchavam enfileiradas ao longo de uma tora-enfermeira, como eu tinha visto no lago Mabel. Deduzi que isso lhes dava diversas vantagens — escapar de patógenos do solo ou ter uma escada para alcançarem a luz. Raízes das arvoretas de cicuta cresciam por cima e por baixo de troncos em decomposição e envolviam os nós das raízes de árvore e dos rizomas esparramados de aveleiras, arbustos de sorveira e de falsebox com a intimidade de uma cidadezinha fortemente coesa. Provavelmente eram todas interligadas em uma rede comum de ectomicorrizas. Até as tuias-gigantes e os teixos, e as samambaias e o trílio, que a essa altura eu já sabia serem micorrízicas arbusculares, provavelmente formavam uma rede. Uma rede micorrízica arbuscular totalmente separada da rede ectomicorrízica. Independentemente da presença de redes micorrízicas separadas, todas as plantas daquela floresta pertenciam umas às outras.

Agora eu sabia que bétulas e abetos se conectavam e se comunicavam, mas não fazia sentido que as bétulas sempre dessem mais carbono aos abetos do que recebiam em troca. Se isso ocorresse sempre, os abetos acabariam por drenar inteiramente a vida das bétulas.

Será que o abeto, em alguma época da vida, dava à bétula mais do que recebia? Talvez quando a floresta fosse mais antiga e os abetos tivessem naturalmente superado as bétulas em altura ocorresse uma transferência líquida de carbono dos abetos para as bétulas.

Réstias de luz guiaram-me à borda da floresta que margeava uma área de corte raso. Meu terceiro experimento de campo para o doutorado estava ali, onde o rancheiro espalhara sementes de grama para perpetrar sua vingança. Era uma sorte para mim que as árvores tivessem crescido bem nessa pequena área, apesar da grama. As arvoretas, agora com cinco anos, já estavam mais altas do que eu. Agachei-me diante de uma bétula cercada por um grosso lábio plástico que saía do chão, parte da parede de um metro de profundidade que eu enterrara para circundar seu sistema de raízes. Era um esquema análogo ao que eu aplicara com as lâminas de metal na floresta. Porém, em vez de construir um fosso ao redor de grupos de mudas, eu construíra fossos separados em volta de cada uma das 64 mudas plantadas em reticulado, uma pequena floresta. O plástico ainda estava forte e intacto, e manteria sua integridade por muitos anos. Eu estava testando se as bétulas continuavam a ajudar os abetos durante os anos da infância e se os abetos por fim retribuíam — talvez na baixa estação do começo da primavera e fim do outono, quando as bétulas estavam sem folhas —, e se retribuíam ainda mais conforme os abetos naturalmente superassem as bétulas em altura, no começo da idade madura.

Para descobrir isso, eu estava comparando as árvores dessa parcela entrincheirada com as de uma parcela vizinha contendo 64 bétulas e abetos que haviam sido deixados sem interferência, entrelaçados como unidades. Fazer as trincheiras era como conduzir uma escavação arqueológica numa antiga cidade de tocos. Barb e eu contratáramos um sujeito com uma miniescavadeira e uma equipe de quatro moças com pás para cavar as trincheiras de um metro de profundidade. Arrancamos sistemas de raízes espalhados e movemos grandes pedras de granito para fazer nove trincheiras ao longo dos oito renques de árvores, deixando a nona trincheira do lado externo do último renque. Escavamos mais nove em fileiras perpendiculares, formando um reticulado. Desse labirinto de trincheiras sobressaíam as 64 ilhas de solo contendo uma árvore cada uma. Revestimos as ilhas de plástico — assim as raízes e micorrizas não invadiriam os territórios umas das outras — e preenchemos o labirinto novamente com terra; ficaram visíveis apenas fragmentos de plástico acima da superfície. Lá embaixo, escondido, havia um perfeito quadrado latino.

Eu queria saber se ali os abetos de fato seriam menores do que na outra parcela, onde as raízes ficaram livres para misturar-se às de suas vizinhas. Uma arvoreta estava morta, suas acículas avermelhadas na neve como gotas de sangue antigo; puxei seu tronco descamado e a arranquei da terra. Os tocos de raiz apodrecidos estavam cobertos por sinistros filamentos fúngicos pretos — rizomorfos. Abri meu canivete, descasquei o tronco e deixei exposto o xilema lenhoso. Hifas fúngicas brancas como neve formavam um laço, confirmando a morte pelo fungo patogênico *Armillaria ostoyae*. Revistei as trincheiras de plástico em busca de mais corpos — um terço dos abetos havia morrido.

Na parcela sem trincheiras estavam todos vivos, e eu poderia jurar que eram também maiores. As asas de um corvo romperam o silêncio, e o apito de um trem perfurou o ar. Peguei o compasso de calibre e o bloco de notas e medi o diâmetro de todas as bétulas e abetos em ambas as parcelas. Quando o sol já deslizava para trás das montanhas, voltei, ensopada e tremendo, para minha picape. Liguei a ignição, ajustei o ar quente no máximo e processei os dados com a calculadora, enquanto a claridade caía.

Meu palpite estava certo. Os abetos conectados com suas vizinhas bétulas não só estavam todos vivos como eram maiores que os abetos entrincheirados. As bétulas, por sua vez, não eram afetadas por sua intimidade com os abetos, nem drenadas pela associação. As bétulas não estavam sendo exauridas por transmitir parte de seu carbono; davam o suficiente para impulsionar a sobrevivência e o crescimento dos abetos, sem custo para seu próprio vigor.

Será que as bétulas podiam fechar a torneira quando sentiam que os abetos não tinham mais necessidade? E persistia minha questão: será que elas também se beneficiavam dos abetos, talvez em algum outro momento ou de algum outro modo, um modo ainda não evidente com base nessas mensurações simples? Nenhum dos abetos apresentava sinais de armilariose. Crescer entrelaçados com as bétulas parecia proteger os abetos de doenças — como eu constatara em muitos outros experimentos. Eu convencera Rhonda — minha assistente de campo no Serviço Florestal durante o verão — a fazer seu mestrado dando continuidade à minha investigação das *Pseudomonas fluorescens*, as bactérias fluorescentes que eu descobrira serem antagonistas do *Armillaria ostoyae*. Rhonda comparara a abundância das bactérias úteis entre tipos de floresta e encontrara quatro vezes mais em povoamentos de bétulas do que em povoamentos de abetos, provavelmente porque as raízes de bétula e os fungos micorrízicos, impulsionados por taxas mais elevadas de fotossíntese, forneciam mais alimento para as bactérias do que os abetos podiam fornecer. Ela também encontrara quantidades iguais de bactérias em abetos e bétulas quando as duas espécies estavam misturadas uma à outra, como se os micróbios fossem capazes de passar das bétulas ricas em carbono para os abetos quando essas árvores estavam intimamente misturadas.

Passei a primavera nas árvores, morando sozinha em nossa casa de madeira em Kamloops enquanto Don concluía sua tese a mil quilômetros dali, em Corvallis. Se ele estivesse lá, poderíamos caminhar em meio às arnicas e pinegrass, fazer planos, decidir sobre filhos. Ele me ajudaria a lembrar de revolver o solo no jardim. Arrumar a papelada na mesa, limpar a cozinha, preparar comida saudável. Em vez disso, eu me refugiei nos meus experimentos, perambulando pelas áridas savanas abertas que margeavam os prados e pelas florestas de pínus na montanha. Verificando quem vivera, quem vicejara. Dirigindo descabelada por estradas vicinais, o banco atravancado com mapas e copos vazios de café recheados com miolos de maçã. Vendo se havia mensagens na secretária eletrônica.

Matthew Kelly Charles, o filho de Tiffany, nasceu em abril. Duas semanas depois, Kelly Rose Elizabeth chegou para Robyn e Bill, que já tinham Oliver, de três anos. Meus dois novos sobrinhos tinham o nome do meu irmão. Mandei um berço para Matthew e um vestido de renda para Kelly Rose. Os dias ficavam mais longos, o solo se aquecia, e eu recomeçava a encontrar paz na solidão.

Voltei em junho para meu bagunçado escritório e encontrei uma notificação do departamento de segurança declarando que minhas pilhas de artigos ofereciam risco de incêndio. Barb apareceu, quase rolando de rir. Sob o papel da notificação havia uma carta do editor da *Nature*. Um laboratório da Inglaterra submetera um artigo crítico ao meu. O editor queria que eu o analisasse e dissesse à revista se o texto tinha mérito suficiente para ser publicado.

A primeira censura que me faziam dizia que a quantidade de carbono que eu detectara viajando pelo solo até os cedros — um quinto da quantidade transmitida pela rede micorrízica entre bétulas e abetos — era grande o suficiente para fazer parecer pouco significativa a quantidade transmitida por intermédio dos fungos, e isso negava a rede micorrízica como uma via de transferência digna de nota. Digitando as primeiras linhas de uma resposta, expliquei a Barb que eles não tinham notado o teste estatístico que eu fizera, mostrando que a quantidade que passava pelo solo era significativamente menor do que a quantidade mediada pela rede fúngica. Além disso, eu tinha deixado claro que existia mais de uma via de comunicação.

A segunda acusação dizia que a quantidade de carbono transmitida dos abetos para as bétulas era tão pequena — um décimo da transmitida no sentido inverso — que as máquinas provavelmente haviam lido mal os dados, portanto eu não podia afirmar que existia uma transferência bidirecional. "Comprovamos transmissão bidirecional neste outro caso", eu disse, mostrando a Barb meu estudo de laboratório que emulava o experimento de campo.

A terceira dizia que eu tinha dado uma overdose de dióxido de carbono às mudas quando injetara ^{13}C-CO$_2$ nos sacos marcados, e isso aumentara a taxa fotossintética das plantas e inundara de açúcar as raízes. Se isso aconteceu, eles argumentavam, mais carbono passaria para a planta vizinha do que ocorreria naturalmente. A crítica deles surgira porque eu havia usado uma boa quantidade de ^{13}C-CO$_2$ para que o espectrômetro de massa pudesse detectar mais facilmente qualquer carbono-13 que pudesse passar para os tecidos das plantas. Isso era diferente do modo como eu usara o carbono-14; neste segundo caso, um pulso mais baixo de ^{14}C-CO$_2$ era adequado, pois o contador de cintilação era acentuadamente sensível para detectar o isótopo. Barb me ajudou a localizar meu estudo laboratorial do doutorado mostrando que a dose de CO$_2$ que eu usara no experimento de campo não tinha efeito sobre a alocação de carbono para diferentes partes das mudas ou para as quantidades transferidas.

No último ponto da crítica, mordi o lábio com tanta força que sangrou. Dizia que eu não podia afirmar que minhas mudas estavam apenas colaborando em vez de competindo. Só que, na verdade, eu sugeria que as relações eram multifacetadas e que as bétulas cooperavam compartilhando carbono, ainda que competissem por luz. Eu não afirmara que a competição nunca estava envolvida. Deturparam o que escrevi, e fiquei

Reciprocidade 209

furiosa porque os comentários pareciam menosprezar minhas descobertas. Concluí minha refutação e indiquei que a crítica não procedia. Barb colocou-a em um envelope pardo junto com meus outros estudos a serem submetidos para publicação e foi à agência do correio. Em uma semana, a *Nature* respondeu que tinham decidido não publicar a crítica.

Um erro monumental.

Em menos de um mês, recebi um e-mail de um colega que assistira na Austrália a uma palestra temática organizada pelo mesmo laboratório que criticara meu artigo. Não dei importância a isso também, pois a ciência avança com base na revisão por pares. Acadêmicos amam ser os donos da verdade, e eu me considerava mais cientista que acadêmica. Além disso, provavelmente eles estavam confundindo os prados micorrízicos arbusculares da Inglaterra, onde não haviam encontrado transferência de carbono entre flores e gramas, com minhas deslumbrantes florestas ectomicorrízicas, onde o carbono podia mover-se em alta velocidade. Não era isso, insistiu meu colega: estavam me desmoralizando publicamente. E então chegou outro e-mail, de outro colega, falando sobre uma palestra na Flórida. "Ai, caramba", pensei, percebendo minha ingenuidade — eu devia ter respondido mais abertamente àquela crítica. Alan dissera certa vez que a publicidade é uma faca de dois gumes. Don me aconselhou a não fazer caso do que ouvia. Ou, melhor ainda, a publicar uma réplica. Ele tinha razão, mas não sei por que não me decidi a seguir nenhuma de suas sugestões. Estava convencida de que a situação se acalmaria. Cansada, incauta, não me dei conta da importância do que estava acontecendo, não levei a público minhas respostas. O mesmo grupo logo publicou um artigo esmiuçando suas críticas.

Não tardaram a surgir novos artigos em revistas citando meu trabalho ao lado da refutação e tratando a crítica em pé de igualdade com meu texto. Uma sombra crescia sobre a minha obra. Para Don, a solução continuava clara. Pare de se enervar e escreva. "Eu sei", falei, roendo as unhas. Dave, vendo que eu estava paralisada, escreveu uma refutação da refutação e a publicou na revista *Trends in Ecology & Evolution*. Outros também intervieram para ajudar.

Demorei a me dar conta do que estava acontecendo, mas logo percebi que me metera num debate científico britânico. Existia uma disputa sobre o carbono que Sir David Read vira fluir entre os pinheiros em seu laboratório, se ele equivalia ou não a alguma coisa encontrada na natureza, e essa questão insuflara controvérsias, inclusive sobre a importância da simbiose na evolução. Estava em jogo a seguinte questão: se a competição era ou não o principal determinante para moldar as florestas — um pressuposto de longa data, baseado no reconhecimento de que isso era fundamental para a seleção natural. O trabalho com as plantas micorrízicas arbusculares no laboratório inglês sugeria que a transmissão de carbono através de redes era irrelevante. Meu trabalho, que parecia surgido do nada, sugeria o contrário. Eu tinha mexido num vespeiro. Depois de algum tempo, publiquei minha refutação em duas revistas, mas a essa altura a descoberta do meu doutorado já estava sendo questionada.

Alguns anos mais tarde falei numa conferência e, para ver se desanuviava o clima, fui procurar o professor que escrevera a crítica original. Ele estava absorto numa conversa, e fiquei por perto, aguardando uma oportunidade. Não sei se ele me viu, e não sei por que não teria me visto, mas ele não se virou para mim. Após o que pareceram séculos de espera, fui embora, conformada com o fato de que aquela guerra tinha menos a ver comigo do que com os cientistas que vinham se engalfinhando muito antes de mim. Eu era apenas uma jovem do Canadá que havia abanado a brasa de uma fogueira já acesa. Não sabia nada a respeito dos prados floridos deles lá na Inglaterra, e eles sabiam muito pouco sobre minhas florestas catedralescas.

Mas deixar passar mais de um ano da divulgação das críticas sem publicar minha própria refutação foi uma falha. Entre acadêmicos, isso equivale a reconhecer um erro. Esse recado era dado toda vez que eu lia um artigo citando meu trabalho do doutorado com as refutações nas sentenças seguintes, solapando minha contribuição. Eu precisava me recuperar de algum modo, me defender. Mas trabalhava para o Serviço Florestal, a importância do meu trabalho não estava clara para a missão da instituição e não havia necessidade perceptível nem verba para continuar. Eu não dava

Reciprocidade 211

palestras sobre as descobertas aos meus colegas do governo, e também não entrava no debate acadêmico. Em vez disso, recuava, me esquivava, me escondia. Queria filhos, queria tempo com Don, queria ficar em paz, reaprender a gostar de mim mesma. Precisava viver meu luto. Precisava trabalhar em algo que gerasse menos tensão, por isso voltei minha atenção a outros problemas da floresta: o dano crescente às árvores causado por insetos e doenças à medida que os verões e invernos se tornavam incomumente mais quentes.

Mas a dra. Melanie Jones, membro da minha banca de qualificação de doutorado e também professora do Okanagan University College, não deixou o assunto esfriar. Ela se importava, e muito. Era coautora dos meus artigos de doutorado e queria responder às críticas, encerrar o debate. Solicitou bolsa de pesquisa e, com sua aluna Leanne, repetimos meu experimento da *Nature*, dessa vez incluindo não só uma dose de isótopos no verão, mas também doses adicionais na primavera e outono, para saber se a direção da transferência líquida mudava conforme as estações. Se os abetos davam mais às bétulas na primavera e no outono, quando os abetos crescem e as bétulas estão sem folhas — o oposto do que eu observara no verão.

A primeira marcação foi no começo da primavera, quando os brotos dos abetos abriram e começaram a produzir acículas mas as folhas das bétulas ainda não tinham reaparecido. Nessa fase, os abetos eram fontes de açúcar, e as bétulas eram drenos. A segunda marcação foi no meio do verão, como no meu experimento da *Nature*, quando as folhas das bétulas estavam totalmente expandidas e adocicadas com açúcar, e os abetos cresciam mais lentamente à sombra. Neste caso, esperávamos encontrar o mesmo resultado: carbono passando pelo gradiente fonte-dreno das bétulas para os abetos. A terceira marcação foi no outono, quando os abetos ainda estavam ganhando diâmetro e raízes enquanto as folhas das bétulas haviam amarelado e parado de fazer fotossíntese. Os abetos novamente eram a fonte, e as bétulas, o dreno.

Nossa intuição estava certa. O modo como o carbono passava entre as árvores mudou ao longo das estações. Ao contrário do que ocorrera no verão, quando as bétulas mandaram mais carbono para os abetos, na primavera e no outono o abeto mandou mais carbono para as bétulas. Esse sistema de permuta entre as duas espécies, que mudava com as estações, sugeria que as árvores tinham um padrão de troca complexo e possivelmente chegavam a um equilíbrio ao longo de um ano.

As bétulas eram beneficiadas pelos abetos tanto quanto os abetos pelas bétulas.

Uma coisa pela outra.

Os abetos não drenavam o carbono das bétulas: devolviam-no na meia-estação. As duas espécies tinham um sistema de feedback alternado que dependia de diferenças no tamanho e das mudanças nas condições fonte-dreno. Assim, coexistiam em harmonia. As dinâmicas da rede micorrízica começavam a fazer sentido. Estando juntos em uma rede de fungos e bactérias, bétulas e abetos compartilhavam recursos, apesar de suas alturas diferirem ao longo do tempo e de uma espécie fazer sombra à outra. Graças a essa alquimia recíproca, permaneciam saudáveis e produtivos.

No entanto, eu ainda precisava testar essas ideias em plantações reais no longo prazo. Era importante aplicar a ciência básica em contextos realistas para ajudar os silvicultores a mudarem suas práticas. Como combinar espécies diferentes; que espaçamentos dar às árvores; quando plantar, roçar, espaçar, desbastar. Idealizei dezenas de experimentos em florestas mistas para ilustrar aspectos da dança, como o funcionamento da comunidade depende de terreno, clima e densidade de uma espécie em relação a outra e quanto está relacionado à idade e às condições das árvores.

Em meus experimentos, quantifiquei as diferentes forças de interações competitivas e cooperativas entre bétulas e abetos, considerando se as árvores eram baixas ou altas, jovens ou velhas. Em diferentes tipos de terra — pobre ou rica, seca ou úmida. E como trabalhavam juntas — ou antagonicamente — no longo prazo. Essas pesquisas me mostraram quais tamanhos de árvores eram mais competitivos ou cooperativos ou ambas as coisas, e que tipos de terra eram mais problemáticos; dessa forma, as práticas de remoção de plantas poderiam concentrar-se apenas nesses elementos. Em outro estudo, testei a que distâncias bétulas e abetos competiam e cooperavam e como isso variava conforme o tipo de local, para que eu

Reciprocidade 213

pudesse ajudar os silvicultores a prescrever tratamentos que removessem apenas números reduzidos de bétulas em áreas localizadas ao redor das coníferas. Em outro estudo ainda, desbastei bétulas uniformemente em diferentes densidades e observei como as coníferas mais baixas no sub-dossel reagiram.

Testei vários modos de tratar as bétulas seletivamente para libertar árvores coníferas individuais que estavam em dificuldades. Comparei o corte de bétulas individuais com podadeiras ao envenenamento com her-bicida, à interrupção da passagem do floema com um anel de Malpighi, envolvendo seu tronco com correntes que cortavam a casca.

Investiguei se essas relações com as bétulas variavam conforme a iden-tidade das espécies de conífera — abetos-de-douglas, lariços-ocidentais, tuias-gigantes ou híbridos de abetos-do-canadá — e descobri que sim. Cada espécie cooperava e competia em graus distintos e de modos diferentes em locais diversos. Conhecer a terra era muito importante.

Agora esses experimentos já têm entre vinte e trinta anos, mas as árvores ainda são jovens, e o futuro delas é um mistério. Nas florestas os experimentos são lentos, e o tempo de vida de um cientista é bem mais curto. Um modo de ver o futuro é usar modelos de computação para projetar como a floresta crescerá ao longo de centenas de anos. Isso nos permite vislumbrar o futuro, imaginar como poderá ser muito tempo depois de termos morrido.

Don concluíra seu doutorado e estava novamente em casa comigo, nas florestas de Kamloops. Ele alugara um escritório para sua consultoria em silvicultura, e fazia análises e previsões de impacto de diferentes práticas sobre o crescimento. Pedi que calculasse um modelo de como abetos pro-dutivos estariam depois de um século crescendo sozinhos, comparando com o crescimento de abetos acompanhados de bétulas. Trouxe-lhe pilhas de artigos que eu reunira durante anos, e ele os folheou em busca dos da-dos de que precisava: informações sobre a velocidade de crescimento das árvores e a altura a que elas chegavam, quanta biomassa elas alocavam para folhas, ramos e tronco, que densidade os povoamentos atingiam, quanto nitrogênio as árvores armazenavam em seus tecidos. A que velocidade as folhas faziam fotossíntese e depois decaíam. Usou essas informações para calibrar com cuidado seu modelo, fazendo ajustes lentamente para que ele fosse uma representação da floresta o mais realista possível.

Saí correndo de meu escritório no Serviço Florestal quando chegou o momento de rodar o modelo. Ele tirou uma pilha de artigos de uma cadeira para mim enquanto digitava. Linhas verdes de código de computação rolaram e gráficos desenharam-se na tela. "É como você pensava", ele disse, e mostrou histogramas provando que no longo prazo o desmatamento e a remoção de bétulas eram prejudiciais à produtividade da floresta. Os números mostraram que o crescimento da floresta declinava a cada ciclo sucessivo de cem anos de derrubada e remoção de plantas ditas daninhas. Sem a companhia das bétulas, sem seus micróbios que transformam nitrogênio ao longo de redes micorrízicas e suas bactérias que ajudam a prevenir doenças na raiz, o crescimento de povoamentos puros de abetos-de-douglas declinou para metade do observado nas populações mistas com bétulas. Por sua vez, as bétulas mantiveram sua produtividade sem os abetos. Segundo esse modelo, elas não pareciam depender dos abetos para nada. "Mas aposto que dependem de algum outro modo", falei, me inclinando para um beijo.

Apesar das minhas descobertas revolucionárias — as árvores dependem de suas conexões com o solo e com outras árvores —, o que eu mais queria era estar com Kelly para conversar, trocar ideias, curar-me. Eu me lembrei de quando éramos pequenos e estávamos colhendo mirtilos no quintal dos nossos avós e ele ficou transtornado porque um inseto entrou no balde com seus dois mirtilos. "Tira ele, vovô", ele pediu, em pânico. Eu devaneava, visualizando Kelly no jardim da vovó, segurando o maior tomate. E nos via pescando no ancoradouro com varinhas que tínhamos feito com ramos de salgueiro. Escorregando nos troncos que rolavam nas águas geladas dos lagos Arrow em dias tórridos de verão. Atravessando de canoa o North Thompson para cavalgar Mieko entre os renques de trigo e choupos.

Na primavera seguinte, plantei uma horta.

Não uma horta qualquer. Baseava-se nas descobertas que eu estava fazendo quando ele morreu. Onde as plantas pudessem compartilhar recursos e apoiar-se umas nas outras. Onde não eram plantadas em fileiras, isoladas umas das outras, e sim misturadas para poderem se comunicar. Cuidar umas das outras. Usei a técnica dos "três irmãos" criada pelos nativos norte-americanos, que cultivam milho, abóbora e feijão como companheiros para melhorar o crescimento dos três.

Eu sempre plantara hortaliças separadamente, cada uma em sua fileira, no meu minúsculo pedaço de solo. Mas nesse ano fiz montes de terra fértil espaçados em aproximadamente trinta centímetros e moldei cada um em formato de tigela, como se eu fosse uma oleira, para impedir que a água escoasse e se perdesse. Como vovó Winnie me ensinara. Plantei uma semente de cada um dos três irmãos em cada monte e as regava todos os dias; após uma semana, minúsculos cotilédones emergiram dos grãos pretos.

Plantas cultivadas em horta costumam associar-se a fungos micorrízicos arbusculares, em contraste com a maioria das árvores, que se associa com fungos ectomicorrízicos. Existem apenas algumas centenas de espécies micorrízicas arbusculares no mundo todo, enquanto as espécies ectomicorrízicas são milhares. Esses fungos micorrízicos arbusculares são generalistas, ou seja, mesmo as poucas espécies que existem na natureza podem colonizar as raízes e devem conectar a maioria das hortaliças plantadas em horta. Por exemplo, milho, abóbora, feijão, ervilha, tomate, cebola, cenoura, beringela, alface, batata, batata-doce.

Semanas depois de minhas plantas terem brotado, suas raízes já eram micorrízicas, conectadas entre si. Puxei um feijoeiro e vi minúsculos nódulos brancos ao longo de toda a planta, abrigando bactérias fixadoras de nitrogênio. Os feijões estavam transformando o nitrogênio e adicionando-o ao monte de solo que compartilhavam com o milho e a abóbora. O milho retribuía o favor fornecendo uma estrutura para os feijoeiros treparem. A abóbora servia de *mulch* — mantinha o solo úmido e tolhia o crescimento de ervas daninhas e insetos.

Imaginei como a rede micorrízica desempenharia seu papel nessa dança — a rede do meu jardim enviando nitrogênio dos feijões fixadores para os milhos e as abóboras. E os milhos, altos e ensolarados, transmitindo carbono para os feijões e abóboras a quem faziam sombra. E as abóboras enviando aos milhos e feijões sedentos a água que haviam poupado.

Minha horta vicejava.

Eu podia sentir o perdão.

Comecei a abrir trilhas na floresta ao redor da nossa casa. A perambular por caminhos criados por animais. A conhecer as sendas sombreadas forradas de musgo, as baixadas úmidas povoadas de bétulas-d'água, as encostas gramadas onde coelhos viviam em buracos deixados por raízes decompostas. As árvores mais velhas e suas filhas que cresciam em agrupamentos nas proximidades. Eu me demorava diante do formigueiro do tamanho de uma barraca de trilha, fervilhando com milhares de criaturas, para ver algumas passarem em fila indiana antes que eu seguisse pela rota principal até o velho pinheiro, pulando córregos com uma bagagem de acículas e liquens.

Pensei em uma nova pesquisa sobre redistribuição hidráulica por abetos-de-douglas: as raízes profundas levam água do subsolo para a superfície durante a noite e reabastecem mudas de raízes rasas, permitindo que estejam viçosas durante o dia; alguém já examinara se os abetos dispersavam água por redes micorrízicas? Talvez eles compartilhassem água para manter sua comunidade intacta, suprindo suas companheiras em períodos difíceis.

As plantas são sintonizadas com as forças e fraquezas umas das outras, dão e recebem elegantemente para alcançar um equilíbrio delicado. Um equilíbrio que também pode ser obtido na beleza simples de uma horta. Na sociedade complexa das formigas. Há encanto na complexidade, na coerência de ações, nas somas finais. Podemos encontrar isso em nós mesmos, naquilo que fazemos sozinhos, mas também em ações conjuntas. Nossas raízes e sistemas interligam-se e se enredam, aproximam-se e se afastam e se reaproximam em um milhão de momentos sutis.

Reciprocidade

O TELEFONE TOCOU, e eu saí da mesa da cozinha. Adorava nossa casa de madeira, aninhada em meio a abetos-de-douglas e pinheiros-ponderosa, as rosas de pétalas foscas e as pequenas asteráceas amarelas nos prados. Pelo canto do olho captei o topete vermelho de um pica-pau que passou pela janela e pousou num galho de abeto. Ele me observava enquanto eu pegava o telefone e ouvia um repórter da Canadian Broadcasting Corporation (CBC). Eu poderia dar uma entrevista no dia seguinte? O pássaro inclinou a cabeça. Pensei na crítica. Tinha certeza de que perguntariam sobre isso. O pica-pau martelou o galho com a força de uma britadeira, árvore e ave necessitando uma da outra para criar entalhes. Lascas de madeira voaram e bateram na minha janela. Por que eu devia me importar tanto com as críticas? Fiz o trabalho pelo bem da floresta, não por orgulho acadêmico. Meu trabalho estava publicado, e estava na hora de eu falar.

A árvore permaneceu imperturbável com o ataque do pica-pau, o bico da ave e a casca surrada pelas intempéries sincronizados, como um mecanismo intricado.

"Sim", respondi.

10. Pintando rochas

Novembro. A neve tingia de branco as montanhas Rochosas.

Esquiando sozinha pelo monte Assiniboine, parei na intocada Healy Pass, trilha da cordilheira. Abetos-subalpinos vergavam engessados por neve e gelo, e os pinheiros-de-casca-branca esparramavam-se como feixes de ossos, mortos por besouros-do-pinheiro e pela ferrugem decorrente do estresse da mudança climática. Eu estava no terceiro mês de gravidez. No ano que passamos distantes enquanto Don escrevia sua tese, durante minhas longas noites após a morte de Kelly, talvez por causa da nossa solidão, foi se impondo, sem palavras, a verdade de que eu estava com 36 anos e ele com 39 e chegara a hora de termos filhos. Esquiar pelo Assiniboine foi minha celebração dessa dádiva.

No desfiladeiro, os besouros se entregavam a uma depredação frenética. O surto começara a noroeste, no parque ecológico de Spatsizi Plateau, quatro anos antes, em 1992. As temperaturas no inverno tinham subido alguns graus e, nos meses mais frios, não ficavam mais abaixo dos trinta graus negativos; com isso, as larvas do besouro podiam prosperar no espesso floema dos velhos pinheiros. O pinheiro-lodgepole coevoluiu com os besouros nessa paisagem, e sucumbe naturalmente após mais ou menos um século para dar espaço à nova geração. Conforme as árvores definhavam, houve um consequente acúmulo de combustível e incêndios eclodiram, causados por raios ou pessoas. As chamas liberavam sementes de pinheiro de cones resinosos e estimulavam álamos a brotar de sistemas radiculares milenares, reduzindo com suas folhas úmidas o potencial inflamável da floresta jovem. O fogo afetava a paisagem e se extinguia gradualmente nessas sendas forradas de álamos, e com isso restava um mosaico de florestas de diferentes idades que era resistente a incêndios futuros. Porém, no final do século xix, colonos europeus perturbaram esse equilíbrio ao destruírem o mosaico da floresta em busca de ouro. Criaram um vasto cobertor de populações de novos pinheiros cuja uniformidade foi depois reforçada pela supressão do fogo e pela aplicação de herbicida para assegurar que os álamos não interferissem nos lucros. Quando esses pinheiros se tornaram centenários e o clima se aqueceu, as populações de besouro explodiram e a paisagem avermelhou-se, como água corrente que recebe sangue.

O ar limpo invadia meus pulmões enquanto eu deslizava por entre os pinheiros-de-casca-branca mortos, inebriada por percorrer as pistas e talhar novas curvas ao redor de rochas caídas e depressões debaixo das árvores. Don tirara a tarde para construir um berço. Estávamos os dois no maior contentamento. Mas, na base do vale, parei para verificar alguns rastros na neve fresca e senti um conhecido arrepio de medo. As pegadas de patas eram grandes como um pires, e as marcas de garras faziam um sulco de uns três centímetros.

Lobos. Uma esquiadora sozinha era presa fácil.

Tratei de me afastar, atravessando o desfiladeiro. Mas logo me perdi. Quando voltei ao centro, estremeci por estar de novo em meu rastro original, já congelado na neve que caía.

E coberto por pegadas novas.

Três lobos, talvez. Me caçando?

Instintivamente, continuei a esquiar pelo desfiladeiro. Atrás de mim viam-se lariços-alpinos, agrupados em depressões abaixo dos picos, suas acículas douradas já caídas. Embaixo, onde eu estava, os abetos-subalpinos aglomeravam-se em bosquetes cada vez mais numerosos conforme eu descia. Manobrar com quinze quilos nas costas forçava minhas pernas. O bebê, ainda muito pequeno, não influía no meu equilíbrio. Ajustei a correia do quadril para me estabilizar sobre o terreno acidentado e fui seguindo lentamente, emendando as curvas, uma por vez.

Fiz um longo percurso transversal na direção leste para evitar uma ravina e uma área íngreme, antes de começar a voltar. A visibilidade estava prejudicada porque o espaçamento entre as árvores era reduzido. Pinheiros-lodgepole mais jovens. Provavelmente houvera algum incêndio décadas antes. Logo eu já estava sem rumo outra vez, e olhei a bússola. Se eu não me mantivesse orientada e não voltasse para a rota principal, a situação poderia ficar desesperadora.

O medo evocava um pouco minha frustração constante. Eu tinha cada vez mais evidências de que as florestas têm inteligência — percebem e se comunicam —, mas não me sentia pronta para enfrentar o sistema. Os pesquisadores não me dariam atenção ou, pior, ririam da minha palestra sobre a senciência das plantas. Não, eu estava grávida e precisava ficar quieta para proteger meu filho, a coisa mais preciosa da minha vida. A entrevista para a rádio CBC despertara algum interesse em naturalistas e ambientalistas da região e até de alguns silvicultores que pensavam nas mesmas linhas que eu, mas foi recebida com silêncio na capital da província. Sem ao menos um e-mail dos responsáveis pelas diretrizes, eu me perguntava: vale a pena dar entrevistas? Ou fazer palestras em conferências? Eu não poderia ir a público mais do que já fora; havia coisa demais em jogo agora.

Voltei por algumas centenas de metros e encontrei rastros antigos de esquiadores que haviam passado por lá antes de mim. As pegadas de lobos cruzavam esses rastros três vezes. Agora havia no mínimo cinco animais.

Kelly tinha uma porção de histórias de lobos que o seguiram enquanto ele tocava a boiada.

Esquiei para mais longe. Os pinheiros-lodgepole tornaram-se mais esparsos, e as copas corpulentas quase chegavam ao chão. Devia haver um termo especial para designar o tipo de luto que sabemos que virá. Em uma década, 18 milhões de hectares de floresta de pínus madura estariam mortos: cerca de um terço da área de florestas da Colúmbia Britânica. Os besouros continuariam a comer pinheiros-de-casca-branca, pinheiros-ocidentais e pinheiros-ponderosa, nos Estados Unidos desde o Oregon até Yellowstone, e começariam a infestar os híbridos de pinheiro-jack por toda a floresta boreal do Canadá, acarretando uma epidemia total na América do Norte numa área mais ou menos do tamanho da Califórnia e superando qualquer outro surto de insetos registrado na história. Ao mesmo tempo, fornecериam combustível para incêndios devastadores. Os besouros também infestavam plantações, especialmente as de pinheiros de crescimento rápido que haviam sido destituídos da companhia de álamos e bétulas.

Passei por um bosquete de álamos desfolhados. As pegadas derretiam em urina fumegante. Amarelo-alaranjada escura. Me mantive na rota principal pelo vale estreito, e a adrenalina fazia minha mochila ficar leve. Os lobos permaneciam à frente, só que fora das vistas, deixando apenas vestígios.

Os rastros seguiam diretamente para a principal trilha na direção norte, e subitamente eu me acalmei. Os lobos não estavam me perseguindo, e sim me conduzindo para fora do vale. Quando a vista se alargou, minha trilha convergiu com outra que vinha do sul. Entrei nela, enquanto os rastros de lobo davam uma guinada para o norte. Uma rajada de vento soprou sobre eles, que desapareceram em meio às árvores.

Era como se os lobos tivessem dito adeus.

Acendi uma vela na neve para meu irmão, e para o espírito dele naqueles lobos. Os pinheiros-lodgepole, altos, esguios, me faziam sombra com a copa imponente enquanto zelavam lá de cima sobre alguns abetos-subalpinos. Eu precisava me demorar um pouco, ficar ali, onde as rochas do desfiladeiro, a copa cristalizada das árvores e as matilhas de lobos tinham se encontrado. O sol subia pelos picos de granito, e virei o rosto em sua direção. Peguei meu sanduíche, com vontade de continuar ali para sempre. Me sentia bem-vinda, completa. Pura, limpa e despreocupada.

Enquanto comia, eu me perguntava por que as árvores — aqueles álamos e pinheiros — sustentariam um fungo micorrízico que fornece carbono (ou nitrogênio) a uma árvore vizinha. Partilhar com indivíduos da própria espécie, sobretudo da própria família genética, parecia obviamente benéfico. As árvores dispersam a maior parte de suas sementes — pela gravidade, pelo vento ou às vezes por aves e esquilos — em sua pequena área local, o que significa que muitos indivíduos nas imediações são parentes. Os pinheiros agrupados na borda desse prado provavelmente eram da mesma família, com genes que se diversificaram graças ao pólen trazido de pais distantes. Essas árvores genitoras tinham alguns genes em comum com as árvores à sua volta, e partilhar carbono para aumentar a sobrevivência de suas plântulas, suas filhas, ajudaria a assegurar que os genes fossem transmitidos a futuras gerações. Um estudo posterior mostrou que as raízes de no mínimo metade dos pinheiros num povoamento são enxertadas umas nas outras e que as árvores maiores subsidiam as menores com carbono. A família em primeiro lugar. Isso faz todo sentido de uma perspectiva da seleção individual. É darwiniano.

No entanto, meu trabalho mostrava que algum carbono também passava para indivíduos não aparentados, entre espécies totalmente distintas. De bétulas para abetos e vice-versa. Olhei para o álamo-branco, sua casca se aquecendo ao sol, e me perguntei se ele passaria carbono aos abetos-subalpinos sob sua copa. E se o inverso também aconteceria, de abetos para álamos. Os fungos micorrízicos generalistas talvez investissem em muitas espécies de árvore para aumentar a probabilidade de sobrevivência, e uma pequena chance de que algum carbono passasse para um estranho talvez fosse simplesmente parte do custo — um dano colateral — de passar carbono para parentes. Mas não era isso que minhas árvores mostravam. Elas me ofereciam evidências de que o padrão da movimentação de carbono não era aleatório, uma consequência lamentável do banquete móvel. Não, minhas árvores demonstravam que tinham muito interesse no processo. Repetidamente, os experimentos revelaram que havia passagem de carbono de uma árvore-fonte para uma árvore-dreno — da rica para a pobre — e que as árvores tinham algum controle sobre o destino e a quantidade do carbono transmitido.

Um esquilo chilrou no galho de um zimbro-da-montanha-rochosa: esperava que eu jogasse as migalhas do meu sanduíche. Estava de olho também no alto de um pinheiro, onde um quebra-nozes-de-clark provavelmente tinha uma semente de pinheiro-de-casca-branca no bico. Um corvo — espécie que também cobiça essas sementes ricas em energia — gorjeou um canto. O pinheiro-de-casca-branca depende de todas essas espécies e de outras mais, inclusive dos ursos-cinzentos, para dispersar suas sementes pesadas. Por que os velhos pinheiros confiariam seu êxito reprodutivo a essas aves e mamíferos, que tinham interesse nas sementes apenas como

Pintando rochas

alimento? É preciso que algumas sementes sejam deixadas para germinar e gerar descendentes, assegurar a reprodução bem-sucedida das árvores mais velhas; por que confiar que restariam sementes suficientes? Se um desses dispersores de semente desaparecesse, talvez durante um incêndio ou um inverno particularmente severo, outros ainda poderiam fazer o trabalho. Nessa mesma linha, por que uma árvore passaria carbono a um fungo micorrízico generalista — um *Suillus* ou *Cortinarius* —, que então poderia passar o carbono a uma árvore não aparentada? De um pinheiro para um abeto-subalpino no subdossel?

Joguei casca de pão para o esquilo, e o corvo e o quebra-nozes mergulharam a toda velocidade, competindo pelo prêmio. O esquilo sacudiu a cauda e pulou de seu toco. Assim como os velhos pinheiros-de-casca--branca entregavam de bom grado suas sementes para aves e esquilos se alimentarem, dependendo de mais de uma espécie para a dispersão, devia haver uma vantagem evolucionária similar para uma árvore que abrigasse muitas espécies de fungos micorrízicos componentes da rede conectora, permitindo que ela se beneficiasse de um conjunto diversificado, como seguro, caso um elemento se perdesse.

Talvez ainda mais importante fosse a capacidade dos fungos para se reproduzirem velozmente. Seu curto ciclo de vida permitiria que se adaptassem ao ambiente em rápida mudança — fogo, vento e clima —, muito mais depressa do que as inabaláveis e longevas árvores. O mais velho zimbro-da-montanha-rochosa tem cerca de 1500 anos de idade, e o mais velho pinheiro-de-casca-branca tem por volta de 1300 anos, em Utah e Idaho, respectivamente. Enquanto isso, aqui as árvores levariam décadas para produzir seus primeiros cones e sementes, e depois disso produziriam outros apenas de forma esporádica, enquanto suas redes fúngicas poderiam gerar cogumelos e esporos sempre que chovesse — o que potencialmente permitia que seus genes se recombinassem várias vezes por ano. Talvez os fungos, com seu ciclo rápido, pudessem fornecer às árvores um modo de se ajustarem depressa para lidar com transformações e incerteza. Em vez de esperarem que as gerações posteriores de árvores se reproduzissem com formas mais adaptativas de lidar com o aquecimento e o ressecamento dos solos — efeitos decorrentes da mudança climática —, os fungos micorrízicos com os quais as árvores estão em simbiose poderiam evoluir muito mais rápido de modo a adquirir recursos que os tornem cada vez mais fortemente ligados. *Suillus*, *Bolletus* e *Cortinarius* talvez fossem mais ágeis para responder aos invernos mais quentes que haviam gerado o surto do besouro-do-pinheiro e ajudassem as árvores a ainda obterem nutrientes e água para manter um nível de resistência.

O corvo venceu a batalha pela casca do meu sanduíche e se afastou voando em espirais ao redor do quebra-nozes-de-clark, criando uma nuvem de penas e grasnidos. O esquilo, além de lento demais, não tinha esperança de arrancar qualquer coisa do bico de uma ave. O jeito, para ele, seria desenterrar sementes de pinheiro-de-casca-branca depois que as aves as enterrassem. Ou banquetear-se com um cogumelo que secava nos ramos de um pinheiro. Com vizinhos como o corvo e o quebra-nozes, ele não viveria muito tempo se tivesse que depender das sementes de pinheiro-de-casca-branca que eles deixavam passar. Analogamente, os fungos talvez dividissem suas apostas por vários possíveis portadores, grudando seus esporos em pernas ou penas, ou pegando carona numa corrente de ar ascendente para colonizar novos hospedeiros.

Se o fungo adquirisse de uma árvore mais carbono do que ele precisa para crescer e sobreviver, talvez pudesse fornecer o excedente às outras árvores ligadas em rede que estivessem precisando, e com isso ele diversificaria sua carteira de carbono — um seguro de aquisição de recursos essenciais. No alto verão o fungo poderia passar carbono produzido por um álamo rico para um pinheiro pobre, a fim de garantir dois hospedeiros sadios diferentes — fontes de carbono fotossintético — para alguma eventual calamidade e caso algum desses hospedeiros morresse. É como investir em ações e títulos de dívida para o caso de um crash no mercado de ações. E então, se uma das árvores da rede morresse — por exemplo o pinheiro, sucumbindo ao ataque do besouro —, pelo menos o fungo poderia contar com o álamo para suas necessidades energéticas. Essa fonte de carbono mais segura, baseada em mais de uma espécie, poderia aumentar a sobrevivência do fungo durante períodos difíceis. Ele talvez não se importasse com as espécies de hospedeiros, contanto que ao menos uma de suas fontes de carbono permanecesse viável. Investir em diversas comunidades vegetais é uma estratégia de mais baixo risco do que investir em apenas uma. Quanto mais estressante o ambiente, mais bem-sucedidos são os fungos capazes de se associar a mais de uma espécie de árvore.

Eu me sentia forte e ágil, equilibrando a mochila, presa à cintura pela correia, e entrei na bifurcação que seguia para o sul ao longo do riacho Bryant.

Embora minhas ponderações me animassem, alguma coisa ainda não se encaixava bem. Pensei no grupo maior de espécies em interação. Toda a comunidade de plantas, animais, fungos e bactérias. A seleção individual talvez explicasse como as pseudômonas fluorescentes interagiam com os fungos micorrízicos das bétulas para reduzir a armilariose nos abetos-de-douglas. *Será que a seleção também atuava no nível do grupo?* Espécies individuais organizam-se em complexas estruturas comunitárias que promovem a aptidão do grupo todo. Existiriam associações cooperativas de espécies — como as associações de pessoas? Uma associação em que várias espécies de árvore são ligadas por uma rede de auxílio mútuo, assim como é preciso uma aldeia inteira para criar uma criança, apesar do risco de existirem trapaceiros nessas associações? Mas essa partilha funcionaria se nosso comportamento fosse regido por uma permuta constante, como na transferência bidirecional entre bétulas e abetos e seu princípio da reciprocidade, mudando a direção da transferência líquida no decorrer do verão. Uma troca. E quanto a mudanças de mais longo prazo nas trocas? Por exemplo, quando os abetos finalmente superassem as bétulas em altura. Será que a regra da permuta mudaria? E como isso poderia se comparar à vida humana quando ela se torna mais complexa e nossas relações se transformam com a idade? (Se Jean me ajudar a cuidar do bebê, como poderei retribuir se ela se mudar para longe?) Eu me perguntava por que duas espécies de árvore continuariam a permutar carbono no longo prazo, considerando a incerteza do futuro.

Pensei nos prisioneiros do meu experimento com os amieiros. Como nem o guarda nem o supervisor tinham arma, qualquer prisioneiro poderia ter fugido. O sujeito que estava de olho na borda da floresta com certeza estava pronto para sair correndo. Um homem decidindo sozinho pela fuga equivaleria a trair seus colegas detentos, pondo todos em risco de passar mais tempo na prisão. De um ponto de vista puramente egoísta, aquele prisioneiro tenso poderia ter fugido para a liberdade. Entretanto, se escolhesse cooperar e os outros também, havia a possibilidade de que as sentenças fossem reduzidas por bom comportamento. Mas não tinha como eles saberem o resultado, o que criava o clássico "dilema do prisioneiro". Parece fazer mais sentido fugir, mas, no fim das contas, o instinto é cooperar. Estudos mostram repetidamente que a cooperação costuma ser escolhida quando se está em grupo, mesmo que trair os demais possa levar a uma recompensa individual melhor.

Talvez as bétulas e os abetos, os *Armillaria ostoyae* e as pseudômonas fluorescentes, estejam num dilema do prisioneiro: no longo prazo, os benefícios da cooperação em grupo podem superar os custos de prerrogativas individuais. Os abetos não podem sobreviver sem as bétulas, devido ao alto risco de infecção por *Armillaria*, e as bétulas não podem sobreviver no longo prazo sem os abetos porque haveria um acúmulo excessivo de nitrogênio no solo, que se acidificaria, levando ao enfraquecimento das bétulas. Nesse cenário, as pequenas bactérias pseudômonas fluorescentes têm duas funções: produzir compostos que inibem a propagação da armilariose entre as árvores, assegurando que continue a haver uma fonte de energia de carbono para a comunidade, e transformar nitrogênio usando carbono exsudado pela rede micorrízica. Isso ainda seria condizente com a seleção no nível da espécie individual, ou seria no nível de grupo?

Os lobos viviam bem nessa relação com a floresta, a neve e as montanhas. Encontravam entre as árvores alimento, abrigo e proteção para suas crias e interagiam com alces, cabras, ursos e pinheiros-de-casca-branca, criando uma comunidade diversificada na qual os participantes evoluíam concomitantemente, aprendiam e eram ligados como um todo. Distraída, eu praticamente atropelei dois biólogos que estavam rastreando os lobos pelo rádio-colar instalado nos animais. Eles conheciam bem aquela matilha, liderada por uma velha mãe loba.

Pintando rochas 227

Perguntei por que estavam rastreando os lobos. Com a sombra dos picos se alongando, a chefe da dupla de rastreadores, uma mulher esguia e queimada pelo vento, com os cabelos escuros presos em um rabo de cavalo, falou sobre a pressão por um abate seletivo de lobos no parque a fim de amenizar o declínio da população de caribus. Ela pôs seus óculos de sol na cabeça, irradiando uma inteligência feroz. Seu assistente, um jovem com uma mochila que poderia derrubar até Jean, mexia no rádio.

"É por causa do corte raso", falei, olhando em seus olhos. Os salgueiros e amieiros que brotavam forneciam comida atrativa para os alces, propiciavam o aumento da população desses animais, e isso atraía os lobos. O problema era que os lobos que caçavam alces também matavam caribus, que estavam em declínio abrupto por perda de habitat e interações com humanos. Ela assentiu enquanto mudava de posição sobre seus esquis e verificava se seu transceptor de avalanche estava ligado.

"Isso, a neve é tão profunda nas áreas desmatadas que os caribus não conseguem correr mais depressa do que os lobos", ela disse, olhando na direção da trilha onde a mãe loba entrara. E havia cada vez mais áreas desmatadas, pois os pinheiros mortos por besouros estavam sendo cortados e levados embora.

"Temos de ir, ou perderemos os lobos", disse o assistente, olhando o aparelho de rastreamento e ajustando a correia da mochila. A pesquisadora semicerrou os olhos para perscrutar o desfiladeiro adiante.

"Até mais", ela disse, e eu me despedi também, admirada de sua perseguição incansável. Os dois evaporaram no meio dos pinheiros tão discretamente quanto haviam aparecido, e me fizeram pensar na facilidade com que uma pessoa pode desaparecer ali sem deixar vestígios. Passava do meio-dia. Era bom eu me mexer, senão teria de esquiar os últimos quilômetros no escuro.

A trilha do riacho Bryant era rápida e um declive suave, e enquanto eu passava pelos pinheiros oscilantes, com o sol nas costas e deixando as rotas de avalanche para trás, agradeci aos biólogos dos lobos por terem compactado a trilha com seus esquis. Cheguei ao carro quando as listras rosadas e roxas do céu enegreciam por entre as lâminas oblíquas da crosta sedimentar.

Os ecossistemas se parecem com as sociedades humanas — são construídos com base em relações. Quanto mais fortes forem essas relações, mais resiliente será o sistema. E como os sistemas do nosso mundo se compõem de organismos individuais, eles têm capacidade de mudar. Nós, seres vivos, nos adaptamos, nossos genes evoluem, e podemos aprender com a experiência. Um sistema é sempre mutável porque suas partes — árvores, fungos, pessoas — respondem uns aos outros e ao ambiente, o tempo todo. Nosso êxito na coevolução — nosso êxito como sociedade produtiva — depende da força dessas ligações com outros indivíduos e espécies. Da adaptação e evolução resultantes emergem comportamentos que nos ajudam a sobreviver, crescer e prosperar.

Podemos pensar num ecossistema de lobos, caribus, árvores e fungos que cria biodiversidade como uma orquestra com músicos que tocam instrumentos de sopro, metais, percussão e cordas para executar uma sinfonia. Ou fazer a analogia com nosso cérebro, composto de neurônios, axônios e neurotransmissores, e que produz pensamentos e compaixão. Ou talvez com o modo como irmãos e irmãs se unem para superar o trauma de uma doença ou morte — o todo sendo maior que a soma das partes. A coesão da biodiversidade de uma floresta, dos músicos de uma orquestra, dos membros de uma família crescendo por meio de conversas e comentários, de memórias e aprendizado com o passado, mesmo que caótico e imprevisível, tirando máximo proveito dos recursos escassos para prosperar. Graças a essa coesão, nossos sistemas se desenvolvem e tornam-se íntegros e resistentes. Eles são complexos. Auto-organizáveis. Têm as marcas da *inteligência*. Reconhecer que os ecossistemas das florestas, como as sociedades, possuem esses elementos de inteligência nos ajuda a deixar para trás velhas noções de que eles são inertes, simples, lineares e previsíveis. Noções que ajudaram a alimentar a justificativa para a exploração veloz que pôs em risco a existência de diversos seres nos sistemas florestais.

Os lobos, assim como minha horta dos três irmãos, me deram um sinal de que eu poderia enfrentar práticas equivocadas de silvicultura.

Talvez meu bebê ficasse bem, e até melhor, se eu adotasse uma postura mais ousada. Talvez a esperança que corria pelas minhas veias corresse também pelas da criança.

A mãe loba e os biólogos que a seguiam me deram coragem.

Eu podia sentir a presença da matilha.

Podia sentir Kelly protegendo minha retaguarda.

Me sentia um pouco menos preocupada e temerosa, com mais gana de me apresentar para a luta. Gana de ajudar a fazer as mudanças que minha ciência tanto indicava. Eu continuava a receber pedidos de jornalistas para me pronunciar sobre meu artigo na *Nature*. Uma mulher de Ontário me escreveu uma carta agradecendo por "fazer um trabalho real para a humanidade", e outra mãe, preocupada com a escassez de água na Califórnia, falou sobre minha "mensagem de esperança". Eu me sentei com essas cartas nas mãos, sabendo que precisava dar continuidade ao meu esforço, em benefício do meu bebê. De todas as crianças, das gerações futuras. Eu tinha evidências que podiam pôr em xeque a teoria ecológica e talvez também as diretrizes de reflorestamento. Tinha em mãos sementinhas de mudança.

Uma repórter me surpreendeu em minha sala meses depois. Mencionei que estava grávida, que o bebê nasceria a qualquer momento, e gracejamos sobre a facilidade com que se pode ganhar vinte quilos. Eu ainda estava rindo quando ela perguntou o que minhas descobertas diziam sobre as práticas de aplicação de herbicida. Exclamei: "Não publique isso, mas, cá entre nós, se formos quantificar o bem que os silvicultores estão fazendo, daria no mesmo se estivessem pintando rochas". Ela me agradeceu e comentou que o artigo seria publicado em alguns dias.

Apreensiva, fui até a sala de Alan e lhe contei sobre meu comentário sobre pintar rochas. Ele ficou sério na hora. "Pode ter certeza de que ela vai publicar", falou.

"Mas eu disse que não era para ser publicado", expliquei, subitamente fraca de arrependimento. Um pezinho chutou minha barriga e eu abafei um gemido. Alan fez um gesto para que eu me sentasse. Passou a hora seguinte discando o número da repórter, que enfim atendeu em Toronto. Ele explicou que publicar o comentário irritaria o governo e poderia custar meu emprego. Ela não prometeu nada. Me senti uma tola pelo descuido, mas também me senti traída porque, enquanto conversávamos sobre maternidade, ela arrancara de mim um comentário que poderia eclipsar minha mensagem sobre a complexidade da floresta. E o pior era deixar Alan na constrangedora posição de tentar impedir a calamidade.

Naquela tarde, quando Don e eu caminhávamos por uma trilha próxima, ele tentou me tranquilizar. Choupos prolíficos em novos rebentos fechavam as folhas para findar seu dia. Eu queria que meu bebê chegasse quando os botões se abrissem na primavera, mas já tinham passado duas semanas da data prevista para o parto, e os arbustos de nespereira-do-canadá estavam cobertos de flores brancas. "Ela é uma repórter ambiental responsável, li matérias dela", ele foi tagarelando enquanto jogava um graveto para o labrador preto do vizinho. Eu queria acreditar nele. "Você tem coisas mais importantes em que pensar", ele disse. Outra transformação tinha sido minha decisão de divulgar mais o que eu estava descobrindo — não deixaria que isso prejudicasse minha filha, mas protegê-la também significava lhe dar uma mãe disposta a lutar. Demos meia-volta nas raízes de asteráceas e seguimos para casa, Don falando sobre uma visita de seus pais, que viriam de St. Louis.

Um banho de banheira à noite relaxou minhas pernas inquietas e esvaziou minha mente. Don acendeu a lareira, assistimos a um jogo de beisebol e fui para a cama dizendo a mim mesma que tudo daria certo. À meia-noite, acordei com os músculos contraindo-se como uma faixa elástica no meio do corpo, passei a mão na barriga para acalmar a bebê e voltei a dormir.

Na manhã seguinte, na porta da cozinha, eu me agachei para pegar os jornais do dia e dei uma olhada, do outro lado do gramado de pinegrass, nos crocos roxos e amarelos que eu plantara no outono. Virei para cima o *Vancouver Sun*. A manchete "Árvores daninhas são cruciais para a floresta, mostra pesquisa" era seguida por meu comentário sobre pintar rochas, bem no lide da matéria.

Pintando rochas

As paredes de tábuas da nossa casa ondularam como calor evaporando do asfalto. Don cravou os olhos em mim, e um pica-pau voou direto para a janela. Don se levantou de um pulo, engolindo o resto de sua torrada. Seus olhos dardejaram do meu rosto chocado para a manchete. Ele me levou até o banco de madeira e pegou o jornal das minhas mãos. "Logo vai ser esquecido", ele disse.

"Eu gostaria de terminar o meu chá", falei. "Você acha que devo terminar o meu chá?"

"Boa ideia", ele respondeu, e preencheu o espaço entre nós com mais palavras tranquilizadoras.

Quando a segunda contração veio, ele pegou minha sacola e me ajudou a ficar em pé.

Hannah nasceu doze horas depois.

11. Srta. Bétula

O COMENTÁRIO SOBRE PINTAR ROCHAS causou um pequeno terremoto em Victoria, a capital da província. Pelo menos foi o que ouvi dizer, pois eu estava de licença-maternidade quando os responsáveis pelas diretrizes soltaram fogo pelas ventas. Enquanto eles discutiam meu destino — ou assim eu imaginava —, eu cuidava de Hannah, cuja cabeleira escura e olhos atentos vinham de Don, ligando nós três.

Um colega pesquisador, encantado com meu sangue-frio, mandou os parabéns por e-mail e anexou a imagem de uma pilha de rochas pintadas.

Outro colega enviou-me uma rocha pintada por ele mesmo.

Um pós-doutorando de postura independente convidou-me para um seminário na Universidade da Colúmbia Britânica porque, ao que parecia, eu me tornara uma heroína local, embora eu estivesse muito longe de me sentir assim.

O artigo de jornal deixou meu emprego no Serviço Florestal numa situação periclitante e também reavivou a atenção para meu artigo da *Nature*. Fui entrevistada nos programas *Daybreak* e *Quirks and Quarks*, da Rádio CBC, e foram publicados artigos no *Times Colonist*, de Victoria, e no *Globe and Mail*, de Toronto. Quando Hannah não estava dormindo, estava grudada no meu quadril, absorvendo cada movimento que eu fazia enquanto falava ao telefone com repórteres — um "estou do seu lado" tão literal que, para não perturbá-la, eu era forçada a falar resolutamente, de modo conciso, e fui ganhando ousadia e veemência enquanto conciliava com as entrevistas.

Durante as manhãs eu me sentia estranhamente calma e paciente, apesar de esgotada após as noites insones amamentando Hannah. Ela exigia tudo de mim, e logo eu quase nem pensava mais em pintura de rochas. Don fazia mingau de aveia para o café da manhã e ia para sua firma de consultoria. Com Hannah no sling, dormindo no meu peito, eu caminhava horas pelas trilhas, passava por trechos de pinegrass verdinhos e de flores amarelas conhecidas como butter-and-eggs e lírios roxos e marrons, sob os bosques de abetos, pinheiros-ponderosa e álamos. Misteriosamente, eu sabia fazer aquilo. Apenas sabia. Todo dia eu ia vendo que distância conseguia percorrer antes que ela acordasse. Às vezes conseguia chegar até o prado alto, onde havia um brejo e cotovias entoando melodias agudas, tordos-sargento cantando pousados em juncos e azulões-norte-americanos chocando em ninhos feitos com acículas de pinheiros. À tarde, em casa, eu punha Hannah à sombra do velho abeto-de-douglas para sua soneca; seu berço de vime não era mais alto do que as arvorezinhas que tinham encontrado ali uma boa posição para se instalar. Eu me encostava na casca franzida e cochilava com ela enquanto chapins-da-montanha assobiavam e pintassilgos-pinheiros trinavam sem parar, ocupados com suas tarefas diárias no emaranhado de uma bétula-d'água. As entrevistas para a mídia iam bem, a comoção esfriou e fui deixada em paz.

Exceto em uma ocasião, quando Hannah tinha três meses. Fui chamada para defender meu orçamento de pesquisa perante uma comissão, junto com uns colegas da província. Cada um teve cinco minutos para justificar seu financiamento do ano seguinte. Eu tinha uma lista ambiciosa de projetos. Naquela manhã, eu mesma me sentia uma recém-nascida, nervosa por estar em público outra vez, me perguntando se minha relação com a imprensa me prejudicaria. Hannah tinha de mamar a cada duas horas, por isso dei um jeito de amamentá-la nos fundos da sala de conferência antes da apresentação, para garantir que ela dormisse enquanto eu falava. Barb permaneceu comigo nos bastidores. Os homens da comissão estavam sentados na primeira fila, lápis apontados, blocos de notas a postos. Logo antes da minha vez de falar, Hannah começou a chorar e eu a amamentei mais uma vez.

Chamaram meu nome. Hannah estava agarrada em mim, mas eu a puxei, afastando-a, como quem arranca um carcaju de uma perna de alce, deixei-a no colo de Barb e segui esbaforida pelo corredor. No tablado, comecei a passar meus slides. Logo os homens estavam boquiabertos, outros olhavam para os pés, outros remexiam em papéis. Uma calculadora caiu ruidosamente no chão. Olhei para minha camiseta roxa folgada. Duas manchas molhadas cresciam como se brotasse de fontes. "Ops", murmurei, toda corada, com um sorrido tenso como uma cerca de arame farpado, querendo sumir. Um parecerista mais velho tossiu alto. Meu pai teria ficado tão confuso e chocado quanto ele — a amamentação não fora moda na sua geração. Algumas colegas, de queixo caído, compartilhavam meu constrangimento. Acelerei minha apresentação de slides e saí correndo, Barb nos meus calcanhares, e escapei para os fundos do prédio. Ficamos ali ao sol, horrorizadas, mas Barb, uma mãe imperturbável, desatou numa gargalhada que não enfraqueceu enquanto não me juntei a ela. Um mês depois, recebi minha verba, menor do que a solicitada, mas suficiente para continuar meu trabalho.

Voltei da licença-maternidade quando Hannah tinha oito meses, depois de me engalfinhar com a ideia de permanecer em casa em tempo integral. Mas eu estava ansiosa para retomar minhas pesquisas, e Don e eu dependíamos da minha renda. Debbie, a babá, me transmitia segurança, mas a primeira vez que lhe entreguei minha preciosa filha — o amor da minha vida, de macacão cor de malva, punhos ainda envolvidos por pulseiras de gordurinha de bebê, sua respiração sincronizada com a minha —, Hannah olhou para mim como se eu a tivesse traído. Gritou, se agarrou e chorou, e eu a arranquei do meu peito, saí e fechei a porta. Parei lá fora, arquejante enquanto ouvia seus gritos, meu mundo desabando.

O que eu estava fazendo? Valia a pena deixar minha bebê com alguém para que eu pudesse me sentar na minha sala num prédio do governo e olhar pela janela? Em uma semana, eu me sentia melhor. Mais uma semana e tínhamos engrenado numa rotina, então comecei a me lembrar do meu trabalho. Eu precisava fazê-lo avançar. Muitos meses se arrastaram, e era cada vez mais forte a sensação de que ainda era meu dever explicar minhas descobertas aos responsáveis pelas diretrizes e aos encarregados do manejo das florestas.

Alan e eu resgatamos uma antiga ideia dele: organizar uma conferência de dois dias com visita a sítios de pesquisa para analisar o estado do conhecimento, na província da Colúmbia Britânica, sobre como as plantas latifoliadas competem com as coníferas. Convidaríamos uns quarenta formuladores de diretrizes, silvicultores e cientistas para incentivar uma discussão da diretriz do crescimento livre e um parecer sobre a remoção de plantas, se ela estava colaborando para a sobrevivência e o crescimento de árvores jovens.

No primeiro dia, revisei meus slides mais uma vez e preparei para Hannah — então com quase um ano e meio, e onze quilos — um almoço reforçado que ela levaria para a creche: três mamadeiras de leite, pedaços de abacate, cubos de frango, palitos de queijo e iogurte de morango. Eu estava tensa e ranzinza, e Hannah sentia alguma coisa no ar. Don a deixou na creche, me deu carona até a faculdade e foi para o escritório.

Alan fez a introdução dando as boas-vindas e apresentando a pauta: colegas resumiriam seus trabalhos sobre as práticas do corte raso e da remoção seletiva de vegetação em diferentes florestas: as férteis planícies aluviais no litoral, as plantações de abetos de crescimento lento na região sub-boreal, os abetos-subalpinos em altitudes elevadas e os pinheiros do grande vale chamado Rocky Mountain Trench. Fiquei tensa ao ver responsáveis pelas diretrizes que tinham vindo da capital ocupando as duas mesas redondas na frente da plateia. Os silvicultores da região sentaram-se na fileira seguinte, e os cientistas ficaram mais atrás, espalhados, como que para manter sua independência. Alan sempre dizia que conseguir fazer pesquisadores trabalharem por um objetivo comum é como tentar encaminhar gatos para um mesmo lugar. Eu falaria por último e me concentraria na minha pesquisa dos ecossistemas montanos locais, que veríamos na excursão do dia seguinte. Algumas apresentações mostraram notável crescimento de coníferas em resposta ao uso de herbicida para eliminar coberturas incomumente densas de framboesas e epilóbios, mas a maioria encontrou pequenos aumentos ou aumento nenhum.

Teresa, uma pesquisadora perspicaz e meticulosa, observou em sua exposição que, nos locais que ela pesquisou, tinha sido possível deixar vários álamos de pé sem que houvesse redução no crescimento de abetos híbridos, e que os álamos ajudavam as coníferas a evitar danos pela geada. Ela falou rápido, olhando de relance para os responsáveis pelas diretrizes. Rick, um silvicultor alto e que também falava depressa, interrompeu a apresentação para apontar em um dos slides que ela mostrara um punhado de árvores excepcionalmente grandes nos trechos que tiveram a vegetação removida, gigantes em meio a dezenas de árvores menores, evidenciando, segundo ele, que árvores deixadas livres para crescer realmente tinham potencial para se tornar extraordinariamente grandes, ao menos no curto prazo. Dave, o amigo que obtivera o grau de mestre e de doutor ao mesmo tempo que eu, falou lá do fundo, concordando com Teresa que a remoção completa da vegetação latifoliada era desnecessária porque apenas uma fração das coníferas se beneficiava, deixando a maioria ainda pequena e ainda mais vulnerável a danos pela geada do que quando os álamos eram mais altos do que elas. E essa remoção automática também representava um custo alto em redução da biodiversidade, o que significava que o crescimento livre não era uma boa política quando considerávamos sua abrangência. Mas reconheceu que houvera bons resultados para coníferas em certos sítios setentrionais que o junco-canadense invadia depois das derrubadas.

Quando chegou minha vez, mostrei dados de vários experimentos e expliquei que, no fim das contas, muitas espécies de plantas — o tipo comumente visado pelos programas de remoção — não prejudicaram as coníferas plantadas tanto quanto se previa. Na maioria dos locais de onde se extraíra madeira, as coníferas cresceram tão bem em meio às plantas nativas — epilóbios, grama pinegrass, salgueiros — quanto nos casos em que as plantas foram removidas. O efeito das bétulas sobre os abetos era complexo e se revelava dependente de fatores como densidade dos povoamentos, fertilidade do solo, preparo do local de plantio, qualidade das mudas plantadas, grau de armilariose presente na floresta original. As respostas dependiam das condições e da história específicas de cada local e requeriam que se compreendesse a floresta local. Mostrei dados sobre o número de bétulas que podiam ser deixadas em situações específicas para assegurar um bom crescimento das coníferas e ao mesmo tempo minimizar a doença da raiz e manter a biodiversidade. Minhas pesquisas eram rigorosas, porém tão jovens quanto eu. Meus colegas assentiam com a cabeça quando minhas conclusões condiziam com as deles. Prossegui até meus últimos slides, me sentindo otimista.

Arbustos como o amieiro e o saboeiro, expliquei, eram benéficos para suas vizinhas aciculadas porque podiam servir de hospedeiros para bactérias simbióticas que fixam o nitrogênio. ("Sem falar em seu papel de fornecer alimento para aves, remédios para pessoas e carbono para o solo", pensei comigo.) Prevenir erosão, incêndio e doença. Tornar a floresta um lugar encantador. Os responsáveis pelas diretrizes na mesa da frente assistiram em silêncio de início, mas depois registrei alguns cenhos franzidos, e fiquei ainda mais apreensiva quando um estrategista de alto escalão, sexagenário, me interrompeu com o comentário: "Seus dados são muito novos para provar que as plantas não suplantarão as coníferas".

Um jovem silvicultor na mesa vizinha, os olhos encobertos por um boné de beisebol verde, aparteou que minhas pesquisas não refletiam o que as plantas estavam fazendo nas florestas *dele*. E deu uma olhada para o lado, em busca da aprovação dos mais velhos. O Reverendo, até então calado, estava sentado imóvel enquanto os demais em sua mesa arrumavam seus papéis, prontos para encerrar a sessão. "Por ora, está bom", pensei. Encerrei minha exposição, Alan agradeceu a todos, e os cientistas pareciam prontos para uma cerveja. Os responsáveis pelas diretrizes levantaram-se juntos, conversando sobre regulamentação antes de relaxar e seguir Dave e Teresa até o Duffy's Pub. Meu consolo foi entreouvir um silvicultor — que se mantivera calado fazendo anotações — dizer a um amigo: "Bom, isso foi útil. Não quero remover plantas onde não for necessário".

Don esperava no carro, com Hannah em sua cadeirinha. Ela deu um gritinho quando a beijei antes de me deixar cair no banco ao lado de Don, jogar a cabeça para trás e gemer: "Ai, caramba. Os outros pesquisadores tinham bons dados, mas o pessoal das diretrizes ainda foi cético quanto aos meus resultados".

Don, sempre mais otimista, me garantiu que as coisas melhorariam quando fôssemos todos olhar as árvores.

Para o dia seguinte, meu plano era apresentar três populações de abetos-de-douglas, amostras de uma gama de condições — tipo "o bom, o mau e o feio", representando a variabilidade natural das bétulas nascidas de sementes em áreas de corte raso na região. Uma delas era o retrato da imensa maioria das plantações — baixa densidade de bétulas que tinham nascido de sementes ou tornado a brotar depois do corte raso. As outras duas plantações eram exemplos das raridades: uma abundância de sementes encontrara uma boa base e brotara formando bosques cerrados; ou quase nenhuma se estabelecera e os brotos eram raríssimos. As plantações eram jovens, com cerca de dez anos, idade na qual normalmente se fazia a remoção para cumprir as diretrizes do crescimento livre. Eu escolhera esses sítios para mostrar que as bétulas não costumavam ser tão competitivas quanto os formuladores das diretrizes pressupunham, e que portanto os silvicultores prescreviam intervenções que não condiziam com as condições locais. Superestimar a ameaça de algumas bétulas na vizinhança poderia trazer consequências inesperadas, potencialmente sujeitando a floresta a um futuro vulnerável no qual a biodiversidade diminuída poderia reduzir a produtividade, aumentar o risco à saúde e intensificar a propagação de incêndios. O que fazemos nesses primeiros anos de desenvolvimento, no fim das contas, determina a resiliência futura. Como ocorre com as crianças.

Eu achava que, se apresentasse meu argumento diretamente na floresta, no meio das árvores, talvez fosse mais fácil chegarmos a um acordo sobre a necessidade de ajustar as diretrizes para que estas refletissem melhor o que acontecia na natureza. Afinal, todos nós tínhamos em comum o amor pelas florestas. Alan e eu alugamos um reluzente Suburban para a ocasião, e lideramos a carreata para o norte, ao longo do rio a partir de Kamloops, com Rick, o gestor florestal, e o Reverendo no banco de trás. Jean e Barb vinham na retaguarda, em nossa picape de campo. Alan, que era um anfitrião charmoso, conversava descontraidamente sobre a taxa de colheita na província e o acúmulo de áreas de corte raso reflorestadas de modo inadequado, e todos debatiam quem poderia chefiar a próxima iniciativa em financiamento de pesquisa, mas eu permanecia calada. Além do mais, estava enjoada, no começo da segunda gravidez. Fingia examinar mapas e anotações. Rick tagarelava e ria à solta, descrevendo seu experimento favorito no norte, onde as gramas sufocaram seus abetos — um ponto de referência para suas diretrizes. Enquanto passávamos por cristas arenosas com choupos-ocidentais e declives pedregosos com abetos-de-douglas, o Reverendo falou sobre desbastar florestas que excediam uma densidade específica que ele e os criadores de modelos supunham ser prejudiciais para as árvores, e era assim que eles podiam obter florestas mais uniformes capazes de crescer mais rápido e de modo mais previsível. Eu não tinha condições de entrar naquela conversa; deixaria que a floresta falasse por mim.

Pouco antes do lago East Barrière, a fila de veículos parou num povoamento centenário de abetos-de-douglas e bétulas-de-papel. Eu não me via como ardilosa, porém já receava que aquela excursão me consolidasse como rebelde.

Mas a velha floresta me parecia tranquila e indulgente, quando parei numa colina em meio aos abetos — de cerca de trinta metros de altura — e bétulas, mais baixas, com seus galhos folhosos voltados para as aberturas no dossel. Várias tropas de descendentes dos abetos mais velhos agrupavam-se nas clareiras. Os homens se acotovelavam, gracejavam e tomavam café. Teresa mostrou um pica-pau e engatou uma conversa com Rick sobre aves que fazem ninho em cavidades. Alan, pernas arqueadas, ao lado de outro figurão das diretrizes, estava entretido numa conversa sobre como as densas plantações de espruces na Escócia deveriam ser reconvertidas em florestas de carvalhos nativos para melhorar o habitat para as aves. Alan, sempre à procura de linhas comuns, apontou para uma coruja numa cavidade de bétula e comentou que aqui as bétulas eram como os carvalhos nas Ilhas Britânicas. Pouco havia da tensão do dia anterior, embora o Reverendo resmungasse sobre o frio. Jean e Barb estavam a postos com seus facões para seguir abrindo trilhas à frente do grupo.

"Antes de tudo, gostaria de passar a vocês a informação de que nossos dados mostram que essas florestas mistas estão produzindo maior volume total de madeira do que as florestas puramente de coníferas", falei. "Embora haja menor volume de abetos aqui do que num povoamento só de abetos, estes abetos individuais estão crescendo mais rápido. E quando adicionamos o volume de bétulas ao volume de abetos, a quantidade total de madeira neste sítio é mais ou menos um quarto maior do que numa floresta só de abetos. Isso acontece, em parte, porque as bétulas fornecem muito nitrogênio às árvores coníferas, que têm carência desse elemento. Elas também protegem os abetos contra a armilariose, que desacelera o desenvolvimento das árvores, quando não as mata de uma vez."

Rick comentou: "Tudo bem, isso pode ser verdade, mas vamos encarar os fatos: as bétulas aqui não têm valor no mercado". Um nervo contraiu-se no meu pescoço. Esquecido da agradável conversa sobre as corujas e suas necessidades de abrigo, o Reverendo acrescentou que, de qualquer modo, a maioria das bétulas antigas estava podre. Teresa e Dave permaneceram calados, sabendo que o valor de mercado corrente das tábuas de bétulas era baixo e que aquelas estavam realmente bem deterioradas.

Alan entrou de cabeça: "Você está falando do mercado velho. Os mercados estão mudando, e o valor das bétulas vai subir". Meus braços relaxaram enquanto eu inspirava a confiança dele. "Elas crescem bem facilmente por aqui, não faz sentido deter o que quer crescer naturalmente e gastar um monte de dinheiro para isso. Seria melhor incentivar mercados para produtos de bétula. E então poderíamos criar pequenas empresas para produzir pisos e móveis de bétula em vez de importá-los da Suécia. Pensem nos pinheiros-lodgepole. Vinte anos atrás nós o chamávamos de planta daninha, e agora é uma das nossas espécies comerciais mais lucrativas." O vento passava entre as plantas pioneiras, e as folhas curvavam-se em suaves setas verde-claras, farfalhando.

"Mas ninguém vai comprar as nossas bétulas", Rick replicou. "São velhas e podres demais, e, tortas como são, não vão passar nas serras, e não podemos competir com as bétulas suecas que dominam o mercado."

"É verdade", falei, sabendo que ele tinha razão. "Mas fiz experimentos nos quais desbastamos arvoretas de bétula deixando-as em diferentes densidades. Examinamos cada caule individualmente e selecionamos os mais retos para manter essas unidades de pé. Removemos as que estão em decomposição e as que são tortas, em vez de deixar que elas definhassem por si mesmas. Se cuidarmos dos povoamentos dessa maneira, poderemos cultivar bétulas retas e sólidas num quarto do tempo de cultivo das coníferas."

"Mas é muito caro retirar as velhas bétulas do mato", disse o jovem silvicultor de boné de beisebol. Era por isso que elas acabavam sendo deixadas nos aterros depois do corte das coníferas. Teresa assentiu, e eu sabia que era verdade, mas eu queria falar sobre esse assunto, debater como poderíamos usar alguns dos troncos velhos e ao mesmo tempo cultivar as bétulas que se regeneravam naturalmente enquanto mantínhamos os povoamentos saudáveis. Por que o Reverendo estava tão quieto?

"Talvez o governo possa conceder incentivos", Alan sugeriu. "As empresas poderiam ficar com as bétulas velhas gratuitamente, sem ter de pagar à Coroa, e nós poderíamos incluir bétulas jovens como árvores de cultivo em plantações novas, manejando essas árvores com técnicas de seleção que vêm sendo estudadas por Suzanne." Alan pegou uma acha de bútula que alguém cortara e deixara para trás e a entregou ao Reverendo para mostrar o valor da madeira mesmo naquelas condições; Dave cutucou um cantarelo com a ponta do pé, comentando que as pessoas que viviam ali dependiam das bétulas de modos invisíveis para o governo. O Reverendo olhou para o pedaço de lenha, jogou-o no chão e fez seu primeiro comentário da tarde: "Já temos mercados para as coníferas".

Um especialista em patógenos, homem estudioso e sensível, virou um tronco de bétula onde crescia um cogumelo cor de mel e removeu a casca com textura de papel, revelando a madeira interior, macia, farelenta e úmida. Colheu o cogumelo e mostrou o micélio luminescente que infectava a polpa da madeira. Os homens se amontoaram em volta dele. Quando as bétulas se aproximam dos cinquenta anos, quase no fim de sua expectativa de vida, tornam-se mais suscetíveis ao *Armillaria sinapina*, e muitas delas correm risco de infecção do tronco e das raízes. O *Armillaria sinapina* é parecido com o *Armillaria ostoyae*, mas infecta principalmente árvores latifoliadas como a bétula, em vez de coníferas. Essas duas espécies de fungo ocorriam naturalmente naquelas florestas, e ambas facilitavam a sucessão natural e aumentavam a heterogeneidade da vegetação matando árvores e abrindo espaço para que outras espécies aumentassem a diversidade. Mas o *Armillaria ostoyae* era visto como um fungo danoso pelos silvicultores, porque matava particularmente as coníferas de crescimento rápido cobiçadas no mercado. Remover bétulas e álamos nas áreas de corte raso como se fossem plantas daninhas piorava ainda mais a situação, pois seus tocos forneciam uma rica base de alimento para esse fungo crescer, aumentando seu potencial para infectar as mudas de coníferas plantadas. Matar bétulas também reduzia a capacidade de as coníferas resistirem a infecções, devido à perda de micróbios benéficos. Já o *Armillaria sinapina* era menos preocupante, porque não costumava infectar as coníferas de plantações. Contudo, acabava matando as bétulas. Quando as bétulas idosas enchiam-se de matéria em decomposição, suas folhas amarelavam, ramos caíam e insetos e outros fungos vinham se banquetear com os açúcares degradados. Pica-paus de várias espécies alimentavam-se dos insetos e, quando encontravam um local perfeito, faziam cavidades na madeira para botar ovos. As coníferas longevas alcançavam o novo espaço, apropriavam-se dos raios de sol e gotas de chuva e absorviam os nutrientes liberados. "O fungo mata as bétulas, as lacunas tornam-se abrigos para outras espécies e a diversidade aumenta. É a sucessão natural dessas florestas", disse o patologista em meio a murmúrios de apreço dos homens.

"Quando jovens, porém, a taxa de fotossíntese das bétulas é mais elevada que a das coníferas, assim as bétulas enviam mais açúcares para suas raízes, e por fim grandes quantidades armazenam-se no solo. Se começarmos a manejar florestas tendo em vista um aumento do armazenamento de carbono, para desacelerar a mudança climática, a bétula pode ser uma boa escolha", continuei. Um pintassilgo agarrou-se a um ramo de bétula cheio de manchas e bicou o espetinho de sementes que pendia dele; algumas caíram no chão.

"Mudança climática? Não temos que nos preocupar com isso também", alguém disse. Era verdade que ainda havia tantos aspectos desconhecidos das mudanças globais que tínhamos demorado a associar o surto de besouros com o aumento das temperaturas no inverno. Com tanta incerteza, o governo não se via exigido a levar a sério a nova pressão a respeito do clima.

"Mas a Environmental Protection Agency acha que devemos", falei, surpresa com o meu tom seguro. "Vi as projeções: a mudança climática logo será nossa maior ameaça. Vamos precisar que bétulas e álamos cresçam rápido e ponham muito mais carbono no solo, onde estará a salvo do fogo." Expliquei então que, na maioria dos anos, no Canadá, perdíamos mais carbono em razão de incêndios do que da queima de combustíveis fósseis, e deveríamos tentar reduzir o risco com um planejamento de florestas mistas em vez de florestas de coníferas, e de corredores de bétulas e álamos que servissem como barreiras para o fogo, porque suas folhas eram mais úmidas e menos resinosas que as das coníferas.

"Aqui não está acontecendo mudança climática", argumentou o silvicultor de boné. "Olhe só, este é o verão mais frio e úmido de todos os tempos."

"Eu sei, e é difícil acreditar quando não conseguimos sentir. Mas você ficaria surpreso se visse os modelos de clima", falei, indicando com um gesto da mão a escalada estratosférica das concentrações de dióxido de carbono desde os anos 1950.

"Você é fã das bétulas", disse o sujeito do boné verde, calado há um tempo.

"É, acho que sou", falei, com um riso constrangido.

"Melhor irmos andando", sugeriu o Reverendo. Ele cochichou alguma coisa para Rick. Quando ele se virou para partir, os demais o seguiram como aves em bando, e eu fechei meu agasalho contra o vento gelado.

O sujeito do boné pediu para trocar de lugar comigo no Suburban que levava o pessoal das diretrizes. Fiquei com raiva de mim mesma por topar de cara, ávida para poder me juntar a Jean e Barb, torcendo para Alan não se importar em ser abandonado. "Você está indo muito bem", Jean comentou, e me deu uns tapinhas de apoio no braço, embora parecesse em dúvida.

"Vai ser dureza", disse Barb, liderando a matilha na estrada.

"Eles vão enlouquecer com as bétulas na primeira plantação", concordei, sentindo um calor se espalhar pelos meus nervos como fogo no capim.

Mas esse pessoal sabia que aqueles locais existiam, por isso precisávamos falar deles.

Fomos até a densa população de bétulas-de-papel com alguns abetos esquálidos embaixo delas — o exemplo que eu chamava de "o feio". O local fora mal manejado desde o início. Os madeireiros que cortaram as bétulas haviam estraçalhado o chão de tal maneira que, ironicamente, ele se transformou numa bandeja de germinação para as minúsculas sementes aladas que voavam por ali em fins do outono. E então o silvicultor encarregado do replantio prescrevera mudas de abeto mais bem adaptadas a um clima mais meridional — a combinação explosiva de abetos plantados condenados e bétulas "daninhas" que se reafirmaram. Agora as bétulas estavam com três metros de altura, e os abetos plantados estavam quase mortos, por não terem condições de suportar a geada. Era realmente um caso extremo de bétulas ganhando a corrida. Mas havia duas partes nessa parada, e a segunda atestaria o argumento que eu queria apresentar. Do outro lado da estrada, haviam cortado todas as bétulas, portanto os abetos estavam livres para crescer, só que eles ainda estavam pequenos e amarelados, mostrando que matar bétulas para atender às diretrizes não resolvia o problema.

Enquanto andávamos em direção à parte densa, eu me dei conta de que minha ideia era equivocada — toda aquela excursão encaminhava-se para um fiasco.

"Viu só? Isso obviamente mostra que as bétulas matam as coníferas", murmurou Rick quando encontrou um abeto-de-douglas em sofrimento. O silvicultor do boné de beisebol parecia quase eufórico.

"Meus modelos que relacionam crescimento e luminosidade prediriam que esse abeto-de-douglas estaria morto em dois anos", disse Dave, de quem eu tinha aprendido a gostar ao longo dos anos e que estava simplesmente falando com honestidade sobre seus dados. Só que ele fez esse comentário antes de termos tido a chance de ir ao outro lado da estrada para ver o abeto que logo estaria morto também, mesmo sem bétulas por perto. Senti vontade de esganá-lo.

"Sim, mas o que eu quero deixar claro é que esses tipos de povoamento são raros", repliquei, e então os levei para o outro lado da estrada, onde todas as bétulas tinham sido cortadas. Remover as bétulas não fizera a menor diferença para a saúde dos abetos — eles estavam doentes por terem sido plantados no lugar errado. "É fácil evitarmos criar povoamentos como esse. A solução é plantar árvores melhores e escolher o momento da preparação do sítio de modo a não coincidir com a dispersão das sementes de bétulas. Veremos sítios onde obtivemos resultados totalmente diferentes com melhor preparação e melhor escolha de mudas para o plantio."

Seguimos para o exemplo "mau": as bétulas dessa população tinham sido cortadas rente e os tocos haviam sido borrifados com herbicida para gerar a condição do crescimento livre. A monocultura de abetos destacava-se contra a encosta repleta de bétulas e cedros como um gramado aparado no meio de uma pradaria. Jean correu até onde ela havia pintado de azul os tocos de bétulas mortas, que ficaram parecendo confetes espalhados, e mostrou alguns abetos plantados, agora amarelados por doença da raiz. Alguns deles estavam em condições melhores, mas um décimo havia morrido, restando deles apenas esqueletos de ramos cinzentos e ásperos. Quando as bétulas foram cortadas, o *Armillaria ostoyae* infectou suas raízes estressadas e se propagou para as dos abetos entremeados. Os abetos-de-douglas, pinheiros-lodgepole e lariços-ocidentais beneficiavam-se acentuadamente com o plantio, mas, paradoxalmente, eram os mais vulneráveis a esse tipo de infecção. Rick e o Reverendo ignoraram os abetos doentes, indicaram os ramos principais de alguns mais saudáveis, de cerca de trinta centímetros de altura, e disseram que a doença não afetava a maioria das plantações. O patologista anunciou "Não existe *Armillaria* depois de 52", apontando na direção em que liquens incrustavam a casca das bétulas; ele queria dizer que a doença não era problema para a metade setentrional da província, onde Rick ajustara sua bússola.

Eu estava numa canoa furada.

Alan distribuiu gráficos coloridos para mostrar que a altura dos abetos em um dos seus experimentos com as espécies duplicara em comparação com os abetos do local em que estávamos, embora neste as bétulas tivessem sido cortadas. Enquanto eles examinavam as linhas coloridas, Alan olhou para mim como quem passa o microfone. Falei sobre a bactéria *Bacillus* nas raízes das bétulas, que fixam o nitrogênio, e as fluorescentes, que produzem antibióticos e reduzem as infecções patogênicas dos abetos próximos. Deixar uma mistura de bétulas saudáveis com suas bactérias úteis poderia melhorar a saúde dos abetos, argumentei, como um programa público de imunização. "As bactérias são supridas de carbono que vaza das redes micorrízicas quando este passa entre bétulas e abetos", consegui dizer, distraída pelo risinho de desprezo do sujeito de boné verde; mas prossegui: "Podemos remover cirurgicamente algumas bétulas para libertar os abetos, mas conservar a maioria delas mantém a taxa de infecção mais baixa."

Rick meteu-se no centro do grupo e interrompeu dizendo que o melhor modo de reduzir a armilariose, segundo um estudo iniciado em 1968, era remover do solo os tocos de árvores infectadas após a derrubada e então plantar os abetos. Eu já estivera em campo com ele antes, só nós, examinando as plantações, e ele se mostrara ansioso para discutir a remoção de plantas, fazendo questão de citar literatura especializada, o que me causara estranheza, pois ele parecia mais interessado nisso do que em olhar para as árvores reais. Lutei contra a irritação. Ele estava certo ao dizer que remover os tocos era uma prática tradicional, e havia fartas provas de que isso funcionava para reduzir a doença. No entanto, expliquei, precisávamos encontrar alternativas, porque a remoção dos tocos compactava o solo e destruía plantas nativas e micróbios. "Além de ser caro", acrescentei.

"Sim, porém é o tratamento mais garantido", disse o patologista.

Sons de concordância elevaram-se como grasnidos, e eu senti os hormônios do estresse banhando a irmã ainda não nascida de Hannah.

Quando chegamos ao exemplo "bom", onde uma mistura esplêndida de abetos e bétulas crescia em perfeito equilíbrio, Rick havia perdido a paciência. Não tive chance de explicar que essa parcela mostrava como as bétulas e os abetos ajudavam-se mutuamente, que estavam em um equilíbrio complexo e que só precisávamos ter paciência e deixar que eles seguissem em sua dança ao longo das estações e anos. Ele estava zangado, e o humor do grupo dos responsáveis pelas diretrizes azedara.

Talvez ele pensasse que minha ciência era ruim, ou quem sabe começasse a perceber uma rachadura nas diretrizes dele. De fato, a remoção seletiva de plantas daninhas era necessária em alguns casos, porém na maioria das plantações remover completamente as árvores latifoliadas não se justificava de modo algum. Mas ele não deixaria que eu me pusesse em seu caminho. Aproximou-se e ficou a poucos centímetros de mim. Por instinto, cobri a barriga com o braço, notando o quanto ele era medonhamente alto. Procurei localizar os outros, mas eles estavam espalhados no meio do mato. Alan não poderia me ouvir, estava longe, conversando com Dave. Os silvicultores estão sempre examinando alguma árvore, ou brotos, cascas e acículas. Barb e Jean estavam ao lado de uma graciosa bétula, paralisadas.

"Quer dizer que a srta. Bétula se julga uma especialista?", ele disse.

Eu tinha ouvido esse nome cochichado às minhas costas. Bétula era a forma delicada, pública, do nome pelo qual alguns deles me chamavam em particular.*

E então ele se enfureceu. "Você não tem a menor ideia de como essas florestas funcionam!"

Meu bebê se mexeu pela primeira vez, e eu senti que ia desmaiar.

"Muita ingenuidade sua pensar que vamos deixar essas plantas daninhas aqui para matar as árvores!", ele rugiu.

Abri a boca, mas as palavras não saíram. Um chapim-de-cabeça-preta afofou as asas dentro de uma coroa de bétulas. Três biquinhos amarelos abriram-se como conchas de ostra ao redor dela, mas o canto por comida era mudo. Ecoavam em mim as coisas horríveis que eu ouvira sobre mulheres que dizem o que pensam — comentários feitos inclusive na minha família. As críticas atiradas contra as mulheres pelas costas, mesmo quando

---

* Bétula em inglês é *birch*, cujo som lembra *bitch*, "cadela", "vadia". (N. T.)

ditas para gracejar, sempre me deixaram desconcertada. Minha avó Winnie era quieta, mas é provável que recorresse ao silêncio para evitar estocadas em boa parte porque era... mais fácil. Eu tinha prometido não provocar críticas dos homens, e no entanto lá estava eu. Os olhos de Barb eram como duas luas cheias, Jean parecia prestes a gritar.

Os homens me rodearam, mais próximos do que os lobos quando me perdi, e eu recuei.

Alan apareceu do meu lado. "Hora de ir, pessoal", ele disse. Barb veio depressa para perto de mim e cochichou: "Arre". Eu queria sair rastejando como um cachorro espancado.

O chapim cantou — tudo bem, passou o perigo. A excursão terminara.

Naquela noite, dei carona a Dave até o aeroporto, e conseguimos conversar sobre filhos, seu chalé na montanha da baía do Hudson e a desova do salmão que aconteceria em breve no rio Skeena. Nossa descida pela estrada sinuosa que passava pelas densas florestas mistas de cedros, bétulas e abetos nas montanhas levou uma hora, depois ganhamos velocidade pela árida floresta de abetos-de-douglas margeando o rio. Eu me perguntava que aspecto teria a rede micorrízica sob esses dois dosséis diferentes. Na floresta densa e úmida, onde as árvores eram de espécies diferentes mas tinham a mesma idade — regeneraram-se depois de um forte incêndio que matou todas as árvores antigas —, imaginei uma rede brilhantemente complexa, com centenas de fungos específicos para cada hospedeiro e de fungos generalistas, alguns ligando árvores de espécies distintas e outros conectando as da mesma espécie. Quando a floresta se abriu no vale seco — onde só havia abetos-de-douglas e onde incêndios frequentes no subdossel criaram brechas para sementes que foram espalhadas pelas sobreviventes antigas de casca grossa, levando a surtos periódicos de regeneração —, tentei imaginar como esse mapa subterrâneo poderia ser comparado ao da floresta densa. As árvores maduras nessa paisagem árida pareciam estar ajudando a estabelecer novas plântulas, mas talvez a rede micorrízica também tivesse algum papel nessa facilitação. Com o fungo servindo de canal para o carbono, e talvez para a água, das velhas para as jovens no solo seco, como servia para as bétulas e os abetos na floresta úmida da minha pesquisa de doutorado.

A floresta árida parecia o lugar perfeito para um mapeamento da rede subterrânea, pois era mais provável que as conexões entre árvores da mesma espécie fossem bem mais frequentes do que entre o conjunto diversificado de espécies de árvore na floresta mista mais úmida. Aqui nessa floresta, composta em sua maior parte de abetos-de-douglas, a comunidade de fungos micorrízicos devia ser dominada por fungos específicos do abeto-de-douglas, como o *Rhizopogon*, que fornecia uma parceria exclusiva e em grande medida de evolução conjunta, na qual as plântulas de abeto-de-douglas deviam ser conectadas aos abetos antigos somente por essa espécie fúngica — como luas na órbita de planetas. Afinal de contas, uma rede composta de uma única espécie fúngica conectando uma única espécie de árvore hospedeira deveria permitir um mapeamento mais direto do que uma rede composta de múltiplos fungos generalistas conectando múltiplas espécies de árvore hospedeiras. Quem sabe um dia eu pudesse fazer um mapa da floresta árida de abetos — simples, vívido e claro — e esse seria um lugar mais fácil para começar do que nas florestas mistas onde eu rastreara o carbono transferido entre bétulas e abetos.

Dave ofereceu-se para me ajudar a rever um dos meus manuscritos que fora rejeitado por uma revista. Um parecerista escrevera: "Não podemos publicar artigos de gente que pensa que pode simplesmente dançar pela floresta olhando as árvores". O comentário doeu, mas eu estava ficando mais hábil em receber com ceticismo esse tipo de crítica depreciativa. Por fim, chegamos à faixa de terra em meio aos ranúnculos e às gramas que crescem em tufos no extremo leste do lago Kamloops. Dave deu uma olhada rápida para o balcão de check-in no aeroporto, os bancos de vinil laranja na sala de espera e a área das bagagens e riu, porque o aeroporto conseguia ser ainda menor que o de Smithers, a cidade onde ele morava.

Comíamos muffins perto de uma janela que refletia nossa imagem empoeirada quando ele disse impulsivamente: "Conversei com Rick sobre o que aconteceu hoje. Disse a ele que você é uma das melhores pesquisadoras do Serviço Florestal".

Tentei esconder que eu estava quase chorando. "E o que ele disse?", perguntei, sem querer saber de verdade.

"Não concordou." Dave olhava direto para mim, mas eu observava um caubói que pedia café.

"Pelo menos ele é honesto", comentei, rindo.

"Não sei por que esse pessoal fica tão ouriçado com você", Dave lamentou.

Eu também não sabia. Talvez não gostassem de críticas. Ou não fossem capazes de ouvir mulheres. Sem dúvida ainda estavam bravos por causa do comentário sobre pintar rochas. Quando o voo de Dave foi chamado, ele me deu um abraço de urso e partiu.

Para piorar as coisas, no Serviço Florestal encontrei no meu escaninho uma carta com uma reprimenda pela entrevista da pintura de rochas. Um gestor disse que eu poderia ser descredenciada pelos regulamentadores profissionais, a Association of British Columbia Forest Professionals, por falar contra diretrizes governamentais — o que, para ele, era um caso de má conduta ética. Os silvicultores do governo intensificaram a inspeção das minhas pesquisas, e os que estavam em cargos de chefia ordenaram uma revisão por pares de um dos meus artigos mesmo depois de ele ter sido publicado. Comecei a me sentir excluída de novas iniciativas. Minhas pesquisas pareciam emperrar. Uma ocasião, quando eles estavam ameaçando retirar a verba destinada à publicação de um dos meus relatórios, Alan organizou uma teleconferência com os responsáveis pelas diretrizes, e eu me juntei a ele no viva-voz, explicando que eu estava solicitando apenas o suficiente para publicar meus resultados sobre a efetividade de remover vegetação selecionada nessa região.

"O problema não é o custo. São os resultados que você está relatando", disseram.

"Mas os meus resultados tiveram revisão por pares, não só do governo, mas também cientistas de fora", respondi, com a voz tensa. Alan explicou que gastar 10 mil dólares para divulgar os resultados valia muito a pena e que se tratava de uma quantia pequena em comparação com as centenas de milhares já investidos em trabalho de campo ao longo da década. Ele foi decidido e persistente, e no fim, com relutância, a publicação do meu relatório foi financiada.

Todas as noites nesse meu período de batalha, com o ventre cada vez maior pressionado contra o berço enquanto eu observava Hannah dormir, eu me perguntava como é que as coisas tinham chegado àquele ponto, à frustração e à humilhação de ser arrasada perante meus colegas. Eu tinha um amor imenso pela floresta, me orgulhava do meu trabalho, e no entanto me rotulavam de encrenqueira.

A comunidade científica também desconfiava. Era forte a crença de que a competição era a única interação entre plantas que importava, por isso, quando eu submetia originais para publicação, tinha a sensação de que meus experimentos eram virados do avesso, pedacinho por pedacinho, em busca de erros inexistentes. Talvez fosse assim que as coisas eram feitas, e eu fosse inexperiente. Mas não podia deixar de pensar que eles se ressentiam por eu ter publicado minhas descobertas na *Nature*, ganhando destaque antes de cientistas famosos que já vinham tentando desvendar o mistério de como redes influenciam interações entre plantas.

Nava (à esquerda, 1 ano) e Hannah (3), na frente da nossa casa de madeira, 2001.

Cinco meses depois da excursão, minha filha Nava nasceu e instantaneamente olhou em volta, espantada com toda a comoção. Eu punha Nava numa bolsa canguru e Hannah em uma mochila nas costas, e íamos buscar Jean para caminhar pela floresta de carvalhos esparsos, entremeados de diversas gramíneas e ervas, procurar gaios-azuis e flores de cacto. Meu relatório foi publicado, um calhamaço de 398 páginas que tinha sido apontado como um trabalho malfeito, e as mil cópias voaram das prateleiras. Mais tarde, um silvicultor me mostrou seu exemplar, a capa surrada e suas páginas favoritas marcadas com etiquetas coloridas. Ele me disse que era sua bíblia.

Voltei a trabalhar quando Nava fez oito meses, mas Alan estava com um mau pressentimento. Ele me incentivou a procurar outro emprego. Os conservadores do partido político agora no poder estavam cortando pessoal, além de reduzir a inovação científica, por isso os cientistas eram aconselhados a pedir demissão se pudessem.

Meu amigo dissidente do pós-doutorado na Universidade da Colúmbia Britânica, agora professor titular, logo entrou em contato comigo para comunicar a abertura de uma vaga de professor. Eu nunca pensara em entrar para o corpo docente de uma universidade, mas um membro da comissão selecionadora viajou até Kamloops para falar sobre detalhes, e fui aconselhada a publicar mais alguns artigos para melhorar minha posição na disputa. Na época eu já estava tremendamente cansada, Hannah com três anos, Nava com um. Nava já fora desmamada, mas continuava no meu colo, e Hannah era travessa como um cachorrinho novo. E eu amava nossa casa na floresta, nossas caminhadas noturnas nas trilhas da mata e as centenas de experimentos que eu nutria como se fossem filhos. Além disso, tinha 41 anos. Não era velha demais para começar no magistério?

Mesmo assim, me candidatei. Don concordou que eu devia tentar, mas disse que não queria se mudar para Vancouver, embora não gostasse de morar em Kamloops, onde eu era funcionária pública. Desde que ele conhecera a cidadezinha de Nelson, aninhada na bacia da Colúmbia próximo a Nakusp, onde minha mãe cresceu, desejou mudar-se para lá.

Nelson tinha uma floresta local exuberante e era pequena, com um ritmo de vida tranquilo e uma população educada, liberal e ligada às artes. Eu compreendia — a atração era forte. Afinal de contas, a maior parte da minha família próxima agora morava em Nelson, e nossas meninas ficariam perto da minha mãe — a vovó Junebug —, dos tios Robyn e Bill e dos primos, Kelly Rose, Oliver e Matthew Kelly. Mas era um lugar tão pequeno e remoto que não havia trabalho para nós ali. E — eu nem conseguia imaginar — eu não teria mais condições de prosseguir com minhas pesquisas. A comissão selecionadora me escolheu para a lista de finalistas dentre uma centena de candidatos, e eu peguei um avião para Vancouver no auge do inverno para ser entrevistada, dizendo a mim mesma que poderia aceitar ou recusar.

Alguns meses depois, Don, as meninas e eu estávamos visitando minha mãe em Nelson. A neve mal sumira dos desfiladeiros, e o gelo no lago derretera recentemente. Os primeiros veleiros manobravam no lago Kootenay, os arbustos de snowberry que ladeavam os acostamentos das ruas arborizadas abriam suas folhas. Don suspirou, desejoso. Na avenida Kokanee, a caminho da casa da vovó Junebug, Hannah dava gritinhos de animação com a caça aos ovos de Páscoa em companhia de seus primos, e Nava, ao lado dela no carro, ria, apesar de ter apenas dois anos e não saber o porquê de tanta empolgação. Vovó estava à porta, lápis de cor e livros para colorir a postos. Um gatinho fofo de pelo cinza e seis dedos em cada pata, chamado Fiddlepuff, dava botes em borboletas no gramado. Hannah subiu as escadas correndo, Nava a reboque e Fiddlepuff atrás, e eu abri meu laptop e encontrei um e-mail da universidade me oferecendo o emprego.

Mamãe no mesmo instante disse que eu devia aceitar. De repente era real, e eu me senti atraída, lisonjeada e rejuvenescida. Mas Don me lembrou do que vinha dizendo. Ele havia escapado de sua St. Louis natal e não estava nada entusiasmado com a perspectiva de voltar a morar perto de fábricas e padarias, rodovias e metrô, casas geminadas e arranha-céus, onde as árvores mais próximas ficavam nos parques da cidade. Argumentei que, como ia perder meu emprego e ele não gostava de morar em Kamloops, talvez a cidade grande fosse a aventura de que precisávamos por algum tempo. Resolveria nossa incerteza financeira iminente.

Debaixo da macieira da mamãe, as meninas lá dentro com a vovó, Don e eu discutimos pautados pelo refrão "nenhuma intenção de viver em Vancouver". Ele apontou para a geleira Kokanee, onde poderíamos caminhar e esquiar, e disse que essa tinha sido a razão de ele querer vir para o Canadá. "Confie em quem você é, e não precisará desse emprego", ele explicou. "Nós dois, juntos, podemos nos virar aqui."

Olhei para as montanhas, onde os cedros faziam sombra aos ginsengs-do-alasca e aos repolhos-fedorentos, onde o doce aroma orgânico do solo da floresta invadia as narinas, onde a água fresca que descia da montanha deixava o cabelo macio, onde os mirtilos cresciam sobre tocos e o gengibre-selvagem florescia em fios de água. Onde as florestas antigas estavam sendo gradualmente derrubadas e substituídas por renques de abetos, pinheiros e espécies híbridas.

"Mas nunca terei outra oportunidade como essa", eu disse, vendo a proposta fazer um redemoinho antes de desaparecer pelo ralo. Don queria uma vida sossegada, longe de expectativas de ser médico, advogado ou contador, perto de uma encosta para esquiar. "Este é meu filho, o médico", diziam sua mãe e suas tias quando apresentavam o irmão e os primos dele, enquanto Don e seu pai conversavam sobre pescarias e beisebol. Já aos 29 anos, quando o conheci, Don falava em ir morar nas montanhas, mas eu andava tão absorta na minha missão de compreender a floresta que não levara isso a sério. Não tinha ideia de que era mais do que da boca para fora.

Puxei para trás uma das brácteas de três dentes de um cone de abeto aberto e passei o dedo sobre a reentrância vermelha em forma de coração onde antes estivera a semente alada. Mamãe tinha uma nova plântula de abeto no jardim, e o revestimento da semente caíra dos cotilédones. A casca dessa arvorezinha não engrossaria nem ganharia rugas por uns cem anos.

"Também adoro Nelson", falei. Mas eu queria aquele cargo efetivo de professora, pois não teria emprego por muito mais tempo. Independentemente da decisão, um dos dois ficaria infeliz. E se eu não conseguisse estar à altura do trabalho? A cidade talvez fosse horrível como Don temia. E eu me preocupava em causar tensão demais às nossas filhas, ao nosso casamento.

"Não precisamos de muito dinheiro. Podemos simplesmente viver na floresta", Don disse. Olhei para o telhado íngreme da casa vitoriana amarela de mamãe, projetado para deixar as placas de neve caírem, e depois dele para o outro lado da ruazinha, o quintal do vizinho, receosa de que ele pudesse ouvir. A voz de Don parecia alta.

"Mas e o meu trabalho? Ainda tenho muitas questões", eu disse, jogando o cone no canteiro de flores como quem lança uma bola.

"Suze, Nelson é um lugar melhor para criar filhos", ele disse, com uma contração no lábio que eu só vira uma outra vez, quando discutíramos sobre voltar ou não para a pós-graduação.

Saímos para jantar no badalado All Seasons Café. Pedi salmão-vermelho. Don pediu um prato vegetariano, e evitamos contato visual até que eu disse: "Pense no quanto poderíamos nos divertir com as meninas".

Ele empurrou o prato para o lado e me encarou. "Eu sei exatamente como seria. Duas horas de carro atravessando a cidade para chegar à floresta, e quando chegássemos ao tão sonhado local tranquilo de caminhada na natureza um milhão de outras pessoas já estariam lá." Eu não sabia o que ele tinha em mente. Quando eu morara em Vancouver durante a graduação, nunca tinha visto multidões assim ao caminhar e esquiar.

"Não é tão ruim assim."

"Não havia natureza como esta em St. Louis."

"Podemos vir para Nelson no verão."

"Não vou ser dono de casa", Don falou, e o ocupante da mesa vizinha olhou para nós.

"Eu estarei lá, você não vai ter de fazer tudo", repliquei, me esforçando para manter a voz baixa.

"Não, eu sei como são esses cargos acadêmicos. Vi os professores da Universidade do Estado do Oregon, eles não faziam nada além de trabalhar. Conheço você, vai ficar ligada o tempo todo, e cuidar das crianças vai sobrar para mim porque não sei se conseguirei encontrar trabalho por lá." O nicho de Don, modelagem e análise de dados, era pequeno, com uma clientela altamente especializada, e ele não conhecia quase ninguém em Vancouver. Sua outra escolha seria trabalhar para uma firma de consultoria maior, mas ele não gostava da ideia de ter um chefe após tantos anos trabalhando de forma independente. Seu interesse pelo trabalho na floresta sempre fora menos intenso do que o meu, talvez justamente porque ele vinha da cidade. Ou talvez ele se interessasse mais por construir coisas no computador, ou na oficina de casa. De qualquer forma, naquele momento parecíamos seres de planetas diferentes.

No dia seguinte, fomos ver um terreno à venda acima do rio Kootenay, nas imediações de Nelson, onde um casal fizera uma clareira na mata. Era um trecho ondulado com vista para o rio, as acículas dos lariços espigados brilhando verdes, abetos com quarenta metros de altura, com uma copa escura e robusta. Um carrinho de bebê esperava na plataforma criada para uma futura casa, e uma jovem de cabelos castanho-claros saiu da barraca com um neném no colo e uma criancinha pela mão. Eles haviam tentado morar ali, mas a mulher desistira porque a barraca não tinha aquecimento nem água corrente. O marido nos convidou para dar uma volta pela propriedade. Puxei Hannah e Nava por cima de troncos e através de arbustos, e nos sentamos sob os lariços. Don falou sobre dólares com o homem, e eu pensei no quanto aquilo tudo era lindo, mas impossível. Passaríamos todo nosso tempo cortando lenha e trabalhando na horta, e *nenhum dos dois teria um emprego*. Continuamos a discutir sobre formas de vida, dinheiro, o que cada cenário significava enquanto levávamos as crianças ao parque Lakeside e caminhávamos pela rua Baker, olhando pinturas e livros, e compramos sorvete no balcão da Wait's News, como vovó Winnie fazia conosco quando eu era criança, décadas antes.

Alguns dias depois, sentados com as meninas embaixo da macieira, Don disse: "Está bem, vamos dar dois anos ao seu emprego. É o que conseguirei suportar".

Abracei-o, e Hannah correu aos gritos para contar à vovó: "A gente vai mudar pra Maneuver!".

CRIEI CORAGEM. Eu não precisaria mais ter meu trabalho pautado pelo Serviço Florestal. Poderia fazer o que eu quisesse com a verba que eventualmente conseguisse. Poderia investigar as questões básicas das relações na floresta, questões que haviam se aprofundado a partir das ideias sobre conexão e comunicação entre as árvores e que agora miravam uma compreensão mais holística da inteligência da floresta.

Dei minha primeira aula no outono de 2002, quando ainda tinha de viajar 380 quilômetros na ida e na volta entre Kamloops e Vancouver, enquanto esperávamos fechar negócio para a nossa nova e apertada casinha na cidade e vender a casa de madeira. Pela primeira vez desde que Hannah nascera, eu ficava sozinha duas noites por semana, me sentindo desancorada. Mas era eletrizante ter uma noite só para mim, sair para caminhar sem um pacote de bebês, ler um livro sem cair imediatamente no sono, ouvir Jewel no som do carro sem reclamações. No Halloween, carregamos a picape e nos mudamos para nosso novo bairro em Vancouver. Hannah estava com quatro anos, e Nava com dois. Hannah amou sua fantasia de leão, e eu vesti Nava como um bezerro. Deixamos tudo ainda nas caixas e fomos andar pelos quarteirões, com Hannah correndo de porta em porta aos gritos de "Doces ou travessuras", pela primeira vez na vida, com um saco nas mãos, imitando o bando de crianças. Os vizinhos da nossa casa de madeira ficavam muito distantes, e ela ainda era pequena no Halloween anterior. Nava aconchegava-se no meu colo, a cabeça no meu ombro. Naquela noite, as meninas dormiram em ninhos de cobertores em meio às caixas no seu quarto no andar de cima. Don e eu olhamos as sombras de folhas farfalhantes descerem pela parede no andar de baixo enquanto ouvíamos passos na calçada oposta. Sirenes se aproximavam e aviões desciam logo acima do nosso telhado, e eu me perguntei onde diabos eu tinha metido nossa família.

No verão, as autoridades revisaram as diretrizes de regeneração e reduziram à metade a quantidade de herbicida aplicado nas florestas de toda a província. Nunca fui informada oficialmente, mas tempos depois soube que minhas pesquisas impeliram grande parte dessa mudança.

Os primeiros anos como professora associada foram os mais difíceis da minha vida. Eu vivia sepultada em aulas, solicitações de financiamento e elaboração de programa de pesquisa, arregimentação de pós-graduandos, editoria de uma revista, composição de artigos. Eu não podia me permitir um fracasso. Alguns mentores da universidade me contaram que uma professora tivera um filho, não produzira artigos suficientes e perdera a chance de ser efetivada. Eu tinha arrumado todo um novo conjunto de preocupações.

Todo dia, Don e eu acordávamos as meninas às sete horas e as preparávamos para a creche e a escola. Eu trabalhava freneticamente até as cinco da tarde, brincava com elas depois do jantar, trabalhava até duas da madrugada preparando as aulas do dia seguinte, desabava na cama e então me levantava para fazer tudo de novo. Minha energia era sugada, eu vivia resfriada e em muitos dias me sentia emburrecida. Don fazia o resto: pegava as meninas na creche, comprava mantimentos, preparava o jantar e trabalhava nas horas vagas. Era mais dono de casa do que tinha imaginado. Tinha dificuldade para encontrar trabalho com análise de dados e modelagem, pois o governo reduzira o financiamento para pesquisas em silvicultura. Alguns de seus clientes anteriores eram do Serviço Florestal em Kamloops, e ele perdera algumas oportunidades por não estar lá presencialmente. Foi ficando cada vez mais irritado com as complicações da cidade, e passava mais tempo andando de bicicleta em estradas vazias.

Ele ficava em seu computador pela manhã, inquietava-se com as contas a pagar, depois passava muitas tardes com as meninas na piscina do Maple Grove enquanto eu trabalhava nas minhas aulas e manuscritos. Surgiam trabalhos interessantes para ele — um deles foi construir um modelo de como a infestação pelo besouro-do-pinheiro era afetada por diferentes práticas de gestão da floresta —, mas não em quantidade suficiente. E ele tinha razão quanto a criar as meninas na cidade. Precisávamos mesmo vigiá-las de perto, e levá-las à ginástica e a ciclovias em vez de simplesmente deixar que brincassem na floresta ao lado de casa. Don ia com elas empinar pipa e andar de bicicleta, e ao aquário e ao Science World. Comprava geladinho e cachorro-quente para elas. Nos fins de semana passeávamos de bicicleta pela cidade, íamos à praia, fazíamos piquenique com amigos ou encontrávamos algum parque onde elas pudessem se balançar na chuva. Mas, quando consegui ser efetivada por um ano além dos dois que havíamos combinado, nosso relacionamento ficou mais tenso.

Nesse meio-tempo eu ia fazendo novas descobertas, uma questão levava a outra. Eu tinha verba e orientandos e recebera um prêmio de docência. Porém, enquanto meu programa de pesquisa acumulava um êxito após o outro rumo à decifração da linguagem e da inteligência da floresta, meu casamento seguia na direção oposta, e as linhas de comunicação começavam a se esfiapar e partir. Uma noite, depois de brigarmos por causa de Vancouver e da infelicidade de Don, concordei em nos mudarmos para Nelson. Durante os semestres eu permaneceria no alojamento dos professores nos dias úteis e nos fins de semana viajaria para Nelson, depois voltaria à cidade para a semana seguinte. Nove horas para ir, nove para voltar.

Era uma solução conciliatória difícil, mas as etéreas constelações subterrâneas que brotavam na minha cabeça enquanto minhas filhas adormeciam estavam dando frutos. Meus alunos e eu rastreávamos água, nitrogênio e carbono que passavam de velhos abetos-de-douglas para minúsculas plântulas próximas, que assim recebiam ajuda para sobreviver. Eu estava encontrando provas para minhas teorias iniciais de que as plântulas fortemente sombreadas por árvores antigas dependem de receber esses subsídios através de conexões micorrízicas. Eu estava descobrindo que as redes nas florestas maduras eram muito mais ricas e complexas do que eu jamais imaginara, mas nas grandes áreas desmatadas elas eram simples e esparsas. Ao que parecia, quanto maior a área de derrubada, mais comprometidas ficavam as redes.

No entanto, era abissal pensar que eu estaria em Vancouver no outono enquanto Hannah e Nava estariam em Nelson. Coisas pequenas me irritavam — preparar tudo para a temporada de campo, lidar com solicitações para resenhar mais manuscritos, com os relatórios de fim de ano para as agências de financiamento. Um dia, depois do trabalho, corri para buscar as meninas na creche, costurei no trânsito para chegar à loja no Centro onde elas tinham mandado emoldurar um pergaminho com folhas de bordo e pinegrass para mim, depois saí voando para casa para fazer o jantar. Hannah reclamou que estava com fome, e Nava a imitou. Eu lhes disse para ficarem quietas, mas elas se esganiçaram ainda mais. "Parem!", berrei. Encostei o carro e freei com força. O quadro voou para o banco de trás, e o vidro se quebrou. As meninas se assustaram, e olhei para elas apavorada, querendo me assegurar de que não estavam feridas. Tirei as duas das cadeirinhas e me sentei no chão, soluçando, as orelhas em brasas. Hannah e Nava choraram, passaram os braços em volta do meu pescoço, e eu me agarrei a elas. Hannah parou, depois Nava também. Hannah fungou, puxou meu cabelo para trás e disse: "Vai dar tudo certo, mamãe".

Levei o quadro estilhaçado de volta à galeria e disse que o deixara cair sem querer. Quando ligaram para avisar que estava consertado, pensei que

Eu, com 45 anos, Nava, 5, Don, 48, e Hannah, 7, na nossa casa em Vancouver no verão de 2005. Eu acabara de ser efetivada como professora associada na Universidade da Colúmbia Britânica.

as folhas e as gramas tinham sido dispostas sob um vidro novo — mas eles montaram os fragmentos de vidro e grudaram tudo como em um quebra-cabeça. Gostei mais assim.

Todo ele agora trincado como um rosto velho, mudado para sempre.

Quando estávamos de mudança para Nelson, com minha mente roída de preocupação por viver separada nos períodos de aulas, Dan e eu recebemos um financiamento para criar um mapa do labirinto subterrâneo numa floresta madura. As questões a serem estudadas eram: qual a arquitetura dessa rede? O padrão ajuda a explicar a inteligência da natureza?

Como poderíamos ajudar a nutrir as plantas jovens sem destroçar a floresta?

12. Casa-trabalho: Nove horas de viagem

Virei numa estrada secundária e parei o carro, puxei o freio de emergência e peguei meu colete. Atravessei correndo a estrada da madeireira, desviando por um triz de um caminhão carregado que parecia um gafanhoto gigante com as costas iluminadas pelo sol da manhã alta, e cantei "Uuuhuu!" para alertar eventuais ursos que resolvessem dar as caras por ali.

A adrenalina pulsava nas minhas orelhas — ali estava justamente o que eu procurava, uma encosta de colina coberta de alto a baixo por abetos-de-douglas de todas as idades. As gigantes mais velhas pareciam ter 35 metros de altura, galhos com força de sobra para fazer chover sementes a cada poucos anos nas camadas sombreadas forradas de acículas e húmus. As árvores jovens que brotavam desse véu pareciam crianças num pátio de escola: grupos de plântulas e arvoretas que se juntavam e se dispersavam sob o olhar vigilante de professores bem altos. Da estrada, a silhueta das árvores contra o céu parecia tão complexo quanto a de Manhattan.

Desci aos trancos e barrancos o aterro de pedras soltas, fiz pausa numa protuberância rochosa para carregar os pulmões e saltei uma vala. Uma floresta pura de abetos-de-douglas, perfeita para criar um mapa de uma rede micorrízica. Meu primeiro aluno de pós-graduação, Brendan, publicara em 2007 sua tese de mestrado mostrando que, de fato, um único fungo micorrízico, o *Rhizopogon*, revestia quase metade das extremidades de raiz de abetos-de-douglas — a outra metade era colonizada, aqui e ali, por cerca de outras sessenta espécies fúngicas — e, sozinho, formava os principais ossos de um esqueleto micorrízico. Tanto as árvores jovens quanto as velhas eram colonizadas pelo *Rhizopogon*, e isso era crucial na minha investigação para entender se a rede ajudava os abetos-de-douglas

Casa-trabalho: Nove horas de viagem

jovens a se estabelecerem sob o dossel dos abetos mais velhos — se a rede desse fungo era fundamental para a regeneração contínua da floresta, para sua capacidade de rejuvenescer e de se sustentar a qualquer custo. Além disso, pesquisadores já haviam sequenciado porções importantes do DNA do *Rhizopogon* para distinguir cada indivíduo fúngico — um *genet*, de identidade genética singular, como um indivíduo humano — e, com isso, forneceram um elemento crucial para mapear os filamentos fúngicos individuais que conectam uma árvore a outra. Isso não fora feito com outras espécies fúngicas presentes nessa floresta. Era um sistema ideal para que eu pudesse ter uma noção, aquilatar a extensão daquela conexão. Onde os abetos jovens podiam acessar recursos do jardim fúngico dos mais velhos — pelo menos era o que eu supunha. Atravessei a grama até o riacho ruidoso e pulei da margem para aterrissar com os dois pés do outro lado. "Uuuhuu!", gritei de novo, bem alto para superar o barulho da água, e minha voz ecoou baixinho pela escarpa: "Uuuhuu, uuhuu...".

As árvores próximas ao riacho eram densas e graúdas, enquanto as do topo da encosta pareciam mais esparsas e menores. Lá o solo devia ser mais seco, pois a água saltava da colina de granito arredondada como se descesse por um tobogã. Se eu comparasse a arquitetura da rede do povoamento no terreno seco e mais alto com a do grupo de árvores da floresta úmida e mais baixa, poderia verificar se as conexões lá em cima, onde a água era mais preciosa, eram densas, mais abundantes e mais cruciais para o estabelecimento de uma plântula. Onde o êxito das plântulas talvez dependesse de acesso ao micélio repleto de água que as raízes principais das árvores velhas extraíam das fissuras profundas no granito. Conectar-se às redes miceliais das árvores mais velhas poderia muito bem ser mais urgente para as plântulas onde o solo era ressecado, em comparação com as que cresciam onde o solo era úmido e as ajudava a matar a sede e a se firmar.

Fui seguindo o riacho de olho no húmus, atenta para pegadas de urso. A trilha de animais à beira da água não tinha sinais de excrementos, mas procurei detectar qualquer coisa não usual além da tremulação normal das folhas nas moitas vermelho-sangue de corniso. No primeiro abeto velho, quando eu já adentrara vinte metros o bosque subindo a colina na direção da crista, arvoretas rodeavam sua copa como o bambolê de Nava. Peguei meu trado de incremento em forma de T para calcular a idade da velha árvore, achando ótimo o cabo ser cor de laranja, pois as folhas dos arbustos de thimbleberry eram grandes como pratos rasos e podiam engolir qualquer coisa que eu deixasse cair das mãos. Ajustei a broca num sulco da espessa casca do abeto na altura do meu ombro, furei a árvore até a medula e removi uma pequena seção transversal de seu interior listrado.

Examinei a amostra do cerne, marcando a caneta cada década, e lentamente contei os anos da árvore: 282. Extraí amostras do cerne de mais uma dúzia de árvores ao redor dessa primeira, todas de alturas e diâmetros diferentes, e vi que variavam de cinco anos de idade até os mesmos quase três séculos. Incêndios assolavam essas florestas a cada poucas décadas, quando os verões eram secos e havia muito combustível bom. Quando ramos e acículas de árvores velhas se acumulavam no solo da floresta, folhas de gramas altas envelheciam e secavam e moitas de abetos novos começavam a sufocar os álamos e bétulas aquosos. Uma única centelha e um incêndio queimava retalhos da floresta; as árvores velhas geralmente sobreviviam, e o subdossel era aniquilado. Se o incêndio queimasse o solo num ano de boa produção de cones, um novo conjunto de sementes germinava.

Guardei os cernes de árvore dentro de canudos coloridos, selei as pontas com fita-crepe e rotulei cada um para que eu pudesse reconferir as idades e medir os incrementos anuais de crescimento radial com a ajuda do microscópio no laboratório da universidade. E eu poderia comparar o crescimento em cada ano com os registros anuais correspondentes de chuvas e temperaturas. Passei o polegar pela ponta da pá, verificando se ela estava afiada, acompanhei uma raiz grossa que saía da base da primeira árvore que eu furara até onde ela se tornava delgada como um dedo da mão, e abri o solo da floresta em busca de trufas marrom-ferrugem, os crustosos cogumelos subterrâneos do *Rhizopogon*. A pá adentrou o tapete de folhas caídas e camadas de fermentação e abriu o húmus, revelando, embaixo, os densos grãos de minerais. Onde as partículas descoradas de húmus e argilas repousavam e as raízes e micorrizas buscavam nutrientes.

Casa-trabalho: Nove horas de viagem

Depois de meia hora, com a testa toda picada por mosquitos e os joelhos doloridos apoiados em gravetos, encontrei uma trufa do tamanho de um bombom de confeitaria. Ela estava entre a camada de húmus e o horizonte de minerais. Raspei as migalhas orgânicas e deparei com uma barba de filamentos fúngicos pretos que saía de uma das extremidades da trufa e ia até as raízes da velha árvore. Segui outra meada suculenta na outra direção e ela me levou a um agrupamento de extremidades de raízes brancas e translúcidas que pareciam pés-de-gato. O pincel fino e macio que peguei emprestado do kit de pintura de Hannah era perfeito para limpá-las. Uma extremidade de raiz estava especialmente acessível, e eu a puxei com delicadeza, como quem puxa um fio solto numa bainha. Uma plântula à distância de um palmo estremeceu um pouco. Tornei a puxar, mas agora forte, e a plântula inclinou-se, resistindo. Olhei para minha velha árvore, depois para a plântula na sombra. *O fungo ligava as duas árvores, a velha e a jovem.*

Um emaranhado de ramos próximos tremeu, e uma borboleta amarela esvoaçou pelo prado. O vento virou. Olhei para as gramas que bordejavam o arvoredo, o frêmito das folhas. Meus olhos estavam atentos às margens onde ursos, coiotes e aves descansam e brincam, mas não vi movimento.

Segui outra raiz a partir da velha árvore e achei mais uma trufa, depois outra. Levei cada uma delas até o nariz e inalei o cheiro de mofo e terra de esporos, cogumelo e nascimento. Rastreei os bigodes pretos suculentos indo de cada trufa até o cordame de raízes de plântulas de todas as idades, e de arvoretas também. A cada escavação revelava-se a estrutura: aquela velha árvore estava conectada a cada uma das árvores mais jovens regeneradas ao seu redor. Mais tarde, outro dos meus alunos de pós-graduação, Kevin, voltaria a esse local e sequenciaria o DNA de quase todas as trufas de *Rhizopogon* e árvores — e constataria que a maioria das árvores eram conectadas entre si pelo micélio do *Rhizopogon*, e que as árvores maiores, mais velhas, estavam conectadas a quase todas as mais jovens nas suas imediações. Uma árvore estava conectada a outras 47, algumas delas a vinte metros de distância. Uma árvore ligava-se à seguinte, e calculamos que a floresta inteira era conectada — só por *Rhizopongon*. Publicamos essas descobertas em 2010, seguidas por mais detalhes em outros dois artigos. Se tivéssemos conseguido mapear como as outras sessenta espécies fúngicas conectavam-se aos abetos, sem dúvida descobriríamos que a trama era muito mais densa, as camadas bem mais profundas, as ligações ainda mais intricadas. Sem falar nos fungos micorrízicos arbusculares que adicionavam componentes intersticiais a um mapa desses, pois possivelmente eles se ligavam a gramas, ervas e arbustos numa rede independente. E sem falar também nos fungos ericoides que ligavam os mirtilos em sua rede própria, e nas micorrizas de orquídeas na rede delas.

Algum esquilo amontoara sementes apoiando-as numa tora úmida, por isso olhei para as copas das árvores em busca de vestígios de cones do ano anterior. Os abetos-de-douglas produzem cones esporadicamente e em sincronia com as alterações do clima, ao longo dos anos. Quando os cones se abrem no verão, as sementes são dispersadas pelo vento ou pela gravidade, ou por esquilos e aves, e germinam nos leitos quentes de minerais, carvão e solo da floresta parcialmente decomposto. Sementeiras mistas queimadas são especialmente deliciosas para a germinação.

Através do espartilho de galhos, vi um falcão circulando no céu. Solidão é coisa rara na floresta, e me senti um pouco apreensiva. Mas a brisa me acalmou, e continuei meu trabalho, usando a ponta mais fina do meu canivete suíço para escavar um broto do tamanho de um opilião. Puxei pelo colo o caule exposto, e uma radícula — uma das duas minúsculas raízes primordiais — saiu deslizando do húmus de sangue antigo. Parecia um caco de porcelana óssea e me lembrou a tíbia de Robyn aparecendo num corte fundo quando ela caiu do triciclo e meu pai a pegou no colo. Aquela raiz corajosa era tão vulnerável quanto um osso em crescimento, e sobrevivia emitindo sinais bioquímicos à rede fúngica oculta nos grãos de minerais da terra, com seus longos filamentos conectados às garras das árvores gigantescas. O micélio da velha árvore ramificava-se e emitia sinais em resposta, persuadindo as raízes virgens a amolecerem e crescerem em forma de espinha de arenque, e a se prepararem para enfim unir-se a ele.

Agachada, examinei a radícula com a lupa e desajeitadamente abri a frágil raiz com minhas unhas sujas de terra para vislumbrar o micélio fúngico que talvez tivesse conseguido envolver as células corticais — concluindo o ritual da corte. Minhas unhas eram tão brutas! Girei as mãos para deixar o sol iluminar a raiz esfarrapada e a perscrutei em busca de sinais de sebo entre as células. Ao invadir, o fungo envolve as células da raiz formando uma treliça — uma rede de Hartig —, que pode ser da cor da cera de abelhas, ou da água do mar, ou de pétalas de rosa. Por meio dessa rede de Hartig, o fungo leva nutrientes para as plântulas, fornecidos pelo vasto micélio das árvores antigas. Em troca, a plântula fornece ao fungo sua cota de carbono fotossintético minúscula, mas essencial.

As raízes dessas plântulas formaram-se muito antes de eu arrancá-las de sua base. As árvores velhas, ricas de vida, haviam mandado para os brotos, através da água, doses de carbono e nitrogênio, subsidiando as radículas e cotilédones emergentes — folhas primordiais — com energia,

Hannah (à direita, 8 anos) e Kelly Rose (10) colhendo mirtilos em uma área desmatada perto de Nelson, na Colúmbia Britânica, 2006. A floresta está se regenerando bem com híbridos de abeto-do-canadá e abetos-subalpinos. A altura e as queimaduras dos tocos indicam que a derrubada foi feita no inverno e que depois o resto da vegetação foi cortado e queimado.

nitrogênio e água. O custo de abastecer os brotos era imperceptível para as árvores velhas porque elas tinham nutrientes de sobra. As árvores revelavam a paciência, o modo lento mas contínuo como gerações diferentes compartilham, resistem e persistem. Assim como a tranquilidade das minhas meninas me tranquilizou, e eu disse a mim mesma que era forte o suficiente para suportar a temporada afastada. Além do mais, dali a um ano eu teria uma licença sabática e poderia fazer o almoço delas de novo: coxa de frango, pepino fatiado, laranja cortada em formato de sorriso, e poderia ensiná-las a construir um carrinho de madeira e a plantar flores, e Nava e eu poderíamos ler mais, revezando-nos nas páginas das aventuras da porquinha Mercy. Mas, até aquele ano mágico, todo fim de semana eu atravessava as montanhas na maior animação para reabsorver a vida das minhas filhas — minha maternidade em fotografias time-lapse.

Quando a rede de Hartig se instala firmemente na radícula dos novos brotos e as árvores velhas enviam o sustento, compensando as pífias taxas de fotossíntese dos cotilédones, o fungo pode, então, ganhar novas hifas e explorar o solo em busca de água e nutrientes. Quando a pequena copa das arvorezinhas ganha novas acículas, passa a alimentar o micélio com seus próprios açúcares fotossintéticos, e com isso o fungo pode viajar até poros ainda mais distantes. Assim que a raiz em crescimento está bem estabelecida, a vida fluindo com a tranquilidade de uma bolsa de valores, ela pode sustentar um manto fúngico — um revestimento — como se vestisse um paletó de micélio, e desse manto podem crescer ainda mais hifas solo adentro. Quanto mais espesso o manto e maior o número de filamentos fúngicos que a raiz puder alimentar, mais extensivamente o micélio poderá laminar os minerais do solo, e mais nutrientes poderá adquirir dos grãos e transportar para a raiz como retribuição. Raiz gera fungo gera raiz gera fungo. Os parceiros mantêm um ciclo de retroalimentação positivo até uma árvore estar formada e um metro cúbico de solo estar apinhado com cem quilômetros de micélio. Uma rede de vida como nosso sistema cardiovascular de artérias, veias e capilares. Enrolei no cabelo duas das plântulas que arranquei e comecei a subir a encosta para voltar.

Um estalido.

Casa-trabalho: Nove horas de viagem

Peguei depressa o spray contra urso que trazia num suporte do cinto e comecei a remover o lacre laranja de segurança, de olho num arbusto de nespereira-do-canadá. Empurrei um galho, as folhas farfalharam, e eu suspirei de alívio. Ali só havia um toco de árvore, a casca queimada preta como pelo de urso. "Caramba", pensei, "acho que estou cansada por ter dirigido logo cedo desde o litoral."

Continuei a avançar em meio às árvores. Agachava-me embaixo da copa de velhas árvores de casca espessa, andava rápido pelos trechos de grama polvilhada de plântulas, nadava por entre agrupamentos densos de arvoretas espigadas, com a mente revolvendo os dados dos meus pós-graduandos como uma calculadora. Essas árvores jovens começaram a vida à sombra das árvores velhas, conectando-se ao seu vasto micélio e recebendo subsídios até poderem formar acículas e raízes suficientes para se sustentar por conta própria. As sementes de abetos-de-douglas que outro aluno meu, François, plantara ao redor de árvores maduras apresentaram uma taxa de sobrevivência maior quando ele permitiu que se conectassem a redes fúngicas de árvores antigas do que quando ele as isolou em sacos microperfurados que só permitiam a passagem de moléculas de água.

As mudas nesta floresta estavam se regenerando na rede das árvores velhas.

Descansei em um cepo, tomei um demorado gole de água e notei um agrupamento de pequenas plântulas. Uma rede subterrânea poderia explicar por que plântulas conseguiam sobreviver na sombra por anos, ou até por décadas. Essas florestas maduras podiam regenerar-se por si mesmas porque as genitoras ajudavam as jovens a vingar. Tempos mais tarde, as jovens passavam a dominar a linhagem das árvores e estendiam sua ajuda a outras que dela necessitavam.

Com o sol a pino, reconferi a hora no BlackBerry. Faltavam ainda 476 quilômetros até Nelson, e para estar em casa à meia-noite eu precisava partir às quatro da tarde. Jean insistira para que eu comprasse aquele telefone chique — chamava-o de meu BlueBerry —, e ele transformara minha vida, era crucial agora que eu passava tantas horas na estrada. Verifiquei meus e-mails, e uma das minhas propostas de financiamento de pesquisa fora rejeitada. Mas tínhamos conseguido aprovação para outra: o projeto era estudar uma área de derrubada no interior árido de florestas de abetos-de-douglas e seus efeitos sobre a integridade de redes micorrízicas. "Oba!", pensei. As semanas analisando palavras e orçamentos haviam compensado. Admirei aquele aparelhinho e a internet que fazia eu me sentir tão conectada com o mundo.

Aquela floresta também era como a internet, a world wide web. Só que, em vez de computadores conectados por fios ou ondas de rádio, as árvores conectavam-se por fungos micorrízicos. A floresta parecia um sistema de centros e satélites. Em 1997, quando meu artigo fora publicado na *Nature*, a revista chamara o sistema que descrevi de *"wood-wide web"*, e havia muito mais presciência nisso do que eu imaginara. Na época, eu só sabia que bétulas e abetos transmitiam carbono entre si através de um simples entrelaçamento de micorrizas. Mas essa floresta estava me mostrando uma história mais completa. As árvores velhas e jovens eram hubs e nodes, interligados por fungos micorrízicos num padrão complexo que promovia a regeneração da floresta inteira.

Vespas enxamearam de um buraco ao lado de restos de madeira. Fui picada e subi correndo a encosta, íngreme como uma escada rolante. Meu colete pesava como se fosse a prova de balas. Lá em cima, me estatelei no chão e pressionei a garrafa de água no inchaço da picada. Nesta colina, as grandes árvores velhas eram mais espaçadas, e as arvoretas eram raras e esparsas. Limitadas pela seca. Aqui não havia framboesas e mirtilos, substituídos pelas touceiras longas de grama pinegrass, pelas moitas eriçadas de tremoceiros e por um ou outro saboeiro. O tremoceiro e o saboeiro eram fixadores de nitrogênio e o adicionavam a essa população de crescimento lento. Embora a encosta voltada para o sul fosse seca, a comunidade vegetal estava intacta, sem nenhuma das plantas daninhas invasoras como as que se insinuavam no terreno ao longo do acostamento onde eu tinha estacionado. Essa floresta ficava na orla norte da árida Grande Bacia, mas ao sul grande parte da área era seca demais para as árvores, e no lugar delas tufos de grama cresciam na pradaria nativa, pressionada por invasões de ervas daninhas exóticas, e, nesse caso, as redes micorrízicas sugavam sua vida. Centáureas, espalhadas pelo gado, ligavam-se às micorrizas dos

Casa-trabalho: Nove horas de viagem

rebentos de grama e lhes roubavam fósforo direto das raízes. Em vez de os fungos das centáureas ajudarem a grama a medrar, como faziam com bétulas e abetos, aqui eles aceleravam o declínio iniciado com o pastoreio de gado pelos humanos. Os fungos faziam isso possivelmente enviando às gramas nativas algum veneno ou infecção para concluir o assassinato. Ou as matavam de fome, apoderando-se de sua energia e degradando o prado nativo. Como invasores de corpos. Ou a colonização das Américas pelos europeus.

Com o trado de incremento, extraí amostras de um punhado de árvores antigas na colina. A mais velha tinha 302 anos; a mais nova, 227. As maiores e mais velhas eram as anciãs da floresta. A casca espessa delas tinha cicatrizes de chamas, mais pronunciadas que a das árvores da área mais úmida abaixo, pois aqui era mais quente e mais seco, um ímã para os raios. Isso explicava a grande diferença nas idades. Olhei de novo o telefone. Duas da tarde. Em uma hora Don pegaria Hannah e Nava na escola.

Raspei o solo com a pá. Como as árvores velhas próximas do riacho, estas no alto da colina eram decoradas com trufas e *tubercules* — feixes de raízes micorrízicas envoltos por um revestimento fúngico — e filamentos fúngicos dourados que saíam deles como meteoros. Aqui também as árvores e os fungos estavam intimamente ligados numa rede. Em comparação com as árvores lá embaixo, havia ainda mais conexões onde o solo era mais seco e as árvores mais estressadas. Fazia sentido! Aqui, no alto da colina, as árvores investiam mais em fungos micorrízicos porque precisavam mais deles em retribuição.

Apoiei-me na árvore mais velha, tinha no mínimo 25 metros de altura, e galhos como costelas de baleia. Plântulas germinavam num crescente ao longo da linha de gotejamento; suas acículas espichavam-se como pernas de aranha. Escavei uma plântula com a faca. Filamentos fúngicos saíam da extremidade de suas raízes, e fiquei inebriada, nem lembrava mais da picada de vespa. Guardei a plântula e suas micorrizas lanosas entre as páginas do meu caderno para poder examiná-las melhor em casa. Mas eu já sabia: aquelas plântulas estavam conectadas à rede das árvores antigas, recebendo água suficiente para suportarem os dias mais secos do verão. Meus alunos e eu já tínhamos aprendido que as árvores de raízes profundas traziam água para a superfície do solo à noite por um processo de elevação hidráulica e a partilhavam com plantas de raízes pouco profundas; com isso, ajudavam o arquipélago a se manter sadio durante secas prolongadas.

Sem uma conexão como essa, a morte de uma plântula nos dias quentes de agosto pode ser quase imediata; as acículas avermelham-se, os colos dos caules são danificados por queimaduras; quando a neve chega, não restam nem sequer vestígios. Para essas novas recrutas, pequenos ganhos de recursos em momentos de vulnerabilidade fazem a diferença entre a vida e a morte — são a cartada decisiva. Mas, assim que suas raízes e micorrizas alcançam o labirinto de poros castanhos, onde a água forma películas que aderem a partículas do solo, elas engrenam e ganham uma base. Um sistema radicular como esse, que não tem suas oportunidades tolhidas, era muito mais resiliente do que os pistões massudos cultivados em cilindros de isopor no viveiro, onde as mudas destinadas a plantações eram tão empanturradas de água e nutrientes que não podiam — não precisavam — formar raízes adequadas para fazerem parceria com fungos conectados ao solo. Suas acículas grossas necessitavam de muita água sob o tórrido sol de agosto, mas suas raízes continuavam a crescer como se estivessem aprisionadas, incapazes de alcançar as árvores velhas para receber ajuda quando o solo rachava nas áreas secas de corte raso.

Voltei do crescente de plântulas ao norte para a árvore antiga; diretamente sob a copa dessa anciã o solo não tinha vegetação, nem mesmo grama. Ali nenhuma plântula crescia. Sua copa era tão densa que interceptava a maior parte da chuva e dos raios solares, e suas raízes eram tão grossas que absorviam a maior parte dos nutrientes e da água. No entanto, mais tarde François descobriria que havia um ponto ideal — um *donut* — na linha de gotejamento: a borda da copa, onde a água gotejava das acículas mais externas, e ali vicejavam algumas plântulas. Nem próximas demais a ponto de morrerem de fome porque a árvore atendia primeiro suas próprias necessidades, nem distantes demais para que as gramas nos prados intermediários não roubassem aquilo de que precisavam.

Agachei-me sob a borda oposta da copa da velha árvore — voltada para o sul, onde o sol batia — e olhei encosta abaixo até a base rochosa. Desse lado estava tão quente e seco que nem mesmo uma rede poderia salvar uma plântula de morrer queimada. Nos ambientes extremos — por exemplo, num deserto —, nem o fungo seria capaz de levar vida a uma árvore. Uma velha tora jazia no ângulo de repouso, pronta para rolar sobre pedras quebradas, e nos nacos de cerne recém-expostos besouros e formigas fluíam enfileirados levando fungos brancos. Marcas de garras. "Urso", pensei, e já de alguns dias antes. Jovens abetos-de-douglas cresciam em cascata do lado norte da tora, onde havia uma nesga de sombra acompanhando seu comprimento, e se derramavam sobre o solo da floresta. A pequena vantagem conseguida com essa sombra significava perda de água um pouco menor, uma película ligeiramente mais grossa revestindo os poros do solo — a diferença entre sobreviver ou não. Eu me perguntei se os leques brancos de micélio estariam ligados à velha árvore e se ajudariam a manter a madeira úmida. Aquelas plântulas só estavam vivas, concluí, porque os fungos estavam importando água de alguma parte.

Com a pele ardendo, voltei para a sombra e examinei a picada de vespa. Mostraria para as meninas como fazer um cataplasma de bicarbonato de sódio. Sentei e me recostei na velha árvore que nutria aquele crescente de plântulas através da rede micorrízica. As acículas das jovens tremulavam no ar da tarde.

As árvores velhas eram as mães da floresta.

Os hubs eram *árvores-mães*.

Mães *e* pais, na verdade, pois cada abeto-de-douglas tem cones machos contendo pólen e cones fêmeas contendo sementes.

Mas, para mim, parecia coisa de mãe. Com as mais velhas cuidando das jovens. Sim, era isso. *Árvores-mães. Árvores-mães conectam a floresta.*

Essa árvore-mãe era o hub central em torno do qual as arvoretas e plântulas se aninhavam, ligadas por filamentos de diferentes espécies fúngicas, de cores e pesos variados, camada sobre camada, numa rede forte e complexa. Peguei lápis e caderno. Fiz um mapa: árvores-mães, arvoretas, plântulas. Tracei linhas entre elas. Do meu desenho emergiu um padrão que lembrava uma rede neural, como os neurônios em nosso cérebro, com alguns nós ligados de forma mais densa que outros.

Caramba!

Se a rede micorrízica é um fac-símile de uma rede neural, as moléculas que se deslocam entre as árvores são como os neurotransmissores. Os sinais entre as árvores poderiam ser tão bem definidos quanto os impulsos eletroquímicos entre neurônios — a química cerebral que nos permite pensar e nos comunicar. Será possível que as árvores têm tanta percepção de suas vizinhas quanto nós temos dos nossos pensamentos e estados de espírito? Ou, mais ainda, seriam as interações sociais entre as árvores tão influentes sobre a realidade que elas têm em comum quanto as interações de duas pessoas numa conversa? Será que as árvores podem discernir tão rapidamente quanto nós? Será que podem avaliar, ajustar e regular continuamente, com base em seus sinais e interações, como nós? Sei o que Don quer me dizer só pela inflexão quando ele diz "Suze", e por um relance de seus olhos. Talvez as árvores se relacionem entre si com um refinamento e uma sintonia equivalentes. Sinalizando com tanta precisão quanto os neurônios em nosso cérebro, a fim de tentar compreender o mundo. Rabisquei uns cálculos rápidos baseados em nosso trabalho sobre isótopos. Ocorreu-me que a quantidade de carbono transferida relativa ao nitrogênio era impressionantemente similar às suas respectivas quantidades nas moléculas de um aminoácido chamado glutamato. Em nossos experimentos, não tínhamos exatamente procurado rastrear os movimentos de carbono-nitrogênio do glutamato, mas outros pesquisadores haviam atestado que o próprio aminoácido deslocava-se pelas redes micorrízicas.

Fiz uma busca rápida no BlackBerry. O glutamato, ou ácido glutâmico, é o neurotransmissor mais abundante no cérebro humano, e prepara o terreno para que outros neurotransmissores se desenvolvam. Ele é ainda mais abundante do que a serotonina, cuja razão carbono-nitrogênio é apenas ligeiramente maior.

O falcão descreveu um arco em volta da colina ao lado daquela em que eu estava, e outros dois vieram, projetando sombras pela floresta pontilhada por bolsões de pedras soltas. Quanto a rede micorrízica poderia *realmente* ser similar a uma rede neural? Sem dúvida o padrão da rede e das moléculas que se transmitem de nó para nó através dos links poderia ser similar. Mas e quanto à existência da sinapse: não é crucial para a sinalização numa rede neural? Isso também poderia ser importante numa árvore que detecta se suas vizinhas estão estressadas ou saudáveis. Assim como os neurotransmissores enviam sinais através da fenda sináptica de um neurônio a outro em nosso cérebro, os sinais talvez também se difundissem através de uma sinapse entre membranas fúngicas e vegetais com interface em uma micorriza.

Será que as informações podem ser transmitidas por meio de sinapses em redes micorrízicas, assim como ocorre em nosso cérebro? Já se sabia que aminoácidos, água, hormônios, sinais de defesa, aleloquímicos (toxinas) e outros metabólitos passam pela sinapse entre as membranas fúngicas e vegetais. Podia ser que quaisquer moléculas que chegam através da rede micorrízica vindas de outra árvore também fossem transmitidas por meio de sinapse.

Talvez eu estivesse prestes a fazer uma descoberta: *tanto as redes neurais como as redes micorrízicas transmitem moléculas com informações por meio de sinapses.* Moléculas passam não só através das paredes contíguas de células vegetais adjacentes e dos poros terminais de células fúngicas vizinhas, mas também através de sinapses no ápice de diferentes raízes vegetais ou de diferentes micorrizas. Substâncias químicas são liberadas nessas sinapses, e então as informações têm de ser transportadas ao longo de um gradiente eletroquímico fonte-dreno entre as raízes fúngicas, de uma extremidade para outra — de um modo similar ao do funcionamento de um sistema nervoso. Pareceu-me que ocorriam na rede micorrízica fúngica os mesmos processos básicos que ocorrem em nossa rede neural. Que nos dão aquele lampejo quando resolvemos um problema, tomamos uma decisão importante ou alinhamos nossos relacionamentos. Talvez de ambas as redes emerjam conexões, comunicação e coesão.

Já era amplamente aceito que as plantas usam processos fisiológicos similares a processos neurais para perceber seu ambiente. As folhas, caules e raízes sentem e compreendem suas imediações e então alteram sua fisiologia — crescimento, capacidade de procurar nutrientes, taxas de fotossíntese e velocidades de fechamento dos estômatos para poupar água. As hifas fúngicas também percebem o ambiente e alteram sua arquitetura e fisiologia. Como pais e filhos, minhas filhas e Don e eu, elas se adaptam a mudanças, ajustam-se para aprender coisas novas, descobrir como suportar. Esta noite estarei em casa. *Maternando*.

O verbo latino *intelligere* significa compreender ou perceber.

Inteligência.

As redes micorrízicas poderiam ter a assinatura da inteligência.

No hub da rede neural da floresta estavam as árvores-mães, tão essenciais para a vida das árvores menores quanto eu para o bem-estar de Hannah e Nava.

Estava ficando tarde, por isso me levantei — que pena ter de afastar as costas dessa casca de árvore quentinha. Mas eu estava sem fôlego de tão eufórica, eletrizada com minhas ideias, e sentia uma afinidade com as árvores-mães, grata por me aceitarem e me darem aquelas percepções intuitivas. Subi a colina, lembrando uma pequena rota para sair de lá e chegar à estrada de transporte principal, e segui uma trilha de veados que levava mais ou menos naquela direção. Os espessos filamentos fúngicos das resistentes trufas *Rhizopogon* e os finos leques micélicos dos frágeis cogumelos *Wilcoxina*, assim como as centenas de outras espécies fúngicas naquela floresta madura, apresentavam estruturas e capacidades únicas de adquirir, transportar e transmitir. Seus longos filamentos buscavam tesouros, suas gavinhas agarravam os achados como se fossem dedos. As substâncias químicas contendo informações deviam ser transmitidas através dessas vias fúngicas por várias rotas. Obedecendo aos gradientes fonte-dreno entre ricas e pobres.

Minha pequena trilha juntou-se a outra, como uma linha frágil ligando-se a uma corda. Eu sabia que as redes eram complexas, com cordas grossas como autoestradas em meio a uma gaze de hifas delgadas que se comportavam como rotas secundárias. As cordas grossas consistiam em muitas hifas simples que haviam se entrelaçado umas nas outras e formado um revestimento externo ao redor de um espaço. Substâncias químicas contendo informações podiam fluir através dessas cordas como água por um encanamento.

Casa-trabalho: Nove horas de viagem 277

Árvore-mãe abeto-de-douglas.

A trilha principal alargou-se e, depois de mais algumas curvas, a estradinha estava à vista. Os grossos encanamentos de espécies fúngicas como o *Rhizopogon* tinham uma estrutura que possibilitava a comunicação de longa distância, e os delgados leques micélicos de espécies fúngicas como o

Wilcoxina deviam ser bons para respostas rápidas. Capazes de transmitir substâncias químicas velozmente para desencadear crescimento e mudança com presteza. Quando vovó Winnie foi diagnosticada com Alzheimer, li sobre o que confere plasticidade ou rigidez ao nosso cérebro. Talvez os *Rhizopogon* de longa distância fossem análogos às ligações fortes que se formam em nosso cérebro graças a repetição, poda e regressão, que nos dão a memória de longo prazo. Talvez as hifas do *Wilcoxina*, mais delgadas, que crescem mais depressa e mais abundantemente, ajudassem as redes micorrízicas a se adaptar a novas oportunidades, mais ou menos como nossas respostas rápidas e flexíveis a novas situações — aquilo que minha avó estava perdendo.

Vovó Winnie ainda tinha memória de longo prazo. Sabia que devia vestir-se; só não se lembrava de quantas blusas devia usar quando fazia muito calor ou se o sutiã era para ser fechado na frente ou atrás. Assim como os filamentos do *Rhizopogon* possibilitam o transporte de soluções por longas distâncias, a memória da minha avó relacionada ao uso de roupas provinha de vias cerebrais existentes por toda uma vida. Mas sua memória de curto prazo e sua capacidade de ajustar-se rapidamente estavam minguando com a perda de novas sinapses, como se ela estivesse perdendo conexões análogas àquelas criadas para as árvores pelos micélios em leque do *Wilcoxina*.

Os filamentos espessos e complexos que saíam das árvores-mães tinham de ser capazes de transferir grandes volumes com eficiência para as plântulas que se regeneravam. Os micélios mais finos e espalhados deviam ajudar os novos brotos a se modificar para atender a necessidades prementes e rápidas, como encontrar um novo reservatório de água num dia particularmente quente. Pulsantes, ativos, adaptativos ao proverem as necessidades de plantas em crescimento, como a inteligência flexível.

Com o novo financiamento, acabaríamos por descobrir que a complexa rede micorrízica desfazia-se caoticamente quando se realizava um corte raso. Quando as árvores-mães são cortadas, a floresta sai dos trilhos. Mas em alguns anos, à medida que as plântulas crescem e se tornam arvoretas, a nova floresta reorganiza-se lentamente em outra rede. Porém, sem a influência das árvores-mães, é possível que a nova rede da floresta nunca mais venha a ser a mesma. Especialmente com muitos cortes rasos e com a mudança climática. O carbono nas árvores, assim como a outra metade no solo, no micélio e nas raízes, talvez se vaporize no ar. Agravando a mudança climática. E depois?

Não seria essa a pergunta mais importante da nossa vida?

Cheguei a uma árvore colossal, um baluarte, de galhos grossos rentes ao chão, grandes como a própria árvore. Seu tamanho e sua idade eram magníficos em comparação com as vizinhas. Parecia a mãe de todas as árvores-mães. Era o que os silvicultores chamam de "árvore-loba"* — muito mais antiga, maior e com uma copa bem mais ampla que as demais, uma sobrevivente única de calamidades anteriores. Ela vencera séculos de incêndios aos quais outras haviam sucumbido em algum momento. Atravessei tempestades de plântulas para chegar à orla de sua copa e peguei um cone, cortado talvez por um esquilo, com brácteas polvilhadas de esporos brancos. A vida dessa árvore começara quando o povo Secwepemc cuidava dessa terra, muito antes de os europeus chegarem; os nativos costumavam provocar incêndios para criar habitat para animais de caça, estimular o crescimento de plantas nativas valiosas ou abrir rotas para comerciar com nações vizinhas, e eles mantiveram os combustíveis baixos, as chamas nunca tinham chegado a uma intensidade capaz de incinerar completamente aquela casca espessa. Eu tinha certeza de que, se extraísse uma amostra do cerne daquela árvore, veria anéis calejados de carvão a cada vinte anos mais ou menos, como listras de uma zebra. Eu estava maravilhada com sua resistência, seu ritmo, abarcando séculos. Era uma questão de sobrevivência, e não uma escolha, não tolerância. A luz se refletia em sua casca, incandescente, e o sol caía.

Esplendorosa.

---

* *Wolf tree*, no original. O termo parece ter se originado entre os silvicultores no fim dos anos 1900. Eles acreditavam que essas árvores velhas e imensas devoravam muito espaço e luz solar, por isso as eliminavam da paisagem, como os lobos, que eram caçados por consumir demasiados recursos das florestas. (N. T.)

Aos 47 anos, trabalhando na estrada em nossa van, 2007.

Voltei à trilha, disse a mim mesma para publicar minhas ideias sobre as árvores-mães assim que possível, e virei a última curva antes da estrada.

Na beira da estrada, a apenas dois metros de distância, dois filhotes de urso, do tamanho de ursinhos de pelúcia, me fitaram por trás de esporinhas roxas e orquídeas sapatinho-de-dama rosadas. Um era marrom, o outro preto, e me olharam educadamente. Atrás deles estava a mãe, de pelagem preta. Ela rosnou, e todos se meteram depressa entre os mirtilos e abetos, me deixando atônita. Ilesa.

Apressei o passo, entrei na estradinha e corri até a estrada de transporte principal, me perguntando se eles teriam estado comigo o dia todo.

NAS MONTANHAS MONASHEE, enquanto o sol se punha, percorri curvas fechadas numa velocidade baixa.

Casa-trabalho: Nove horas de viagem

As luzes traseiras do carro à minha frente desviaram-se abruptamente. Pernas. Pernas compridas, da altura da minha picape, ligadas a um torso de alce.

Minhas reações estavam embotadas pela fadiga, mas dei uma guinada no volante para a esquerda e desacelerei. Ao passar pelo alce — uma fêmea — olhei direto em seus olhos através do para-brisa antes que eles sumissem lentamente na escuridão. Olhos velhos que enxergaram meu íntimo. Sabiam que eu não conseguiria sustentar aquele ritmo.

Estacionei na nossa garagem em Nelson às duas da madrugada, tão cansada que a sensação era de ter sido atropelada por um caminhão. Pisei de mansinho no quarto de Hannah, e ela se mexeu quando beijei sua testa. Entrei debaixo das cobertas com Nava. A cama, trazida de Vancouver, quase não dava para acomodar nós duas. Segurei a mão dela entre as minhas, e podia jurar que seus dedos estavam mais longos que no fim de semana anterior. Eles se fecharam em volta dos meus.

Minha licença sabática em 2008 trouxe o alívio que eu imaginara, e publiquei dois artigos sobre o conceito da árvore-mãe. Mas no outono seguinte voltei ao trabalho, e as intermináveis viagens de nove horas recomeçaram. As meninas iam à escola e dançavam, Don cuidava delas, esquiava e ocasionalmente criava seus modelos de computação, mas eu andava cada vez mais exausta, e Don e eu brigávamos mais.

Meu laboratório era movimentado, eu vivia atrás de financiamento e escrevia mais artigos. Continuei a lecionar e a trabalhar no problema do crescimento livre; em 2010 publiquei três artigos mostrando que as plantações de pinheiro-lodgepole sob o regime de crescimento livre estavam em perigo por conta do aquecimento climático. Jean me ajudou a coletar os dados e Don os analisou. Constatamos que mais de metade dos pinheiros na província estava morrendo em consequência de insetos, doenças e outros problemas, como o estresse pela seca. Mais de um quarto das plantações seria considerado de povoamento incompleto.

No fim de agosto de 2010, durante minha viagem anual após o acampamento de pesquisa no outono, não muito tempo depois de eu ter apresentado o trabalho sobre os pinheiros numa conferência na província, parei num posto de combustível e dei uma olhada no meu iPhone. Havia uma mensagem do pessoal da formulação de diretrizes dizendo que tínhamos usado métodos obsoletos para medir a infecção pelo fungo causador da ferrugem-do-pínus, um dos cinquenta agentes danosos. Infecções em ramos agora só eram consideradas letais quando ocorriam a dois centímetros do fuste, não a quatro. Era curioso como eles de repente tinham calculado que infecções a quatro centímetros não eram um problema, mas a dois centímetros sim; a descoberta deles fora feita no momento em que publicamos nossos artigos. Outro estudo independente, porém, atestara que a maioria das plantações de pinheiros apresentava saúde ruim. Mas o que mais me incomodou foi um e-mail de um respeitado estatístico do governo, alguém que eu admirava e que havia aprovado nosso método de amostragem: ele afirmou que nosso esquema não tinha sido replicado um número suficiente de vezes.

Ziguezagueando nas montanhas entre Vancouver e Nelson, vi as florestas mortas por besouros transformadas em área de corte raso, e minha cólera contra as práticas de silvicultura cresceu. Em coautoria com a dra. Kathy Lewis, colega da Universidade da Colúmbia Britânica do Norte, escrevi um texto de opinião no *Vancouver Sun* que intitulamos "Precisamos de novas diretrizes para salvar nossas florestas". Destacamos o mar de áreas desmatadas e afirmamos que elas estavam "reduzindo a complexidade da paisagem e afetando processos ecológicos em grande escala, como a hidrologia, os fluxos de carbono e as migrações de espécies". Escrevemos sobre florestas jovens e simplificadas, plantadas apenas com uma única espécie, que estavam declinando em consequência de insetos, doença e danos abióticos, e argumentamos que isso se agravaria com a mudança climática. Grandes cortes no financiamento de ciência florestal haviam reduzido acentuadamente a capacidade da Colúmbia Britânica para avaliar o estado real das nossas florestas e responder de modo apropriado. Concluímos com um apelo por mudanças nas diretrizes para aumentar a resiliência do meio ambiente e da economia da província. Demos sequência a esse artigo com outro que sugeria modos de resolver os problemas.

Na manhã em que o primeiro desses textos foi publicado, eu andava de um lado para outro na sala de casa e imaginava o azedume na capital. Eu estava cansada, mas pegando fogo. Ao longo do dia, uma centena de silvicultores escreveu respostas ao jornal, concordando conosco. Um deles disse: "Obrigado, Kathy e Suzanne, por um retrato excelente e acurado dos segredinhos sujos da Colúmbia Britânica". Redigi uma petição ao Ministério das Florestas para que fossem restaurados os financiamentos de pesquisa em toda a província e coletei assinaturas de dezenas de colegas. "Bravo!", escreveu um professor emérito da Universidade da Colúmbia Britânica, mas poucos professores assinaram.

Em casa, nos fins de semana, eu não conseguia dormir. Uma noite, dirigindo nos desfiladeiros, atropelei um veado. Outra noite, meu alternador pifou a vinte graus Celsius negativos, tive de descer a montanha sem poder usar o motor e quase não consegui chegar a uma oficina mecânica.

Domingo à noite, dirigindo de volta para o trabalho, as olheiras refletidas no retrovisor, eu me dei conta de que não conseguiria mais viver daquela maneira. Don também estava no limite. Eu me afogava no estresse das viagens, e ele ficava cada vez mais frustrado porque eu não conseguia pedir demissão. "Nós amamos vocês de todo o coração, mas seu pai e eu decidimos nos separar", eu disse a Hannah, de catorze anos, e a Nava, de doze, na sala de estar da nossa casa, em 20 de julho de 2012. Don estava pálido, e eu, os braços agarrando as pernas junto ao corpo, ansiava pela sensação de inteireza, queria proteger Hannah, que estava sentada e atônita, e Nava, totalmente perdida, olhando para a irmã.

Don deu um jeito de se aprumar um pouco na poltrona e improvisou: "Vai ser divertido. Cada uma de vocês vai ter outro quarto!". Hannah se animou e perguntou se podia ter uma cama de casal. Nava olhou para Hannah e deu uns dois pulinhos no sofá.

Com a ajuda da minha mãe e uma dose de sorte — uma casinha centenária não muito distante da casa de Don estava à venda —, as meninas e eu pudemos nos mudar pouco tempo depois. Pintamos o quarto de Nava de um azul feito o de um ovo de tordo-americano, e o de Hannah de um amarelo-pastel, e a minúscula sacada no quarto de Nava no andar de cima de verde-limão. Lá nos sentávamos à noite para contemplar a montanha do outro lado do lago. Eu abraçava as meninas e inalava seu cheiro de infância; às vezes adormecíamos lá fora, e o ar da montanha varria o dia para longe. Eu gostaria de tê-las protegido da separação, mas sabia que no longo prazo elas prefeririam ter uma mãe saudável e um pai feliz. No alto verão, com as temperaturas elevadas e as florestas fragilizadas pelas secas, incêndios grassavam pela província, e fumaça pairava sobre o vale.

13. Amostras do cerne

"Dá tempo de sobra de ir até o topo e estar de volta quando escurecer", Mary disse, e começou a subir a trilha de cinza vulcânica para o rio Tam McArthur, no Oregon.

O sol da tarde estava alto. Eu ainda não me acostumara ao "tempo de Mary", que significava partidas sem pressa depois de um café com creme e uma olhada em mapas para planejar uma caminhada em trilha. Estava acostumada à correria — carregando crianças, comida e mochilas no carro mesmo para trilhas curtas —, mas nesse dia saímos devagar, colhemos tomates e pepinos da horta de Mary para o almoço. Ela conhecia cada contorno da trilha, sabia o tempo que levava para chegar à sua vista favorita e quanto nos demoraríamos cuidando de suas abóboras e feijões.

"Estamos bat", ela disse com um sorriso satisfeito quando chegamos ao começo da trilha às duas da tarde. "bat" significava "bem a tempo" — ingrediente apreciado nas nossas aventuras. Ela andava com passadas largas como se fosse a dona do pedaço, à vontade como os velhos pinheiros em meio à cinza vulcânica, com os cordões esfiapados das botas bem apertados, pochete surrada na cintura e chapéu de palha preso sob o queixo por uma fita. Não se mostrava nem um pouco incomodada com os trilheiros mais jovens que já vinham descendo e descartando pacotes de bebida. A borda do planalto basáltico ficava trezentos metros acima, e uma águia-americana sobrevoava as árvores maltratadas pelos elementos. Que delicioso — perfeito — passar a noite nessa trilha só com ela. Eu queria mais do tempo de Mary. Com delicadeza, toquei em seu ombro e disse: "Vamos chegar à saliência de rocha ao pôr do sol".

Mary fora nossa vizinha quando Don e eu fizemos nossos estudos de doutorado em Corvallis. Ela me hospedou por alguns dias no final de agosto, quando falei sobre conexões micorrízicas em uma conferência. Nossas conversas à noite enveredavam para temas como trilhas e rotas de canoagem, livros, filmes, espanto por Nava já estar no oitavo ano e Hannah no décimo, e que ela não via as meninas desde a pré-escola, e os pinheiros-de-casca-branca que fomos ver na cordilheira das Cascatas no Oregon. "Quem sabe você possa me mostrar uma árvore-mãe", ela comentou depois de me ouvir tagarelar sobre minha descoberta recente. Mary era trilheira veterana, crescera em Serra Nevada, na Califórnia, e se instalara em Corvallis para trabalhar com pesquisa e desenvolvimento em físico-química depois de um pós-doutorado na Austrália. Eu disse que ela poderia me ajudar a descobrir quais substâncias químicas passavam pela rede. Todos aqueles anos ela morara sozinha, focada em seu trabalho de desenvolver tintas para impressora e se recuperando de um acidente de carro — ela ficara muito ferida, perdera uma amiga e outra também se machucara gravemente.

"Essas bolhas são o quê?", Mary perguntou, apontando para gotas de resina amarela na casca dos pinheiros-lodgepole mortos que ladeavam a trilha.

"Tubos de resina do besouro-do-pinheiro", respondi, sem fôlego no ar rarefeito de 2 mil metros de altitude. Eu mal conseguia acompanhar seu ritmo, embora sua perna direita tivesse sido fixada com placas e fosse uns três centímetros mais curta do que a esquerda. Removi um pedaço de resina, dura como chiclete velho, e pus na mão dela. "É por isso que o pinheiro morreu?", ela perguntou, com mechas de cabelos loiros escapando do rabo de cavalo e óculos de sol presos por um cordão. Expliquei que o pinheiro tentava cuspir — eliminar — o besouro quando ele se entocava em sua casca, mas a causa essencial da morte era o fungo causador da mancha azul que vinha nas pernas do besouro e entrava na madeira. O patógeno propagava-se através do xilema, obstruía as células e barrava a entrada de água vinda do solo.

"A árvore morreu de sede", expliquei.

Amostras do cerne

"Cruzes, morrer não é assim tão simples para uma árvore", ela disse, e me ofereceu um gole de sua água antes de ela própria beber. "Eu nunca teria adivinhado."

Olhamos todas aquelas árvores mortas, até onde a vista alcançava, algumas com acículas avermelhadas, outras ainda verdes. Tremoceiros permaneciam com seu roxo vivo em meio a caules verdes, e os arbustos de grouseberry, aproveitando a vantagem incomum da luz do sol e da água, brilhavam com suas bagas vermelhas e doces como geleia de framboesa. "Os besouros matam os velhos pinheiros, depois o fogo derrete a resina nos cones e libera as sementes. É por isso que os pinheiros-lodgepole jovens crescem em moitas densas depois de um incêndio." Entreguei-lhe algumas bagas, não muito maiores do que gotas de chuva, e apontei para um grupo de pinheiros juvenis. Comentei que aquelas florestas antes tinham sido uma colcha de retalhos, um mosaico de povoamentos de diversas idades, alguns antigos, mas a maioria jovem demais para suportar uma infestação. "Agora as coisas são diferentes", eu disse, e expliquei que a supressão dos incêndios permitira que muitas árvores alcançassem uma idade mais avançada e um tamanho maior a ponto de seu floema ser espesso o suficiente para suportar uma ninhada fervilhante de larvas. O surto do besouro começara no noroeste da Colúmbia Britânica e se alastrara até o Oregon, e agora mais de 40 milhões de hectares estavam mortos ou morrendo em toda a América do Norte.

Embora o besouro e o fungo tivessem coevoluído com os pinheiros, as décadas mais recentes de supressão de incêndios criaram uma vasta paisagem de pinheiros idosos perfeitos para uma infestação épica. As temperaturas no inverno já não caíam abaixo de trinta graus Celsius negativos por longos períodos, por isso não matavam as larvas que se alimentavam no floema, e isso rompera a delicada simbiose entre as espécies. Estávamos num surto de proporções tão colossais que aturdia quem o presenciava.

"Todas essas árvores vão morrer?", ela perguntou, olhando ao longo da trilha, com poeira de ferrugem nas canelas, os braços nus musculosos de carregar lenha para casa no inverno, o modo de andar há muito tempo ajustado segundo o realinhamento de seus ossos.

"Algumas não, mas a maioria vai morrer", respondi. Os pinheiros produzem um conjunto de compostos de defesa — monoterpenos — para inibir os besouros. Eu estava adorando que ela também se preocupasse com aquelas árvores. Ela passou a mão por um tronco morto, pegou um punhado de acículas vermelhas e mostrou-as para mim. "Esse surto é tão intenso que a maioria das árvores não consegue rechaçar os insetos. Até já detectaram os enxames com satélites", falei.

Ela indicou um pequeno trecho com pinheiros de acículas cor de jade--escuro e comentou que talvez o futuro não fosse tão deprimente. Concordei, meio encabulada. Era perturbador ver a vastidão de árvores mortas por todo o oeste. Alguns pinheiros individuais conseguiram aumentar sua defesa por meio de uma produção maior de monoterpenos, mas, ainda assim, bem poucos haviam sobrevivido a esse surto. Abetos-subalpinos sob os pinheiros mortos haviam rebrotado, embora suas acículas e brotos tivessem sido comidos por outro inseto que infestava as florestas de coníferas do oeste, a lagarta-do-abeto. No entanto, apesar das lagartas que roíam os brotos dos abetos e dos besouros nos pinheiros, aqui a floresta não parecia nem um pouco morta. Muitas arvoretas estavam saudáveis, e plantas propagavam-se nas clareiras deixadas por pinheiros mortos que haviam tombado. "As sobreviventes devem produzir novas gerações mais bem adaptadas para expulsar os besouros", comentei. Eu precisava adotar uma perspectiva de mais longo prazo em vez de ficar tão obcecada pelas árvores que estavam morrendo. Mary pegou meu braço e disse: "Você vai ver, Suzie, tudo vai melhorar". "Ela tem razão", pensei. Mesmo assim, a situação tinha saído muito dos trilhos — a mortandade era geral entre os pinheiros em vales, desde o Yukon até a Califórnia.

"É possível até que abetos e pinheiros avisem uns aos outros sobre infestações", comentei enquanto prosseguíamos na trilha. Expliquei que a dra. Yuan Yuan Song, cientista da China, trabalhava comigo investigando se abetos infestados de lagartas-do-abeto podiam alertar pinheiros vizinhos para que se preparassem. Sua questão surgira inesperadamente; ela perguntou se podia vir para fazer um pós-doutorado durante cinco meses

Amostras do cerne

e testar se o sistema de alerta que ela detectara entre tomateiros no laboratório também ocorria entre árvores coníferas em florestas. Yuan Yuan já constatara que tomateiros comunicavam seu estresse a outros tomateiros nas imediações, e nós duas tínhamos curiosidade de saber se as árvores podiam enviar sinais de modo similar.

Um gaio-canadense passou voando na frente de Mary e cantou.

Em menos de uma hora estávamos no platô. Os abetos-subalpinos diminuíam enquanto serpenteávamos por prados de capim-urso e rocha vulcânica. Mary pôs pedacinhos brilhantes de obsidiana e levíssimas pedras-pomes na mochila dela e alguns nas minhas. "Nava vai gostar desta aqui", ela disse, polindo a pedra na bainha da camiseta. Chegamos à crista e seguimos a trilha contornando a borda. Colunas de basalto estendiam-se penhascos abaixo. Grupos de pinheiros-de-casca-branca milenares acompanhavam o contorno da escarpa, formando a linha de árvores.

Mostrei a Mary os feixes de cinco acículas que cresciam nos ramos dos pinheiros-de-casca-branca e os contrastei com os fascículos de apenas duas nos pinheiros-lodgepole.

O pinheiro-de-casca-branca depende do quebra-nozes-de-clark para dispersar suas sementes, enquanto o pinheiro-lodgepole precisa do fogo para abrir seus cones. Como se lhe dessem uma deixa, um passarinho cinza e preto lançou-se de uma árvore com um cone no bico e sobrevoou ligeiro o fluxo de lava, provavelmente para armazenar a pinha em algum buraco favorito entre as rochas, o que explicava por que os pinheiros-de-casca--branca cresciam agrupados. Essas duas espécies vivem em uma relação mútua, as aves dispersando as sementes para fecundar solos em troca de um estoque de refeições nutritivas; coevoluíram no implacável ambiente alpino — os genes de ambos rigorosamente moldados por recombinações e mutações, adaptados pouco a pouco a mudanças glacialmente lentas.

"Esses pinheiros-de-casca-branca são árvores-mães?", Mary perguntou, contornando um trecho de três dessas árvores enrugadas com galhos estendidos na direção do vento. Na noite anterior tínhamos assistido a *Mother Trees Connect the Forest*, um breve documentário que eu fizera com uma pós-graduanda e um cinegrafista que também era professor adjunto na universidade; Mary tentava comparar aquelas árvores subalpinas com as da floresta pluvial. Indiquei a mais alta do grupo e expliquei que as árvores-mães eram as maiores, as mais velhas. Peguei sua mão e a fiz agachar-se sob a copa, para ver se as raízes se enrolavam ao redor das raízes de suas vizinhas. Mary fez um gesto na direção de uma enxurrada de plântulas na borda do dossel. Essa formação de árvores, com suas raízes grossas entrelaçadas em estolhos esparramados, sem dúvida estaria unida por uma rede micorrízica.

Chegamos à saliência de rocha favorita de Mary quando o sol caía no oeste; a borda de 2400 metros projetava sombras na floresta vermelha e verde abaixo. Ali eu soube que o próximo passo na minha investigação seria descobrir se as árvores avisavam umas às outras sobre doença ou perigo, se as espécies que estavam morrendo persistiriam ou se alguma espécie diferente ocuparia o território. Mary pegou os embrulhos de tomates e pepinos e eu abri o vinho quando a fileira de vulcões antigos — Three Sisters ao sul e Jefferson, Washington e Adams ao norte — passou de amarelo a rosa. Os vulcões eram como monumentos, os picos destacando-se nas encostas adjacentes, sobranceiros. Diferiam das Rochosas da minha terra — os picos lá ficavam próximos, rocha metamórfica e camadas sedimentares inclinavam-se juntas e arestas eram vizinhas. O rosto de Mary absorveu os últimos raios de sol, e nós duas desfrutamos aquela liberdade, a companhia uma da outra. Tive a velha sensação de cair suave e profundamente, como neve a assentar nas montanhas.

Na manhã seguinte Mary colheu mirtilos e os misturou com amoras-pretas, que comemos à sombra de seu marmeleiro. Ela leu para mim um trecho de *Sometimes a Great Notion*, de Ken Kesey, e me convidou para descer de canoa o rio Willamette no outono. Eu não queria partir; cada célula do meu corpo atiçada. Demorei-me ali até quase não dar tempo de chegar à meia-noite ao local onde eu daria meu curso de campo no dia seguinte, 1100 quilômetros ao norte. *Tempo de Mary. Será que eu estava apaixonada?* Cem quilômetros depois da fronteira do Canadá, o frio do outono mordendo as árvores, parei numa cabine telefônica e liguei para ela. A neve

Examinando raízes de uma cicuta-ocidental no quintal de Robyn e Bill em Nelson, Colúmbia Britânica, em 2012. Essa espécie forma sistemas de raízes pouco profundas, que ajudam a planta a buscar nutrientes escassos em solos glaciais jovens de moraina. Como muitos na Colúmbia Britânica, Robyn e Bill moram vizinhos à floresta. Eles cortaram as árvores menores do subdossel para reduzir o material combustível e a probabilidade de um incêndio descontrolado queimar a copa das árvores e destruir sua casa. Com as mudanças climáticas, o risco de incêndio aumentou rapidamente nas cidades pequenas da Colúmbia Britânica.

dava choques nos meus braços nus ainda quentes do sol do Oregon. Falei que faria a canoagem assim que voltasse para a universidade em setembro.

A linha zumbiu com o som que o mais profundo silêncio produz.

"Não vejo a hora", ela disse.

UMA SEMANA DEPOIS, dirigindo na volta para Nelson para ajudar Hannah e Nava a se aprontarem para a escola, passei por 160 quilômetros de árvores cinzentas, mortas pelo besouro-do-pinheiro. Na rota, a oeste de Kamloops, um pinheiro-ponderosa erguia-se solitário, sua exausta copa vermelha acorcundada. Eu quis saber a idade daquela árvore e quando ela morrera, e se alguma coisa se regenerava para substituí-la. Quando me aproximei dessa árvore-mãe, suas acículas ressequidas estalaram sob meus pés. Nenhum pica-pau-cinzento cantava em seus galhos abertos.

Inseri a ponta do trado de incremento na casca marrom-alaranjada, mas a broca não penetrava na cortiça seca. Lascas caíram como pecinhas de quebra-cabeça aleatórias, e sob o câmbio a madeira era esbranquiçada. Cones ressecados pendiam de suas extremidades, as escamas abertas, as sementes arremessadas, seu último suspiro. Parecia estar morta havia no mínimo um ano. Aos meus pés vi um ninho com ossos finos e cascas de ovo quebradas que devia ter caído de seus galhos. O solo era seco e tinha rachaduras profundas. A morte passara cadeia abaixo, levando os esquilos e os fungos também. Do outro lado do vale do rio Thompson, o ar era carregado de fumaça de um incêndio, e o rio tinha um tom de carvão em vez de azul. Entre a pradaria no fundo do vale e os abetos-de-douglas na faixa de vegetação das montanhas, todos os pinheiros-ponderosa estavam mortos. Os abetos tinham um toque de vermelho-sangue — haviam sido mastigados pelas lagartas-do-abeto. A morte na floresta me fez pensar no que Mary e eu tínhamos visto na trilha de Tam McArthur Rim, mas ela decerto me lembraria de que ainda existia vida aqui.

Meu BlackBerry dizia três da tarde, sete horas para eu estar em casa. Procurei por plântulas ao redor do esqueleto da árvore-mãe morta e achei algumas de dois anos, encolhidas numa fenda. Essas irmãs eram tudo o que restava para dar continuidade aos genes da árvore-mãe. Ajoelhei para examinar as plântulas; gafanhotos saíram pulando de debaixo das barbas de uma moita de bromo — uma gramínea nativa que crescera de forma descontrolada naquele solo árido. Se plântulas de pinheiro-de-casca-branca podiam viver no frio solo subalpino, sem dúvida as sementes desse pinheiro-ponderosa sobreviveriam aqui embaixo. Nessa idade, elas deveriam estar firmemente agarradas à terra, mas fungos e bactérias não estavam mais grudando areia e grãos de lodo formando torrões, o que dava ao solo uma estrutura capaz de reter água. Empurrei na terra solta as sondas de metal do meu novo sensor de umidade de solo — um grande

Amostras do cerne

avanço desde a sonda de nêutrons. Ele registrou apenas 10%, quase insuficiente. Parecia inacreditável aquelas plântulas sobreviverem. Talvez suas micorrizas extraíssem a pouca água dos grãos secos. Os ossos quebrados da árvore-mãe ainda faziam alguma sombra, e eu me perguntei se ela teria estado em condições de ajudar por tempo suficiente. Eu tinha lido que gramas, quando estão morrendo, transferem fósforo e nitrogênio para suas descendentes por meio de redes micorrízicas arbusculares, e pensei na possibilidade de essa árvore-mãe ter feito o mesmo quando morreu. Enviar às plântulas suas derradeiras gotas de água, junto com alguns nutrientes e alimento.

As árvores pereceram tão depressa, os besouros se propagaram tão velozmente e os verões esquentaram tão rápido que a natureza parecia não ter tido tempo de entender, de lidar com todas essa mudanças. *Quelle tristesse.* Mesmo se essas mudas sobrevivessem à infância, é provável que estivessem inadaptadas antes de se tornarem arvoretas, suscetíveis a infecções e infestações e provavelmente condenadas pelas mudanças que os climatologistas estavam prevendo. As florestas de pinheiros-ponderosa estavam se transformando em campinas, enquanto a floresta de abeto-de--douglas era tomada pelos pinheiros-ponderosa.

Isso era o melhor que a floresta poderia esperar? Mais provavelmente, o bromo — junto com as centáureas e a bardana-menor — teria mais êxito do que as árvores no preenchimento da terra ressequida, pelo menos aqui embaixo, no vale. Essas plantas, com sua prolífica produção de sementes e seu ritmo rápido de crescimento, podiam invadir com facilidade uma floresta enfraquecida pela supressão do fogo e pelo clima extremo. As árvores pareciam sacrificadas em nome da conveniência humana. Por ironia, as próprias plantas consideradas daninhas e os insetos que estavam matando as florestas talvez fossem as espécies dotadas de genes capazes de persistir à medida que as temperaturas subissem e as chuvas mudassem.

O sol vestia de carmesim a copa comida dos abetos-de-douglas ao longe. Os pinheiros-ponderosa que se misturavam com eles, porém, cintilavam como esmeraldas, ainda vivos naquele terreno mais elevado, sobreviventes do surto de besouros. Supus que devia ser menos estressante para os pínus na parte mais alta da encosta, onde chovia com mais abundância. Porém, em contraste com os pinheiros nesse *ecótono* — essa área de transição entre as comunidades das partes mais baixas e mais altas da floresta —, os abetos estavam sentindo a seca; suas raízes principais não alcançavam tão profundamente o material de sua genitora, e isso reduzia sua capacidade de resistir a infestações de herbívoros que coevoluíram com eles. Talvez por isso eles parecessem tão desfolhados pela lagarta-do-abeto.

Os pinheiros-ponderosa estariam em boas condições porque tinham raízes profundas e aqui chovia mais, ou seria graças a conexões com os abetos-de-douglas vizinhos? Dave Perry, meu orientador no doutorado, já constatara que nas florestas do Oregon as duas espécies provavelmente se conectavam em uma rede micorrízica, e ele achava que os abetos-de-douglas afetavam a taxa de crescimento dos pinheiros-ponderosa. Imaginei que provavelmente isso acontecia aqui também.

A integração das duas espécies em uma rede micorrízica poderia muito bem proporcionar mais do que uma via para a permuta de recursos. Se os abetos-de-douglas que morriam na seca estivessem dando lugar a pínus mais bem adaptados às temperaturas mais altas, *estariam ainda se conectando e se comunicando com os pinheiros, mesmo no fim da vida?* Poderiam os abetos *alertar* os pínus de que havia estresses nas novas áreas? Talvez pudessem lhes enviar informações sobre doenças.

Não só o tomateiro da minha colega Yuan Yuan transmitira ao seu vizinho, pela rede arbuscular interligada, sinais de alerta sobre uma infecção por patógeno, mas também o vizinho ajustou seus genes de defesa para responder com mais eficácia. E mais: os genes do vizinho puseram-se ao trabalho e produziram enzimas defensivas em abundância. Essas enzimas devem ter subjugado o patógeno, pois, quando o fungo foi aplicado ao tomateiro espectador, por incrível que pareça ele não causou a doença. Yuan Yuan viera me ajudar a propor a mesma questão para os abetos doentes — ver se os pínus tinham uma chance melhor em seu novo ambiente porque os abetos sinalizavam a natureza de sua adversidade.

Peguei duas pecinhas do quebra-cabeça da casca da árvore-mãe, uma para Hannah e outra para Nava, e pus no painel do carro para dar sorte.

Amostras do cerne

Segui velozmente pelo desfiladeiro de Monashee, com a penumbra da chegada da noite borrando o contorno da estrada até meus olhos se ajustarem à iluminação dos faróis. Quando a balsa me deixou do outro lado dos lagos Arrow, eu estava morta de cansaço. "Atenção com os veados ao anoitecer", vovó Winnie sempre aconselhava, e isso me trouxe uma ansiedade bem conhecida. Apalpei o caroço que descobrira recentemente no seio e disse a mim mesma para procurar logo minha médica. Tinha certeza de que ela estava certa — não era nada. Minha última mamografia mostrara que estava tudo bem.

"Passe a dezoito", o oncologista pediu à enfermeira, referindo-se ao calibre de uma agulha fina e curta na bandeja.

Eu estava deitada de barriga para baixo numa mesa de operação elevada, com o seio esquerdo pendente através de um buraco redondo, para poder ser acessado por baixo. O cheiro de antisséptico e de suor era opressivo na minúscula sala de biópsia. Eu queria fugir para a deliciosa sombra de uma árvore-mãe de galhos esparramados — nem ligaria se ela estivesse viva ou morta. À minha frente, uma tela mostrava a aranha branca no meu seio. Repeti o mantra que Jean me ensinou: "Tudo, tudo vai dar certo". Eu era uma moradora da floresta, mochileira, esquiadora, consumidora de alimentos orgânicos, não fumante, amamentara duas filhas. Mary segurou minha mão com mais força e sussurrou: "Você vai ficar bem".

A agulha disparou, *POP*, e uma dor queimou meu seio.

"Hmm. Passe a calibre dezesseis", disse o médico.

A enfermeira pegou uma maior. As agulhas estavam enfileiradas, da fina e curta para a grossa e longa, e me lembraram as que eu usara para injetar $^{13}C\text{-}CO_2$ nos sacos com que Dan e eu tínhamos selado minhas mudas. Cada uma tinha uma bainha cortante como uma sonda Oakfield para coletar amostras de solo, afiadíssima para cortar raízes. Mary leu a tela e observou as agulhas, ligeiramente inclinada contra a parede. Tão corajosa na hora de subir a trilha Tam MacArthur Rim a qualquer hora, ela desmoronava quando alguém sofria. Nunca me esqueço da carta que ela mandou quando Kelly morreu, dizendo que sentia demais, que sabia o quanto eu estava sofrendo, que às vezes piora antes de melhorar. Seu carinho amenizou meu sentimento de estar sozinha com minha dor.

"Este nódulo é duro como uma pedra. Também não consigo penetrar nele com esta agulha." A tensão na voz do médico aumentou. "Vamos tentar com a catorze."

A palavra "doença" acendeu na minha mente. Um transtorno do corpo. *Tudo, tudo vai dar certo.*

"Ok, esta é uma amostra. Faltam quatro." Suor luzia na testa do médico, e seu hálito tinha ranço de café.

Mais quatro? Isso não parecia bom. A enfermeira trocou os instrumentos de lugar. Os dedos de Mary estavam ficando escorregadios, mas eu me agarrava a eles como se estivesse caindo num penhasco. Pense naqueles pinheiros-de-casca-branca que encontramos na nossa trilha, nas árvores-mães, nas sobreviventes de besouros e ferrugens, nos bosquetes de descendentes onde a neve perdurava por boa parte do verão.

Agulhas passaram habilmente de um par de mãos para outro, poucas palavras foram ditas.

"Não sei onde termina", ele disse, pessimista.

O sangue sumiu da minha cabeça. Que raios ele está dizendo? Mary largou minha mão, e a enfermeira correu para ajudá-la a se sentar. O médico tirou abruptamente as luvas cirúrgicas, disse que eu teria os resultados em uma semana e foi embora. A enfermeira murmurou algo para me tranquilizar, e Mary desajeitadamente me ajudou a abotoar a blusa. Ela sempre foi firme, mas suas mãos estavam tremendo.

Quando desabamos nos bancos do meu carro, na viela atrás da clínica, entrei em pânico. O que devo fazer? Telefonar para Hannah e Nava? *Meu Deus.* E se eu tivesse um câncer?

"Não devemos assustar as meninas", Mary aconselhou. Ela pegou meu pulso e me disse para respirar pelo nariz. "E temos de aguardar os resultados da biópsia antes de ter certeza de qualquer coisa."

Virei a chave na ignição, mas ela me impediu. "Não, vamos esperar até você se acalmar", falou. Tempo de Mary. Abracei o volante e me inclinei

Amostras do cerne

sobre ele, enquanto Mary mantinha a mão nas minhas costas. Eu teria arrancado a toda velocidade do estacionamento, tentado correr para longe daquilo, piorado as coisas.

No meu apartamento no campus, chorei, desabei. A meninada falava alto no pátio. Minhas plantas no peitoril se espichavam na direção da luz, e eu, no piloto automático, me levantei e dei uns copos de água a elas. Telefonei para mamãe e Robyn e para Barbara, uma prima de minha mãe que era enfermeira e sobrevivera a um câncer de mama. Ela prometeu acompanhar o meu caso. Jean, incapaz de disfarçar a preocupação, disse: "Você vai ficar bem, HH". "Homer Hog" [Marmota Homer], HH, um apelido que ela me dera no tempo da faculdade porque eu vivia escavando por toda parte, como uma marmota. Meu apelido dito por sua voz carinhosa me abrandou. Eu flutuava pelo apartamento, em alguma outra dimensão, enquanto Mary dizia que eu devia estar com fome e fazia *mole* de frango, batendo panelas e saqueando meu armário em busca de chocolate e pimenta enlatada.

Tinha toda a razão. Me apoiei nela. Eu estava faminta.

"This little lump of mine, I know it's benign", Mary e eu cantávamos com a melodia da canção infantil "This Little Light of Mine". Robyn recomendara que eu cantasse sempre que começasse a me sentir ansiosa. Mary e eu subíamos uma trilha íngreme ao redor de pedras do tamanho de um refrigerador e de cicutas-da-montanha com troncos vergados que lembravam a forma de pistolas, por conta do peso da neve. Mantivemos nosso plano para o fim de semana: fazer a trilha do pico Sigurd na confluência dos rios Squamish e Ashlu perto de Vancouver, o que era muito melhor do que ficar em casa preocupadas. Don e eu tínhamos combinado de não contar para as meninas, considerando que a probabilidade de ser câncer era baixa. O que elas não sabiam não podia machucá-las.

Os zigue-zagues do caminho eram uma boa distração; eu mantinha os passos curtos e estudados, repetia a canção, e meus receios vinham em

---

* "Este meu nodulozinho, sei que é benigno." (N. T.)

surtos intermitentes. As cicutas não pareciam nem um pouco aflitas; admirei seu ar tranquilo. Eram feitas para o dever, agarravam-se à montanha como cabras, jogavam seus cones como moedas, sem temer o pior. No topo da montanha, vimos lampejos de gelo glacial fluindo de picos, incapaz de resistir à mudança climática. Eu queria prosseguir, queimar minha energia apreensiva, mas Mary sentou-se e desempacotou nosso piquenique.

"Você não parece doente", ela disse, arrumando maçãs e sanduíches que ela fizera com as sobras do *mole* de frango — notara que eu estava com um apetite para lá de bom. "Acaba de escalar seiscentos metros em duas horas e está aí, louca para continuar."

"Mas não sei por que normalmente sinto cansaço", falei, tateando a axila compulsivamente à procura de nódulos.

Mary insistiu para que eu comesse alguns biscoitos de aveia que ela sabia que eu adorava. Olhando para baixo, aconselhou-me a pôr o gorro de lã porque eu estava tremendo, e tagarelou sobre como fôramos espertas por incluir na mochila uns agasalhos de fleece adicionais; assim me desviava de falar sobre o nódulo. Eu me sentei ao lado dela, envolvi-a com meus braços e pernas, e ela se inclinou contra meu corpo. "Obrigada", murmurei. Quando voltamos ao início da trilha, tínhamos percorrido dezoito quilômetros e cantado até não ter mais voz. Eu deixaria fora da minha mente os pensamentos angustiantes enquanto aguardava os resultados da biópsia — só mais alguns dias. Além disso, em breve chegariam os dados do espectrômetro de massa do carbono-13 obtidos do experimento em estufa que eu fizera com Yuan Yuan meses antes naquele ano — nosso teste para saber se os abetos estavam comunicando seu estresse aos pinheiros-ponderosa, e eu não via a hora de saber os resultados.

Sem falar que tinha dois cursos para dar. E mais cinco novos orientandos de pós-graduação e um de pós-doutorado, cujo trabalho seria baseado na principal questão do meu programa de pesquisa: como redes micorrízicas afetam a regeneração de árvores numa situação de mudança climática?

Seguimos direto para o pub, e Mary trouxe canecos de cerveja escura e amarga para o deque com vista para o rio Squamish, glacial e azul. O sol poente destacava os contornos dos picos nevados da cordilheira Tantalus.

Amostras do cerne

Ela bateu seu caneco no meu e disse *"Sláinte"*, com seu melhor sotaque gaélico, enquanto a voz de k. d. lang chegava suave como veludo do interior do bar. Levei minha cadeira mais para perto da dela. Mary pegou minha mão e me deu aquele seu sorriso de olha-só-que-legal-a-gente-estar-aqui--aprontando, depois ergueu a cabeça para absorver os raios que se esvaíam, enquanto eu olhava rio acima para uma águia-pescadora que pousava num ninho do tamanho de uma moita. Mas uma onda de pavor me percorreu.

Os novos dados estavam na minha tela.

Eu olhava, atônita.

Os abetos-de-douglas que Yuan Yuan e eu havíamos infestado com lagartas-do-abeto tinham mandado metade de seu carbono fotossintético para suas raízes e micorrizas, e 10% dessa quantidade seguira direto para seus vizinhos pinheiros-ponderosa. Mas o que me fez escrever imediatamente um e-mail para Yuan Yuan, agora professora da Universidade de Agricultura e Silvicultura de Fujian, foi o fato de que os beneficiários dessa herança tinham sido apenas os pinheiros conectados por uma rede micorrízica aos abetos que estavam morrendo, e não aqueles cujas conexões eram restritas.

Antes de clicar em enviar, olhei para o oceano Pacífico pela janela. Uma águia-americana foi chegando devagar até pousar num abeto-de-douglas na orla do mar, com um peixe prateado no bico. Passara-se a semana e eu ainda não tinha recebido o telefonema do médico. Chequei de novo meus recados na caixa postal e pensei: talvez isso fosse bom, porque notícia ruim chega logo.

Reli os dados, meus olhos escanearam as colunas, e murmurei para mim mesma *"Saint chats!"*. Enviei o e-mail para Yuan Yuan, relaxei na cadeira e sorri.

Era um triunfo preparado durante um ano inteiro — e agora ali estava uma resposta. Eu aceitara mais que depressa sua sugestão de trabalharmos juntas; já havia mencionado seu trabalho numa resenha e discutia suas descobertas nas minhas aulas. Ela avançara audaciosamente nossos conhecimentos sobre redes micorrízicas; deixara para trás debates históricos sobre o que constituía uma conexão entre as plantas e inoculara suas plantas cultivadas em laboratório com uma profusão de hifas formadoras de redes. Alguns cientistas ainda estudavam se conectar-se a redes afetava o bem-estar das plantas receptoras, mas ela fora muito além disso. Não só examinara a resposta do crescimento de tomateiros receptores, mas também medira a atividade dos genes de defesa deles, sua produção de enzimas defensivas e sua resistência a doenças. Ela era um espírito livre e corajoso, e publicara seu experimento dos tomateiros na *Nature's Scientific Reports*. Eu lhe escrevera sobre uma ideia que vinha germinando desde que os surtos de insetos haviam transformado nossas florestas em oceanos de árvores mortas: se as árvores que estão morrendo comunicam-se com espécies recém-chegadas, poderíamos usar esse conhecimento para ajudar na migração de espécies de árvores à medida que as florestas maduras se tornassem inadaptadas a seus locais nativos. Um sistema de alerta e ajuda — os abetos-de-douglas infestados dizendo aos pinheiros para atualizarem seu arsenal de defesa, por exemplo — talvez fosse importante para o crescimento das novas espécies ou raças (genótipos) quando as florestas maduras estivessem morrendo.

Quando as árvores-mães feridas se retiravam lentamente do jogo, será que transmitiam às suas descendentes o carbono e a energia que lhes restavam? Como parte do processo ativo de morrer. Como as gramas senescentes, que entregam seus fotossintatos remanescentes para impulsionar a nova geração. Talvez elas apenas dispersassem o conteúdo de suas células moribundas aleatoriamente para o resto do ecossistema, já que energia não se cria nem se destrói.

Se fosse possível revelar tudo isso, poderíamos predizer melhor como as espécies de árvore migrariam para o norte ou para áreas mais elevadas à medida que as temperaturas aumentassem — ou seja, para locais mais adequados aos seus genes. Conforme o clima aquecer, as florestas adoecerão e muitas árvores vão morrer, como já ocorre, mas novas espécies pré-adaptadas às condições mais quentes devem chegar para tomar o lugar das que se forem. Do mesmo modo, as sementes das espécies na floresta que está morrendo devem dispersar-se para novas áreas que agora sejam condizentes com seus genes. Um dos problemas com as previsões era o pressuposto de que as árvores migrariam com uma rapidez sem precedentes — mais de um quilômetro por ano, em vez de menos de cem metros, como víramos no passado recente. Mas o outro pressuposto que parecia dominar era o de que as árvores se mudariam para espaços totalmente vazios, como se a floresta antiga houvesse morrido por completo. Como se chegassem a uma área de corte raso livre de plantas "daninhas", na qual a nova onda de árvores plantadas se estabeleceria num terreno zerado, sem impedimento de árvores antigas, como se estas tivessem feito as malas e partido — e até varrido o chão — para dar lugar às novas. Mas isso não fazia sentido para mim. Pelo menos algumas das árvores velhas — remanescentes da floresta anterior — permaneceriam. Nem todas as árvores morreriam, como Mary e eu víramos em Tam McArthur Rim. Essas remanescentes deveriam ser cruciais para ajudar as imigrantes a se estabelecer, talvez incluindo-as em suas redes micorrízicas para uma injeção inicial de nutrientes ou fornecendo-lhes abrigo contra o sol causticante ou as geadas no verão.

Quando Yuan Yuan chegara, um ano antes, no outono de 2011, coletamos baldes de camada superficial do solo de florestas de abetos-de-douglas e pinheiros-ponderosa próximas de Kamloops e, por e-mail, já tínhamos elaborado nosso desenho experimental para que ela pudesse chegar e já começar o trabalho. Ríamos à beça — ela com seu riso baixinho, grave e rouco — enquanto percorríamos de carro as montanhas costeiras até as áridas florestas do interior para coletar solo. Nossa afinidade foi imediata, talvez graças aos desafios partilhados de sermos mulheres cientistas e ao nosso interesse comum por redes entre plantas. Admirei sua ânsia por lançar-se de imediato ao trabalho, sua paixão por encontrar respostas, sua avidez por ter nas mãos uma pá.

Na estufa da universidade, colocamos noventa vasos de um galão em bancos e os enchemos com o solo de floresta. Em cada vaso plantamos uma muda de abeto-de-douglas e uma de pinheiro-ponderosa, mas, para alterar o grau em que o pinheiro conectava-se às micorrizas do abeto, plantamos um terço dos pinheiros-ponderosa em sacos de malha porosos o suficiente para serem atravessados por quaisquer hifas micorrízicas, porém não por raízes. Plantamos outro terço em sacos de malha com poros tão finos que apenas água poderia passar entre abeto e pinheiro. No último terço, plantamos os pinheiros-ponderosa diretamente no solo puro, para que suas micorrizas pudessem se conectar livremente aos abetos e as raízes pudessem se misturar. Nosso plano era infestar um terço dos abetos em cada um desses tratamentos de solo com lagartas-do-abeto, cortar com tesoura as acículas de outro terço e deixar o terço restante intocado, para controle. Nove tratamentos no total, os tratamentos de solo e desfolhação totalmente cruzados, com dez replicações de cada um.

Esperamos. Yuan Yuan, nervosa porque seus cinco meses estavam voando, torcia para que as mudas se tornassem micorrízicas o suficiente para que ela pudesse concluir o experimento antes que o prazo do visto expirasse.

Depois de quatro meses, examinamos algumas raízes de mudas ao microscópio de dissecção, e quando eu disse que elas pareciam nuas Yuan Yuan entrou em pânico. Em seguida, peguei alguns cortes transversais, esmaguei-os numa lâmina e examinei-os ao microscópio composto: havia redes de Hartig. As raízes de abetos-de-douglas e pinheiros-ponderosa tornaram-se colonizadas por um só fungo micorrízico, o *Wilcoxina*. Isso nos indicou que os abetos e os pinheiros estavam conectados por uma rede micorrízica de *Wilcoxina*, exceto na malha fina, e que poderíamos prosseguir com nossos tratamentos de desfolhação.

Yuan Yuan correu ao laboratório de criação de insetos para pegar suas lagartas-do-abeto. Eu corri ao laboratório de micorrizas para pegar tesouras e álcool esterilizante. Juntas, fomos à estufa despojar as mudas de suas acículas. Ela cobriu um terço das mudas com um saco respirável e em cada um inseriu duas lagartas para se banquetearem com as acículas. Eu cortei fora as acículas de outro terço, deixando só uns poucos raminhos para fazerem a fotossíntese. O terço restante permaneceu intacto.

Um dia depois da desfolhação, cobrimos os abetos com sacos plásticos à prova de gás e aplicamos $^{13}C\text{-}CO_2$. Outra espera, nós duas imaginando a passagem de moléculas de açúcar pelas redes como milk-shake por um

Amostras do cerne

canudo. Naquela noite, telefonei para casa, e Nava estava toda empolgada por usar sapatilha de ponta no balé, enquanto Hannah se soltava em passos de hip-hop. A apresentação de dança das meninas seria dali a alguns meses, no Dia das Mães, e eu não via a hora de estar em casa. No dia seguinte, Yuan Yuan e eu separamos amostras das acículas de pínus; repetimos no dia seguinte, e mais uma vez no outro, para aferir a produção de enzimas de defesa. Depois de seis dias, desenterramos todas as mudas, trituramos e mandamos as amostras para um laboratório com espectrômetro de massa, para saber se os abetos haviam enviado algum isótopo de carbono aos pínus através das redes fúngicas.

Agora ali estávamos, alguns meses depois, examinando os dados, Yuan Yuan em Jinshan e eu em Vancouver.

"Viu só quanto carbono a mais é enviado para as raízes dos abetos quanto mais eles são desfolhados?" Eu mandava e-mails para Yuan, cada uma de nós de um lado do planeta, unidas pela planilha. "Sim, eu achava que veríamos isso", ela respondeu, e explicou que essa é uma estratégia comportamental muito conhecida para ajudar as árvores atacadas a sobreviver a desfolhações subsequentes. Alguns minutos depois ela acrescentou: "Mas nunca vi carbono migrar para os brotos de uma vizinha após uma desfolhação". Com a desfolhação, os abetos tornam-se uma grande fonte de carbono, e os pinheiros, que crescem depressa, haviam extraído o carbono diretamente para seus ramos principais.

"Isso condiz com os dados sobre as enzimas de defesa", ela mandou, e cinco minutos depois enviou um gráfico. Com a infestação pela lagarta-do-abeto, os abetos haviam aumentado a produção de enzimas de defesa, o que era normal, mas depois de um dia os pinheiros-ponderosa *tinham feito a mesma coisa*. "Mas veja só", escrevi, "nada disso acontece a menos que as duas espécies estejam ligadas em uma rede."

Minha caixa de entrada bipou avisando que o e-mail de Yuan Yuan tinha chegado: "Uau!".

As enzimas de defesa dos pínus — quatro delas — haviam aumentado notavelmente, em perfeita sincronia com a entrega de carbono, e isso só ocorria nos casos em que eles estavam ligados aos abetos no subsolo. Mesmo um dano pequeno aos abetos provocara uma resposta enzimática nos pínus. Os abetos estavam comunicando seu estresse aos pinheiros *em 24 horas.*

O que as árvores nos davam a entender fazia sentido. Ao longo de milhões de anos, elas evoluíram para sobreviver, construíram relações de mutualismo e competição e eram integradas com suas parceiras em um sistema. Os abetos haviam mandado sinais de alerta de que a floresta estava em perigo, e os pinheiros estavam a postos, atentos a deixas, ligados para receber as mensagens, assegurando que a comunidade permanecesse inteira, ainda um lugar saudável para criarem suas descendentes.

E então compreendi o recado, límpido como água da nascente: eu precisava estar perto das minhas filhas apesar do medo, como as árvores que estavam morrendo permaneciam próximas de suas descendentes. Desliguei o computador e apalpei o nódulo, menor desde a biópsia. Telefonei para Mary, que estava no Oregon e prestes a me ligar.

"Preciso ir para casa e contar para as meninas", eu disse; expliquei que Yuan Yuan e eu tínhamos descoberto que os abetos moribundos passavam seu carbono para os pinheiros, e eu deduzira que a árvore-mãe que eu vira tinha feito isso também; foi assim que suas filhas de dois anos haviam sobrevivido à seca. Era uma dica para que eu desse meu amor às minhas filhas, passasse a elas tudo o que pudesse, para o caso de estar morrendo também. Eu devia fazer isso depressa para compensar o tempo em que não estivera com elas, trabalhando tão longe.

"Calma, você não está sendo razoável", Mary argumentou enquanto eu falava que os dados me diziam para ir para casa e prepará-las para o que poderia estar por vir. "E o médico ainda nem conversou com você."

Ela se ofereceu para pegar um avião até Nelson e estar comigo quando eu contasse a Nava e Hannah. As meninas amavam seu senso de humor desconcertante, sua modéstia, sua habilidade para consertar coisas. Uma ocasião ela trouxe suas ferramentas e apertou os parafusos de todas as nossas cadeiras bambas em uma hora. Poderiam contar com ela para lhes dizer sem rodeios o que estava acontecendo. Mas eu precisava ir até elas sozinha, deixar que absorvêssemos isso juntas da forma mais livre que nos fosse possível.

Falei que ela tinha acabado de voltar para casa e que eu queria que ela descansasse.

Robyn ofereceu-se para aparecer depois das aulas para que todas pudéssemos comemorar meu nódulo ser benigno. Ela estava otimista. "Vá para casa", ela disse. Fique perto das meninas, mantenha a situação estável, mostre a elas que você está calma.

Comuniquei ao chefe de departamento que voltaria na semana seguinte.

Já fazia quase duas semanas que eu tinha feito a biópsia. Se não recebesse nenhuma notícia no dia seguinte, telefonaria para o consultório. Pedi a mamãe que viesse para estar comigo quando eu telefonasse; de quebra, Barbara, minha prima enfermeira, viria de Nakusp.

Atravessando de carro os desfiladeiros nas montanhas, tive compaixão pela floresta que morria, me senti em harmonia com ela, ligada à beleza de seus programas inatos que transmitiam sabedoria para a geração seguinte, como vovó Winnie fizera para mim. Mas as árvores infestadas estavam sendo cortadas, as árvores mortas eram aproveitadas no mercado. Eu me perguntei se, em nossa ânsia de fazer dinheiro, não estaríamos eliminando a oportunidade de as árvores que estavam morrendo se comunicarem com as novas mudas.

Hannah e Nava estavam à espera quando cheguei com uma pizza, e Don também viera. Abracei minhas filhas, beijei a testa de Hannah, depois a de Nava. Hannah me mostrou seu novo material de biologia, disse que adorava a professora e que já estavam falando sobre ecologia florestal. Nava fez um arabesque, depois segurou na minha mão e se inclinou para um *penché* e disse que estavam coreografando uma dança para a música "White Winter Hymnal", que apresentariam no espetáculo da primavera e que elas usariam vestidos azuis e flores nos cabelos. Comemos a pizza apoiados no balcão da cozinha. Don falou sobre a neve recente nos picos, a rapidez com que o inverno estava chegando nesse ano, a maravilha que seria esquiar. As meninas correram para suas novas camas de casal para ouvir música no iPod, e eu fiquei com raiva de mim mesma por não me sentar com elas e contar imediatamente. "Sei que você está preocupada, Suzie", Don falou quando elas se foram a galope pela escada. "Mas você sempre foi saudável. Tenho certeza de que não é nada." De mãos nos bolsos, ele sorria tranquilo. Sempre soube como me acalmar.

"Obrigada, Don", respondi, desviando o olhar.

Meu rosto franziu-se inteiro para bloquear as lágrimas quando ele calçou as botas e me deu um abraço. "Escute, eu conheço você. É forte como um touro, e vai se sair bem dessa, de um jeito ou de outro. Mas me ligue quando tiver a notícia." Ficamos ali parados por um momento, estranhando a nova ordem das coisas, mas por fim ele pegou o casaco e saiu pela porta dos fundos, e as luzes traseiras do carro foram sumindo na ruazinha. Subi as escadas com o resto da pizza. As meninas e eu ficamos na sacada de Nava vendo o sol se pôr atrás da montanha do Elefante, o toque de neve reluzindo com a luz rosada.

Quando esfriou demais para continuarmos lá fora, fomos nos sentar na cama de Nava, e eu lhes disse que tinha feito uns exames e teria os resultados no dia seguinte. Elas arregalaram os olhos, mas eu concluí: "Não importa qual seja o resultado, quero que vocês saibam que eu vou ficar bem, nós todas vamos ficar bem".

Hannah perguntou como se fazia o exame, e Nava quis saber o que era câncer de mama. Contei o que eu sabia e disse que elas também teriam de fazer exames preventivos quando fossem mais velhas. Todas as mulheres precisam se cuidar desse modo. Elas me abraçaram, e eu disse que as amava. Quando lhes dei um beijo de boa-noite, me sentia um pouco mais leve.

Na sexta-feira de manhã, as meninas foram para a escola e eu corri para minha trilha favorita na montanha, querendo adiar o telefonema por mais algumas horas, atravessar depressa a floresta aberta, ver os pinheiros-ponderosa que davam lugar aos abetos-de-douglas e aos álamos, e mais acima aos pinheiros-lodgepole. A geada de outubro estava congelada em plumas de gelo, e no caminho para a colina passei discretamente por dois ursos-pardos que se empanturravam de mirtilos maduros. No topo, liguei para Mary e contei que estava preparada para falar com o médico. Na volta, desci fazendo um bom desvio ao redor dos ursos, todos nós bastante cientes da hierarquia da força. A fragrância de baunilha dos pinheiros-ponderosa me envolveu. "Tudo, tudo vai dar certo." Imaginei a água infiltrando-se lentamente através dos fungos e ligando os pinheiros-lodgepole com os abetos, os pinheiros-lodgepole com os álamos. Eu estava à vontade com aquelas árvores, minhas amigas serenas, minhas confidentes.

Minha mãe vinha descendo a rua com dois copos de café, os cabelos brancos brilhantes, as botas vermelhas de borracha e o macacão de jardinagem surrado. Barbara chegou com uma panela de cozido de hambúrguer coberta por um pano de prato. Elas se sentaram no banco da varanda para tomar café, e o telefone de casa tocou. Fui buscá-lo e levei o receptor lá para fora. Mamãe e Barbara pararam abruptamente de conversar e me olharam por trás do vapor do copo.

Escutei o médico. Exames e opções e um monte de palavras que não registrei. Pensei nas árvores-mães que forneciam abrigo, nutrientes e sombra acolhedora, que protegiam e cuidavam de outras mesmo durante seu próprio declínio. Pensei nas minhas filhas. Minhas lindas, preciosas filhas que eram flores viçosas em crescimento, em botão.

Fechei os olhos.

Nem mesmo as árvores-mães podem viver para sempre.

14. Aniversários

"Aqui tem algumas sobreviventes", disse Amanda, minha orientanda de mestrado, agachada na linha de gotejamento da árvore-mãe. Estávamos em fins de outubro, na metade do caminho entre Kamloops e a arena de rodeio onde eu assistira à competição de Kelly trinta anos antes, e a neve caía suave como a respiração de um bebê.

A árvore-mãe abeto-de-douglas parecia ter sido varrida por um furacão, com a coroa esfarrapada pelo corte de suas vizinhas e o tronco lacerado de cicatrizes feitas por um trator que trombou nela ao dar a ré. Mas no verão anterior ela produzira muitos cones. Os chapins-de-cabeça-preta gostavam dela por causa disso e saltitavam pelos seus galhos. Admirei sua determinação de seguir em frente, de cuidar das crias apesar do choque das perdas. Minha mastectomia seria dali a um mês, e o tratamento posterior dependeria de o câncer ter ou não se alastrado para gânglios linfáticos. Barbara me aconselhara a não ficar imaginando cenários hipotéticos medonhos. A publicação de artigos que eu redigira com minha turma do laboratório descrevendo a arquitetura da rede micorrízica e minha conceitualização das árvores-mães, além das respostas gratificantes do público ao nosso documentário *Mother Trees Connect the Forest*, estavam ajudando. Um cientista renomado escreveu-me e disse que a descoberta "mudará para sempre o modo como as pessoas veem as florestas". Estar ali com as árvores-mães também ajudava.

Eu vinha refletindo sobre a possibilidade de o reconhecimento de parentesco, algo que normalmente atribuímos a humanos e animais, ocorrer também nos abetos-de-douglas. Durante as paradas na estrada para abastecer o carro, eu fazia anotações, listava as coisas que ainda não tinha feito.

Aniversários   309

A ideia não surgiu apenas da fadiga noturna ao volante; alguém a pusera na minha cabeça. Eu lera um artigo da dra. Susan Dudley, da Universidade McMaster do Canadá, sobre sua descoberta de que uma planta anual — a *Cakile edentula*, das dunas de areia dos Grandes Lagos — podia distinguir as vizinhas que eram parentes (irmãs, filhas da mesma mãe) e as que eram estranhas, filhas de outras mães, e que as pistas vinham pelas raízes. Enquanto o carro circundava os penhascos à luz da lua, eu me perguntava se as coníferas também não seriam capazes de detectar parentes. Uma floresta de abetos-de-douglas era geneticamente diversificada, com parentes polinizados pelo vento e plântulas estranhas estabelecidas ao redor de árvores-mães. *Será que as árvores-mães conseguiam distinguir suas parentes de plântulas estranhas?*

Desde que descobríramos que plântulas de abeto-de-douglas cresciam conectadas à rede micorrízica de árvores antigas, eu achava possível que, se o reconhecimento de parentes ocorresse, e se envolvesse pistas enviadas pelas raízes, como Susan descobrira com suas *Cakile edentula*, o processo teria de ser sinalizado através de conexões fúngicas, pois todas as raízes de árvores eram envoltas em fungos micorrízicos. Além disso, como as populações de abetos-de-douglas eram regionalmente distintas, com menos variação genética em vales locais do que em populações de lados opostos das montanhas, devia haver muitas parentes bem próximas das árvores-mães. Se as parentes tivessem vivido em proximidade por séculos, raciocinei, decerto haveria uma vantagem adaptativa em se reconhecerem. Em se ajudarem mutuamente, levando adiante a linhagem da família. Talvez a árvore-mãe pudesse alterar seu comportamento — abrir espaço — para aumentar a aptidão de suas parentes. Ou transmitir nutrientes ou sinais às suas descendentes. Ou até enxotá-las para longe se o solo não fosse favorável. Isso não menospreza o papel crucial de se manter a diversidade genética para assegurar que a floresta seja adaptativa, forte e resiliente. Contudo, nesse reservatório gênico variado, também poderia haver algum papel para as árvores antigas: derramar suas sementes adaptadas localmente e nutrir suas parentes.

Eu sempre me dispusera a desafiar limites, mas nos últimos anos me tornara menos tensa como cientista, depois que meus artigos sobre redes micorrízicas tinham começado a receber análises mais favoráveis. Eu não sabia a razão. Talvez fosse porque mais estudos estavam corroborando minhas primeiras descobertas de que bétulas e abetos compartilham carbono, ou porque eu chegara àquela fase da carreira em que se é mais conhecido. De toda forma, eu estava desfrutando a liberdade de fazer perguntas mais arriscadas. E Amanda me acompanhava de muito bom grado. "Essa busca pode dar em nada", eu disse, alertando que a possibilidade de as árvores-mães abetos-de-douglas reconhecerem suas parentes era pequena e poderíamos não descobrir coisa alguma — mas pelo menos ela aprenderia como se faz um experimento.

"E então?", perguntei quando examinávamos três pequeninos guarda-sóis verdes nos limites de um saco de malha do tamanho de uma marmita que ela enterrara no solo seis meses antes. Amanda, 1,75 metro de altura, forte por ter jogado nas seleções nacionais de beisebol e hóquei, e sem medo de neve, verificou outro saco. Apontou para um grupo de mudas vermelhas e disse: "Muitas das parentes estão vivas, mas as estranhas estão mortas". Desaparentadas e desconectadas da árvore-mãe, as estranhas haviam perecido na seca do verão.

Fomos até as outras catorze árvores-mães deixadas pelos madeireiros como habitat para animais e plantas, mas meus pensamentos resvalaram para um canto escuro. Um amigo me contara que um colega poderoso lhe dissera: "Você não acredita que as árvores cooperam entre si, acredita?". Isso era algo que eu poderia esperar de silvicultores tradicionalistas, mas não dos bastiões da liberdade acadêmica. A batalha de trinta anos em torno do arraigado dogma de que a competição era a única interação importante entre plantas nas florestas estava levando a melhor sobre mim nesse dia.

Segui Amanda, pulando por cima de troncos e atravessando poças até a próxima árvore-mãe, de galhos polvilhados por neve recente. Ela perguntou se eu queria descansar; seria compreensível. Gaguejei "Não, estou bem", mas me sentei em um toco para fazer anotações enquanto ela continuava a verificar os sacos. Debaixo dessa árvore-mãe, como na primeira, estavam vivas mais mudas parentes do que mudas não aparentadas, especialmente em sacos que lhes permitiam conectar-se à rede. Mordi

Aniversários

a ponta do lápis. Era possível que, em povoamentos mistos, as bétulas também enviassem mais carbono a bétulas parentes do que a abetos, mas eu não testara isso nas minhas pesquisas do doutorado. E talvez os abetos que estavam morrendo enviassem mais carbono a outros abetos do que aos pínus, como mostrara meu experimento com Yuan Yuan, mas os pares abeto-abeto que tínhamos plantado não haviam se estabelecido suficientemente bem na estufa para podermos fazer esse teste. Um dos meus alunos de pós-graduação mostrara que árvores-mães abetos-de-douglas facilitavam o estabelecimento de mudas de abeto, porém naquela época não pensáramos em testar se cada árvore-mãe favorecia as mudas aparentadas em detrimento das não aparentadas. Do ponto de vista evolucionário, fazia sentido que uma árvore-mãe, independentemente da identidade de sua espécie, favorecesse as descendentes.

Amanda começara o mestrado um ano antes, no outono de 2011, com o projeto de investigar — depois de termos publicado o mapa da rede micorrízica — as próximas questões óbvias sobre as árvores-mães nas linhas dos estudos que tinham sido feitos para as *Cakile edentula*: é possível que elas reconheçam descendentes e lhes concedam favores especiais? Eu já sabia que árvores-mães partilhavam recursos com plantas não aparentadas, pois meus alunos e eu havíamos investigado a fundo essa questão antes de eu conhecer o trabalho da dra. Susan Dudley. Se as árvores-mãe fossem capazes de reconhecimento, sobretudo por meio de redes micorrízicas, seria isso expresso em características de aptidão? Será que as parentes cresciam mais ou sobreviviam melhor do que as estranhas? Ou talvez o reconhecimento de parentesco se expressasse em características adaptativas, por exemplo: crescimento das raízes ou de brotos. Amanda estava testando essas questões nesse experimento de campo e em dois experimentos em estufa na universidade.

Descansei enquanto Amanda verificou mais sacos de malha. Na primavera ela instalara 24 deles ao redor de cada uma das quinze árvores-mães nessa área de corte raso. Doze dos sacos tinham poros grandes o suficiente para que as hifas micorrízicas da árvore-mãe penetrassem por eles e colonizassem os brotos. Os outros doze tinham poros pequenos demais para permitir a formação de uma rede. Em cada um desses sacos de malha, Amanda semeara seis com sementes da árvore-mãe (parentes) e seis com sementes de outras árvores-mães (não aparentadas). Os quatro tratamentos — as duas categorias de malha e os dois tratamentos de parentesco totalmente cruzados — foram aplicados a cada uma das quinze árvores-mães: um número capaz de nos dar confiança em quaisquer tendências. Para assegurar que nossos dados não seriam uma anomalia desse local específico, repetimos o experimento em outros dois locais. Este em que estávamos, próximo de Kamloops, era o mais quente e seco, e os outros dois, mais setentrionais, eram mais frios e úmidos.

Para plantar sementes de árvores aparentadas, Amanda coletara cones do nosso total de 45 árvores-mães no outono anterior. Para as que tinham menos de dez metros de altura ela usara podadeiras, e para as de altura superior a essa ela contratou uma moça com espingarda de caça. Imaginei-a de Winchester ao ombro, fazendo pontaria lá em cima, o tiro ensurdecedor, ramos e cones despencando, esquilos correndo para se abrigar, mas de olho nos prêmios inesperados. Ao longo do inverno, alunos da graduação que contratamos abriram as escamas das pinhas, coletaram as sementes e testaram sua viabilidade. Nesse ano específico o clima não estava muito bom para os abetos, e muitas sementes estavam mortas.

Chegamos à última árvore-mãe do local, e Amanda limpou a neve de um toco para mim. Serviu chá, e o vapor aqueceu minhas mãos e rosto; enquanto isso, ela verificou cada um dos sacos que faltavam e foi dizendo o número de sobreviventes.

Meu telefone tocou. Mary chegara à casa dela, e voltaria assim que preparasse os canteiros para resistir ao inverno. Depois do meu diagnóstico, ela fora correndo para Nelson. Naquele mesmo dia, quando contei para o resto da família que eu tinha uma companheira, mamãe comentou apenas que estava feliz por eu ter alguém. Senti orgulho por aceitarem meu relacionamento, por estarmos à vontade com o que cada um de nós era.

A neve caía mais forte. Mesmo antes de fazer os cálculos, Amanda e eu já tínhamos mais do que confirmado que mudas de abeto-de-douglas tendiam a se desenvolver melhor se estivessem conectadas a uma árvore-mãe abeto-de-douglas saudável e não aparentada, e as mudas que eram parentes da árvore-mãe sobreviviam melhor e eram notavelmente maiores do que as estranhas ligadas pela rede — um forte indício de que as árvores-mães eram capazes de reconhecer suas parentes. Sugeri o acompanhamento dessas mudas por mais um ano.

"Eu me sentirei melhor se pudermos fazer isso", Amanda disse, e guardou as anotações na mochila. Ela gostou do experimento, o primeiro de sua vida, e imaginei que continuaria a voltar enquanto suas mudas estivessem vivas. Sob a agradável proteção dessa árvore-mãe, a luta valia a pena.

JEAN FOI PARA VANCOUVER PARA PARTICIPAR comigo de um seminário do InspireHealth, centro de apoio para pacientes com câncer. Especialistas nos explicaram modos de melhorar nossos prognósticos — atividade física, boa alimentação, boa qualidade de sono e redução do estresse. Porém o mais importante era assegurar que nossos relacionamentos fossem fortes e sempre comunicar o que sentíamos. "Somos definidos pelos nossos relacionamentos", disse um médico. A característica única das pessoas que sobrevivem ao câncer: nunca perdem a esperança.

"*Mon Dieu! C'est ça!*", pensei, "Isso é algo em que posso me empenhar." Eu ainda era muito introvertida, sensível, facilmente tolhida pela opinião dos outros. Fui cordata demais quando um silvicultor me disse uma vez: "Quero cortar essas merdas de árvores-mães porque elas vão cair mesmo, então não tem por que não aproveitar para ganhar dinheiro". Eu ainda tinha medo de defender minhas convicções, lutar com unhas e dentes. Mas não era isso que as minhas árvores também estavam me mostrando? A saúde depende da capacidade de estabelecer conexões, de se comunicar. O diagnóstico de câncer estava me dizendo que eu precisava desacelerar, ganhar coragem e expor com franqueza o que eu aprendera com as árvores.

O cirurgião removeu minhas mamas, e acordei rodeada por Mary e Jean, Barbara e Robyn enquanto eu olhava meu peito plano e acionava a bomba de morfina. Alguns dias depois, eu já estava no meu apartamento do campus, comendo couve kale e salmão, com cicatrizes vermelhas e hematomas roxo-beringela. Andava por cem metros, depois por mais cem, e outros cem, pronta para ir encontrar Hannah e Nava no Natal. Só precisávamos dos resultados completos da biópsia. "Se os seus gânglios linfáticos estiverem limpos, talvez você não precise de outros tratamentos", Barbara me explicou.

No caminho, saindo da cidade, ficamos sabendo que o câncer se alastrara para os linfonodos.

Os dois oncologistas, o dr. Malpass em Nelson e a dra. Sun em Vancouver, disseram que eu seria submetida a um esquema terapêutico em dose densa, com oito sessões de quimioterapia, uma a cada duas semanas no decorrer de quatro meses — a opção mais eficaz para meu tipo de câncer. Supunham que eu era suficientemente jovem e tinha boas condições físicas para suportar. A primeira metade seria uma combinação de dois fármacos mais antigos, ciclofosfamida e doxorrubicina — que Bárbara chamava de Diabo Vermelho — e a segunda seria com o paclitaxel, derivado do teixo-do-pacífico. O dr. Malpass, homem esguio e compreensivo, me acompanharia durante a quimioterapia, e a dra. Sun, miúda e risonha, assumiria os cuidados depois. "Eu devia ter me mudado para Nelson para levar uma vida tranquila em família", pensei, enquanto eles explicavam os possíveis efeitos colaterais. Eram aqueles comuns — náusea, fadiga, infecções. E outros menos comuns — acidente vascular, ataque cardíaco, leucemia. Don tinha razão — eu não devia ter ido trabalhar na universidade. E Deus sabe que eu não devia ter borrifado Roundup em todos aqueles experimentos iniciais, esquecido de verificar a trava da sonda de nêutrons, de ajustar o adaptador nasal da máscara de proteção quando triturei as mudas radioativas. E todo o estresse pelo fim do casamento sem dúvida não ajudara nem um pouco.

Algumas semanas depois, no começo de janeiro de 2013, uma enfermeira inseriu uma agulha na minha pele, e o Diabo Vermelho cor de cereja fluiu pelas minhas veias. Imaginei as células tumorais murchando enquanto eu olhava pela janela do hospital e via a neve que caía sobre uma árvore solitária. Lá estava ela de sentinela defronte ao hospital, a cidade lá embaixo, e os freixos, castanheiras e olmos ladeando as ruas — as árvores ajudando umas às outras, as pessoas ajudando umas às outras. Pode mandar! Se aquela árvore conseguia viver com suas raízes arrancadas da floresta natural, eu também conseguiria vencer essa parada. No dia seguinte, esquiei por vinte quilômetros na minha trilha favorita, deixando Robyn e Bill para trás, como que para provar que era mais forte do que o câncer. Passei por uma área de derrubada onde os pinheiros plantados estavam um metro mais altos do que no ano anterior, e agradeci às árvores da borda da floresta por ajudarem as mudas a sobreviver. "Preciso da ajuda de vocês. Preciso ser curada", eu disse no topo da trilha — onde elas se mantinham sólidas e quietas. Deslizei por lá, seus galhos acima de mim, alguns tocaram meu braço. No dia seguinte, mal consegui fazer o contorno da alça de um quilômetro; meu corpo era um saco de cimento molhado e me colou no sofá. Bill veio me ver. Ele era cineasta, de uma criatividade brilhante, mas estava numa fase de pouco trabalho, por isso viera me fazer companhia. Sentou-se comigo, com toda paciência. Sem falar muito, sem preocupação exagerada, só presente. Passada uma semana, as drogas estabelecendo-se nas minhas células, eu estava de volta aos esquis, aumentando para dois, cinco e então dez quilômetros, e Bill me seguindo para assegurar que eu ficasse bem.

"Olha só minha pirueta", disse Nava na ponta dos pés. Segurei sua mão acima da cabeça e ela girou como um pião. Hannah calçou os cintilantes tênis de cano alto preto e vermelho que vovó Junebug lhe dera e fez alguns movimentos de break, *tuts* e *swipes*. Tentei um passo, mas meus pés estavam dormentes. Durante as apresentações, diante das danças primorosamente coreografadas, do corpo treinado com precisão, meus olhos marejados fixaram-se nelas, só nelas.

Eu achava que a quimioterapia terminaria no Dia das Mães, o fim de semana de sua grande apresentação final, o principal espetáculo do ano, na primavera. Porém, durante minha segunda infusão, o dr. Malpass mostrou meu raio X do tórax. Cheryl, uma enfermeira veterana da quimioterapia, de uniforme florido, olhou a tela, preocupada, enquanto a outra enfermeira, Annette, dava uns tapinhas carinhosos nos braços de pacientes com sondas no braço e perguntava como eles se sentiam. "Nunca vi nada assim. O seu coração aumentou 25% nas duas últimas semanas", disse o dr. Malpass, mostrando o raio X com o cateter Port-A-Cath que o cirurgião inserira abaixo da minha clavícula em forte relevo. Meus pulmões, costelas e coração estavam claramente delineados em imagens de "antes" e "depois". "Essa sou eu... ou pelo menos a nova eu", pensei, passando a mão pelo peito, as costelas como réguas.

"Entendi", murmurei.

"Você poderia ter tido um ataque cardíaco", ele disse. "Vai precisar fazer mais exames... E, por favor, pare de esquiar para poder se concentrar em lutar contra o câncer."

Hannah sugeriu trocar o esqui pela caminhada. Nessa noite, ela se recostou em mim enquanto assistíamos a *Glee*. Meu laptop estava em cima de uma pilha de livros na mesinha de carvalho, e a lição de casa das meninas estava abandonada. No nicho da janela, comemos grão-de-bico, inhame e arroz em tigelas. A montanha do Elefante reluzia do outro lado do lago. Assistimos ao duplo casamento de Kurt & Blaine e Brittany & Santana, com a avó de Santana finalmente aceitando o casamento entre as duas mulheres. Eu me senti um tanto constrangida, mas Hannah amou a cena, Nava também, e me achei muito sortuda pelo fato de os jovens serem mais abertos em nossa época. "Só posso andar em lugar plano", falei quando o episódio terminou. Eu nunca perdera uma temporada de esqui, elas também não, e tinham começado desde que aprenderam a andar, mas Nava interrompeu: "Ano que vem a neve vai ser melhor, mamãe".

Ficaríamos firmes. Não havia alternativa.

Mary veio me ajudar durante a segunda rodada de quimioterapia; meu coração recebera alta. Uma septuagenária miúda, de lenço na cabeça, estava na poltrona ao lado da janela quando chegamos. "Roubou o seu lugar", Mary cochichou. Encontramos outro. Havia quatro lugares, um em cada canto da sala, com cortinas bege para dar um débil tom de privacidade; o

Janeiro de 2013, duas semanas depois do começo da quimioterapia, pouco antes de meus cabelos caírem.

posto de enfermagem ficava no centro, as janelas panorâmicas ao longo de uma das paredes. A mulher remexeu em sua bolsa de comprimidos, os mesmos que eu me tornara especialista em tomar. Comprimidos rosa para reduzir a náusea, azuis para melhorar aftas, uns de gosto horrível para fazer o intestino funcionar. Passei pela cortina para me apresentar. Ela se chamava Anne, e seu marido estava em outra sala, morrendo de insuficiência cardíaca.

No dia seguinte, no banho, olhei para meus pés e lá estavam meus cabelos. Pareciam uma peruca na chuva. Pus a mão na cabeça: os fios remanescentes escapavam como sementes de dente-de-leão. Passei pelo espelho e não consegui olhar. "Vamos para a floresta", Mary disse; pus dois gorros quentes, o primeiro para substituir os cabelos, o segundo para impedir o vento de congelar meu couro cabeludo, e debaixo de neve fomos caminhar entre os cedros, os jovens dispostos em camadas de círculos ao redor dos mais velhos. "Mas é claro", murmurei quando passávamos pelas plântulas: elas podiam ser nós intermediários entre árvores-mães distantes e um dia se tornariam mães também. Essa linha ininterrupta entre as velhas e as jovens, a conexão entre gerações, como ocorre com todos os seres vivos, é o legado da floresta, a raiz da nossa sobrevivência.

Toda manhã Mary trazia o café na cama, lia para mim um capítulo de *The Unexpected Mrs. Pollifax*, depois me dava o braço e íamos capengar um pouco pela margem ventosa do lago Kootenay. Ela preparava o salmão e a couve kale, reclamava que no Canadá a kale parecia couro de tão rija e introduzia clandestinamente uma torta de frango e um pote de sorvete.

Na minha terceira rodada, o dr. Malpass pediu que eu conversasse com outra paciente. Lonnie e sua irmã, as duas com quarenta e poucos anos, apareceram ao lado da minha poltrona para falarem sobre a terapia "em dose densa" que ela faria, como a minha. Lonnie segurava sua antiquada bolsa de fecho de pressão e fitava os tubos que levavam fluido para minhas veias. "Não é tão ruim", falei, embora a cada rodada eu sentisse mais fadiga.

"Não queria perder o cabelo", Lonnie disse com a voz tensa, olhando para minha touca. Uma tremenda sacanagem, perder essa parte da nossa identidade quando mais precisamos dela. Eu a convidei para deitar-se em um dos meus divãs lá em casa depois de seu primeiro tratamento, e ela aceitou. Voltou na vez seguinte. Logo estávamos gracejando sobre jogar fora sofás, roupas, toucas e perucas assim que a quimioterapia terminasse. Lonnie morava na floresta, a uma hora e meia da cidade, e às vezes nos sentávamos em seu sofá Chesterfield olhando as árvores e a neve que envolvia sua casa, e ansiávamos pela primavera.

"Vou apresentar a Anne para você", falei, e logo estávamos as três trocando mensagens de texto.

Eu mantinha um diário onde registrava com pontuação de um a dez a fadiga, o humor, a confusão mental — que eles chamam de cérebro de quimioterapia, uma incapacidade de concatenar os pensamentos, lembrar palavras, falar em sentenças. Meu ânimo despencava junto com a energia, e nos dias seguintes à quimioterapia eu ficava deprimida. Uma simples caminhada no quarteirão dava a sensação de nadar num mar revolto, e compreendi como devia ser o fim da vida, não ter energia sequer para dar mais um passo. A morte não era má opção para quem não conseguia comer, ir ao banheiro, sair do sofá. Quando não dá nem para pôr os esquis e se arrastar um pouquinho pela trilha do rio ou fazer a comida das crianças. "Estou tentando com todas as forças ser eu mesma", anotei no diário, ansiosa para voltar a ser normal, esquiar com minhas filhas. Eu melhorava por um dia, voltava a despencar no dia seguinte, no outro me sentia melhor de novo, aí piorava outra vez até me recobrar muito lentamente — logo antes de tomar a próxima dose. "Você está como a economia, numa recessão *double dip*", a dra. Sun falou quando lhe mostrei meu gráfico serpenteante.

Na quarta e última infusão do Diabo Vermelho, eu disse ao dr. Malpass que não sabia se conseguiria continuar com aquilo. Até as lágrimas causavam dor. Ele sugeriu meditação, soníferos e sol, e prometeu que eu me sentiria melhor nas quatro últimas rodadas, quando passaria a tomar o medicamento extraído do teixo-do-pacífico.

Anne enviou uma mensagem de texto: "Pense no que você quer ser e não no que não quer ser". "Forte como as minhas árvores", pensei, "forte como o meu bordo." Naquela tarde eu me sentei ao lado dele, com o balanço parado. Apoiei as costas em seu tronco, o rosto voltado para o calor, e senti que me infiltrava nele até suas raízes. Instantaneamente eu estava dentro do meu bordo, suas fibras entrelaçadas nas minhas, absorvida em seu cerne.

O EXPERIMENTO DE AMANDA sobre o reconhecimento de parentesco nas três parcelas desmatadas foi só o começo. Como eu não podia permitir que seu mestrado dependesse de um estudo de campo que talvez estivesse destinado ao fracasso, nós o combinamos com um experimento em estufa no qual ela cultivara cem mudas — que chamamos de "árvores-mães" para os objetivos daquele experimento — durante oito meses; depois, em cinquenta dos vasos, plantamos junto uma irmã e nos outros cinquenta, uma estranha. Para cada tipo de vizinha — parente ou não aparentada —,

25 indivíduos foram cultivados em sacos de malha com poros amplos o suficiente para permitir sinalização através de conexões micorrízicas, e os outros 25 foram postos em sacos de poros muito finos que impossibilitavam a formação de redes micorrízicas. Cultivamos esses pares até que as árvores-mães estivessem com um ano e suas novas vizinhas, com quatro meses.

Em março, pouco antes da minha quarta sessão, Amanda avisara por e-mail que estava pronta para a colheita dos seus cem vasos. "Antes disso, você e Brian precisam marcar as árvores-mães com $^{13}C\text{-}CO_2$, para ver se elas compartilham mais carbono com parentes do que com não aparentadas", ensinei. Presa no meu corpo, eu andava obcecada pelo grau em que as árvores-mães podiam não só identificar-se com suas parentes, mas também alterar a quantidade de transferência de carbono em favor delas. Brian era meu novo pós-doutorando e agora me ajudava com meus alunos da graduação no trabalho de laboratório e análises de dados. "Não se preocupe, Suzanne, estou vendo isso", ele me assegurou com seu sotaque britânico. Teríamos de marcar nossas reuniões por Skype de acordo com minha energia. No dia em que eles fizeram a marcação, eu me sentia como se tivesse escalado uma montanha sem ar, desejando participar mas grata por eles estarem se virando por lá sem mim. "Passamos a noite inteira na estufa", Brian escreveu depois que as árvores foram colhidas, suas micorrizas contadas e os tecidos triturados para a análise de carbono-13. Eu afundei no sofá com um suspiro.

Um mês depois, fizemos uma reunião pelo Skype, com as tabelas de dados e os números de Amanda na tela. Ela começou dizendo: "Oba, você está com uma cara ótima".

"Ah, obrigada, vamos levando aqui", respondi, inclinando o laptop na esperança de esconder as bolsas sob os olhos enquanto ela me conduzia pelos dados. Eu tinha ido assistir a uma das partidas de hóquei de Amanda, com Hannah e Nava, seus pais, Loris e George, e sua tia Diane torcendo na arquibancada atrás de nós. Amanda era capitã do time feminino de hóquei da Universidade da Colúmbia Britânica, veloz nos patins, hábil com o taco. Sabia montar um esquema de jogo e visualizar um objetivo.

"As vizinhas parentes têm mais ferro do que as não aparentadas", ela disse, contornando com o cursor as diferenças entre os dois tipos de vizi-

Aniversários

nha; depois me mostrou a mesma tendência para cobre e alumínio. "As árvores-mães talvez passem esses nutrientes às suas jovens", sugeri, impactada pela cena a que assistira: Amanda passando o disco para a jogadora central, que disparou em direção ao gol e fez um passe veloz para a lateral enquanto Amanda assumia a defesa na linha azul. "Esses três micronutrientes são essenciais na fotossíntese e no crescimento das plântulas", falei; cogitamos, meio de brincadeira, a possibilidade de o ferro, o cobre e o alumínio também serem parte das moléculas sinalizadoras que passam da árvore-mãe para suas parentes.

Como se fizesse um passe com o disco numa partida de hóquei.

"As mudas parentes também têm extremidades radiculares mais pesadas do que as não aparentadas, e maior colonização pelas micorrizas das árvores-mães", ela disse, com o cursor rodeando os pontos de dados.

"Ah, isso se encaixa!", exclamei.

"Constatamos que as árvores-mães também são maiores quando estão próximas de suas parentes. Você acha isso importante?", Amanda perguntou. "Faz sentido, se elas estiverem transmitindo e recebendo sinais."

É claro que fazia sentido. Estar conectada e comunicativa afeta as mães tanto quanto as filhas.

No dia seguinte, abri o Skype para examinar os dados dos isótopos junto com Amanda e Brian. Mesmo antes de as imagens entrarem em foco, Brian já exclamava, empolgado: "Olha só!".

"As quantidades são pequenas", disse Amanda, "mas as árvores-mães estão enviando mais carbono para os fungos micorrízicos de suas parentes do que para as outras! As moléculas de reconhecimento de parentesco parecem ter carbono *e* micronutrientes." A seta do cursor contornou a tela.

"Que beleza!", Brian disse baixinho, apesar de o carbono não ter conseguido percorrer todo o caminho até as mudas parentes. Eu já observara carbono passar de bétulas para brotos de abeto, e de abetos que estavam morrendo para os brotos dos pinheiros conectados, por isso me surpreendeu ver carbono enviado por uma árvore-mãe não chegar aos fungos micorrízicos de suas parentes, não passar para aqueles brotos. Mas as mudas parentes de Amanda tinham apenas um quinto do peso dos pinheiros beneficiários no experimento de desfolhação feito com Yuan Yuan, e eu imaginei que, em contraste com os pinheiros, os abetos parentes da pesquisa de Amanda ainda eram pequenos demais para gerar um dreno suficientemente forte com o objetivo de atrair carbono até seus brotos. Além disso, a força da fonte dos abetos doadores de Amanda seria menor que a dos abetos de Yuan Yuan, que estavam morrendo, pois eles provavelmente usavam a maior parte do nutriente para seu próprio crescimento e manutenção em vez de despejá-lo na rede. "Se eu conseguir sobreviver a esse raio de quimioterapia, vou precisar testar isso de novo mais tarde, em um experimento com árvores-mães que estejam morrendo e com um número maior de parentes", pensei.

"Até uma quantidade minúscula que entrasse nos fungos micorrízicos das mudas poderia significar a diferença entre a vida e a morte quando as jovens são pequenas", falei. Os brotos que lutam para sobreviver em local de sombra intensa ou durante a temporada seca do verão poderiam manter-se vivos graças ao mais tênue auxílio, à mais minúscula vantagem, se isso viesse no momento certo. Além disso, quanto maior a árvore-mãe, quanto mais saudável, mais carbono ela fornece.

"E ainda tem mais", pensei depois de encerrada a conversa com eles. Na cozinha, a geada grudava na vidraça. Eu estava ansiosa pelas visitas de Mary e Jean. A comunicação entre parentes é importante, mas também é valiosa em comunidades como um todo. Em duas famílias experimentais, as árvores-mães chegaram a fornecer para as micorrizas de uma não aparentada quantidades iguais às que forneceram às de suas parentes. Obviamente, nem todas as famílias são iguais. As florestas também são mosaicos. É isso que lhes permite desenvolver-se bem. Bétulas e abetos transmitiram carbono umas para as outras, mesmo sendo de espécies diferentes, e para cedros em sua rede micorrízica arbuscular única. Essas velhas árvores não só favoreciam suas parentes, mas também asseguravam que a comunidade onde estavam criando suas descendentes fosse saudável.

Bien sûr! As árvores-mães davam uma vantagem inicial para suas filhas, mas também cuidavam da aldeia, a fim de assegurar que ela prosperasse para suas descendentes.

Aniversários

Amanda e eu examinamos minuciosamente seus dados de campo. Apenas 9% das sementes haviam germinado nas três áreas de corte raso. Eu me lembrei que, enquanto ela verificara os sacos, eu ficara sentada nos troncos tomando notas, sem ter a menor ideia do que realmente significava estar cansada. Às vezes, porém, um desastre pode fazer uma pepita de ouro cintilar, e eu não era do tipo que deixava passar uma tendência que parecia fascinante.

"A correlação entre o número de parentes que se estabeleceram e a aridez do clima é fraca", Amanda disse, quase se desculpando, "mas encontrei a mesma tendência no experimento da estufa." As parentes pareciam depender mais das árvores-mães nas áreas climáticas secas do que nas úmidas. A árvore-mãe interferira especialmente para ajudar no sítio mais árido, talvez transportando água para suas mudas através da rede.

Copos semivazios de água com gás juncavam minha mesa enquanto eu escrevia no diário. Minha energia estava em cinco, o humor excepcional. Talvez a sociedade devesse manter as árvores-mães presentes, em vez de cortar fora a maioria delas, para que pudessem derramar naturalmente suas sementes e nutrir suas próprias plântulas. Talvez não fosse boa ideia cortar as antigas, mesmo que não estivessem bem. As que estão morrendo ainda têm muito para dar. Já sabíamos que as anciãs eram habitat para aves, mamíferos e fungos dependentes da floresta madura. As árvores antigas armazenavam muito mais carbono do que as jovens. Protegiam as prodigiosas quantidades ocultas no solo e eram fontes de água potável e ar puro. Aquelas velhas almas passaram por grandes mudanças e isso afetou seus genes. Com essas mudanças, ganharam uma sabedoria crucial, ofereciam às suas descendentes — fornecendo proteção, abrigo onde as novas gerações começavam a vida — o alicerce a partir do qual elas cresciam.

A porta bateu. Nava e Hannah chegaram da escola, as toucas cobertas de neve. Hannah precisava de ajuda em matemática, abrimos seus livros.

Minha tarefa inacabada — a principal questão remanescente — era descobrir se as velhas árvores-mães abetos-de-douglas que não estavam saudáveis — fosse por estarem doentes, estressadas pela seca da mudança climática ou simplesmente prontas para morrer — usavam ou não seus últimos momentos para transferir às descendentes a energia e as substâncias que ainda lhes restavam. Com tantas florestas morrendo, seria bom tentar descobrir se as árvores antigas têm um legado. Yuan Yuan e eu já víramos que abetos estressados passavam mais carbono para pinheiros vizinhos do que abetos saudáveis, e Amanda também descobrira que, na proximidade de mudas saudáveis de árvores-mães, as mudas parentes tinham nutrição melhor do que as não aparentadas, e seus fungos micorrízicos recebiam mais carbono. *Mas até então não tínhamos investigado se as árvores-mães que estavam morrendo passavam seu legado de carbono além da rede fúngica — para os brotos, a parte vital das plântulas suas parentes.* Portanto, não podíamos atestar que o carbono transferido para os fungos realmente melhorava a aptidão das plântulas parentes. Não sabíamos se o fungo mantinha o carbono para si mesmo, como um intermediário, ou se o carbono enviado pela árvore-mãe era de fato usado para aumentar a sobrevivência das descendentes.

Se a urgência da morte impelisse a árvore-mãe a enviar ainda mais de suas substâncias para o maquinário fotossintético de suas descendentes, isso teria implicações para todo o ecossistema.

Seria preciso anos para chegar à resposta completa. Mas primeiro eu teria de subir muito, muito devagar as escadas do hospital e começar minhas infusões de paclitaxel.

Um medicamento derivado do teixo-do-pacífico.

"VOCÊ PRECISA AGUENTAR FIRME, por Nava", Robyn me disse, tentando esconder a preocupação. Eu fitava os presentes que precisava embrulhar, meu Port-A-Cath crivado de marcas de agulha, a garganta branca com infecções, uma coceira no couro cabeludo nu. Os sanduíches de salame que eu estava tentando preparar para a festa de aniversário me davam ânsia. Meus medicamentos estavam empilhados na estante antiquada, junto com o esquema de Mary para acompanhar a ingestão daquela montanha de comprimidos. As agulhas para injetar Filgrastim no meu estômago ficavam bem à vista, para me lembrar do ritual noturno. Minha boca tinha gosto de esgoto — literalmente. Com a infusão de paclitaxel, a náusea não era tão forte, mas a fadiga era pior. Eu estava com dificuldade para desfrutar o que era mais significativo para mim — tempo com minhas filhas.

"Não consigo."

"Consegue, sim", ela disse calmamente. Terminou de fazer os sanduíches e os embrulhou em papel-manteiga.

Robyn viera ficar comigo naquelas semanas enquanto Mary estava fora. Dormia no corredor, à porta do meu quarto, e acordava a cada gemido. Ela chegava assim que terminavam suas aulas para o primeiro ano e fazia o jantar.

Nava espiou pela porta. Era seu aniversário de treze anos. Ela pusera seu vestido favorito, marrom com flores rosa, um lembrete de que 22 de março era o primeiro dia depois da chegada da primavera. Dali a uma hora, cinco amigas chegariam ao parque Lakeside, a alguns quarteirões da nossa casa. Ela virou seus olhos verde-mar na minha direção e perguntou se tudo bem mesmo comemorar seu aniversário.

Nava no dia em que fez treze anos, em 22 de março de 2013.

"Ah, minha coisinha mais querida." Eu me aprumei na poltrona. "Estarei no parque num instante."

Sanduíches, refrigerantes, bolo de chocolate. Puxei o carrinho com as guloseimas da festa e os balões até a mesa de piquenique. A neve sarapintava o chão, os galhos dos bordos e castanheiras estavam sem folhas e as rosas cobertas por estopas, mas no caminho para o lago havia uma porção de pegadas na areia. Hannah e vovó Junebug chegaram enquanto tia Robyn arrumava os guardanapos e copos amarelos — a cor favorita de Nava — e insistia para que a aniversariante abrisse o presente que ela dera: uma caneca verde-água com "Nava" gravado em letras pretas. Vovó Junebug pôs uma caixinha diante de Nava: "Vovó Winnie me deu este relógio quando fiz treze anos. Gostaria que fosse seu agora". Às vezes mamãe acerta para valer. Nava pôs o relógio — o mostrador oval tinha pérolas engastadas, e a pulseira era uma corrente feita de corações dourados e prateados.

Os pratos de papelão tinham estampa de bailarinas. As meninas comeram sanduíche, tomaram refrigerante de laranja que tingiu seus lábios, e pusemos as velinhas no bolo — decorado com "Nava" em amarelo sobre a cobertura de chocolate. Eu costumava organizar caças ao tesouro nos aniversários das meninas, com pistas elaboradas, labirintos e prêmios. Dessa vez, Hannah propôs uma corrida com ovo, e trouxe uma cartela e seis colheres. Ao seu comando, alinhei as meninas, cada uma com um ovo na colher, e gritei: "Já!". Todas dispararam para a linha de chegada, rindo e derrubando seus ovos com um *plaft!*, inclusive Nava.

Uma brisa soprou do lago, o primeiro veleiro do ano cambava contra o ar gelado, os galhos nus dos clones de álamo se espichavam brancos para o céu, a copa das bétulas reluzia em tons avermelhados, os ramos escuros dos pinheiros-ponderosa e abetos esperavam a primavera.

Espetei as velinhas no bolo, me atrapalhei com o fósforo e curvei o corpo para impedir o vento de apagar as chamas. "Faça um pedido", disse tia Robyn. Nava inspirou, e eu também fiz um pedido, pela saúde de nós todas, e que eu logo estivesse de novo com minhas árvores, e todas sopramos, para garantir. A última chama vacilou até ser apagada por uma brisa, e nós cantamos o "Parabéns pra você". Um gaio-cana-

Aniversários

dense sobrevoou a cena. Com um sorriso grande como a lua, Nava disse: "Obrigada, mamãe". Sussurrei: "Minha coisinha querida, você tem o mundo inteiro pela frente". Eu também sentia que estava ganhando uma nova chance de viver, que um ânimo novo me resgatava. Girei-a pelos ombros com as mãos, e ela fez uma pirueta elegante, deu cinco voltas em *chaîné*, olhando para mim a cada giro. Antes de me soltar, tocou nos meus dedos uma última vez.

Tomei a firme resolução de que eu *estaria* presente nas formaturas das minhas filhas. Em 22 de abril, Hannah faria quinze anos. Dia da Terra. Nava nasceu no começo da primavera, o dia em que tradicionalmente fazemos uma pausa para refletir sobre a terra, o mar, as aves, os animais, nós todos — como eu poderia deixar de apreciar a singularidade disso, a impressionante alusão do momento em que eu as trouxera ao mundo?

No outono daquele ano, eu me aventuraria a passar meus conhecimentos a crianças não pertencentes ao meu círculo familiar. Em New Orleans, apesar da contínua exaustão, eu faria uma palestra TEDYouth para adolescentes de catorze anos sentados em pufes. Treinava com Mary para que o trabalho ficasse bom o suficiente para ser postado no YouTube, e ela, com toda paciência, me transmitia pequenos artifícios mnemônicos até eu conseguir ligar minhas sentenças — apesar da radioterapia que fiz após a quimioterapia e que ainda travava meu cérebro. Relutei em usar antropomorfismos que certamente seriam criticados por cientistas, mas acabei escolhendo termos como "mãe" e "filhas", para ajudar os jovens a compreender os conceitos. O apresentador era alegre e sua animação foi um antídoto para minha introversão. Sete minutos falando sobre a importância da conexão diante das lindas imagens de árvores e redes fornecidas por Bill, e o apresentador estava aplaudindo de pé, radiante. O vídeo foi postado, teve mais de 70 mil visualizações e fui convidada a falar no palco principal do TED dali a dois anos. Fiquei satisfeita por meu trabalho recente estar sendo bem recebido, e passaram de mil as citações do meu punhado de artigos críticos.

LONNIE, Anne e eu rodeamos Denise no grupo de apoio do câncer, não muito depois da festa de Nava. Na primeira vez em que esteve na sala de quimioterapia, Denise fugira chorando porque eu parecia quase morta na poltrona e ela pensou que em breve estaria assim também. Annie, Lonnie e eu havíamos formado uma rede, trocávamos mensagens sobre nossas dores e medos, dávamos pedras da sorte e poemas umas para as outras, compartilhávamos informações sobre tal xarope ou tal creme que talvez ajudasse a melhorar a dor de garganta ou as erupções na pele. Anne escrevia: "Seu corpo acompanha seus pensamentos, por isso pense em cura". Ela se tornara nossa árvore-mãe na penosa trajetória das últimas sessões.

Denise veio almoçar conosco, instantaneamente integrada em nossa irmandade. Na minha mesa redonda, Lonnie serviu borscht (sopa de beterraba), Denise seus biscoitos sem glúten e eu a salada de kale. Anne contribuiu com chocolate amargo e disse que não dava para seguir *todas* as regras. Minhas aftas estavam dando trabalho, Lonnie andava dormindo mal, os pés de Denise estavam dormentes, e Anne nos lembrou de que já tínhamos quase terminado a quimioterapia. "Olhos na recompensa", disse. A verdadeira recompensa, todas nós sabíamos, era estarmos ali juntas, uma amizade forjada por diagnósticos devastadores e sofrimento, por enfrentarmos a morte unidas, nunca permitindo que qualquer uma de nós desistisse, nos animando mutuamente quando já não era possível suportar mais um segundo sequer. Então eu soube, com minhas conexões sempre fortes, que mesmo na morte eu ficaria bem. Lonnie perguntou se sua peruca loira não era mais bonita que seu cabelo original, e nós gritamos: "Sim".

"Vamos dar um nome para a nossa turma", Lonnie propôs. "As BFFS, Breastless Friends Forever."*

"Mas eu ainda tenho seios", Denise reclamou.

Eu disse que com sua lumpectomia ela já tinha qualificações para participar do grupo.

---

* "Melhores Amigas Sem Peito para Sempre", trocadilho com o BFF de "Best Friends Forever", "melhores amigas para sempre". (N. T.)

Aniversários

Uma semana mais tarde, depois de sua terceira infusão, Anne me viu quando saía da sala de quimioterapia onde eu estava entrando. "Meu pobre Dan vai nos deixar logo", ela disse, remexendo seu cachecol com gestos nervosos, mas deu uns tapinhas carinhosos no meu braço antes que eu conseguisse encontrar as palavras para dizer que sentia muito.

Algumas horas depois, ela mandou uma mensagem de texto contando que Dan morrera em seus braços.

O DR. MALPASS TINHA RAZÃO. As infusões de paclitaxel eram mais fáceis de absorver do que os medicamentos anteriores da quimioterapia; recobrei um pouco de energia e recomecei a andar pela floresta. O paclitaxel é derivado do câmbio do teixo — uma árvore arbustiva baixa que cresce sob velhos cedros, bordos e abetos. O povo aborígine conhecia sua potência e fazia infusões e cataplasmas para tratar doenças, friccionava suas acículas na pele para fortalecimento e purificava o corpo com preparações de teixo em banhos. Usavam essa árvore para fazer vasilhas, pentes e sapatos de neve, além de anzóis, lanças e flechas. Quando a indústria farmacêutica moderna tomou conhecimento das qualidades anticâncer do teixo, houve uma corrida para explorar essas árvores. Eu encontrava pequenos teixos, seus galhos do mesmo comprimento que o tronco, com a casca totalmente arrancada, parecendo cruzes, espectros maltratados. Nos últimos anos, os laboratórios farmacêuticos aprenderam a sintetizar artificialmente o paclitaxel e deixaram os teixos vicejarem sob o dossel fresco das florestas. Porém, quando as árvores grandes maduras são cortadas para as madeireiras, essas pequenas árvores escamosas enfraquecem sob o sol forte.

Quando Mary chegou, saímos à procura dos teixos, e os encontramos à sombra instável de cedros e bordos, com seus ramos exuberantes, a áspera casca medieval, a estatura de um *hobbit*. Alguns tinham galhos que tocavam o chão, com ramos novos que criaram raízes e se entrelaçaram nas árvores-mães. Percorri um dos ramos com as mãos, suas fileiras de acículas em pares, verde-escuras em cima e cinza-esverdeadas embaixo. Lembravam a textura da seda, embora fosse uma árvore antiga — suas parentes mais idosas na Inglaterra tinham milhares de anos. Dei um puxão em sua casca para dizer olá, e ela saiu nas minhas mãos. O câmbio arroxeado brilhou.

Depois da última aplicação de paclitaxel nas minhas veias, levei Hannah e Nava a esse bosquete. As claitônias e os repolhos-fedorentos estavam floridos. "É desses teixos que meu remédio foi feito", falei, e abraçamos seus troncos nodosos. Pedi-lhes que cuidassem das minhas filhas, de todas as filhas, como tinham cuidado de mim. Em troca, prometi protegê-los, fazer perguntas sobre eles, procurar tesouros ainda não descobertos. Em contraste com a maioria das coníferas da região, eles estabeleciam conexões com micorrizas arbusculares, então será que se conectavam com os cedros e bordos? Apostei que proseavam com as árvores maiores e as plantinhas minúsculas que cresciam ao pé de suas raízes — o gengibre-selvagem, o campanário-rosa, o falso-lírio-do-vale. Uma vizinhança viçosa conectada em rede talvez ajudasse o teixo a produzir o paclitaxel em maior abundância e com maior potência.

Quem sou eu, se não retribuir?

Eu me imaginei perambulando em meio aos teixos quando estivesse melhor, sentindo o odor marcante de sua seiva, trabalhando com eles à sombra. Falei sobre essa ideia com minhas filhas, e caminhamos por entre os cedros e bordos que sombreavam os teixos. Hannah disse: "Você deve mesmo fazer isso, mamãe". Nos agachamos sob as copas das árvores-mães, atravessamos correndo seus círculos de descendentes. Nava tirou o cachecol que Mary lhe dera e o enrolou na árvore mais antiga, de ramos tão longos que tocavam o chão.

Nossas sociedades modernas pressupõem que as árvores não têm capacidades como as dos humanos. Que não têm o instinto de cuidar. Que não curam umas às outras, não se auxiliam mutuamente. Mas agora sabemos que as árvores-mães podem nutrir suas descendentes. Descobrimos que os abetos-de-douglas reconhecem seus parentes e os distinguem de outras famílias e de outras espécies. Comunicam-se e enviam carbono, o elemento fundamental da vida, não só para as micorrizas de suas parentes, mas também para outros membros da comunidade. Para ajudar a mantê-los saudáveis. Parecem se relacionar com suas descendentes, como mães que passam suas melhores receitas para as filhas. Transmitindo sua energia vital, sua sabedoria, para que a vida siga em frente. Os teixos também estavam nessa rede, em um relacionamento com suas companheiras vitalícias e com pessoas como eu, que se recobravam de doenças ou simplesmente andavam por seus arvoredos.

Alguns dias depois de minha última sessão de tratamento, com o paclitaxel ocupado em seu derradeiro trabalho nas minhas células, Jean fez a longa viagem desde o outro lado da cordilheira Monashee para me ajudar a plantar minha horta — uma celebração do meu retorno à vida ao ar livre. "Está com uma cara ótima, HH", ela disse, apesar da minha palidez. Trabalhamos durante horas, revolvemos o solo, minhocas, grãos úmidos, até as costas doerem e as mãos ganharem bolhas, e então desabamos sentadas à sombra, exaustas, para tomar kombucha. No dia seguinte semeamos feijão, milho e abóbora. Quando as sementes germinassem, suas radículas sinalizariam para os fungos micorrízicos arbusculares, que se uniriam às plantas numa rede íntima, como eu imaginava que ocorria entre os teixos, cedros e bordos do outro lado do lago. Cedros altaneiros estariam acordando e começando a infundir os teixos baixinhos e sonolentos com açúcares, e os teixos usariam essa energia para desenvolver sua casca áspera e produzir gotas de paclitaxel. Quando as folhas dos bordos se abrissem, enviariam água açucarada para os cedros e os teixos nas sombras, ajudando-os a ter o suficiente para beber nos dias secos de verão. Os teixos talvez retribuíssem os favores aos bordos e cedros no final do outono, mandando reservas de açúcar de suas células verdes para ajudar as vizinhas a dormir durante o inverno. Fungos micorrízicos começariam a se enrolar ao redor dos grãos minerais, acordando ácaros, nematódeos e bactérias.

Pus uma semente num buraco que abri no chão. Dali a algumas semanas o solo estaria fervilhante, e na época do Dia das Mães a vida despertaria as sementes dos Três Irmãos.

No DIA EM QUE ME DECLARARAM livre do câncer, o dr. Malpass alertou que, se a doença voltasse, eu não sobreviveria. Eu queria que ele me assegurasse de que estava tudo bem comigo, mas ele encolheu os ombros: "Suzanne, esse é o mistério da vida, você é quem deve decidir aceitá-lo ou não".

Em casa, sentei debaixo do meu bordo, com folhas novas aparecendo, e ouvi os esquilos que subiam em sua copa. Durante o inverno a árvore perdera um galho grande e sua seiva estava fechando a ferida, mas ainda assim ela se entregava inteira, fazendo novas folhas. Produzira uma profusão de novas sementes, talvez suas últimas, algumas das quais gerariam novas árvores, outras que seriam comidas pelos esquilos.

Permanecia a perturbadora questão sobre as árvores-mães quando deixavam o mundo dos vivos. Será que as mães doentes enviavam seu carbono restante às parentes — entregavam tudo o que tinham num fluxo forte —, e será que esse carbono ia além da rede de fungos que envolvia as raízes minúsculas das mudas e chegava às folhas nascentes, ajudando-as a desenvolver seus tecidos fotossintéticos incipientes? O último suspiro das árvores-mães entraria em suas descendentes e se tornaria parte delas?

Fui remexer a horta, ver se minhas ervilhas tinham germinado, e descobri, espantada, uma plântula de bordo a abrir-se no meio das gavinhas tremulantes.

15. Passando o bastão

HANNAH DEU UM TAPA NUM MOSQUITO do tamanho de um bombardeiro B-52 em seu pescoço. Quando ela pisou na surrada barra de plástico ao redor das raízes da muda de abeto-de-douglas, eu ensinei: "Toque na casca dela primeiro, minha querida, para demonstrar respeito". Ela pôs as mãos na superfície lisa do jovem abeto, depois passou a trena ao redor do tronco e anunciou o diâmetro — "Oito centímetros!". Depois gritou "Dois" — código para "uma situação de carência", folhas amareladas que sinalizavam doença radicular. Jean anotou os números na planilha. Minha sobrinha Kelly Rose apontou o hipsômetro a laser de bolso para as raízes e depois para o broto terminal. "Sete metros de altura", informou. Nava e eu estávamos medindo uma bétula vizinha com metade do tamanho do abeto e a base decorada com cogumelos-do-mel.

Estávamos de volta ao lago Adams, um dos locais onde em 1993 eu cavara as trincheiras de um metro de profundidade entre abetos e bétulas e envolvera em plástico os cilindros de raízes, individualmente, para impedir que as redes micorrízicas conectassem as árvores. Em julho de 2014, 21 anos depois, podíamos ver que as árvores impedidas de se comunicar entre si estavam sofrendo, com o sistema imunológico fraco e a vitalidade refreada. A apenas trinta metros dali estava a viçosa área de controle onde eu deixara intactas as conexões das hifas.

Fazia pouco mais de um ano que eu terminara a quimioterapia, e Jean e eu trouxéramos Nava, Hannah e Kelly Rose, de catorze, dezesseis e dezoito anos, para aprender sobre o funcionamento da floresta e ver se o ecossistema era mesmo um lugar onde todos se conectavam como uma coisa só, se as espécies eram totalmente interdependentes — como diziam minhas pesquisas, havia décadas, e a sabedoria dos povos aborígines do mundo todo, desde tempos imemoriais. Era minha chance de mostrar tudo isso para minhas meninas enquanto passávamos um dia de verão em meio às árvores.

"Ponham estas redes antimosquito", disse Jean. Ela tirou chapéus verdes de apicultor de seu colete de trabalho e mostrou às meninas como enrolar o rabo de cavalo para vestir as redes. "Que maravilha!", Kelly Rose exclamou, ao sentir o alívio instantâneo.

Naquele sítio estavam alguns dos meus experimentos mais antigos. Terminamos de medir as 59 árvores na parcela com trincheiras e passamos para a área de controle sem trincheiras, onde o subdossel verdejava de arbustos de framboesa e mirtilo. "Pelo menos debaixo desta bétula está fresco", Nava comentou. Ela tinha espichado e estava com 1,70 metro, a altura de Robyn, muito maior do que Hannah e Kelly Rose, que estacionaram em 1,56 metro como vovó Winnie. As três tinham a tenacidade serena dessa avó — faziam o que tinha de ser feito, não criavam caso, eram risonhas, gentis e carinhosas, e cuidavam umas das outras. Com a maior naturalidade, trepavam numa árvore, se balançavam num galho, pegavam a maçã mais alta, aterrissavam e iam fazer uma torta de maçã. Nava removeu uma tira da casca fina como papel e mediu a circunferência da árvore. "Quem fez isto?", ela perguntou, indicando uns buraquinhos perfurados em seis fileiras perfeitas ao redor da circunferência.

"Pica-paus", respondi. "Eles bicam a casca para pegar seiva e insetos." Nava se virou para ver um pomo de ouro — da vida real, não o do quadribol de Harry Potter — que vibrava encostado no colete dela, piando. Achei graça e comentei: "Ah, e os beija-flores também gostam". A pequena joia ruiva voou para um ninho feito de sementes aladas e teias de aranha, onde quatro biquinhos abertos se espichavam. A bétula seguinte tinha sido curvada por um alce-americano que comera seus brotos tenros. Nas margens do rio Adams, meio quilômetro a leste, onde as bétulas tinham trinta metros de altura, alces, veados e lebres-americanas também comiam ramos e brotos, e castores construíam tocas com os caules impermeáveis, e tetrazes aninhavam-se nas folhas, e pica-paus de várias espécies abriam

Passando o bastão

cavidades que mais tarde seriam usadas por corujas e falcões. As raízes daquelas bétulas veneráveis bebiam a água do rio alimentado pelas geleiras, uma água que se avermelhava com a desova dos salmões no outono.

Eu vinha cogitando a possibilidade de as bétulas também serem nutridas pelas carcaças de peixe que iam parar nas margens dos rios.

Em poucas horas constatamos que as bétulas cujas raízes tinham crescido livremente e se conectado aos abetos estavam a salvo de doenças e tinham quase o dobro do tamanho das que cresciam nas parcelas entrincheiradas. Em comparação com as bétulas do terreno que tínhamos desbastado ao longo do riacho próximo, duas décadas antes, estas eram menores, porém mais saudáveis, com a casca mais grossa, lenticelas compactas, ramos pouco numerosos e valiosos para fazer cestos. As bétulas maiores eram especialmente do tipo que Mary Thomas, uma anciã da nação Secwepemc, disse que seriam boas para a coleta de cascas. A avó de Mary Thomas, Macrit, lhe ensinou como remover a casca das bétulas sem ferir as árvores, como sua avó lhe havia ensinado também, e como Mary ensinaria a seus netos. Mostrou como deixar intacto o câmbio polpudo, pronto para que a árvore pudesse refazer a camada removida e curar-se, e com isso se garantia que a árvore produziria sementes para novas gerações. Esse povo usava a casca para produzir cestos de vários tamanhos, alguns para framboesas, oxicocos e morangos. A casca impermeável das bétulas maiores que cresciam lá embaixo nas margens do rio era perfeita para canoas; suas folhas exuberantes serviam para fabricar sabonete e xampu, a seiva para tônicos e remédios, a madeira melhor para vasilhas e tobogãs. Com um cultivo cuidadoso — plantadas em solo fértil, com bons vizinhos, em número adequado e raízes irrestritas —, até aquelas bétulas em terreno elevado podiam se tornar provedoras da floresta.

Os abetos entremeados às bétulas também estavam um pouco maiores do que aqueles da parcela onde os deixáramos isolados das bétulas em trincheiras, e suas condições eram excelentes. Nos anos anteriores, as conexões micorrízicas com as bétulas tinham ajudado as mudas de abeto a crescer mais, e na idade adulta essa vantagem inicial ainda era importante. Duas décadas depois, os abetos mostravam-se mais bem desenvolvidos quando estavam próximos de bétulas do que quando se encontravam isolados de suas vizinhas ou quando tinham crescido unicamente em meio a outros abetos. Tinham uma nutrição melhor — o solo era fertilizado pelas substanciosas folhas de bétulas — e menos armilariose, pois as bactérias presentes nas raízes das bétulas forneciam nitrogênio e imunidade com uma mistura potente de antibióticos e outros compostos inibidores. Essas árvores que tinham crescido intimamente unidas mostravam quase o dobro da produtividade em comparação com os povoamentos cujas espécies havíamos separado por trincheiras duas décadas antes. Isso representava o oposto das previsões tradicionais dos silvicultores. Eles pressupunham que as raízes de abeto livres da interferência de bétulas obtinham uma fatia maior dos recursos, como se o ecossistema funcionasse nos moldes de um jogo de soma zero — aquela crença inabalável de que interações entre espécies não podiam resultar em maior produtividade. Ainda mais surpreendente para mim foi descobrir que as bétulas também eram beneficiadas pelos abetos. Além de elas crescerem duas vezes mais rápido quando estavam intimamente conectadas a abetos do que quando estavam isoladas, também tiveram menos infecções nas raízes. As bétulas que haviam proporcionado alimento e boa saúde a abetos quando eram jovens tinham depois a retribuição dos abetos, maiores do que elas, agora que eram adultos. Embora as bétulas recuassem à medida que os abetos ganhavam altura — como é natural conforme essas florestas envelhecem —, suas raízes ainda estavam fincadas profundamente no solo e seu legado de fungos e bactérias estava intacto, seu sangue vital pintado indelevelmente na tela. No próximo grande distúrbio — um incêndio, um surto de insetos, uma infecção patogênica —, as raízes e os tocos rebrotariam e trariam uma nova geração de bétulas, que eram parte do ciclo tanto quanto os abetos.

Almoçamos sentadas sob uma bétula de galhos esparramados. Sanduíches de salmão que tínhamos preparado no acampamento, bagas silvestres colhidas pelo caminho e biscoitos comprados na Vavenby General Store. Kelly Rose comia as framboesas rubras como sangue uma por uma, como se escolhesse bombons numa caixa. Perguntou: "Tia, por que as plantas são tão doces debaixo das bétulas?".

Passando o bastão

Suas raízes e fungos extraem água do solo profundo, expliquei, e com ela vêm cálcio, magnésio e outros minerais, que alimentam as folhas para que possam produzir açúcares. As bétulas, com sua fiação de fungos, conectam as outras árvores e plantas entre si, e por meio de sua rede compartilham a sopa nutritiva extraída do solo e também os açúcares e proteínas produzidos por suas folhas. "No outono, quando as folhas das bétulas caem, retribuem nutrindo o solo", eu disse.

A mãe e a avó de Mary Thomas lhe ensinaram a demonstrar gratidão às bétulas, a não tirar mais do que necessitava, a deixar uma oferenda em agradecimento. Aliás, ela chamava as bétulas de árvores-mães — muito antes de eu chegar a essa noção. O povo de Mary tinha essa sabedoria sobre as bétulas desde milhares de anos atrás, por viver na floresta — sua terra preciosa — e por aprender com todos os seres vivos, respeitando-os como parceiros e iguais. A palavra igual é onde a filosofia ocidental tropeça, por atribuir uma posição superior ao ser humano, com o domínio sobre toda a natureza.

"Lembram que eu disse que bétulas e abetos conversam entre si por baixo da terra, através de uma rede fúngica?", perguntei às meninas, levando a mão ao ouvido como se fosse um telefone. As meninas ouviam, as orelhas zumbindo com a cantoria de mosquitos. Expliquei-lhes que eu não era a primeira pessoa a descobrir isso, que muitos povos aborígines também tinham essa sabedoria, transmitida por seus ancestrais. O falecido Bruce "Subiyay" Miller, da nação Skokomish, cujo povo vive na península Olympic, no leste do estado de Washington, contava uma história sobre a natureza simbiótica e a diversidade da floresta, e dizia que em seu subsolo "existe um sistema de raízes e fungos intricado e vasto que mantém a floresta forte".

"Este cogumelo parecido com uma panqueca é um fruto da rede subterrânea", eu disse. Entreguei um boleto a Kelly Rose, que examinou os poros minúsculos do cogumelo e perguntou por que estava demorando tanto para todo mundo entender isso.

Eu tinha conseguido vislumbrar esses ideais — quase por um golpe de sorte — com as rígidas lentes da ciência ocidental. Na universidade me ensinaram a desmembrar o ecossistema, a reduzi-lo às suas partes, estudar isoladamente árvores, plantas e solos para poder examinar a floresta *de modo objetivo*. Essa dissecção, esse controle, categorização e cauterização, supostamente trariam clareza, credibilidade e validação a quaisquer descobertas. Quando segui esses passos, desmembrando sistemas para examinar as partes, pude publicar meus resultados e logo aprendi que era quase impossível conseguir a publicação de um estudo sobre a diversidade e a conectividade de um ecossistema como um todo. "Não há controle!", criticaram os pareceristas que leram meus primeiros artigos. De algum modo, com meus quadrados latinos e designs fatoriais, meus isótopos e espectrômetros de massa, meus contadores de cintilação e meu treinamento para considerar apenas linhas nítidas de diferenças estatisticamente significantes, eu voltara ao ponto de partida e deparara com alguns dos ideais indígenas: a diversidade é importante. E tudo no universo *é* conectado — entre as florestas e as pradarias, a terra e a água, o céu e o solo, os espíritos e os vivos, as pessoas e todos os outros seres.

Caminhamos debaixo de garoa até onde eu tinha plantado coníferas em diferentes densidades para descobrir se elas gostavam de crescer em povoamentos com algumas vizinhas ou muitas. Eu conhecia cada árvore, cada parcela, cada marco de limite. Sabia onde estavam plantados os lariços e os cedros. Os abetos e as bétulas. Mostrei às meninas como tal abeto fora plantado em profundidade excessiva, aquela bétula tinha sido quebrada por um alce, o lariço adiante fora empurrado para o lado por um urso-negro. Plantei anualmente um local novo, durante cinco anos, mas sempre tinha alguma árvore que não vingava, e agora ali era um belo canteiro com lírios — o que era para ser. Nas parcelas mistas, os cedros estavam exuberantes sob as bétulas, de cuja cobertura eles precisavam para proteger os pigmentos de suas folhas delicadas. Quando parei de tagarelar e ergui os olhos, Jean e as meninas estavam todas sorridentes.

Decidimos medir os abetos-de-douglas plantados em densidades diferentes. Sem bétulas vizinhas, até 20% tinham sido infectados pelo *Armillaria*, mais intensamente onde os abetos estavam em maior proximidade entre si. Suas raízes haviam formado bolsões de infecção no

Passando o bastão

solo, e os patógenos tinham se alastrado sob sua casca e estrangulado o floema — não havia raízes de bétula para impedi-los. Alguns dos abetos infectados ainda estavam vivos, com as acículas amareladas, mas outros, de casca cinzenta e esfarelando, tinham morrido fazia tempo. No lugar deles cresciam outras plantas, e até algumas bétulas haviam nascido de semente, convidativas para os passarinhos, ursos e esquilos. Não era ruim que algumas árvores morressem. Isso abria espaço para a diversidade, a regeneração e a complexidade. Mantinha os insetos sob controle e criava barreiras ao fogo. Mas a mortalidade elevada poderia provocar uma cascata de mudanças, alastrar-se em ondas pela paisagem e desequilibrar a balança.

Jean mostrou às meninas como introduzir a ponta do trado de incremento na casca de um abeto. "Se não entrar, não tente mais do que duas vezes, para não machucar a árvore", ensinou. Kelly Rose pediu para tentar. Em minutos ela atingiu o cerne — na mosca — e Jean inseriu a amostra em um canudo vermelho, selou as pontas com fita-crepe e a rotulou.

Nas parcelas de alta densidade, onde a distância entre os abetos plantados era de apenas alguns metros, o subdossel era escuro. O solo parecia limpo, exceto por acículas cor de ferrugem, cuja acidez desacelerava o ciclo dos nutrientes. Ramos cinzentos partiam-se com nossa passagem por entre as árvores. Imaginei que a rede micorrízica assumira o padrão dos plantios, conectando as árvores como se elas fossem fileiras de postes telefônicos. Isso se tornaria mais complexo à medida que as árvores maiores abrissem seus galhos e raízes, apoderando-se do espaço para crescer deixado pelas árvores que morriam.

Com as canelas arranhadas, fomos para uma parcela onde os abetos eram mais espaçados, com distância de até cinco metros entre si, e onde tinham circunferência mais robusta. Ao longo dos anos, sementes dispersaram-se e foram parar nos espaços livres entre as mudas plantadas; algumas provavelmente eram de parentes, outras provinham de descendentes das árvores removidas, e outras ainda vieram de abetos da floresta circundante. Foram fertilizadas por pólen das vizinhas, ou por abetos de outros vales, e isso assegurou a resiliência dessa população. Algumas dessas novas árvores ainda eram pequerruchas, outras estavam no jardim de infância, e outras eram meninotas — esse trecho de floresta começava a se parecer com uma escola, onde havia diversidade e parentesco. A rede micorrízica estava ganhando complexidade conforme a floresta envelhecia, imaginei, e as árvores maiores tornavam-se os hubs — as árvores-mães. Um dia, por fim, ela teria a aparência da rede que havíamos mapeado alguns anos antes na floresta madura de abetos-de-douglas.

Depois que a última árvore foi medida, seguimos por uma trilha de alces acompanhando o rio até o local onde estacionáramos a picape. A floresta lentamente se apoderava do meu experimento, e as replicações estavam cheias de surpresas — uma dúzia de espécies de árvores nascera naturalmente de sementes vindas da borda da floresta, alces tinham comido as bétulas plantadas, cogumelos-do-mel infectaram árvores, abetos ajudavam bétulas, cedros jovens cresciam aglomerados embaixo de árvores latifoliadas para se protegerem do sol. Essa floresta sabia naturalmente como rejuvenescer quando lhe permitiam um começo adequado; deixava que sementes brotassem em solos receptivos, matava minhas árvores plantadas quando elas não se encaixavam no local e aguardava com paciência que eu ouvisse o que ela estava dizendo. "Vai ser difícil publicar esses dados", pensei. A própria natureza enevoara a rigidez do meu experimento, e minhas hipóteses originais sobre a composição e a densidade das espécies não eram mais testáveis, porque novas árvores tinham se instalado. No entanto, por ter ouvido, em vez de imposto minha vontade e exigido respostas, eu havia aprendido muito mais.

Enquanto percorríamos os zigue-zagues da estrada na montanha, com as meninas dormindo no banco de trás e Jean organizando as planilhas, refleti sobre minha boa sorte com tudo o que a floresta compartilhara comigo ao longo de tantos anos. No meu primeiro experimento, em que testei se as bétulas transmitiam carbono aos abetos através das micorrizas, eu pensava que seria uma sorte se conseguisse descobrir qualquer coisa, mas acabei detectando um pulso forte o suficiente para abastecer o estabelecimento de sementes. Vi abetos retribuindo a bétulas a energia de que elas precisavam para formar novas folhas na primavera. E meu grupo de

Passando o bastão

alunos confirmou as conclusões sobre a reciprocidade não só entre bétulas e abetos, mas também entre todo tipo de árvores.

Quando fizemos o mapa da rede micorrízica, eu pensava que talvez conseguíssemos enxergar algumas ligações. Em vez disso, encontramos uma tapeçaria.

Com Yuan Yuan, eu imaginava que era pequena a chance de comprovar a hipótese de que os abetos-de-douglas transmitiam mensagens aos pinheiros-ponderosa. Mas eles transmitiam mesmo. Outro aluno meu confirmou isso num segundo estudo, e pesquisadores de várias partes do mundo também. Depois eu achei que era uma aposta arriscada a hipótese de que as árvores-mães abetos-de-douglas reconheciam suas parentes, independentemente de sinais poderem ser transmitidos através da rede micorrízica, e — *mon Dieu!* — os abetos reconheciam seus parentes! As árvores-mães não só enviavam carbono para ajudar a sustentar seus simbiontes fúngicos micorrízicos, mas também, de algum modo, melhoravam a saúde de suas parentes. E não só das parentes, mas também de não aparentadas, e de outras espécies, promovendo a diversidade da comunidade. Isso tudo seria acaso?

Penso que, o tempo todo, as árvores estavam me dizendo alguma coisa.

Eu desconfiara, em 1980, que aquelas mudinhas amareladas de híbridos de abeto-do-canadá — as que me puseram nessa longa jornada de toda uma vida — estavam sofrendo porque suas raízes nuas não conseguiam fazer conexões com o solo. Agora eu sabia que elas careciam de fungos micorrízicos, cujas hifas não só teriam extraído nutrientes do solo da floresta, mas também teriam conectado as mudas com as árvores-mães, que lhes forneceriam carbono e nitrogênio até elas serem capazes de se nutrir sozinhas. Mas suas raízes tinham sido confinadas ao torrão da muda, isoladas das outras árvores. Por sua vez, os abetos-subalpinos que se regeneravam naturalmente nas imediações das árvores-mães estavam viçosos, com um bom sustento.

Agora, desde a minha doença, eu andava obcecada por uma questão: se somos iguais a tudo o mais na natureza, teríamos os mesmos objetivos por ocasião da morte? Passar o bastão do melhor modo possível. Passar para os filhos o material mais crucial. A menos que a energia essencial fluísse *diretamente* para descendentes de uma árvore-mãe, caule, acículas, brotos, tudo — e não apenas para a rede subterrânea —, era impossível ter certeza de que a conexão aumentava a aptidão das árvores descendentes, e não apenas a dos fungos.

Monika, uma nova aluna de doutorado, adicionou um elo a essa cadeia de conhecimento. No outono de 2015 ela começou um experimento em estufa com 180 vasos. Em cada um plantou três mudas — duas parentes e uma não aparentada —, e uma das mudas parentes foi designada "árvore-mãe". A ideia era que a árvore-mãe, quando lesionada, poderia escolher para onde enviar a energia que lhe restava: para a parente, para a não aparentada ou para a terra. Monika cultivou as mudas em sacos de malha com poros de diversos tamanhos para permitir ou inibir as conexões micorrízicas e lesionou algumas das mudas de árvore-mãe com podadeiras ou lagartas-do-abeto. Depois forneceu carbono-13 às árvores-mães para rastreá-lo e ver aonde ele ia.

Como que para nos lembrar dos caprichos da natureza, uma onda de calor causou pane nos ventiladores de teto da estufa e matou parte do experimento. O gato gorducho de pelo laranja listrado que morava na estufa agitava a cauda enquanto Monika e eu, ajoelhadas junto às fileiras, testávamos o solo dos vasos, superseco. A maioria das mudas ainda estava viva. Tivemos sorte. Mesmo em experimentos em estufa, com muitos fatores ambientais sob nosso controle, as coisas ainda podem dar errado. E isso não é nada em comparação com a profusão de calamidades que podem acontecer até no mais bem concebido experimento de campo, sobretudo ao longo das décadas necessárias para determinar padrões de longo prazo. "Não admira que a maioria dos cientistas faça suas pesquisas em laboratório", pensei.

Mas não descartamos o experimento. Além disso, as mudas parentes plantadas por Monika eram muitas vezes maiores que as de Amanda, e eu estava louca para saber se funcionavam suficientemente como drenos para extrair o carbono liberado pela árvore-mãe em seus brotos.

Passando o bastão

Com nosso elenco de sobreviventes, chegou o dia em que Monika e eu rodamos os gráficos de dados como se assistíssemos a um filme. Todos os fatores que testamos eram significantes — se as mudas eram ou não parentes das árvores-mães, se eram ou não conectadas e se estavam ou não lesionadas.

As mudas designadas por Monika como árvores-mães transmitiram mais carbono a parentes do que a não aparentadas, como Brian e Amanda haviam concluído. Porém, em contraste com o estudo anterior, onde só havíamos detectado a ida de carbono para os fungos micorrízicos das mudas parentes, Monika descobriu que o carbono *foi diretamente para os ramos longos principais das parentes*. As mudas de árvore-mãe inundaram a rede micorrízica com sua energia em forma de carbono, e esse nutriente avançou até as acículas das mudas parentes, trazendo-lhes rapidamente o sustento. *Et voilá!* Os dados também mostraram que as lesões, fossem pela lagarta-do-abeto, fossem pela podadeira, induziram as mudas de árvore-mãe a transferir *ainda mais carbono* a suas parentes. Diante de um futuro incerto, elas passaram sua força vital direto para as descendentes, ajudando-as a se preparar para as mudanças iminentes.

As que estavam à morte capacitaram as vivas; as idosas abasteceram suas jovens.

Imaginei o fluxo de energia transmitido pelas árvores-mães como algo poderoso feito uma maré oceânica, forte feito os raios do sol, irreprimível feito o vento nas montanhas, irredutível feito a mãe ao proteger os filhos. Eu conhecia esse poder em mim mesma antes até de descobrir essas conversas da floresta. Eu o percebera na energia do bordo no meu quintal, fluindo para mim enquanto eu refletia sobre a sabedoria do dr. Malpass no que dissera sobre o mistério da vida, sentindo esses fenômenos mágicos que emergem quando trabalhamos juntos — a sinergia que a ciência reducionista costuma desconsiderar e que nos leva erroneamente a simplificar nossas sociedades e ecossistemas.

As árvores da geração seguinte cujos genes forem mais adaptáveis a mudanças — aquelas cujas genitoras foram moldadas por uma variedade de condições climáticas, as que se sintonizaram com o estresse das genitoras e forem dotadas de arsenais de defesa e contarem com aportes de energia — com certeza terão mais êxito em recuperar-se de quaisquer tumultos vindouros. A aplicação prática — o que isso pode significar para o manejo da floresta — consiste em manter as árvores antigas que no passado sobreviveram a mudanças climáticas, pois elas podem disseminar suas sementes nas áreas perturbadas e transmitir seus genes, sua energia e sua resiliência para o futuro. E não só um punhado de árvores mais antigas, mas também uma variedade de espécies, de muitos genótipos, parentes e não aparentados — uma mistura natural para assegurar que a floresta seja variada e adaptativa.

Meu desejo é que pensemos duas vezes antes de cortar as árvores-mães que estiverem morrendo para aproveitá-las comercialmente, que nos sintamos compelidos a deixar uma parte dessas árvores intactas para que elas cuidem das jovens — não apenas as descendentes, mas também as vizinhas. A indústria madeireira corta vastos trechos de floresta depois da morte de árvores causada por seca, besouros, lagartas e incêndios, e isso leva junto bacias hidrográficas, extermina vales inteiros. As árvores mortas são apontadas como um risco de incêndio, porém, mais provavelmente, são vistas como uma mercadoria bastante conveniente. Grandes números de árvores vizinhas saudáveis também são capturados para as serrarias, declarados como prejuízo paralelo. Essa derrubada para aproveitamento comercial amplifica as emissões de carbono porque altera a hidrologia sazonal nas bacias hidrográficas e, em alguns casos, leva cursos de água a inundar suas margens. Como restam poucas árvores, os sedimentos seguem por riachos e vão parar nos rios já aquecidos pela mudança climática, prejudicando ainda mais a desova dos salmões.

Isso me traz à mente outra aventura, que ainda estou explorando porque ela ilustra de forma excelente as conexões das espécies que negligenciamos. Cientistas descobriram, antes de mim, que o nitrogênio de salmões em decomposição vive nos anéis de árvores ao longo dos rios de onde os salmões provêm. Eu queria saber se o nitrogênio dos salmões era absorvido por fungos micorrízicos das árvores-mães e transmitido por suas redes a outras árvores situadas em áreas mais no interior da floresta. E também

TED Walk: uma caminhada-palestra no parque Stanley no TED Vancouver, 2017.

se os nutrientes dos salmões encontrados nas árvores declinam com a redução das populações e com a perda de habitat dos salmões, prejudicando a floresta. Se isso for verdade, como remediar?

MESES DEPOIS DO EXPERIMENTO de Monika, fui ao vilarejo de Bella Bella, no trecho central da costa da Colúmbia Britânica, ver as florestas de salmão do povo Heiltsuk. Nosso pequeno barco adentrou uma enseada primeva, e Ron, nosso guia heiltsuk, nos mostrou pictogramas que marcavam um território de clã. Uma névoa sedosa do Pacífico descia da parede de rocha vertical e pairava sobre as árvores monumentais. Estavam comigo Allen Larocque, meu novo aluno de doutorado que estudaria os padrões das redes fúngicas, e a bolsista de pós-doutorado dra. Teresa Sm'hayetsk Ryan, da nação Tsimshian, o povo do rio Skeena, ao norte. Teresa tecia cestos de cedro tradicionais, além de ser cientista de pesqueiros de salmão da Comissão Técnica Mista Chinook na Comissão Canadense-Estadunidense do

Salmão-do-Pacífico, dentre muitas outras funções que ela exercia. Como aborígine e cientista, ela queria saber se restaurar as práticas de pesca tradicionais com a tecnologia das armadilhas de pedra que aproveitavam as marés poderia revigorar as populações de salmão, talvez voltando a níveis existentes antes de os colonizadores assumirem o controle da pesca. Isso, por sua vez, talvez nutrisse os cedros cuja casca ela coletava.

Procurávamos espinhas de salmões levados para a floresta por ursos, lobos e águias. As espinhas eram tudo o que restava depois que a carne era comida e os tecidos residuais se decompunham, deixando nutrientes que penetravam no solo. Nessa enseada, o dr. Tom Reimchen, da Universidade de Victoria, e o dr. John Reynolds, da Universidade Simon Fraser, haviam descoberto nitrogênio de salmão em anéis de cedro e abetos-sitka, e também em plantas, insetos e solos. Allen iniciaria nosso estudo sobre a possibilidade de fungos micorrízicos transmitirem salmão para as árvores, e possivelmente entre árvores; para isso, ele precisava determinar como as comunidades de fungos micorrízicos nas margens de cursos de água diferiam conforme o tamanho variado da população de salmões. Será que uma diferença na capacidade dos fungos para transmitir os nutrientes dos salmões ajudava a explicar a maior fertilidade daquelas florestas pluviais? Minha empolgação era imensa quando Allen, Teresa e eu, usando calças de pescador, seguimos através dos carriços em direção a terra firme.

"Caminho de urso", Teresa disse, indicando uma trilha. "Estiveram aqui faz pouco tempo."

"Vamos em frente." Eu parecia cachorro forçando a guia.

Seguimos com facilidade a trilha por entre a parede de amoras salmonberry que acompanhava a costa com sua galharia espinhenta. Após meia hora rastejando de quatro no húmus, Teresa disse: "Vocês são doidos. Estão procurando encrenca com esses sinais recentes de urso", e voltou para o barco para aguardar Ron.

Olhei para Allen para avaliar sua coragem; ele não parecia nervoso. "Se eu fosse um urso, levaria meu salmão para algum lugar onde não me perturbassem", eu disse, achando ótimo que ele estivesse animado para a aventura. Continuamos a rastejar, passamos por um túnel aberto nas

Passando o bastão

amoreiras, na direção de um cedro de cinquenta metros de altura numa porção elevada do terreno. O ramo principal do cedro dividia-se em feitio de candelabro — era o que os Heiltsuk chamam de árvore-avó.

Cada urso que predava os salmões na desova transportava cerca de 150 peixes por dia para o interior da floresta, onde as raízes das árvores aproveitavam proteínas e nutrientes da carne decomposta, que fornecia às árvores mais de três quartos das necessidades de nitrogênio. O nitrogênio em anéis de árvores derivado do salmão era distinguível do nitrogênio do solo porque os peixes o enriquecem no mar com o isótopo pesado nitrogênio-15, que serve como rastreador natural da abundância de salmão na madeira. Cientistas podiam usar a variação ano a ano do nitrogênio em anéis de árvores para descobrir correlações entre populações de salmão e mudança climática, desmatamento e alterações nas práticas pesqueiras. Um velho cedro poderia conter um registro milenar de corridas de salmão.

Gritei "Uhuu!" quando nos aproximamos do terreno elevado da árvore--avó cedro, apesar de meus gritos serem abafados por uma parede de folhas de amoreira. Um urso-cinzento ali significaria morte rápida. Mesmo assim, eu estava tranquila. Depois da quimioterapia, aquilo era o êxtase. Eu estava muito mais calma do que no palco do grande TED em Banff, pouco tempo antes, onde câmeras e mil pessoas haviam acompanhado cada um dos meus movimentos. Entrei na forte luz dos holofotes gratíssima a Mary por me fazer vestir um casaco preto por cima de minha camisa azul favorita, pois ela percebera que faltava um botão. Proferi minha palestra fazendo de conta que os ouvintes eram um mar de repolhos meneando as cabeças. "Consegui", pensei quando deixei o palco, nadando em orgulho por vencer a timidez, por falar com o coração, revelar o que eu tinha aprendido para que as pessoas pudessem absorver aquilo de que precisavam. "No meu íntimo, eu sempre tive essa noção sobre as árvores", escreveu uma mulher de Chicago depois de assistir ao vídeo. Robert Krulwich, do programa *Radiolab*, me procurou para criar um podcast. A *National Geographic* queria escrever um artigo e fazer um filme. Recebi milhares de e-mails e cartas. Jovens, mães, pais, artistas, advogados, xamãs, compositores, estudantes. Pessoas de todas as partes do mundo expressaram suas conexões pessoais com árvores através de histórias, poemas, pinturas, filmes, livros, música, dança, sinfonias, festivais. "Gostaríamos de projetar nossa cidade de um modo que reflita os padrões de conexão micorrízica", escreveu um planejador urbano de Vancouver. O conceito de árvore-mãe e suas conexões com os seres ao seu redor havia chegado até Hollywood na concepção central do filme *Avatar*. A identificação do público com o filme lembrou-me como é naturalmente crucial para as pessoas conectar-se com mães, pais, filhos, família — a nossa e as de outros — e com árvores, animais e todos os seres da natureza, como uma entidade indivisível.

Eu recebera minha mensagem e a levara a público, e em troca tivera uma explosão de respostas encorajadoras. As pessoas se preocupavam com a floresta e queriam ajudar.

"O que fazemos não está dando certo", escreveu um silvicultor do governo. Música para meus ouvidos. Conversamos como as árvores-mães poderiam ser mantidas para ajudar a curar o terreno após uma colheita. Essa ideia ainda não tem a aceitação de um número suficiente de silvicultores, mas ao menos já é um pequeno começo.

Allen e eu subimos pela faixa de terreno elevada e examinamos o local. *"Putain de merde!"*, exclamei. "Olha só!" Sob os galhos da velha árvore-mãe havia um leito aconchegante e musgoso, grande o suficiente para uma ursa e seu filhote. Dezenas de esqueletos brancos de salmão cintilavam no meio daquele tapete — a carne decomposta fazia muito tempo, as vértebras desconjuntadas, os delicados espartilhos de espinhas dobrados como asas de borboleta, escamas e guelras espalhadas, odor de peixe absorvido lentamente pelas raízes, transmitido para a madeira da árvore, passado para a próxima vida.

Espinhas de árvore.

Allen e eu coletamos solo debaixo das espinhas e, para comparação, também de lugares onde não havia espinhas. Voltamos ao local onde Teresa e Ron estavam, entramos no barco na linha da maré alta e guardamos as amostras no gelo para impedir a degradação do DNA microbiano. Ron conduziu o barco para longe da costa. Passamos rente à parede de rocha que acompanhava de ponta a ponta o contorno litorâneo do estuário. Essa

Passando o bastão

parede era uma das centenas de armadilhas de maré construídas na costa do Pacífico pelo povo Heiltsuk, similar às feitas pelas nações Nuu-Chah--Nulth, Kwakwaka'wakw, Tsimshian, Haida e Tlingit. Permitiam capturar salmões passivamente, acompanhar as populações e ajustar as coletas conforme a necessidade. Eles recolhiam os peixes que ficavam presos na maré baixa, libertavam as fêmeas maiores com ovas a fim de que elas continuassem a subir o rio para desovar. Defumavam, desidratavam ou assavam o peixe, enterravam as entranhas no solo da floresta e devolviam as espinhas à água para nutrir o ecossistema. Essa prática aumentava as populações de salmão e a produtividade das florestas, dos rios e dos estuários. As florestas, enriquecidas pelo salmão, retribuíam o favor sombreando os rios, despejando nutrientes nas águas e fornecendo habitat para ursos, lobos e águias.

Teresa explicou que, quando os colonizadores assumiram o controle das águas e florestas, proibiram o uso das armadilhas de pedra. Em menos de duas décadas, a sobrepesca reduziu as populações de salmão, que até hoje não se recuperaram completamente. Mudança climática e o aquecimento do oceano Pacífico acarretaram novos problemas, pois os peixes ficam extenuados em sua maratona iniciada no oceano e só uma parcela menor deles consegue alcançar os cursos de água onde ocorre a desova. Esse processo é parte de um padrão geral de destruição de habitats interligados. A norte de Haida Gwaii, os derradeiros cedros, alguns com mais de mil anos de idade, estão sendo cortados na ilha Graham, o que degrada a floresta ao longo dos rios de desova e traz aos Haida o receio de que seu modo de vida seja extinto.

Quando isso vai parar, esse esgarçamento?

Na saída da enseada rumo a Bella Bella, Ron apontou, a estibordo, uma jubarte que surgia a algumas centenas de metros de nós. Do nada, dezenas de golfinhos-do-pacífico se aproximaram do nosso barco; arqueavam o corpo no ar, davam saltos mortais e assobiavam uns para os outros. Surpresa, extasiada — como Allen e Teresa —, fiquei ali em pé recebendo os respingos de água salgada.

Esse estudo ainda está em andamento, mas nossos dados iniciais mostram que a comunidade de fungos micorrízicos da floresta de salmão difere dependendo do número de salmões que retornam ao rio natal. Ainda desconhecemos até que distância a rede micorrízica transporta o nitrogênio dos salmões para o interior da floresta, e se — ou como — a restauração das armadilhas de pedras e as marés podem afetar a saúde da floresta, mas estamos iniciando novas pesquisas e reconstruindo algumas das paredes de pedra para encontrar respostas. Outra das minhas cogitações é se deveríamos investigar a possibilidade de os salmões nutrirem também as florestas no continente a partir de rios que correm para o interior. Será que os salmões na desova alimentam cedros, bétulas e abetos nas margens dos rios que correm por milhares de quilômetros até as montanhas? Como no rio Adams, que corre em terras abaixo do meu experimento. Dessa maneira, os salmões ligariam o oceano ao continente. O povo Secwepemc sabia como os salmões eram vitais para as florestas interioranas e para o sustento deles próprios, e cuidava das populações com base em princípios abrangentes de interconexão.

No Dia de Ação de Graças naquele ano, voltando para casa, passei por áreas de derrubada onde motosserras cortavam as árvores-mães infestadas de besouros antes de suas sementes terem germinado na manta orgânica revirada. As pilhas de velhas árvores cortadas eram altas como prédios de apartamentos; estradas de acesso entrecruzavam o vale, e os riachos estavam obstruídos por sedimentos. Mudas plantadas, envoltas em tubos de plástico branco, lembravam cruzes.

As rachaduras estavam bem à vista.

Venho de uma família de lenhadores e sei muito bem que precisamos de árvores para sustentar nosso modo de vida. Mas minha viagem à terra dos salmões mostrou que, quando tiramos algo, temos obrigação de retribuir. Cada vez mais me encanto com uma história contada por Subiyay, que fala das árvores como se fossem *pessoas*. Dotadas de uma espécie de inteligência — análoga à dos humanos —, e também de uma qualidade espiritual talvez não diferente da nossa.

Passando o bastão 351

Não meramente equivalentes às pessoas, com as mesmas propensões. Elas *são* pessoas.

O Povo Arbóreo.

Não tenho a pretensão de compreender plenamente o conhecimento aborígine. Ele vem de um modo de conhecer a terra — uma epistemologia — diferente daquele que encontro em minha cultura. Fala em estar sintonizado com a floração da levísia, com a corrida dos salmões, os ciclos da Lua. Em saber que somos ligados à terra — árvores, animais, solo e água — e uns aos outros, e que temos a responsabilidade de zelar por essas ligações e recursos, assegurar a sustentabilidade desses ecossistemas para as gerações futuras e reverenciar os que vieram antes. Em pisar com leveza, tirar somente as dádivas de que necessitamos e retribuir. Em demonstrar humildade e tolerância para com todos a quem somos ligados nesse ciclo da vida. Porém o que meus anos na profissão de silvicultora também me mostraram foi que são muitos os tomadores de decisões que depreciam esse modo de ver a natureza e que se baseiam apenas em partes selecionadas da ciência. O impacto agora é tão devastador que não pode ser negligenciado. Podemos estudar a condição da terra onde ela foi dilacerada, tratando cada recurso isoladamente do resto, para comparar com a condição da terra que foi cuidada segundo o princípio de *k'wseltktnews* do povo Secwepemc (que se traduz como "Somos todos parentes") ou o conceito de *nóc'aʔmat ct* ("Somos um só") dos Salish.

Temos de prestar atenção nas respostas que nos são dadas.

Acredito que esse tipo de pensamento transformador é o que nos salvará. É a filosofia de tratar os seres do mundo, suas dádivas, como igualmente importantes para nós. Começando por reconhecer que árvores e plantas têm capacidade de agir. Elas percebem, estabelecem relações, comunicam-se — apresentam vários comportamentos. Cooperam, tomam decisões, aprendem, recordam — qualidades que normalmente atribuímos a senciência, sabedoria, inteligência. Notando que árvores, animais e até fungos — toda e qualquer espécie não humana — têm essa agentividade, podemos reconhecer que eles merecem a mesma consideração com que tratamos a nós mesmos. Podemos continuar a empurrar nossa Terra para

Hannah, com 21 anos, trabalhando no mato
e comendo mirtilo, julho de 2019.

o desequilíbrio, com os gases do efeito estufa acelerando ano a ano, ou podemos recobrar o equilíbrio constatando que, se prejudicamos uma espécie, uma floresta, um lago, isso se propagará em ondas por toda a rede complexa. Maltratar uma espécie é maltratar todas.

O restante do planeta vem aguardando pacientemente que percebamos isso.

Fazer essa transformação requer que os seres humanos restabeleçam sua conexão com a natureza — as florestas, os prados, os oceanos — em vez de tratar tudo e todos como objetos a serem explorados. Isso significa expandir nossos atuais modos de vida, nossa epistemologia e metodologias científicas para que complementem e ampliem as raízes aborígines e se alinhem com elas. Derrubar as florestas e espoliar as águas para realizar nossos sonhos mais delirantes de riqueza material *só porque podemos* finalmente acabou se voltando contra nós.

Atravessei o rio Colúmbia em Castlegar, distante de casa apenas meia hora, ansiosa para ver Hannah e Nava, grata por Mary ter vindo para o norte no Dia de Ação de Graças canadense. O rio estava raso, com a vazão natural controlada pelas represas Mica, Revelstoke e Hugh Keenleyside em suas cabeceiras — três das sessenta instaladas na bacia hidrográfica do Colúmbia. Essas represas acarretaram a perda dos salmões dos lagos Arrow e a inundação de vilarejos, cemitérios e rotas de comércio da nação Sinixt, cujo território ancestral abrange desde as montanhas Monashee, a leste, até a cordilheira Purcells, e desde as cabeceiras do Colúmbia até o estado de Washington. Eu me perguntei como seria essa terra antes de o governo canadense ter declarado extinta a nação Sinixt e então construído represas, desmatado florestas e explorado os minérios do território que tinha sido deles. Mas o povo Sinixt é resiliente e continua a acatar a *whuplak'n* — a lei da terra —, em união para ajudar a restaurar a bacia hidrográfica do Colúmbia.

Cheguei quando a lua já pairava bem acima das montanhas polvilhadas de neve, e Mary e a família inteira haviam ido para minha casa. Essa Ação de Graças revelou-se particularmente memorável porque as velas com aroma de chá tombaram em cima da mesa, e as chamas rodearam o peru. Eu estava mexendo o molho e ergui os olhos: Don — sua nova namorada estava em outro lugar com os filhos dela — despejou a água da panela da couve-de-bruxelas na ave incendiada, e Robyn e Bill ensoparam os guardanapos com suas taças de vinho. Vovó Juneburg levou seu bolo de creme com licor para bem longe, Oliver lia um livro de Harry Potter no chão.

Família. Com todas as imperfeições, os tropeços e os pequenos incêndios. Podíamos contar uns com os outros quando era importante.

Apesar dos desmatamentos e das minhas preocupações com o trabalho e a mudança climática, com minha saúde e minhas filhas e com tudo o mais, inclusive minhas preciosas árvores, era maravilhoso, absolutamente maravilhoso, estar em casa, todos nós juntos.

HANNAH ME SEGUIU PELO BOSQUETE de cicutas em meio às pedras amontoadas sob o buraco negro no penhasco — um portal que levava a quilômetros de túneis, abertos com explosivos na montanha um século antes por mineiros à procura de cobre e zinco. Cavamos uma trincheira de sondagem entre as árvores para estudar o solo; alguns dos grãos minerais eram verdes, outros cor de ferrugem, e usávamos luvas cirúrgicas e mangas compridas para nos proteger. As infiltrações dos portais, impregnadas de cobre, chumbo e outros metais, haviam contaminado o solo da floresta. Com a ajuda de bactérias, os metais combinaram-se com sulfetos no minério e formaram uma drenagem ácida que lixiviou, penetrando profundamente no solo. Mesmo assim, cresciam árvores no local, ainda que lentamente, e elas davam tudo de si para promover a recuperação da floresta.

Era verão de 2017. Estávamos na mina Britannia — 45 quilômetros a norte de Vancouver, nas margens do estreito de Howe, território não cedido da nação Squamish —, a maior mina do Império Britânico, aberta em 1904 para a extração dos corpos de minério formados quando piroclasto vulcânico escorreu sobre rocha sedimentar e o resultado metamorfoseado entrou em contato com intrusões plutônicas. Os mineiros abriram pedreiras nas falhas e fraturas onde jazia o rico minério, esburacando a montanha Britannia desde o riacho de mesmo nome, no flanco setentrional, até o riacho Furry, no lado sul — uma área de aproximadamente quarenta quilômetros quadrados. Deixaram 24 portais para 210 quilômetros de túneis e poços de mina que se estendiam desde 650 metros abaixo do nível do mar até 1100 metros acima.

Os homens haviam transportado o minério do interior da montanha por trilhos que saíam para a luz do dia nos portais, onde eram postos em vagões e seguiam pela linha férrea da mina; deixaram para trás as rochas residuais amontoadas. Mesmo depois que a mina fechou, em 1974, continuou a ser uma das maiores fontes pontuais de poluição do ambiente marinho por metais na América do Norte. Resíduos e entulho foram usados no aterro da costa, e o riacho Britannia, contendo quilos de cobre, fluiu límpido, porém sem vida, desaguando no estreito de Howe e matando a vida marinha por no mínimo dois quilômetros ao longo da costa. Sua água

Passando o bastão

era tão tóxica na época do fechamento da mina que os salmões jovens, quando entravam nela, morriam em 48 horas. Após anos de medidas reparadoras, os salmões voltaram a desovar com êxito no riacho Britannia, e o litoral da praia Britannia está vivo de novo, com plantas e invertebrados nas rochas e golfinhos e orcas no estreito de Howe.

Sinais de que a Terra é capaz de perdoar.

Fui para lá com Hannah a pedido de Trish Miller, uma toxicologista ambiental. Ela queria que eu avaliasse o impacto dos montes de entulho sobre a floresta circundante. Os efeitos não estavam limitados aos riachos; adentravam a floresta, e ela queria uma análise mais abrangente do que a habitual. Aceitei avidamente a oportunidade de trabalhar com Trish. Éramos amigas, e por muitos anos, quando nossos filhos eram pequenos, eu ouvira suas ideias sobre remediação ambiental. Eu tinha curiosidade em conhecer a capacidade da floresta para curar um ecossistema danificado, a capacidade das árvores velhas para conseguir que suas sementes germinassem na terra nua, das redes fúngicas e microbianas para reparar o estrago. Como as árvores estariam crescendo nos halos de floresta contaminados por metais ao redor dos montes de entulho das minas? A floresta estaria se recuperando? Deveríamos fazer mais ou a floresta conseguiria, aos poucos, curar-se por conta própria?

Qual a magnitude do dano que a floresta podia sofrer antes de a cura não ser mais possível?

Hannah e eu encontramos os portais ocultos no meio das cicutas; xales de árvores envolviam a bocarra das cavernas. Amieiros e bétulas ladeavam as estradas da mina abertas manualmente e os trilhos que vinham dos túneis nas partes elevadas dos penhascos e chegavam até a usina de separação lá embaixo, no litoral. Musgo e liquens cobriam os acampamentos onde os mineiros dormiram, e os locais onde suas famílias tinham vivido estavam silenciosos. O húmus no halo de floresta ao redor dos montes de entulho de rocha era mais infecundo do que nas florestas não contaminadas próximas, mas as raízes das árvores haviam se enroscado nas pedras expostas, e umas poucas falsas-azaleias, mirtilos pretos e samambaias, que gostavam da acidez, haviam encontrado pontos de apoio. Enquanto trabalhávamos sob os galhos de cicuta pingando de chuva, tive a sensação de que, se existisse um lugar que a terra tivesse o poder de curar, seria aqui, na costa do Pacífico, em uma das florestas pluviais mais produtivas do mundo.

Essa também era uma chance de mostrar a Hannah como avaliar a perturbação — para árvores e plantas, solos e musgos — e a capacidade de recuperação da natureza, mesmo que suas veias tivessem sido abertas na superfície. Aqueles montes de entulho de rocha eram menores que as centenas de metros quadrados de uma área de corte raso, que o milhar de metros quadrados das áreas de derrubada que invadiam os vales, e que os vários milhares de metros quadrados nas minas de cobre a céu aberto em várias partes do mundo. O distúrbio por uma derrubada é agudo, mas a floresta é capaz de se recuperar prontamente se o solo for deixado intacto; remover o solo e extrair os metais de partes profundas da terra, porém, tem um efeito crônico sobre as florestas e cursos de água.

"Que bom que as árvores estão voltando", Hannah comentou enquanto extraía uma amostra do cerne de uma pequena cicuta-ocidental. Era uma das dezenas — enfileiradas como soldados — que haviam encontrado um nicho na madeira em decomposição. Sua semente viera de florestas saudáveis adjacentes, suas raízes encontraram base para crescer em troncos de árvores caídas em decomposição onde simbiontes fúngicos absorviam poucos nutrientes, a celulose esponjosa retinha água e a luz descia em feixes finos do dossel. A árvore de Hannah estava crescendo a uma taxa que era metade da taxa das árvores mais velhas nas imediações — tinha raízes mais rasas e a copa mais esparsa —, mas eu sabia que ela vingaria. Gabriel, meu aluno de mestrado, descobrira que até arvoretas de cicuta como essa, cujas raízes agarravam-se a troncos de árvores caídas em decomposição, também podiam se conectar a árvores-mães próximas e recebiam carbono das copas robustas até se tornarem, elas próprias, provedoras autossuficientes. A comunidade vegetal naquele subdossel também estava em recuperação, com metade dos arbustos e ervas de crescimento antigo agora presente em pequenos trechos — a maioria gostava de acidez, como a cicuta —, o que mudava lentamente o solo e acelerava o ciclo de nutrientes. Essas retroalimentações eram cruciais para ajudar as árvores a retomar seu ritmo. Na

Passando o bastão 357

escavação, medi a profundidade do solo da floresta — a manta orgânica, a camada fermentada e a camada de húmus — e vi que já era cerca de metade da de áreas saudáveis adjacentes.

Quando soergui o solo da floresta para examinar a porção mineral subjacente, uma centopeia cor de bronze do tamanho de uma salamandra subiu contorcendo-se na minha mão. "Ah!", gritei, e atirei o artrópode para cima de uma tora, onde ele caiu e rolou no húmus. A centopeia ficou furiosa e se debateu com tanta força que revolveu a terra. Um sinal — espantoso — de que o solo da floresta estava em recuperação. Ela se enterrou no chão e sumiu para continuar seu dia de trabalho: comer os insetos menores, que comem outros menores ainda. E com todo esse come-excreta os nutrientes são reciclados — uma cadeia de ações que ajuda as árvores a crescer. Hannah e eu comemos biscoitos com gotas de chocolate antes de medir e registrar a profundidade e a textura do solo, a altura e a idade das árvores, as espécies e a cobertura das plantas, os sinais de aves e animais terrestres.

De carro, subimos a montanha por cinco quilômetros e examinamos as plantas e os solos numa encosta pedregosa de entulho de rocha, tão íngreme em sua inclinação de setenta graus que uma corda fora amarrada lá em cima para ajudar os trabalhadores a descer em rapel. A escarpa quase não possuía vegetação no trecho central, apenas alguns liquens apareciam sobre os fragmentos de rocha, além de uma ou outra folha de grama enraizada. Os brotos de cicuta que haviam encontrado algum grão de húmus onde se enraizar tinham uma palidez doentia — clorose — por insuficiência de nitrogênio, e me lembraram as mudinhas amareladas nas montanhas Lillooet de muito tempo antes. Hannah mantinha o ritmo atrás de mim na nossa lenta subida pela encosta íngreme. As cicutas nascidas de sementes de árvores-mães circundantes eram cada vez mais robustas à medida que nos aproximávamos da linha das árvores. Na borda da floresta, amortalhadas em névoa, as arvoretas eram maiores, sua folhagem mais viçosa, as micorrizas entrelaçavam-se aos minerais e construíam solo, elas próprias. Pouco a pouco, ajudadas pelas árvores-mães, os seres — fungos e bactérias, plantas e centopeias — trabalhavam juntos para curar as feridas desse majestoso lugar explorado.

"Trazer solo da floresta antiga também ajudaria", comentei. Eu me lembrei de que vovó Winnie adubava sua horta com o produto da compostagem: ela enterrava na base dos caules de framboeseira as tripas de peixe que o vovô Bert pescava — mais ou menos como os Heiltsuk e os ursos e lobos nutriam os cedros-avós com os ossos dos salmões, retribuindo, completando o ciclo. Juro que as frutinhas eram mais doces onde vovó fazia isso. Para mim era uma felicidade que Hannah me acompanhasse, do mesmo modo que eu acompanhara minha avó pelos canteiros de milho e batata.

"Você podia plantar bétulas e amieiros aqui também", Hannah sugeriu, com a ideia de irmos coletar sementes dos amieiros à beira d'água e sementes das bétulas que ladeavam a velha estrada da mina.

"Bem pensado", falei, "e plantar em grupos, não em fileiras." As árvores necessitam estar perto umas das outras, estabelecer-se em solo receptivo, juntar-se a fim de construir o ecossistema, misturar-se a outras espécies, relacionar-se em padrões que produzem uma rede da floresta inteira — a *wood-wide web*, como disse a *Nature* —, porque as florestas tornam-se resilientes graças a essa complexidade. Hoje os cientistas estão mais dispostos a dizer que as florestas são sistemas adaptativos complexos, compostos de muitas espécies que se ajustam e aprendem, que incluem legados como árvores antigas, bancos de sementes e cepos, e que essas partes interagem em redes intricadas e dinâmicas, com retroalimentação das informações e auto-organização. Disso tudo emergem propriedades em nível de sistema, que representam mais do que a soma das partes. As propriedades de um ecossistema respiram saúde, produtividade, beleza, vigor. Ar puro, água limpa, solo fértil. Desse modo a floresta é aparelhada para curar, e podemos ajudar se agirmos de modo semelhante.

Chegamos ao morro de entulho de rocha no portal superior. As explosões deixaram exposta uma cicatriz cavernosa de algumas centenas de metros de altura e aproximadamente a mesma largura, e ondularam a base com montes de entulho de rocha. O ar era mais rarefeito, nuvens pairavam encapeladas acima dos torreões de granito e a chuva gelada nos apedrejava. As cicutas-da-montanha ao redor do portal ainda eram exuberantes, com acículas aveludadas, ramos esfarrapados pelo vento, topo curvado pelo peso da neve. Suas raízes espalhavam-se sob o solo da floresta como veias em mãos idosas, misturando granito com madeira, alimentando plantas e animais.

Porém, na cicatriz, onde a rocha cintilava com metais das profundezas do solo, as raízes cessavam. Como os trilhos que acabavam em pleno ar no portal abaixo, como se os homens tivessem sido jogados no rio para morrer. Aqueles rombos eram profundos demais para que as raízes pudessem prosseguir, a rocha desenterrada era bruta demais para oferecer nutrientes, a água ácida demais para beber, as feridas impossíveis de costurar. A rocha metálica reluzia sob a água que se filtrava dos penhascos e, apesar de um século de paz, liquens e musgos ainda estavam ausentes. Percebi que Hannah estava chocada ao ver que a terra não conseguia mesmo suportar — não conseguia se recuperar de um dano tão colossal. Há limite para o quanto ela aguenta ser ferida. Algumas conexões são rompidas demais, o sangue drenado em excesso, mesmo para as magníficas raízes curadoras e a tenacidade de uma poderosa árvore-mãe.

Descemos até o portal inferior. O talho que criara uma mina naquela elevação era menor — ali a floresta se recuperaria. Hannah contou os anéis da nossa última amostragem de cerne do dia e anotou: "87 anos". Inseriu o lápis de anéis de volta na árvore, selou a ferida com resina de pinheiro e deu uns tapinhas na casca.

"A beleza é que, com um pequeno impulso, uma pequena ajuda, as plantas e animais deste local retornarão", comentei. Tornariam a floresta saudável de novo, ajudariam na sua recuperação. A terra queria curar-se. "Assim como meu corpo", pensei, grata por estar ali, dando continuidade ao meu trabalho, ensinando minha filha. Quando o sistema atinge um ponto crítico, quando boas decisões são tomadas e implementadas e quando partes e processos são novamente entrelaçados e o solo se reconstrói, a recuperação é possível — pelo menos em alguns locais. Juntamos nosso equipamento para descer a encosta; o solo ainda faiscava, verde-acobreado, a água que se filtrava ainda era um pouco ácida, mas tudo mudava lentamente.

Tapetes de plântulas viçosas farfalhavam em volta dos nossos tornozelos. Colunas de cicutas mais altas desciam por troncos caídos, seus ramos principais buscavam ávidos o sol, raízes emaranhadas na madeira. "Acho que quero ser ecologista florestal, mãe", disse minha filha, passando as mãos pela plumagem de acículas das plântulas.

Parei e olhei para trás. Com a silhueta destacada pelo sol poente, mais alta do que todas as outras, enraizada nas rochas vulcânicas que a nutriam, reinava a árvore-mãe daquele vasto trecho de plântulas. Seus galhos, abertos como braços e nodosos pelos séculos de neve, tinham cicatrizes curadas muito tempo antes e pontas carregadas de pinhas. Eu estava calma, feliz, mas também precisava de descanso. Uma turma de estudantes da Virgínia me enviara um poema intitulado "Árvore-mamãe" no qual uma Mãe diz a todos nós: "Boa noite, meus amores, é hora de dormir". Essa noite eu iria pela pequena trilha até o rio Squamish e me sentaria na margem com as garças, de olhos fechados no ar cálido.

Hannah pegou a câmera e o aparelho de GPS em seu colete de trabalho para tirar uma foto e registrar a localização da árvore-mãe e sua prole de plântulas. "Podemos anexar no nosso relatório", ela sugeriu — sua habilidade de *ver* a floresta crescia sem limites.

O sol mergulhava por trás da vasta copa da árvore-mãe. Uma águia-americana pousou no ramo mais alto e espalhou as pinhas. A ave inclinou sua cabeça alva e nos fitou lá embaixo. Exalei profundamente, juntando minha respiração a uma lufada do ar da montanha. Gosto de imaginar que esse ar foi levado até a águia, pois naquele exato momento ela eriçou suas asas prodigiosas. *Agora sei por quê.* Sei por que essas plântulas são saudáveis apesar dos danos e das agressões, ao contrário das mudinhas amareladas das montanhas Lillooet de tantos anos antes, aquelas a quem eu fizera a promessa de dedicar minha vida. Aqui as sementes haviam germinado na imensa rede micorrízica de sua mãe.

Suas raízes incipientes tomaram a sopa nutritiva fornecida através da rede. As plântulas haviam recebido mensagens sobre as lutas de sua mãe, e isso lhes dera uma vantagem inicial.

A resposta foi essa plumagem cor de esmeralda.

A águia subiu de repente, pegou uma corrente ascendente e desapareceu por trás dos picos. Não existe momento pequeno demais no mundo.

Árvore-mãe na floresta pluvial interiorana próxima de Nelson, na Colúmbia Britânica.

Nada deveria ser perdido. Tudo tem um propósito, tudo precisa de cuidados. Esse é meu credo. Que o adotemos. Podemos vê-lo elevar-se. Desse mesmo modo, a qualquer momento — o tempo todo —, riqueza e graça alçarão voo.

Hannah guardou as amostras de solo na mochila. Samambaias estremeciam com os pingos de chuva, e ela pôs o capuz. Ergueu os olhos à procura da águia que saíra voando, e por fim apontou: a ave se juntara a um companheiro acima dos picos de granito.

O vento fustigava as acículas da árvore-mãe, mas ela resistia, serena. Sentia a natureza em suas incontáveis formas: dias quentes de verão, com seus enxames de mosquitos; aguaceiros que caíam durante semanas; neve tão pesada que quebrara alguns de seus galhos; períodos de seca seguidos por longas temporadas úmidas. O céu ganhou tons escarlates, seus galhos afoguearam-se, o sangue subiu para um clamor de batalha. Ela estaria ali por outros cem anos, guiando a recuperação, dando tudo de si, muito depois de eu ter deixado de existir. *Adeus, querida mãe.* Cansada, vesti desajeitadamente meu colete. Hannah pôs nos ombros sua mochila pesada, ajustou a carga e apertou as correias, quase sem notar o peso.

Pegou a pá para aliviar o peso que eu carregava e segurou na minha mão para nos levar para casa.

Epílogo: Projeto Árvore-Mãe

COMECEI O MOTHER TREE PROJECT [Projeto Árvore-Mãe] em 2015, durante meu renascimento depois do câncer. É o maior experimento que já fiz, e seu princípio condutor consiste em conservar árvores-mães e conexões nas florestas para que continuem a ser regeneradoras, especialmente à medida que o clima mudar.

O projeto é conduzido em nove florestas experimentais situadas ao longo de um "arco-íris climático" na Colúmbia Britânica — desde florestas quentes e secas na extremidade sudoeste da província até povoamentos em áreas frias e úmidas no interior do centro-norte. Estamos examinando as estruturas e funções das florestas — de que modo redes de relações atuam em ambientes reais e mudam conforme os padrões de derrubada de floresta que conservam números variados de árvores-mães e plantações contendo diferentes misturas de espécies de árvore. Queremos fazer suposições bem fundamentadas sobre quais combinações de colheita e plantio serão mais resilientes aos estresses que nosso planeta vem sofrendo, como as conexões mais saudáveis podem vicejar lado a lado com nossas necessidades de recursos da floresta.

Nosso objetivo é contribuir para desenvolver uma filosofia emergente: a ciência da complexidade. Baseada na ideia de que ocorre colaboração além de competição — no trabalho com todas as diversas interações que compõem a floresta —, a ciência da complexidade pode transformar as práticas da silvicultura em métodos adaptativos e holísticos, distanciando-as do excesso de autoritarismo e simplismo.

A essa altura, todo mundo conhece as consequências da mudança climática, e quase ninguém escapou de sua fúria direta. As concentrações de dióxido de carbono explodiram de 285 partes por milhão (ou seja, 285 moléculas de dióxido de carbono em 1 milhão de moléculas de ar) em 1850 para 315 ppm em 1958. Enquanto escrevo isto, as concentrações superaram 412 ppm, e ao ritmo atual, quando Hannah e Nava talvez estiverem criando seus filhos, chegaremos a 450 ppm, o nível que os cientistas consideram um ponto crítico.

Mas sou esperançosa. Às vezes, quando parece que nada quer se mover, uma mudança acontece. Com base nas pesquisas que desenvolvi, a política do crescimento livre foi reformulada em 2000 para tolerar algumas bétulas e álamos em certas regiões da província, embora atitudes fundamentais não tenham mudado de todo — essas árvores folhosas ainda são vistas como competidoras, um estorvo. Só que agora há jovens silvicultores escrevendo prescrições ponderadas e aplicando a proposta de salvar árvores antigas e promover a diversidade da floresta.

Temos o poder de mudar de rumo. É nossa desconexão com a natureza — e a perda da compreensão sobre sua espantosa capacidade — que fomenta grande parte da nossa desesperança; e as plantas, em especial, são objetos dos nossos abusos. Se entendermos suas qualidades sencientes, nossa empatia e amor por árvores, plantas e florestas aumentará naturalmente e encontrará soluções inovadoras. O segredo é recorrer à inteligência da *própria natureza*.

Depende de todos e de cada um de nós. Conecte-se com plantas que você pode chamar de suas. Se estiver numa cidade grande, ponha um vaso na sacada. Se tiver um quintal, plante uma horta ou participe de uma horta comunitária. Eis uma ação simples e profunda que você pode pôr em prática agora mesmo: encontre uma árvore — *a sua árvore*. Imagine que você se conecta à rede dela, às outras árvores próximas. Abra seus sentidos.

Se quiser fazer mais, convido a vir para o coração do Mother Tree Project e aprender técnicas e soluções que protegerão e aumentarão a biodiversidade, o armazenamento de carbono e um sem-número de bens e serviços ecológicos que alicerçam nossos sistemas de suporte da vida.

Epílogo 365

As oportunidades são tão infinitas quanto nossa imaginação. Cientistas, estudantes e o público geral que desejem participar desses estudos interdisciplinares no interior das florestas e de uma iniciativa de ciência cidadã, um movimento para salvar as florestas do mundo, encontrarão mais informações no site do projeto: <http://mothertreeproject.org>.

Vive la Fôret!

Agradecimentos

É quase impossível expressar tudo o que devo aos muitos indivíduos cujo apoio e dedicação me ajudaram a desenvolver o trabalho que descrevi detalhadamente nesta obra. Cada capítulo reflete um esforço comunitário, e tenho uma dívida eterna com todos os que viveram, trabalharam e aprenderam lado a lado comigo para construir esta história e trazê-la à luz. As contribuições afetuosas dos meus familiares e amigos, alunos, professores e colegas, consultora literária, agente e editores me deram a força, a paciência e a coragem para perseverar.

Devo o início deste livro a Doug Abrams e Lara Love Hardin, da Idea Architects. Sem seu interesse, perspicácia e criatividade, meu texto teria sido muito menos. Sou especialmente grata por ter trabalhado de forma tão próxima de minha consultora literária, Katherine Vaz. Ela gravou minhas memórias e ideias para cada capítulo, trouxe à tona detalhes importantes com muita delicadeza, eliminou passagens deselegantes e costurou as narrativas de modo a fazer o leitor desejar prosseguir na leitura. Ela me apoiou e me incentivou desde as primeiras palavras até o fim e, quando concluímos o texto, eu sentia que ela sabia tanto sobre minha vida quanto eu mesma. Nossa amizade cresceu desde o momento em que nos conhecemos. Para a brilhante Katherine, minha imensa gratidão por me ajudar a tornar este livro radiante.

Sou grata a Vicky Wilson, minha editora no Knopf Doubleday Publishing Group. Ela se interessou por um manuscrito sobre árvores e sabia que as mesmas visões de mundo que estavam degradando nossas florestas também convulsionavam nossa sociedade, e que resolver esses problemas requeria um exame profundo de nós mesmos, do nosso lugar na natureza e do que a natureza tem a nos ensinar. Minha família inteira e eu temos uma dívida para com Vicky — foi dela a ideia de incluir fotografias familiares no livro. Muito obrigada, Vicky, por ver o valor desta obra e trazê-la à vida.

Laura Stickney, minha editora na Penguin do Reino Unido, ajudou a tornar passagens científicas mais incisivas, porém com um cuidado meticuloso. Grata, Laura, por sua atenção e suas habilidades editoriais decisivas nas etapas finais do livro.

À minha família: este livro é uma carta de amor a vocês. É um poema de gratidão aos meus avós maternos, Winnie e Bert, com suas famílias Gardner e Ferguson, e aos meus avós paternos, Henry e Martha, com suas famílias Simard e Antilla, que me ensinaram sobre a água, os rios e as florestas. Com eles aprendi que somos colonos nesta terra e que podemos viver com alegria, apesar das provações. E, sobretudo, aos meus pais, Ellen June Simard e Ernest Charles (Peter) Simard, e meus irmãos,

Robyn Elizabeth Simard e Kelly Charles Simard; cada linha fala de nós, do lugar de onde viemos e das florestas que nos moldaram. Este livro também é um presente às suas famílias, em especial a Oliver Raven James Heath, Kelly Rose Elizabeth Heath, Matthew Kelly Charles Simard e Tiffany Simard, em cujas vidas esta história continua a acontecer.

Às minhas lindas amigas: amo suas peculiaridades tanto quanto vocês amam as minhas. Obrigada especialmente a Winnifred Jean Roach (Mather quando solteira) por ser a mais linda melhor amiga que uma pessoa poderia desejar, e com quem dediquei minha vida à floresta nestas últimas quatro décadas. Obrigada também a Barb Zimonick, por ser minha técnica no Serviço Florestal durante mais de uma década, por cuidar da contabilidade, das picapes, dos equipamentos e dos estudantes de verão, mesmo quando trabalhávamos longas horas fora da cidade naquele período em que seus filhos eram pequenos. A Barb e sua família, por todos aqueles anos, minha enorme gratidão.

É tarefa impossível agradecer integralmente a todos os alunos, pós-doutorandos e pesquisadores associados da Universidade da Colúmbia Britânica que me ajudaram e me inspiraram a conduzir estes estudos. O trabalho de vocês está embutido na ciência de que falo nestes capítulos, e quero deixar meu muito obrigada a todos, na ordem em que estudaram comigo: Rhonda DeLong, Karen Baleshta, Leanne Philip, Brendan Twieg, François Teste, Jason Barker, Marcus Bingham, Marty Kranabetter, Julia Dordel, Julie Deslippe, Kevin Beiler, Federico Osorio, Shannon Guichon, Trevor Blenner-Hassett, Julia Chandler, Julia Amerongen Maddison, Amanda Asay, Monika Gorzelak, Gregory Pec, Gabriel Orrego, Huamani Orrego, Anthony Leung, Amanda Mathys, Camille Defrenne, Dixi Modi, Katie McMahen, Allen Larocque, Eva Snyder, Alexia Constantinou e Joseph Cooper. Aos meus pós-doutorandos e pesquisadores associados, que são os heróis não celebrados desta obra: doutores Teresa Ryan, Brian Pickles, Yuan Yuan Song, Olga Kazantzeva, Sybille Haeussler, Justine Karst e Toktam Sajedi. Aos milhares de alunos da graduação a quem dei aulas nestas duas últimas décadas, obrigada por me ensinarem a ensinar e por descerem nos poços de sondagem e atravessarem a floresta para ver, tocar e ouvir suas maravilhas. Espero ter transmitido a vocês parte do meu entusiasmo por aquilo que sempre me fascinou imensamente.

Os colegas com quem tive o prazer de trabalhar ao longo dos anos são numerosos demais para elencar, mas quero agradecer em particular aos doutores Dan Durall, Melanie Jones e Randy Molina por partilharem seu entusiasmo pela vida subterrânea das florestas. Agradeço a Deborah DeLong por ter em comum comigo uma carreira variada no governo e na academia, com a convergência dos nossos caminhos em momentos fascinantes. Também sou grata aos meus colegas dos primeiros tempos no Serviço Florestal, especialmente Dave Coates e Teresa Newsome, e à minha primeira coautora, Jean Heineman.

Agradecimentos 369

Agradeço aos meus mentores e professores por aprofundarem meu interesse na ciência das florestas. Meu primeiro orientador foi Les Lavkulich, pioneiro da química do solo que me mostrou o que é ser um professor excepcional, e que fez da gênese do solo o assunto mais fascinante do mundo e me orientou ao longo do meu trabalho de conclusão da graduação. Quando consegui um cargo de pesquisadora em silvicultura no Serviço Florestal em 1990, Alan Vyse me amparou e me inspirou a aprender habilidades científicas sem perder de vista o que torna uma floresta saudável; ele me deu todas as oportunidades para seguir os estudos com uma pós-graduação em ecologia florestal. Alan, sou eternamente grata por tudo o que você me ensinou e pelas oportunidades que me deu. Obrigada a meu orientador do mestrado em ciência, Steve Radosevich, que levou o estudo preciso das interações de espécies do campo agrícola para a floresta e que mais tarde concluiu que as pessoas são tão importantes nas comunidades de plantas quanto as próprias plantas. Devo uma montanha de gratidão ao meu orientador do doutorado, David A. Perry, que me mostrou como ver a silvicultura pelo prisma da ecologia. Tenho orgulho por ter sido aluna de todos vocês.

Sou grata por ter trabalhado em colaboração com os muitos artistas, escritores e cineastas que se interessaram pelo meu trabalho e o apresentaram sob uma luz atraente a mais pessoas. Em particular, quero agradecer a Lorraine Roy por criar *Woven Woods*, a Louie Schwartzberg por *Fungos fantásticos*, a Richard Powers por *The Overstory*, a Erna Buffie por *Smarty Plants* e a Dan McKinney e Julia Dordel por *Mother Trees Connect the Forest*. Foi um prazer imenso trabalhar em colaboração com meu cunhado Bill Heath para levar meu trabalho ao palco do TED e filmar documentários sobre os projetos Mother Tree e Salmon Forest, e por criar o arquivo de fotografias da minha família e da minha vida, algumas das quais aparecem nestas páginas.

Nenhuma parte do trabalho deste livro teria sido possível sem o financiamento e o apoio de várias instituições, agências de financiamento e fundações. Entre elas: British Columbia Ministry of Forests and Range, University of British Columbia, Natural Sciences and Engineering Research Council of Canada (NSERC), Canadian Foundation for Innovation (CFI), Genome BC, Forest Enhancement Society of British Columbia (FESBC), Forest Carbon Initiative (FCI) e outros. Também sou extremamente grata pelo generoso apoio da Donner Canadian Foundation ao Salmon Forest Project e da Jena and Michael King Foundation ao Mother Tree Project.

Várias pessoas importantes leram e comentaram o manuscrito e me deram subsídios extremamente úteis. Entre elas June Simard, Peter Simard, Robyn Simard, Bill Heath, Don Sachs, Trish Miller, Jean Roach e Alan Vyse. Também sou muito grata à dra. Teresa Sm'hayetsk Ryan (nação Tsimshian) por revisar o conteúdo sobre o povo aborígine, por me ensinar sobre o modo como os aborígines veem o mundo e por perceber o valor de conectar essas pequenas descobertas científicas às ligações socioecológicas mais profundas que são fundamentais para o modo de vida indígena.

Agradeço a Nora Reichard, produtora editorial da Penguin Random House, por sua meticulosa preparação do original para publicação.

Muito obrigada pelas colaborações e discussões com membros dos povos Coast Salish, Heiltsuk, Tsimshian, Haida, Athabascan, Interior Salish e Ktunaxa, em cujos territórios tradicionais, ancestrais e não cedidos nós vivemos e fizemos esse trabalho.

Minha gratidão a Don por estar comigo durante alguns dos tempos mais difíceis e alguns dos mais felizes também, e por ser um pai maravilhoso para nossas lindas filhas, Hannah Rebekah Sachs e Nava Sophia Sachs. Sempre fui grata por seu amor e apoio.

Finalmente, obrigada, Mary, por sempre juntar meus pedaços e estar cautelosamente pronta para a próxima aventura.

Sou a responsável pela versão final deste livro. Procurei transmitir as histórias com honestidade, mas às vezes precisei recorrer à criatividade para preencher as lacunas da minha memória ou para fazer pequenas alterações com o intuito de proteger a privacidade de algumas pessoas. Certos nomes foram omitidos pelo bem da concisão, ou mudados para proteger a privacidade, mas espero ter dado os créditos sempre que foram necessários. Aos meus alunos e colegas: mesmo nos trechos em que não mencionei seus nomes ou usei apenas seus prenomes, citei seus trabalhos cruciais na "Bibliografia básica".

Bibliografia básica

Introdução: Conexões [pp. 13-6]

ENDERBY AND DISTRICT MUSEUM AND ARCHIVES HISTORICAL PHOTOGRAPH COLLEC-TION. *Log Chute at Falls Near Mabel Lake in Winter. 1898.* (Localizado perto do riacho Simard, na margem leste do lago Mabel.) Disponível em: <www.enderbymuseum.ca/archives.php>.

PIERCE, Daniel. "25 Years After the War in the Woods: Why B.C.'s Forests are Still in Crisis". *The Narwhal*, 2018. Disponível em: <https://thenarwhal.ca/25-years-after-clayoquot-sound-blockades-the-war-in-the-woods-never-ended-and-its-heating-back-up>.

RAYGORODETSKY, Greg. "Ancient Woods". *Everything Is Connected*. National Geographic, 2014, cap. 3.

SIMARD, Isobel. "The Simard Story". In: KINGFISHER HISTORY COMMITTEE. *Flowing Through Time: Stories of Kingfisher and Mabel Lake*, 1977, pp. 321-2.

UBC FACULTY OF FORESTRY ALUMNI RELATIONS AND DEVELOPMENT. "Welcome Forestry Alumni". Disponível em: <https://getinvolved.forestry.ubc.ca/alumni/>.

WESTERN CANADA WILDERNESS COMMITTEE. "Massive Clearcut Logging is Ruining Clayoquot Sound". *Meares Island*, 1985, pp. 2-3.

1. Fantasmas na floresta [pp. 17-38]

ASHTON, M. S.; KELTY, M. J. *The Practice of Silviculture: Applied Forest Ecology.* 10. ed. Hoboken, NJ: Wiley, 2019.

EDGEWOOD INONOAKLIN WOMEN'S INSTITUTE. *Just Where Is Edgewood?.* Edgewood, BC: Edgewood History Book Committee, 1991, pp. 138-41.

HOSIE, R. C. *Native Trees of Canada.* 8. ed. Markham, ON: Fitzhenry & Whiteside Ltd., 1979.

KIMMINS, J. P. *Forest Ecology: A Foundation for Sustainable Management.* 3. ed. Upper Saddle River, NJ: Pearson Education, 1996.

KLINKA, K.; WORRALL, J.; SKODA, L.; VARGA, P. *The Distribution and Synopsis of Ecological and Silvical Characteristics of Tree Species in British Columbia's Forests.* 2. ed. Coquitlam, BC: Canadian Cartographics Ltd., 1999.

MINISTRY OF FOREST ACT. *Revised Statutes of British Columbia.* Victoria, BC: Queen's Printer, 1979.

372   A árvore-mãe

MINISTRY OF FOREST ACT. *Forest and Range Resource Analysis Technical Report.* Victoria, BC: Queen's Printer, 1980.

NATIONAL AUDUBON SOCIETY. *Field Guide to North American Mushrooms.* Nova York: Knopf, 1981.

PEARKES, Eileen Delehanty. *A River Captured: The Columbia River Treaty and Catastrophic Challenge.* Calgary, AB: Rocky Mountain Books, 2016.

POJAR, J.; MACKINNON, A. *Plants of Coastal British Columbia.* Ed. rev. Vancouver, BC: Lone Pine Publishing, 2004.

STAMETS, Paul. *Mycelium Running: How Mushrooms Can Save the World.* Berkeley, CA: Ten Speed Press, 2005.

VAILLANT, John. *The Golden Spruce: A True Story of Myth, Madness and Greed.* Toronto: Vintage Canada, 2006.

WEIL, R. R.; Brady, N. C. *The Nature and Properties of Soils.* 15. ed. Upper Saddle River, NJ: Pearson Education, 2016.

2. Lenhadores [pp. 39-60]

ENDERBY AND DISTRICT MUSEUM AND ARCHIVES HISTORICAL PHOTOGRAPH COLLECTION. *Henry Simard, Wilfred Simard, and a Third Unknown Man Breaking Up a Log Jam in the Skookumchuck Rapids on Part of a Log Drive Down the Shuswap River, 1925.* Disponível em: <www.enderby museum.ca/archives.php>.

_____. *Moving Simard's Houseboat on Mabel Lake, 1925.* Disponível em: <www.enderbymuseum.ca/archives.php>.

HATT, Diane. "Wilfred and Isobel Simard". In: KINGFISHER HISTORY COMMITTEE. *Flowing Through Time: Stories of Kingfisher and Mabel Lake,* 1989, pp. 323-4.

MITCHELL, Hugh. "Memories of Henry Simard". In: KINGFISHER HISTORY COMMITTEE. *Flowing Through Time: Stories of Kingfisher and Mabel Lake,* 2014, p. 325.

OLIVER, C. D.; LARSON, B. C. *Forest Stand Dynamics.* Ed. atualizada. Nova York: Wiley, 1996.

PEARASE, Jackie. "Jack Simard: A Life in the Kingfisher". In: KINGFISHER HISTORY COMMITTEE. *Flowing Through Time: Stories of Kingfisher and Mabel Lake,* 2014, pp. 326-8.

SOIL CLASSIFICATION WORKING GROUP. *The Canadian System of Soil Classification.* 3. ed. Agriculture and Agri-Food Canada Publication 1646. Ottawa, ON: NRC Research Press, 1998.

3. Estorricada [pp. 61-82]

ARORA, David. *Mushrooms Demystified.* 2. ed. Berkeley, CA: Ten Speed Press, 1986.

BRITISH COLUMBIA MINISTRY OF FORESTS. *Ecosystems of British Columbia.* Special Report Series 6. Victoria, BC: BC Ministry of Forests, 1991. Disponível em: <http://www.for.gov.bc.ca/hfd/pubs /Docs /Srs/SRseries.htm>.

Bibliografia básica

BURNS, R. M.; HONKALA, B. H. (Coords.). *Silvics of North America*: v. 1, *Conifers*; v. 2, *Hardwoods*. USDA Agriculture Handbook 654. Washington, DC: U. S. Forest Service, 1990. Disponível apenas online em: <http://www.na.fs.fed.us/spfo/pubs /silvics %5Fmanual>.

PARISH, R.; COUPE, R.; LLOYD, D. *Plants of Southern Interior British Columbia*. 2. ed. Vancouver, BC: Lone Pine Publishing, 1999.

PATI, A. J. Formica Integroides *of Swakum Mountain: A Qualitative and Quantitative assessment and Narrative of* Formica *Mounding Behaviors Influencing Litter Decomposition in a Dry, Interior Douglas-Fir Forest in British Columbia*. Universidade da Colúmbia Britânica. DOI: 10.14288/1.0166984, 2014. Dissertação (Mestrado em Ciências).

4. Acuada na árvore [pp. 83-98]

BJORKMAN, E. "*Monotropa hypopitys* L.: An Epiparasite on Tree Roots". *Physiologia Plantarum*, n. 13, 1960, pp. 308-27.

FRASER BASIN COUNCIL. *Bridge Between Nations*. Vancouver, BC: Fraser Basin Council and Simon Fraser University, 2013.

HERRERO, S. *Bear Attacks: Their Causes and Avoidance*. 3. ed. Lanham, MD: Lyons Press, 2018.

MARTIN, K.; EADIE, J. M. "Nest Webs: A Community Wide Approach to the Management and Conservation of Cavity Nesting Birds". *Forest Ecology and Management*, n. 115, 1999, pp. 243-57.

M'GONIGLE, Michael; WICKWIRE, Wendy. *Stein: The Way of the River*. Vancouver, BC: Talonbooks, 1988.

PERRY, D. A.; OREN, R.; HART, S. C. *Forest Ecosystems*. 2. ed. Baltimore: The Johns Hopkins University Press, 2008.

PRINCE, N. "Plateau Fishing Technology and Activity: Stl'atl'imx, Secwepemc and Nlaka'pamux Knowledge". In: HAGGAN, N; BRIGNALL, C.; WOOD, L. J. (Orgs.). *Putting Fishers' Knowledge to Work*. Conference Proceedings, 27-30 ago. 2001. *Fisheries Centre Research Reports*, v. 11, n. 1, 2002, pp. 381-91.

SMITH, S.; READ, D. *Mycorrhizal Symbiosis*. Londres: Academic Press, 2008.

SWINOMISH INDIAN TRIBAL COMMUNITY. *Swinomish Climate Change Initiative: Climate Adaptation Action Plan*. La Conner, WA: Swinomish Indian Tribal Community, 2010. Disponível em: <https://swinomish-nsn.gov/media/54202/swin_cr_2010_01_ccadaptationplan.pdf>.

THOMPSON, D.; FREEMAN, R. *Exploring the Stein River Valley*. Vancouver, BC: Douglas & McIntyre, 1979.

WALMSLEY, M.; UTZIG, G.; VOLD, T. et al. *Describing Ecosystems in the Field*. RAB Technical Paper 2; Land Management Report 7. Victoria, BC: Research Branch; British Columbia Ministry of Environment; British Columbia Ministry of Forests, 1980.

WICKWIRE, W. C. "Ethnography and Archaeology as Ideology: The Case of the Stein River Valley". *BC Studies*, n. 91-92, 1991, pp. 51-78.

WILSON, M. *Co-Management Re-Conceptualized: Human-Land Relations in the Stein Valley, British Columbia*. Universidade de Victoria, 2011. Trabalho de Conclusão de Curso (Bacharelado).

YORK, A.; DALY, R.; ARNETT, C. *They Write Their Dreams on the Rock Forever: Rock Writings in the Stein River Valley of British Columbia*. 2. ed. Vancouver, BC: Talonbooks, 2019.

5. Matando o solo [pp. 99-125]

BRITISH COLUMBIA MINISTRY OF FORESTS. *Silviculture Manual*. Victoria, BC: Silviculture Branch, 1986.

_____. *Forest Amendment Act (N. 2)*. Victoria, BC: Queen's Printer. Essa lei determinou o cumprimento dos requisitos prescritos pela silvicultura e transferiu o custo e a responsabilidade do reflorestamento para as empresas que cortassem árvores.

BRITISH COLUMBIA PARKS. *Management Plan for Stein Valley Nlaka'pamux Heritage Park*. Kamloops: British Columbia Ministry of Environment, Lands and Parks, Parks Division, 2000.

CHAZAN, M.; HELPS, L.; STANLEY, A.; THAKKAR, S. (Orgs.). *Home and Native Land: Unsettling Multiculturalism in Canada*. Toronto, ON: Between the Lines, 2011.

DUNFORD, M. P. "The Simpcw of the North Thompson". *British Columbia Historical News*, v. 25, n. 3, 2002, pp. 6-8.

FIRST NATIONS LAND RIGHTS AND ENVIRONMENTALISM IN BRITISH COLUMBIA. Disponível em: <http://www.first nations.de/indian_land.htm >.

HAEUSSLER, S.; COATES, D. *Autecological Characteristics of Selected Species That Compete with Conifers in British Columbia: A Literature Review*. BC Land Management Report 33. Victoria, BC: BC Ministry of Forests, 1986.

IGNACE, Ron. *Our Oral Histories are our Iron Posts: Secwepemc Stories and Historical Consciousness*. Simon Fraser University, 2008. Tese (Doutorado).

LINDSAY, Bethany. "'It Blows my Mind': How B.C. Destroys a Key Natural Wildfire Defence Every Year". CBC News, 17 nov. 2018. Disponível em: <https://www.cbc.ca/news/canada /british-columbia/it-blows-my-mind-how-b-c-destroys-a-key-natural-wildfire-defence-every-year-1.4907358>.

MALIK, N.; VANDEN BORN, W. H. *Use of Herbicides in Forest Management*. Information Report NOR-X-282. Edmonton: Canadian Forestry Service, 1986.

MATHER, J. *Assessment of Silviculture Treatments Used in the IDF Zone in the Western Kamloops Forest Region*. Kamloops: BC Ministry of Forestry Research Section; Kamloops Forest Region, 1986.

NELSON, J. "Monsanto's Rain of Death on Canada's Forests". Global Research. Disponível em: <https://www.globalresearch.ca/monsantos-rain-death-forests/5677614. 2019>.

SIMARD, S. W. "Design of a Birch/Conifer Mixture Study in the Southern Interior of British Columbia". In: COMEAU, P. G.; THOMAS, K. D. (Orgs.). *Designing Mixedwood*

Experiments: Workshop Proceedings, March 2, 1995, Richmond, BC. Working Paper 20. Victoria, BC: Research Branch; BC Ministry of Forests, 1996, pp. 8-11.

SIMARD, S. W. "Mixtures of Paper Birch and Conifers: An Ecological Balancing Act". In: COMEAU, P. G.; THOMAS, K. D. (Orgs.). *Silviculture of Temperate and Boreal Broadleaf-Conifer Mixtures: Proceedings of a Workshop Held Feb. 28-March 1, 1995, Richmond, BC.* BC Ministry of Forests Land Management Handbook 36. Victoria, BC: BC Ministry of Forests, 1996, pp. 15-21.

_____. "Intensive Management of Young Mixed Forests: Effects on Forest Health". In: STURROCK, R. (Org.). *Proceedings of the 45th Western International Forest Disease Work Conference, Sept. 15-19, 1997.* Prince George, BC: Pacific Forestry Centre, 1997, pp. 48-54.

_____. "Response Diversity of Mycorrhizas in Forest Succession Following Disturbance". In: AZCON-AGUILAR, C.; BAREA, J. M.; GIANINAZZI, S.; GIANINAZ-ZI-PEARSON, V. (Orgs.). *Mycorrhizas: Functional Processes and Ecological Impacts.* Heidelberg: Springer-Verlag, 2009, cap. 13, pp. 187-206.

SIMARD, S. W.; HEINEMAN, J. L. *Nine-Year Response of Douglas-Fir and the Mixed Hardwood-Shrub Complex to Chemical and Manual Release Treatments on an ICHmw2 Site Near Salmon Arm.* FRDA Research Report 257. Victoria, BC: Canadian Forest Service; BC Ministry of Forests, 1996.

_____. *Nine-Year Response of Engelmann Spruce and the Willow Complex to Chemical and Manual Release Treatments on an Ichmw2 Site Near Vernon.* FRDA Research Report 258. Victoria, BC: Canadian Forest Service; BC Ministry of Forests, 1996.

_____. *Nine-Year Response of Lodgepole Pine and the Dry Alder Complex to Chemical and Manual Release Treatments on an Ichmk1 Site Near Kelowna.* FRDA Research Report 259. Victoria, BC: Canadian Forest Service; BC Ministry of Forests, 1996.

SIMARD, S. W.; HEINEMAN, J. L.; YOUWE, P. *Effects of Chemical and Manual Brushing on Conifer Seedlings, Plant Communities and Range Forage in the Southern Interior of British Columbia: Nine-Year Response.* Land Management Report 45. Victoria, BC: BC Ministry of Forests, 1998.

SWANSON, F.; FRANKLIN, J. "New Principles from Ecosystem Analysis of Pacific Northwest Forests". *Ecological Applications*, n. 2, 1992, pp. 262-74.

WANG, J. R.; ZHONG, A. L.; SIMARD, S. W.; KIMMINS, J. P. "Aboveground Biomass and Nutrient Accumulation in an Age Sequence of Paper Birch (*Betula papyrifera*) Stands in the Interior Cedar Hemlock Zone, British Columbia". *Forest Ecology and Management*, n. 83, 1996, pp. 27-38.

6. Canais de amieiros [pp. 126-56]

ARNEBRANT, K.; EK, H.; FINLAY, R. D.; SÖDERSTRÖM, B. "Nitrogen Translocation between *Alnus glutinosa* (L.) Gaertn. Seedlings Inoculated with *Frankia* sp. and *Pinus contorta* Doug, ex Loud Seedlings Connected by a Common Ectomycorrhizal Mycelium". *New Phytologist*, n. 124, 1993, pp. 231-42.

BIDARTONDO, M. I.; REDECKER, D.; HIJRI, I. et al. "Epiparasitic Plants Specialized on Arbuscular Mycorrhizal Fungi". *Nature*, n. 419, 2002, pp. 389-92.

BRITISH COLUMBIA MINISTRY OF FORESTS, LANDS AND NATURAL RESOURCES OPERATIONS. "Annual Service Plant Reports/Annual Reports". Victoria, BC: Crown Publications, 1911-2012. Disponível em: <www.for.gov.bc.ca/mof/annualreports.htm>.

BROOKS, J. R.; MEINZER, F. C.; WARREN, J. M. et al. "Hydraulic Redistribution in a Douglas-Fir Forest: Lessons from System manipulations". *Plant, Cell and Environment*, n. 29, 2006, pp. 138-50.

CARPENTER, C. V.; ROBERTSON, L. R.; GORDON, J. C.; PERRY, D. A. "The Effect of Four New *Frankia* Isolates on Growth and Nitrogenase Activity in Clones of *Alnus rubra* and *Alnus sinuata*". *Canadian Journal of Forest Research*, n. 14, 1982, pp. 701-6.

COLE, E. C.; NEWTON, M. "Fifth-Year Responses of Douglas Fir to Crowding and Non-Coniferous Competition". *Canadian Journal of Forest Research*, n. 17, 1987, pp. 181-6.

DANIELS, L. D.; YOCOM, L. L.; SHERRIFF, R. L.; HEYERDAHL, E. K. "Deciphering the Complexity of Historical Hire Regimes: Diversity Among Forests of Western North America". In: AMOROSO, M. M. et al. (Orgs.). *Dendroecology*. Ecological Studies, v. 231, 2018. Nova York, Springer International Publishing AG. DOI: 10.1007/978-3-319-61669-8_8.

HESSBURG, P. F.; MILLER, C. L.; PARKS, S. A. et al. "Climate, Environment, and Disturbance History Govern Resilience of Western North American Forests". *Frontiers in Ecology and Evolution*, n. 7, 2019, p. 239.

INGHAM, R. E.; TROFYMOW, J. A.; INGHAM, E. R.; COLEMAN, D. C. "Interactions of Bacteria, Fungi, and Their Nematode Grazers: Effects on Nutrient Cycling and Plant Growth". *Ecological Monographs*, n. 55, 1985, pp. 119-40.

KLIRONOMOS, J. N.; HART, M. M. "Animal Nitrogen Swap for Plant Carbon". *Nature*, n. 410, 2001, pp. 651-2.

QUEREJETA, J.; EGERTON-WARBURTON, L. M.; ALLEN, M. F. "Direct Nocturnal Water Transfer from Oaks to Their Mycorrhizal Symbionts during Severe Soil Drying". *Oecologia*, n. 134, 2003, pp. 55-64.

RADOSEVICH, S. R.; ROUSH, M. L. "The Role of Competition in Agriculture". In: GRACE, J. B.; TILMAN, D. (Orgs.). *Perspectives on Plant Competition*. San Diego, CA: Academic Press, 1990.

SACHS, D. L. *Calibration and Initial Testing of FORECAST for Stands of Lodgepole Pine and Sitka Alder in the Interior of British Columbia*. Report 035-510-07403. Victoria, BC: British Columbia Ministry of Forests, 1991.

SIMARD, S. W. *Competition among Lodgepole Pine Seedlings and Plant Species in a Sitka Alder Dominated Shrub Community in the Southern Interior of British Columbia*. Oregon State University, 1989. Dissertação (Mestrado em Ciências).

_____. *Competition between Sitka Alder and Lodgepole Pine in the Montane Spruce Zone in the Southern Interior of British Columbia*. FRDA Report 150. Victoria: BC: Forestry Canada; BC Ministry of Forests, 150, 1990.

Bibliografía básica 377

SIMARD, S. W.; RADOSEVICH, S. R.; SACHS, D. L.; HAGERMAN, S. M. "Evidence for Competition/Facilitation Trade-Offs: Effects of Sitka Alder Density on Pine Regeneration and Soil Productivity". *Canadian Journal of Forest Research*, n. 36, 2006, pp. 1286-98.

SIMARD, S. W.; ROACH, W. J.; DANIELS, L. D. et al. "Removal of Neighboring Vegetation Predisposes Planted Lodgepole Pine to Growth Loss During Climatic Drought and Mortality from a Mountain Pine Beetle Infestation". No prelo.

SOUTHWORTH, D.; HE, X. H.; SWENSON, W. et al. "Application of Network Theory to Potential Mycorrhizal Networks". *Mycorrhiza*, v. 15, 2003, pp. 589-95.

WAGNER, R. G.; LITTLE, K. M.; RICHARDSON, B.; MCNABB, K. "The Role of Vegetation Management for Enhancing Productivity of the World's Forests". *Forestry*, v. 79, n. 1, 2006, pp. 57-79.

WAGNER, R. G.; PETERSON, T. D.; ROSS, D. W.; RADOSEVICH, S. R. "Competition Thresholds for the Survival and Growth of Ponderosa Pine Seedlings Associated with Woody and Herbaceous Vegetation". *New Forests*, n. 3, 1989, pp. 151-70.

WALSTAD, J. D.; KUCH, P. J. (Orgs.). *Forest Vegetation Management for Conifer Production*. Nova York: John Wiley and Sons, 1987.

7. Briga de bar [pp. 157-73]

FREY, B.; SCHÜEPP, H. "Transfer of Symbiotically Fixed Nitrogen from Berseem (*Trifolium alexandrinum* L.) to Maize via Vesicular-Arbuscular Mycorrhizal Hyphae". *New Phytologist*, n. 122, 1992 pp. 447-54.

HAEUSSLER, S.; COATES, D.; MATHER, J. *Autecology of Common Plants in British Columbia: A Literature Review*. FRDA Report 158. Victoria, BC: Forestry Canada; BC Ministry of Forests, 1990.

HEINEMAN, J. L.; SACHS, D. L.; SIMARD, S. W.; MATHER, W. J. "Climate and Site Characteristics Affect Juvenile Trembling Aspen Development in Conifer Plantations Across Southern British Columbia". *Forest Ecology & Management*, n. 260, 2010, pp. 1975-84.

HEINEMAN, J. L.; SIMARD, S. W.; SACHS, D. L.; MATHER, W. J. "Chemical, Grazing, and Manual Cutting Treatments in Mixed Herb-Shrub Communities Have No Effect on Interior Spruce Survival or Growth in Southern Interior British Columbia". *Forest Ecology and Management*, n. 205, 2005, pp. 359-74.

_____. "Ten-Year Responses of Engelmann Spruce and a High Elevation Ericaceous Shrub Community to Manual Cutting Treatments in Southern Interior British Columbia". *Forest Ecology and Management*, n. 248, 2007, pp. 153-62.

_____. "Trembling Aspen Removal Effects on Lodgepole Pine in Southern Interior British Columbia: 10-Year Results". *Western Journal of Applied Forestry*, n. 24, 2009, pp. 17-23.

MILLER, S. L.; DURALL, D. M.; RYGIEWICZ, P. T. "Temporal Allocation of 14C to Extramatrical Hyphae of Ectomycorrhizal Ponderosa Pine Seedlings". *Tree Physiology*, n. 5, 1989, pp. 239-49.

MOLINA, R.; MASSICOTTE, H.; TRAPPE, J. M. "Specificity Phenomena in Mycorrhizal Symbiosis: Community-Ecological Consequences and Practical Implications". In: ALLEN, M. F. (Org.). *Mycorrhizal Functioning: An Integrative Plant-Fungal Process*. Nova York: Chapman and Hall, 1992, pp. 357-423.

MORRISON, D.; MERLER, H.; NORRIS, D. *Detection, Recognition and Management of Armillaria and Phellinus Root Diseases in the Southern Interior of British Columbia*. FRDA Report 179. Victoria, BC: Forestry Canada; BC Ministry of Forests, 1991.

PERRY, D. A.; MARGOLIS, H.; CHOQUETTE, C. et al. "Ectomycorrhizal Mediation of Competition between Coniferous Tree Species". *New Phytologist*, n. 112, 1989, pp. 501-11.

ROLANDO, C. A.; BAILLIE, B. R.; THOMPSON, D. G.; LITTLE, K. M. "The Risks Associated with Glyphosate-Based Herbicide Use in Planted Forests". *Forests*, n. 8, 2007, p. 208.

SACHS, D. L.; SOLLINS, P.; COHEN, W. B. "Detecting Landscape Changes in the Interior of British Columbia from 1975 to 1992 Using Satellite Imagery". *Canadian Journal of Forest Research*, n. 28, 1998, pp. 23-36.

SIMARD, S. W. *PROBE: Protocol for Operational Brushing Evaluations (First Approximation)*. Land Management Report 86. Victoria, BC: BC Ministry of Forests, 1993.

_____. *PROBE: Vegetation Management Monitoring in the Southern Interior of B.C.* Northern Interior Vegetation Management Association, Annual General Meeting, 18 jan. 1995. Williams Lake, BC, 1995.

SIMARD, S. W.; HEINEMAN, J. L.; HAGERMAN, S. M. et al. "Manual Cutting of Sitka Alder-Dominated Plant Communities: Effects on Conifer Growth and Plant Community Structure". *Western Journal of Applied Forestry*, n. 19, 2004, pp. 277-87.

SIMARD, S. W.; HEINEMAN, J. L.; MATHER, W. J. et al. *Brushing Effects on Conifers and Plant Communities in the Southern Interior of British Columbia: Summary of PROBE results 1991-2000*. Extension Note 58. Victoria, BC: BC Ministry of Forestry, 2001.

SIMARD, S. W.; JONES, M. D.; DURALL, D. M. et al. "Chemical and Mechanical Site Preparation: Effects on *Pinus contorta* Growth, Physiology, and Microsite Quality on Steep Forest Sites in British Columbia". *Canadian Journal of Forest Research*, n. 33, 2003, pp. 1495-515.

THOMPSON, D. G.; PITT, D. G. "A Review of Canadian Forest Vegetation Management Research and Practice". *Annals of Forest Science*, n. 60, 2003, pp. 559-72.

8. Radioativa [pp. 174-97]

BROWNLEE, C.; DUDDRIDGE, J. A.; MALIBARI, A.; READ, D. J. "The Structure and Function of Mycelial Systems of Ectomycorrhizal Roots with Special Reference to Their Role in Forming Inter-Plant Connections and Providing Pathways for Assimilate and Water Transport". *Plant Soil*, n. 71, 1983, pp. 433-43.

CALLAWAY, R. M. "Positive Interactions among Plants". *Botanical Review*, v. 61, n. 4, 1995, pp. 306-49.

Bibliografía básica 379

FINLAY, R. D.; READ, D. J. "The Structure and Function of the Vegetative Mycelium of Ectomycorrhizal Plants. I. Translocation of 14C-labelled Carbon between Plants Interconnected by a Common Mycelium". *New Phytologist*, n. 103, 1986, pp. 143-56.

FRANCIS, R.; READ, D. J. "Direct Transfer of Carbon between Plants Connected by Vesicular-Arbuscular Mycorrhizal Mycelium". *Nature*, n. 307, 1984, pp. 53-6.

JONES, M. D.; DURALL, D. M.; HARNIMAN, S. M. K. et al. "Ectomycorrhizal Diversity on *Betula papyrifera* and *Pseudotsuga menziesii* Seedlings Grown in the Greenhouse or Outplanted in Single-Species and Mixed Plots in Southern British Columbia". *Canadian Journal of Forest Research*, n. 27, 1997, pp. 1872-89.

MCPHERSON, S. S. *Tim Berners-Lee: Inventor of the World Wide Web*. Minneapolis: Twenty-First Century Books, 2009.

READ, D. J.; FRANCIS, R.; FINLAY, R. D. "Mycorrhizal Mycelia and Nutrient Cycling in Plant Communities". In: FITTER , A. H.; ATKINSON, D.; READ, D. J.; USHER, M. B. (Orgs.). *Ecological Interactions in Soil*. Oxford: Blackwell Scientific, 1985, pp. 193-217.

RYAN, M. G.; ASAO, S. "Phloem Transport in Trees". *Tree Physiology*, n. 34, 2014, pp. 1-4.

SIMARD, S. W. *A Retrospective Study of Competition between Paper Birch and Planted Douglas-fir*. FRDA Report 147. Victoria, BC: Forestry Canada; BC Ministry of Forests, 1990.

SIMARD, S. W.; MOLINA, R.; SMITH, J. E. et al. "Shared Compatibility of Ectomycorrhizae on *Pseudotsuga menziesii* and *Betula papyrifera* Seedlings Grown in Mixture in Soils from Southern British Columbia". *Canadian Journal of Forest Research*, n. 27, 1997, pp. 331-42.

SIMARD, S. W.; PERRY, D. A.; JONES, M. D. "Net Transfer of Carbon between Tree Species with Shared Ectomycorrhizal Fungi". *Nature*, n. 388, pp. 579-82, 1997.

SIMARD, S. W.; VYSE, A. *Ecology and Management of Paper Birch and Black Cottonwood*. Land Management Report 75. Victoria, BC: BC Ministry of Forests, 1992.

9. Reciprocidade [pp. 198-217]

BALESHTA, K. E. *The Effect of Ectomycorrhizae Hyphal Links on Interactions between* Pseudotsuga menziesii *(Mirb.)* Franco and Betula papyrifera Marsh. *Seedlings*. University College of the Cariboo, 1998. Trabalho de Conclusão de Curso (Bacharelado em Ciências dos Recursos Naturais).

BALESHTA, K. E.; SIMARD, S. W.; GUY, R. D.; CHANWAY, C. P. "Reducing Paper Birch Density Increases Douglas-Fir Growth and Armillaria Root Disease Incidence in Southern Interior British Columbia". *Forest Ecology and Management*, n. 208, 2005, pp. 1-13.

BALESHTA, K. E.; SIMARD, S. W.; ROACH, W. J. "Effects of Thinning Paper Birch on Conifer Productivity and Understory Plant Diversity". *Scandinavian Journal of Forest Research*, n. 30, 2015, pp. 699-709.

DELONG, R.; LEWIS, K. J.; SIMARD, S. W.; GIBSON, S. "Fluorescent Pseudomonad Population Sizes Baited from Soils under Pure Birch, Pure Douglas-Fir and Mixed Forest Stands and Their Antagonism Toward *Armillaria ostoyae* in Vitro". *Canadian Journal of Forest Research*, n. 32, 2002, pp. 2146-59.

DURALL, D. M.; GAMIET, S.; SIMARD, S. W. "Effects of Clearcut Logging and Tree Species Composition on the Diversity and Community Composition of Epigeous Fruit Bodies Formed by Ectomycorrhizal Fungi". *Canadian Journal of Botany*, n. 84, 2006, pp. 966-80.

FITTER, A. H.; GRAVES, J. D.; WATKINS, N. K. "Carbon Transfer between Plants and Its Control in Networks of Arbuscular Mycorrhizas". *Functional Ecology*, n. 12, 1998, pp. 406-12.

FITTER, A. H.; HODGE, A.; DANIELL, T. J.; ROBINSON, D. "Resource Sharing in Plant--Fungus Communities: Did the Carbon Move for You?". *Trends in Ecology and Evolution*, n. 14, 1999, pp. 70-1.

KIMMERER, Robin Wall. *Braiding Sweetgrass: Indigenous Wisdom, Scientific Knowledge and the Teachings of Plants*. Minneapolis: Milkweed Editions, 2015.

PERRY, D. A. "A Moveable Feast: The Evolution of Resource Sharing in Plant-Fungus Communities". *Trends in Ecology and Evolution*, n. 13, 1998, pp. 432-4.

_____. "Reply from D. A. Perry". *Trends in Ecology and Evolution*, n. 14, 1999, pp. 70-1.

PHILIP, Leanne. *The Role of Ectomycorrhizal Fungi in Carbon Transfer within Common Mycorrhizal Networks*. University of British Columbia, 2006. Tese (Doutorado). Disponível em: <https://open.library.ubc.ca/collections/ubctheses/831/items/1.0075066>.

SACHS, D. L. "Simulation of the Growth of Mixed Stands of Douglas-Fir and Paper Birch Using the Forecast Model". In: COMEAU, P. G.; THOMAS, K. D. (Orgs.). *Silviculture of Temperate and Boreal Broadleaf-Conifer Mixtures: Proceedings of a Workshop Held Feb. 28-March 1, 1995, Richmond, BC*. BC Ministry of Forests Land Management Handbook 36. Victoria, BC: BC Ministry of Forests, 1996, pp. 152-8.

SIMARD, S. W.; DURALL, D. M. "Mycorrhizal Networks: A Review of Their Extent, Function and Importance". *Canadian Journal of Botany*, n. 82, 2004, pp. 1140-65.

SIMARD, S. W.; DURALL, D. M.; JONES, M. D. "Carbon Allocation and Carbon Transfer between *Betula papyrifera* and *Pseudotsuga menziesii* Seedlings Using a 13C Pulse--Labeling Method". *Plant and Soil*, n. 191, 1997, pp. 41-55.

SIMARD, S. W.; HANNAM, K. D. "Effects of Thinning Overstory Paper Birch on Survival and Growth of Interior Spruce in British Columbia: Implications for Reforestation Policy and Biodiversity". *Forest Ecology and Management*, n. 129, 2000, pp. 237-51.

SIMARD, S. W.; JONES, M. D.; DURALL, D. M. "Carbon and Nutrient Fluxes Within and Between Mycorrhizal Plants". In: HEIJDEN, M. van der; SANDERS, I. (Orgs.). *Mycorrhizal Ecology*, Heidelberg: Springer-Verlag, 2002, pp. 33-61.

SIMARD, S. W.; JONES, M. D.; DURALL, D. M. et al. "Reciprocal Transfer of Carbon Isotopes between Ectomycorrhizal *Betula papyrifera* and *Pseudotsuga menziesii*". *New Phytologist*, n. 137, 1997, pp. 529-42.

SIMARD, S. W.; PERRY, D. A.; SMITH, J. E.; MOLINA, R. "Effects of Soil Trenching on Occurrence of Ectomycorrhizae on *Pseudotsuga menziesii* Seedlings Grown in Mature Forests of *Betula papyrifera* and *Pseudotsuga menziesii*". *New Phytologist*, n. 136, 1997, pp. 327-40.

SIMARD, S. W.; SACHS, D. L. "Assessment of Interspecific Competition Using Relative Height and Distance Indices in an Age Sequence of Seral Interior Cedar-Hemlock Forests in British Columbia". *Canadian Journal of Forest Research*, n. 34, 2004, pp. 1228-40.

SIMARD, S. W.; SACHS, D. L.; VYSE, A.; BLEVINS, L. L. "Paper Birch Competitive Effects Vary with Conifer Tree Species and Stand Age in Interior British Columbia Forests: Implications for Reforestation Policy and Practice". *Forest Ecology and Management*, n. 198, 2004, pp. 55-74.

SIMARD, S. W.; ZIMONICK, B. J. "Neighborhood Size Effects on Mortality, Growth and Crown Morphology of Paper Birch". *Forest Ecology and Management*, n. 214, 2005, pp. 251-69.

TWIEG, B. D.; DURALL, D. M.; SIMARD, S. W. "Ectomycorrhizal Fungal Succession in Mixed Temperate Forests". *New Phytologist*, n. 176, 2007, pp. 437-47.

WILKINSON, D. A. "The Evolutionary Ecology of Mycorrhizal Networks". *Oikos*, n. 82, 1998, pp. 407-10.

ZIMONICK, B. J.; ROACH, W. J.; SIMARD, S. W. "Selective Removal of Paper Birch Increases Growth of Juvenile Douglas Fir While Minimizing Impacts on the Plant Community". *Scandinavian Journal of Forest Research*, n. 32, 2017, pp. 708-16.

10. Pintando rochas [pp. 218-31]

AUKEMA, B. H.; CARROLL, A. L.; ZHU, J. et al. "Landscape Level Analysis of Mountain Pine Beetle in British Columbia, Canada: Spatiotemporal Development and Spatial Synchrony Within the Present Outbreak". *Ecography*, n. 29, 2006, pp. 427-41.

BESCHTA, R. L.; RIPPLE, W. L. "Wolves, Elk, and Aspen in the Winter Range of Jasper National Park, Canada". *Canadian Journal of Forest Research*, n. 37, 2014, pp. 1873-85.

CHAVARDES, R. D.; DANIELS, L. D.; GEDALOF, Z.; ANDISON, D. W. "Human Influences Superseded Climate to Disrupt the 20th Century Fire Regime in Jasper National Park, Canada". *Dendrochronologia*, n. 48, 2018, pp. 10-9.

COOKE, B. J.; CARROLL, A. L. "Predicting the Risk of Mountain Pine Beetle Spread to Eastern Pine Forests: Considering Uncertainty in Uncertain Times". *Forest Ecology and Management*, n. 396, 2017, pp. 11-25.

CRIPPS, C. L.; ALGER, G.; SISSONS, R. "Designer Niches Promote Seedling Survival in Forest Restoration: A 7-Year Study of Whitebark Pine (*Pinus albicaulis*) Seedlings in Waterton Lakes National Park". *Forests*, v. 9, n. 8, 2018, p. 477.

CRIPPS, C.; MILLER JR., O. K. "Ectomycorrhizal Fungi Associated with Aspen on Three Sites in the North-Central Rocky Mountains". *Canadian Journal of Botany*, n. 71, 1993, pp. 1414-20.

FRASER, E. C.; LIEFFERS, V. J.; LANDHÄUSSER, S. M. "Age, Stand Density, and Tree Size as Factors in Root and Basal Grafting of Lodgepole Pine". *Canadian Journal of Botany*, n. 83, 2005, pp. 983-8.

_____. "Carbohydrate Transfer through Root Grafts to Support Shaded Trees". *Tree Physiology*, n. 26, 2006, pp. 1019-23.

GORZELAK, M.; PICKLES, B. J.; ASAY, A. K.; SIMARD, S. W. "Inter-Plant Communication through Mycorrhizal Networks Mediates Complex Adaptive Behaviour in Plant Communities". *Annals of Botany Plants*, n. 7, plv050, 2015.

HUTCHINS, H. E.; LANNER, R. M. "The Central Role of Clark's Nutcracker in the Dispersal and Establishment of Whitebark Pine". *Oecologia*, n. 55, 1982, pp. 192-201.

MATTSON, D. J.; BLANCHARD, D. M.; KNIGHT, R. R. "Food Habits of Yellowstone Grizzly Bears, 1977-1987". *Canadian Journal of Zoology*, n. 69, 1991, pp. 1619-29.

MCINTIRE, E. J. B.; FAJARDO, A. "Facilitation within Species: A Possible Origin of Group-Selected Superorganisms". *American Naturalist*, n. 178, 2011, pp. 88-97.

MILLER, R.; TAUSCH, R.; WAICHER, W. "Old-Growth Juniper and Pinyon Woodlands". In: MONSEN, Stephen B.; STEVENS, Richard (Orgs.). *Proceedings: Ecology and Management of Pinyon-Juniper Communities within the Interior West, September 15-18, 1997, Provo, UT*. Proc. RMRS-P-9. Ogden, UT: U.S. Department of Agriculture, Forest Service, Rocky Mountain Research Station, 1999.

MITTON, J. B.; GRANT, M. C. "Genetic Variation and the Natural History of Quaking Aspen". *BioScience*, n. 46, 1996, pp. 25-31.

MUNRO, Margaret. "Weed Trees Are Crucial to Forest, Research Shows". *Vancouver Sun*, 14 maio 1998.

PERKINS, D. L. *A Dendrochronological Assessment of Whitebark Pine in the Sawtooth Salmon River Region, Idaho*. Universidade do Arizona, 1995. Dissertação (Mestrado em Ciência).

PERRY, D. A. "Self-Organizing Systems across Scales". *Trends in Ecology and Evolution*, n. 10, 1995, pp. 241-4.

_____. "A Moveable Feast: The Evolution of Resource Sharing in Plant-Fungus Communities". *Trends in Ecology and Evolution*, n. 13, 1998, pp. 432-4.

RAFFA, K. F.; AUKEMA, B. H.; BENTZ, B. J. et al. "Cross-Scale Drivers of Natural Disturbances Prone to Anthropogenic Amplification: Dynamics of Biome-Wide Bark Beetle Eruptions". *BioScience*, n. 58, 2008, pp. 501-17.

RIPPLE, W. J.; BESCHTA, R. L.; FORTIN, J. K.; ROBBINS, C. T. "Trophic Cascades from Wolves to Grizzly Bears in Yellowstone". *Journal of Animal Ecology*, n. 83, 2014, pp. 223-33.

SCHULMAN, E. "Longevity under Adversity in Conifers". *Science*, n. 119, 1954, pp. 396-9.

SEIP, D. R. "Factors Limiting Woodland Caribou Populations and their Interrelationships with Wolves and Moose in Southeastern British Columbia". *Canadian Journal of Zoology*, n. 70, 1992, pp. 1494-1503.

_____. "Ecosystem Management and the Conservation of Caribou Habitat in British Columbia". *Rangifer*, n. 10, edição especial, 1996, pp. 203-7.

SIMARD, S. W. "Mycorrhizal Networks and Complex Systems: Contributions of Soil Ecology Science to Managing Climate Change Effects in Forested Ecosystems". *Canadian Journal of Soil Science*, v. 89, n. 4, 2009, pp. 369-82.

_____. "The Foundational Role of Mycorrhizal Networks in Self-Organization of Interior Douglas-Fir Forests". *Forest Ecology and Management*. 258S, pp. S95-107, 2009.

TOMBACK, D. F. "Dispersal of Whitebark Pine Seeds by Clark's Nutcracker: A Mutualism Hypothesis". *Journal of Animal Ecology*, n. 51, 1982, pp. 451-67.

VAN WAGNER, C. E.; FINNEY, M. A.; HEATHCOTT, M. "Historical Fire Cycles in the Canadian Rocky Mountain Parks". *Forest Science*, n. 52, 2006, pp. 704-17.

11. Srta. Bétula [pp. 232-61]

BALDOCCHI, D. B.; BLACK, A.; CURTIS, P. S. et al. "Predicting the Onset of Net Carbon Uptake by Deciduous Forests with Soil Temperature and Climate Data: A Synthesis of FLUXNET Data". *International Journal of Biometeorology*, n. 49, 2005, pp. 377-87.

BÉRUBÉ, J. A.; DESSUREAULT, M. "Morphological Characterization of *Armillaria ostoyae* and *Armillaria sinapina* sp. nov." *Canadian Journal of Botany*, n. 66, 1988, pp. 2027-34.

BRADLEY, R. L.; FYLES, J. W. "Growth of Paper Birch (*Betula papyrifera*) Seedlings Increases Soil Available C and Microbial Acquisition of Soil-Nutrients". *Soil Biology and Biochemistry*, n. 27, 1995, pp. 1565-71.

BRITISH COLUMBIA MINISTRY OF FORESTS. *Establishment to Free Growing Guidebook.* Ed. rev. versão 2.2. Victoria, BC: British Columbia Ministry of Forests, Forest Practices Branch, 2000.

BRITISH COLUMBIA MINISTRY OF FORESTS; BC MINISTRY OF ENVIRONMENT, LANDS AND PARKS. *Root Disease Management Guidebook.* Victoria, BC: Forest Practices Code, 1995. Disponível em: <https://www.for.gov.bc.ca/ftp/hfp/external/!publish/FPC%20 archive/old%20web%20site%20contents/fpc/fpcguide/root/roottoc.htm>.

CASTELLO, J. D.; LEOPOLD, D. J.; SMALLIDGE, P. J. "Pathogens, Patterns, and Processes in Forest Ecosystems". *BioScience*, n. 45, 1995, pp. 16-24.

CHANWAY, C. P.; HOLL, F. B. "Biomass Increase and Associative Nitrogen Fixation of Mycorrhizal *Pinus contorta* Seedlings Inoculated with a Plant Growth Promoting *Bacillus* Strain". *Canadian Journal of Botany*, n. 69, 1991, pp. 507-11.

CLEARY, M. R.; ARHIPOVA, N.; MORRISON, D. J. et al. "Stump Removal to Control Root Disease in Canada and Scandinavia: A Synthesis of Results from Long-Term Trials". *Forest Ecology and Management*, n. 290, 2013, pp. 5-14.

CLEARY, M.; VAN DER KAMP, B.; MORRISON, D. "British Columbia's Southern Interior Forests: Armillaria Root Disease Stand Establishment Decision Aid". *BC Journal of Ecosystems and Management*, v. 9, n. 2, 2008, pp. 60-5.

COATES, K. D.; BURTON, P. J. "Growth of Planted Tree Seedlings in Response to Ambient Light Levels in Northwestern Interior Cedar-Hemlock Forests of British Columbia". *Canadian Journal of Forest Research*, n. 29, 1999, pp. 1374-82.

COMEAU, P. G.; WHITE, M.; KERR, G.; HALE, S. E. "Maximum Density-Size Relationships for Sitka Spruce and Coastal Douglas Fir in Britain and Canada". *Forestry*, n. 83, 2010, pp. 461-8.

DELONG, D. L.; SIMARD, S. W.; COMEAU, P. G. et al. "Survival and Growth Responses of Planted Seedlings in Root Disease Infected Partial Cuts in the Interior Cedar Hemlock Zone of Southeastern British Columbia". *Forest Ecology and Management*, n. 206, 2005, pp. 365-79.

DIXON, R. K.; BROWN, S.; HOUGHTON, R. A. et al. "Carbon Pools and Flux of Global Forest Ecosystems". *Science*, n. 263, 1994, pp. 185-91.

FALL, A.; SHORE, T. L.; SAFRANYIK, L. et al. "Integrating Landscape-Scale Mountain Pine Beetle Projection and Spatial Harvesting Models to Assess Management Strategies". In: SHORE, T. L.; BROOKS, J. E.; STONE, J. E. (Orgs.). *Mountain Pine Beetle Symposium: Challenges and Solutions. Oct. 30-31, 2003, Kelowna, British Columbia*. Information Report BC-X-399. Victoria, BC: Natural Resources Canada; Canadian Forest Service; Pacific Forestry Centre, 2003, pp. 114-32.

FEURDEAN, A.; VESKI, S.; FLORESCU, G. et al. "Broadleaf Deciduous Forest Counterbalanced the Direct Effect of Climate on Holocene Fire Regime in Hemiboreal/Boreal Region (NE Europe)". *Quaternary Science Reviews*, n. 169, 2017, pp. 378-90.

HÉLY, C.; BERGERON, Y.; FLANNIGAN, M. D. "Effects of Stand Composition on Fire Hazard in Mixed-Wood Canadian Boreal Forest". *Journal of Vegetation Science*, n. 11, 2000, pp. 813-24.

_____. "Role of Vegetation and Weather on Fire Behavior in the Canadian Mixedwood Boreal Forest Using Two Fire Behavior Prediction Systems". *Canadian Journal of Forest Research*, n. 31, 2001, pp. 430-41.

HOEKSTRA, J. M.; BOUCHER, T. M.; RICKETTS, T. H.; ROBERTS, C. "Confronting a Biome Crisis: Global Disparities of Habitat Loss and Protection". *Ecology Letters*, n. 8, 2005, pp. 23-9.

HOPE, G. D. "Changes in Soil Properties, Tree Growth, and Nutrition over a Period of 10 Years after Stump Removal and Scarification on Moderately Coarse Soils in Interior British Columbia". *Forest Ecology and Management*, n. 242, 2007, pp. 625-35.

KINZIG, A. P.; PACALA, S.; TILMAN, G. D. (Orgs.). *The Functional Consequences of Biodiversity: Empirical Progress and Theoretical Extensions*. Princeton: Princeton University Press, 2002.

KNOHL, A.; SCHULZE, E. D.; KOLLE, O.; BUCHMANN, N. "Large Carbon Uptake by an Unmanaged 250-Year-Old Deciduous Forest in Central Germany". *Agricultural and Forest Meteorology*, n. 118, 2003, pp. 151-67.

LEPAGE, P.; COATES, K. D. "Growth of Planted Lodgepole Pine and Hybrid Spruce Following Chemical and Manual Vegetation Control on a Frost-Prone Site". *Canadian Journal of Forest Research*, n. 24, 1994, pp. 208-16.

MANN, M. E.; BRADLEY, R. S.; HUGHS, M. K. "Global-Scale Temperature Patterns and Climate Forcing over the Past Six Centuries". *Nature*, n. 392, 1998, pp. 779-87.

MORRISON, D. J.; WALLIS, G. W.; WEIR, L. C. *Control of Armillaria and Phellinus Root Diseases: 20-Year Results from the Skimikin Stump Removal Experiment*. Information Report BC X-302. Victoria, BC: Canadian Forest Service, 1988.

NEWSOME, T. A.; HEINEMAN, J. L.; NEMEC, A. F. L. "A Comparison of Lodgepole Pine Responses to Varying Levels of Trembling Aspen Removal in Two Dry South--Central British Columbia Ecosystems". *Forest Ecology and Management*, n. 259, 2010, pp. 1170-80.

SIMARD, S. W.; BEILER, K. J.; BINGHAM, M. A. et al. "Mycorrhizal Networks: Mechanisms, Ecology and Modelling". *Fungal Biology Reviews*, n. 26, 2012, pp. 39-60.

SIMARD, S. W.; BLENNER-HASSETT, T.; CAMERON, I. R. "Precommercial Thinning Effects on Growth, Yield and Mortality in Even-Aged Paper Birch Stands in British Columbia". *Forest Ecology and Management*, n. 190, 2004, pp. 163-78.

SIMARD, S. W.; HAGERMAN, S. M.; SACHS, D. L. et al. "Conifer Growth, *Armillaria ostoyae* Root Disease and Plant Diversity Responses to Broadleaf Competition Reduction in Temperate Mixed Forests of Southern Interior British Columbia". *Canadian Journal of Forest Research*, n. 35, 2005, pp. 843-59.

SIMARD, S. W.; HEINEMAN, J. L.; MATHER, W. J. et al. *Effects of Operational Brushing on Conifers and Plant Communities in the Southern Interior of British Columbia: Results from PROBE 1991-2000*. BC Ministry of Forests and Land Management Handbook 48. Victoria, BC: BC Ministry of Forests, 2001.

SIMARD, S. W.; VYSE, A. "Trade-Offs between Competition and Facilitation: A Case Study of Vegetation Management in the Interior Cedar-Hemlock Forests of Southern British Columbia". *Canadian Journal of Forest Research*, n. 36, 2006, pp. 2486-96.

VAN DER KAMP, B. J. "Pathogens as Agents of Diversity in Forested Landscapes". *Forestry Chronicle*, n. 67, 1991, pp. 353-4.

VYSE, A.; CLEARY, M. A.; CAMERON, I. R. "Tree Species Selection Revisited for Plantations in the Interior Cedar Hemlock Zone of Southern British Columbia". *Forestry Chronicle*, n. 89, 2013, pp. 382-91.

VYSE, A.; SIMARD, S. W. "Broadleaves in the Interior of British Columbia: Their Extent, Use, Management and Prospects for Investment in Genetic Conservation and Improvement". *Forestry Chronicle*, n. 85, 2009, pp. 528-37.

WEIR, L. C.; JOHNSON, A. L. S. "Control of *Poria weirii* Study Establishment and Preliminary Evaluations". Canadian Forest Service, Forest Research Laboratory, Victoria, Canada, 1970.

WHITE, R. H.; ZIPPERER, W. C. "Testing and Classification of Individual Plants for Fire Behaviour: Plant Selection for the Wildland-Urban Interface". *International Journal of Wildland Fire*, n. 19, 2010, pp. 213-27.

12. Casa-trabalho: Nove horas de viagem [pp. 262-84]

BABIKOVA, Z.; GILBERT, L.; BRUCE, T. J. A. et al. "Underground Signals Carried through Common Mycelial Networks Warn Neighbouring Plants of Aphid Attack". *Ecology Letters*, n. 16, 2013, pp. 835-43.

BARKER, J. S.; SIMARD, S. W.; JONES, M. D. "Clearcutting and Wildfire Have Comparable Effects on Growth of Directly Seeded Interior Douglas-Fir". *Forest Ecology and Management*, n. 331, 2014, pp. 188-95.

BARKER, J. S.; SIMARD, S. W.; JONES, M. D.; DURALL, D. M. "Ectomycorrhizal Fungal Community Assembly on Regenerating Douglas-Fir after Wildfire and Clearcut Harvesting". *Oecologia*, n. 172, 2013, pp. 1179-89.

BARTO, E. K.; HILKER, M.; MÜLLER, F. et al. "The Fungal Fast Lane: Common Mycorrhizal Networks Extend Bioactive Zones of Allelochemicals in Soils". *PLOS ONE*, n. 6, e27195, 2011.

BARTO, E. K.; WEIDENHAMER, J. D.; CIPOLLINI, D.; RILLIG, M. C. "Fungal Superhighways: Do Common Mycorrhizal Networks Enhance below Ground Communication?" *Trends in Plant Science*, n. 17, 2012, pp. 633-7.

BEILER, K. J.; DURALL, D. M.; SIMARD, S. W. et al. "Mapping the Wood-Wide Web: Mycorrhizal Networks Link Multiple Douglas-Fir Cohorts". *New Phytologist*, n. 185, 2010, pp. 543-53.

BEILER, K. J.; SIMARD, S. W.; DURALL, D. M. "Topology of *Rhizopogon* spp. Mycorrhizal Meta-Networks in Xeric and Mesic Old-Growth Interior Douglas-Fir Forests". *Journal of Ecology*, n. 103, 2015, pp. 616-28.

BEILER, K. J.; SIMARD, S. W.; LEMAY, V.; DURALL, D. M. "Vertical Partitioning between Sister Species of *Rhizopogon* Fungi on Mesic and Xeric Sites in an Interior Douglas--Fir Forest". *Molecular Ecology*, n. 21, 2012, pp. 6163-74.

BINGHAM, M. A.; SIMARD, S. W. "Do Mycorrhizal Network Benefits to Survival and Growth of Interior Douglas-Fir Seedlings Increase with Soil Moisture Stress?". *Ecology and Evolution*, n. 3, 2011, pp. 306-16.

_____. "Ectomycorrhizal Networks of old *Pseudotsuga menziesii* var. *glauca* Trees Facilitate Establishment of Conspecific Seedlings under Drought". *Ecosystems*, n. 15, 2012, pp. 188-99.

_____. "Mycorrhizal Networks Affect Ectomycorrhizal Fungal Community Similarity between Conspecific Trees and Seedlings". *Mycorrhiza*, n. 22, 2012, pp. 317-26.

_____. "Seedling Genetics and Life History Outweigh Mycorrhizal Network Potential to Improve Conifer Regeneration under Drought". *Forest Ecology and Management*, n. 287, 2013, pp. 132-9.

CAREY, E. V.; MARLER, M. J.; CALLAWAY, R. M. "Mycorrhizae Transfer Carbon from a Native Grass to an Invasive Weed: Evidence from Stable Isotopes and Physiology". *Plant Ecology*, n. 172, 2004, pp. 133-41.

DEFRENNE, C. A.; OKA, G. A.; WILSON, J. E. et al. "Disturbance Legacy on Soil Carbon Stocks and Stability within a Coastal Temperate Forest of Southwestern British Columbia". *Open Journal of Forestry*, n. 6, 2016, pp. 305-23.

ERLAND, L. A. E.; SHUKLA, M. R.; SINGH, A. S.; MURCH, S. J. "Melatonin and Serotonin: Mediators in the Symphony of Plant Morphogenesis". *Journal of Pineal Research*, n. 64, 2018. e12452.

HEINEMAN, J. L.; SIMARD, S. W.; MATHER, W. J. *Natural Regeneration of Small Patch Cuts in a Southern Interior ICH Forest*. Working Paper 64. Victoria, BC: BC Ministry of Forests, 2002.

JONES, M. D.; TWIEG, B.; WARD, V. "Functional Complementarity of Douglas-Fir Ectomycorrhizas for Extracellular Enzyme Activity after Wildfire or Clearcut Logging". *Functional Ecology*, n. 4, 2010, pp. 1139-51.

KAZANTSEVA, O.; BINGHAM, M. A.; SIMARD, S. W.; BERCH, S. M. "Effects of Growth Medium, Nutrients, Water and Aeration on Mycorrhization and Biomass Allocation of Greenhouse-Grown Interior Douglas-Fir Seedlings". *Mycorrhiza*, n. 20, 2009, pp. 51-66.

KIERS, E. T.; DUHAMEL, M.; BEESETTY, Y. et al. "Reciprocal Rewards Stabilize Cooperation in the Mycorrhizal Symbiosis". *Science*, n. 333, 2011, pp. 880-2.

KRETZER, A. M.; DUNHAM, S.; MOLINA, R.; SPATAFORA, J. W. "Microsatellite Markers Reveal the below Ground Distribution of Genets in Two Species of *Rhizopogon* Forming Tuberculate Ectomycorrhizas on Douglas Fir". *New Phytologist*, n. 161, 2004, pp. 313-20.

LEWIS, K.; SIMARD, S. W. "Transforming Forest Management in BC". Opinion editorial, special to the *Vancouver Sun*, 11 mar. 2012.

MARCOUX, H. M.; DANIELS, L. D.; GERGEL, S. E. et al. "Differentiating Mixed-and High-Severity Fire Regimes in Mixed-Conifer Forests of the Canadian Cordillera". *Forest Ecology and Management*, n. 341, 2015, pp. 45-58.

MARLER, M. J.; ZABINSKI, C. A.; CALLAWAY, R. M. "Mycorrhizae Indirectly Enhance Competitive Effects of an Invasive Forb on a Native Bunchgrass". *Ecology*, n. 80, 1999, pp. 1180-6.

MATHER, W. J.; SIMARD, S. W.; HEINEMAN, J. L.; SACHS, D. L. "Decline of Young Lodgepole Pine in Southern Interior British Columbia". *Forestry Chronicle*, n. 86, 2010, pp. 484-97.

PERRY, D. A.; HESSBURG, P. F.; SKINNER, C. N. et al. "The Ecology of Mixed Severity Fire Regimes in Washington, Oregon, and Northern California". *Forest Ecology and Management*, n. 262, 2011, pp. 703-17.

PHILIP, L. J.; SIMARD, S. W.; JONES, M. D. "Pathways for Belowground Carbon Transfer between Paper Birch and Douglas-Fir Seedlings". *Plant Ecology and Diversity*, n. 3, 2011, pp. 221-33.

ROACH, W. J.; SIMARD, S. W.; SACHS, D. L. "Evidence against Planting Lodgepole Pine Monocultures in Cedar-Hemlock Forests in Southern British Columbia". *Forestry*, n. 88, 2015, pp. 345-58.

SCHOONMAKER, A. L.; TESTE, F. P.; SIMARD, S. W.; GUY, R. D. "Tree Proximity, Soil Pathways and Common Mycorrhizal Networks: Their Influence on Utilization of Redistributed Water by Understory Seedlings". *Oecologia*, n. 154, 2007, pp. 455-66.

SIMARD, S. W. "The Foundational Role of Mycorrhizal Networks in Self-Organization of Interior Douglas-Fir Forests". *Forest Ecology and Management*, 2009. 258S, pp. S95-107.

SIMARD, S. W. (Org.). *Climate Change and Variability*. Intech, 2010. Disponível em: <https://www.intechopen.com/books/2311>.

_____. "Mycorrhizal Networks and Seedling Establishment in Douglas-Fir Forests". In: SOUTHWORTH, D. (Org.). *Biocomplexity of Plant-Fungal Interactions*. Ames, IA: Wiley-Blackwell, 2012, cap. 4, pp. 85-107.

_____. "The Mother Tree". In: SPRINGER, Anna-Sophie; TURPIN, Etienne (Orgs.). *The Word for World Is Still Forest*. Berlim: K. Verlag; Haus der Kulturen der Welt, 2017.

_____. "Mycorrhizal Networks Facilitate Tree Communication, Learning and Memory". In: BALUSKA, F.; GAGLIANO, M.; WITZANY, G. (Orgs.). *Memory and Learning in Plants*. West Sussex, UK: Springer, 2018, cap. 10, pp. 191-213.

SIMARD, S. W.; ASAY, A. K.; BEILER, K. J. et al. "Resource Transfer between Plants Through Ectomycorrhizal Networks". In: HORTON, T. R. (Org.). *Mycorrhizal Networks*. Ecological Studies, v. 224. Dordrecht: Springer, 2015, pp. 133-76.

SIMARD, S. W.; LEWIS, K. "New Policies Needed to Save our Forests". Opinion Editorial, Special to the *Vancouver Sun*, 8 abr. 2011.

SIMARD, S. W.; MARTIN, K.; VYSE, A.; LARSON, B. "Meta-Networks of Fungi, Fauna and Flora as Agents of Complex Adaptive Systems". In: PUETTMANN, K.; MESSIER, C.; COATES, K. D. *Managing World Forests as Complex Adaptive Systems: Building Resilience to the Challenge of Global Change*. Nova York: Routledge, 2013, cap. 7, pp. 133-64.

SIMARD, S. W.; MATHER, W. J.; HEINEMAN, J. L.; SACHS, D. L. "Too Much of a Good Thing? Planted Lodgepole Pine at Risk of Decline in British Columbia". *Silviculture Magazine*, inverno 2010, pp. 26-9.

TESTE, F. P.; KARST, J.; JONES, M. D. et al. "Methods to Control Ectomycorrhizal Colonization: Effectiveness of Chemical and Physical Barriers". *Mycorrhiza*, n. 17, 2006, pp. 51-65.

TESTE, F. P.; SIMARD, S. W. "Mycorrhizal Networks and Distance from Mature Trees Alter Patterns of Competition and Facilitation in Dry Douglas-Fir Forests". *Oecologia*, n. 158, 2008, pp. 193-203.

TESTE, F. P.; SIMARD, S. W.; DURALL, D. M. "Role of Mycorrhizal Networks and Tree Proximity in Ectomycorrhizal Colonization of Planted Seedlings". *Fungal Ecology*, n. 2, 2009, pp. 21-30.

TESTE, F. P.; SIMARD, S. W.; DURALL, D. M. "Net Carbon Transfer Occurs under Soil Disturbance between *Pseudotsuga menziesii* var. *glauca* Seedlings in the Field". *Journal of Ecology*, n. 98, 2010, pp. 429-39.

TESTE, F. P.; SIMARD, S. W.; DURALL, D. M. et al. "Access to Mycorrhizal Networks And Tree Roots: Importance for Seedling Survival and Resource Transfer". *Ecology*, n. 90, 2009, pp. 2808-22.

TWIEG, B.; DURALL, D. M.; SIMARD, S. W.; JONES, M. D. "Influence of Soil Nutrients on Ectomycorrhizal Communities in a Chronosequence of Mixed Temperate Forests". *Mycorrhiza*, n. 19, 2009, pp. 305-16.

Bibliografia básica

VAN DORP, C. *Rhizopogon Mycorrhizal Networks with Interior Douglas Fir in Selectively Harvested and Non-Harvested Forests.* Universidade da Colúmbia Britânica, 2016. Dissertação (Mestrado em Ciências).

VYSE, A.; FERGUSON, C.; SIMARD, S. W. et al. "Growth of Douglas-Fir, Lodgepole Pine, and Ponderosa Pine Seedlings Underplanted in a Partially-Cut, Dry Douglas-Fir Stand in South-Central British Columbia". *Forestry Chronicle*, n. 82, 2006, pp. 723-32.

WOODS, A.; BERGERUD, W. *Are Free-Growing Stands Meeting Timber Productivity Expectations in the Lakes Timber Supply Area?* FREP Report 13. Victoria, BC: BC Ministry of Forests and Range; Forest Practices Branch, 2008.

WOODS, A.; COATES, K. D.; HAMANN, A. "Is an Unprecedented *Dothistroma* Needle Blight Epidemic Related to Climate Change?". *BioScience*, v. 55, n. 9, 2005, pp. 761-9.

ZABINSKI, C. A.; QUINN, L.; CALLAWAY, R. M. "Phosphorus Uptake, Not Carbon Transfer, Explains Arbuscular Mycorrhizal Enhancement of *Centaurea maculosa* in the Presence of Native Grassland Species". *Functional Ecology*, n. 16, 2002, pp. 758-65.

ZUSTOVIC, M. *The Effects of Forest Gap Size on Douglas-Fir Seedling Establishment in the Southern Interior of British Columbia.* Universidade da Colúmbia Britânica, 2012. Dissertação (Mestrado em Ciências).

13. Amostras do cerne [pp. 285-307]

AITKEN, S. N.; YEAMAN, S.; HOLLIDAY, J. A. et al. "Adaptation, Migration or Extirpation: Climate Change Outcomes for Tree Populations". *Evolutionary Applications*, n. 1, 2008, pp. 95-111.

D'ANTONIO, C. M.; VITOUSEK, P. M. "Biological Invasions by Exotic Grasses, the Grass/ Fire Cycle, and Global Change". *Annual Review of Ecology and Systematics*, n. 23, 1992, pp. 63-87.

EASON, W. R.; NEWMAN, E. I. "Rapid Cycling of Nitrogen and Phosphorus from Dying Roots of *Lolium perenne*". *Oecologia*, n. 82, 1990, pp. 432.

EASON, W. R.; NEWMAN, E. I.; CHUBA, P. N. "Specificity of Interplant Cycling of Phosphorus: The Role of Mycorrhizas". *Plant Soil*, n. 137, 1991, pp. 267-74.

FRANKLIN, J. F.; SHUGART, H. H.; HARMON, M. E. "Tree Death as an Ecological Process: Causes, Consequences and Variability of Tree Mortality". *BioScience*, n. 37, 1987, pp. 550-6.

HAMANN, A.; WANG, T. "Potential Effects of Climate Change on Ecosystem and Tree Species Distribution in British Columbia". *Ecology*, n. 87, 2006, pp. 2773-86.

JOHNSTONE, J. F.; ALLEN, C. D.; FRANKLIN, J. F. et al. "Changing Disturbance Regimes, Ecological Memory, and Forest Resilience". *Frontiers in Ecology and the Environment*, n. 14, pp. 369-78, 2016

KESEY, Ken. *Sometimes a Great Notion.* Nova York: Penguin, 1977.

LOTAN, J. E.; PERRY, D. A. *Ecology and Regeneration of Lodgepole Pine.* Agriculture Handbook 606. Missoula, MT: INTF&RES; USDA Forest Service, 1983.

MACLAUCHLAN, L. E.; DANIELS, L. D.; HODGE, J. C.; BROOKS, J. E. "Characterization of Western Spruce Budworm Outbreak Regions in the British Columbia Interior". *Canadian Journal of Forest Research*, n. 48, 2018, pp. 783-802.

MCKINNEY, D.; DORDEL, J. *Mother Trees Connect the Forest* (vídeo), 2011. Disponível em: <http://www.karmatube.org/videos.php?id=2764>.

SAFRANYIK, L.; CARROLL, A. L. "The Biology and Epidemiology of the Mountain Pine Beetle in Lodgepole Pine Forests". In: SAFRANYIK, L.; WILSON, L. W. (Orgs.). *The Mountain Pine Beetle: A Synthesis of Biology, Management, and Impacts on Lodgepole Pine*. Victoria, BC: Natural Resources Canada, Canadian Forest Service; Pacific Forestry Centre, 2006, cap. 1, pp. 3-66.

SONG, Y. Y.; CHEN, D.; LU, K. et al. "Enhanced Tomato Disease Resistance Primed by Arbuscular Mycorrhizal Fungus". *Frontiers in Plant Science*, n. 6, 2015, pp. 1-13.

SONG, Y. Y.; SIMARD, S. W.; CARROLL, A. et al. "Defoliation of Interior Douglas-Fir Elicits Carbon Transfer and Defense Signalling to Ponderosa Pine Neighbors through Ectomycorrhizal Networks". *Scientific Reports*, n. 5, 2015, p. 8495.

SONG, Y. Y.; YE, M.; LI, C. et al. "Hijacking Common Mycorrhizal Networks for Herbivore-Induced Defence Signal Transfer between Tomato Plants". *Scientific Reports*, n. 4, 2014. p. 3915.

SONG, Y. Y.; ZENG, R. S.; XU, J. F. et al. "Interplant Communication of Tomato Plants through Underground Common Mycorrhizal Networks". *PLOS ONE*, n. 5, e13324, 2010.

TAYLOR, S. W.; CARROLL, A. L. "Disturbance, Forest Age Dynamics and Mountain Pine Beetle Outbreaks in BC: A Historical Perspective". In: SHORE, T. L.; BROOKS, J. E.; STONE, J. E. (Orgs.). *Challenges and Solutions: Proceedings of the Mountain Pine Beetle Symposium. Ke lowna, British Columbia, Canada, Oct. 30-31, 2003*. Information Report BC-X-399. Victoria, BC: Canadian Forest Service; Pacific Forestry Centre, 2004, pp. 41-51.

14. Aniversários [pp. 308-32]

ALLEN, C. D.; MACALADY, A. K.; CHENCHOUNI, H. et al. "A Global Overview of Drought and Heat-Induced Tree Mortality Reveals Emerging Climate Change Risks for Forests". *Forest Ecology and Management*, n. 259, 2010, pp. 660-84.

ASAY, A. K. *Mycorrhizal Facilitation of Kin Recognition in Interior Douglas-Fir* (Pseudotsuga menziesii *var.* glauca). Universidade da Colúmbia Britânica, 2013. DOI: 10.14288/1.0103374. Dissertação (Mestrado em Ciências).

BHATT, M.; KHANDELWAL, A.; DUDLEY, S. A. "Kin Recognition, Not Competitive Interactions, Predicts Root Allocation in Young *Cakile edentula* Seedling Pairs". *New Phytologist*, n. 189, 2011, pp. 1135-42.

BIEDRZYCKI, M. L.; JILANY, T. A.; DUDLEY, S. A.; BAIS, H. P. "Root Exudates Mediate Kin Recognition in Plants". *Communicative and Integrative Biology*, n. 3, 2010, pp. 28-35.

Bibliografia básica 391

BROOKER, R. W.; MAESTRE, F. T.; CALLAWAY, R. M. et al. "Facilitation in Plant Communities: The Past, the Present, and the Future". *Journal of Ecology*, n. 96, 2008, pp. 18-34.

DONOHUE, K. "The Influence of Neighbor Relatedness on Multilevel Selection in the Great Lakes Sea Rocket". *American Naturalist*, n. 162, 2003, pp. 77-92.

DUDLEY, S. A.; FILE, A. L. "Kin Recognition in an Annual Plant". *Biology Letters*, n. 3, pp. 435-38, 2007.

FILE, A. L.; KLIRONOMOS, J.; MAHERALI, H.; DUDLEY, S. A. "Plant Kin Recognition Enhances Abundance of Symbiotic Microbial Partner". *PLOS ONE*, n. 7, e45648, 2012.

FONTAINE, S.; BARDOUX, G.; ABBADIE, L.; MARIOTTI, A. "Carbon Input to Soil May Decrease Soil Carbon Content". *Ecology Letters*, n. 7, 2004, pp. 314-20.

FONTAINE, S.; BAROT, S.; BARRÉ, P. et al. "Stability of Organic Carbon in Deep Soil Layers Controlled by Fresh Carbon Supply". *Nature*, n. 450, 2007, pp. 277-80.

FRANKLIN, J. F.; CROMACK JR., K.; DENISON, W. et al. *Ecological Characteristics of Old--Growth Douglas-Fir Forests*. General Technical Report PNW-GTR-118. Portland, OR: U. S. Department of Agriculture; Forest Service; Pacific Northwest Forest and Range Experiment Station, 1981.

GILMAN, Dorothy. *The Unexpected Mrs. Pollifax*. Nova York: Fawcett, 1966.

HAMILTON, W. D. "The Genetical Evolution of Social Behaviour". *Journal of Theoretical Biology*, n. 7, 1964, pp. 1-16.

HARPER, T. "Breastless Friends Forever: How Breast Cancer Brought four Women Together". *Nelson Star*, 2 ago. 2019. Disponível em: < https://www.nelsonstar.com/community/breastless-friends-forever-how-breast-cancer-brought-four-women--together>.

HARTE, J. "How Old Is That Old Yew?". *At the Edge*, n. 4, 1996, pp. 1-9.

KARBAN, R.; SHIOJIRI, K.; ISHIZAKI, S. et al. "Kin Recognition Affects Plant Communication and Defence". *Proceedings of the Royal Society B: Biological Sciences*, n. 280, 2013, p. 20123062.

LUYSSAERT, S.; SCHULZE, E. D.; BÖRNER, A. et al. "Old-Growth Forests as Global Carbon Sinks". *Nature*, n. 455, 2008, pp. 213-5.

PICKLES, B. J.; TWIEG, B. D.; O'NEILL, G. A. et al. "Local Adaptation in Migrated Interior Douglas-Fir Seedlings is Mediated by Ectomycorrhizae and Other Soil Factors". *New Phytologist*, n. 207, 2015, pp. 858-71.

PICKLES, B. J.; WILHELM, R.; ASAY, A. K. et al. "Transfer of 13C between Paired Douglas-Fir Seedlings Reveals Plant Kinship Effects and Uptake of Exudates by Ectomycorrhizas". *New Phytologist*, n. 214, 2017, pp. 400-11.

REHFELDT, G. E.; LEITES, L. P.; ST. CLAIR, J. B. et al. "Comparative Genetic Responses to Climate in the Varieties of *Pinus ponderosa* and *Pseudotsuga menziesii*: Clines in Growth Potential". *Forest Ecology and Management*, n. 324, 2014, pp. 138-46.

RESTAINO, C. M.; PETERSON, D. L.; LITTELL, J. "Increased Water Deficit Decreases Douglas Fir Growth throughout Western US Forests". *Proceedings of the National Academy of Sciences*, n. 113, 2016, pp. 9557-62.

SIMARD, S. W. "The Networked Beauty of Forests". TED-Ed, New Orleans, 2014. Disponível em: <https://ed.ted.com/lessons/the-networked-beauty-of-forests--suzanne-simard>.

ST. CLAIR, J. B.; MANDEL, N. L.; VANCE-BORLAND, K. W. "Genecology of Douglas Fir in Western Oregon and Washington". *Annals of Botany*, n. 96, 2005, pp. 1199-214.

TURNER, N. J. *The Earth's Blanket: Traditional Teachings for Sustainable Living*. Seattle: University of Washington Press, 2008.

TURNER, N. J.; COCKSEDGE, W. "Aboriginal Use of Non-Timber Forest Products in Northwestern North America". *Journal of Sustainable Forestry*, n. 13, 2001, pp. 31-58.

WALL, M. E.; WANI, M. C. "Camptothecin and Taxol: Discovery to Clinic-Thirteenth Bruce F. Cain Memorial Award Lecture". *Cancer Research*, n. 55, 1995, pp. 753-60.

15. Passando o bastão [pp. 333-62]

ALILA, Y.; KURAS, P. K.; SCHNORBUS, M.; HUDSON, R. "Forests and Floods: A New Paradigm Sheds Light on Age-Old Controversies. American Geophysical Union". *Water Resources Research*, n. 45, 2009, p. W08416.

ARTELLE, K. A.; STEPHENSON, J.; BRAGG, C. et al. "Values-Led Management: The Guidance of Place-Based Values in Environmental Relationships of the Past, Present, and Future". *Ecology and Society*, v. 23, n. 3, 2018. p. 35.

ASAY, A. K. *Influence of Kin, Density, Soil Inoculum Potential and Interspecific Competition on Interior Douglas-fir* (Pseudotsuga menziesii var. glauca) *Performance and Adaptive Traits*. Universidade da Colúmbia Britânica, 2019. Tese (Doutorado).

BRITISH COLUMBIA MINISTRY OF FORESTS AND RANGE; BRITISH COLUMBIA MINISTRY OF ENVIRONMENT. *Field Manual for Describing Terrestrial Ecosystems*. 2. ed. Land Management Handbook 25. Victoria, BC: Ministry of Forests and Range Research Branch, 2010.

COX, Sarah. "'You Can't Drink Money': Kootenay Communities Fight Logging to Protect their Drinking Water". *The Narwhal*, 2019. Disponível em: <https://the-narwhal.ca/you-cant-drink-money-kootenay-communities-fight-logging-protect-drinking-water>.

GILL, I. *All That We Say Is Ours: Guujaaw and the Reawakening of the Haida Nation*. Vancouver: Douglas & McIntyre, 2009.

GOLDER ASSOCIATES. *Furry Creek Detailed Site Investigations and Human Health and Ecological Risk Assessment*, v. 1, *Methods and results*. Report 1014210038-501-R-RevO, 2014.

GORZELAK, M. A. *Kin-Selected Signal Transfer through Mycorrhizal Networks in Douglas Fir*. Universidade da Colúmbia Britânica. DOI: 10.14288/1.0355225. Tese (Doutorado).

HARDING, J. N.; REYNOLDS, J. D. "Opposing Forces: Evaluating Multiple Ecological Roles of Pacific Salmon in Coastal Stream Ecosystems". *Ecosphere*, n. 5, 2014. art157.

HOCKING, M. D.; REYNOLDS, J. D. "Impacts of Salmon on Riparian Plant Diversity". *Science*, v. 331, n. 6024, 2011, pp. 1609-12.

KINZIG, A. P.; RYAN, P.; ETIENNE, M. et al. "Resilience and Regime Shifts: Assessing Cascading Effects". *Ecology and Society*, n. 11, 2006. p. 20.

KURZ, W. A.; DYMOND, C. C.; STINSON, G. et al. "Mountain Pine Beetle and Forest Carbon: Feedback to Climate Change". *Nature*, n. 452, 2008, pp. 987-90.

LAROCQUE, A. "Forests, Fish, Fungi: Mycorrhizal Associations in the Salmon Forests of BC". Universidade da Colúmbia Britânica, 2105. Projeto de tese (Doutorado).

LOUW, Deon. *Interspecific Interactions in Mixed Stands of Paper Birch* (Betula papyrifera) *and Interior Douglas-Fir* (Pseudotsuga mensiezii *var.* glauca). Universidade da Colúmbia Britânica. Dissertação (Mestrado em Ciências). Disponível em: <https://central.bac-lac.gc.ca/.item?id=TC-BVAU-54041&op=pdf&app=Library&oclc_number=1032960094>.

MARREN, P.; MARWAN, H.; ALILA, Y. "Hydrological Impacts of Mountain Pine Beetle Infestation: Potential for River Channel Changes". In: GELFAN, Alexander; YANG, Daqing; GUSEV, Yeugeniy; KUNSTMANN, Harald. (Orgs.). "Cold and Mountain Region Hydrological Systems Under Climate Change: Towards Improved Projections, Proceedings of H02, IAHS-IAPSO-IASPEI Assembly, Gothenburg, Sweden, July 2013". *IAHS Publication*, n. 360, 2013, pp. 77-82.

MATHEWS, D. L.; TURNER, N. J. "Ocean Cultures: Northwest Coast Ecosystems and Indigenous Management Systems". In: LEVIN, Phillip S.; POE, Melissa R. (Orgs.). *Conservation for the Anthropocene Ocean*. Londres: Academic Press, 2017, cap. 9, pp. 169-206.

NEWCOMBE, C. P.; MACDONALD, D. D. "Effects of Suspended Sediments on Aquatic Ecosystems". *North American Journal of Fisheries Management*, v. 11, n. 1, 1991, pp. 72-82.

PALMER, A. D. *Maps of Experience: The Anchoring of Land to Story in Secwepemc Discourse*. Toronto, ON: University of Toronto Press, 2005.

REIMCHEN, T.; FOX, C. H. "Fine-Scale Spatiotemporal Influences of Salmon on Growth and Nitrogen Signatures of Sitka Spruce Tree Rings". *BMC Ecology*, n. 13, 2013, pp. 1-13.

RYAN, T. *Territorial Jurisdiction: The Cultural and Economic Significance of Eulachon* Thaleichthys pacificus *in the North-Central Coast Region of British Columbia*. Universidade da Colúmbia Britânica, 2014. DOI: 10.14288/1.0167417. Tese (Doutorado).

SCHEFFER, M.; CARPENTER, S. R. "Catastrophic Regime Shifts in Ecosystems: Linking Theory to Observation". *Trends in Ecology and Evolution*, n. 18, 2003, pp. 648-56.

SIMARD, S. W. "How Trees Talk to Each Other". TED Summit, Banff, AB, 2016. Disponível em: <https://www.ted.com/talks/suzanne_simard_how_trees_talk_to_each_other?language=en>.

SIMARD, S. W. et al. "From Tree to Shining Tree". *Radiolab* com Robert Krulwich et al., 2016. Disponível em: <https://www.wnycstudios.org/story/from-tree-to-shining-tree>.

TURNER, N. J. "Kinship Lessons of the Birch". *Resurgence*, n. 250, 2008, pp. 46-8.

_____. *Ancient Pathways, Ancestral Knowledge: Ethnobotany and Ecological Wisdom of Indigenous Peoples of Northwestern North America*. Montreal, QC: McGill-Queen's Press, 2014.

TURNER, N. J.; BERKES, F.; STEPHENSON, J.; DICK, J. "Blundering Intruders: Multi-Scale Impacts on Indigenous Food Systems". *Human Ecology*, n. 41, 2013, pp. 563-74.

TURNER, N. J.; IGNACE, M. B.; IGNACE, R. "Traditional Ecological Knowledge and Wisdom of Aboriginal Peoples in British Columbia". *Ecological Applications*, n. 10, 2000, pp. 1275-87.

WHITE, E. A. F. (Xanius). *Heiltsuk Stone Fish Traps: Products of My Ancestors' Labour.* Simon Fraser University, 2006. Dissertação (Mestrado em Artes).

Epílogo: Projeto Árvore-Mãe [pp. 363-5]

AITKEN, S. N.; SIMARD, S. W. "Restoring Forests: How We Can Protect the Water We Drink and the Air We Breathe". *Alternatives Journal*, n. 4, 2015, pp. 30-5.

CHAMBERS, J. Q.; HIGUCHI, N.; TRIBUZY, E. S.; TRUMBORE, S. E. "Carbon Sink for a Century". *Nature*, n. 410, 2001. p. 429.

DICKINSON, R. E.; CICERONE, R. J. "Future Global Warming from Atmospheric Trace Gases". *Nature*, n. 319, 1986, pp. 109-15.

HARRIS, D. C. "Charles David Keeling and the Story of Atmospheric CO_2 Measurements". *Analytical Chemistry*, n. 82, 2010, pp. 7865-70.

ROACH, W. J.; SIMARD, S. W.; DEFRENNE, C. E. et al. "Carbon Storage, Productivity and Biodiversity of Mature Douglas-Fir Forests across a Climate Gradient in British Columbia", 2020. No prelo.

SIMARD, S. W. "Practicing Mindful Silviculture in our Changing Climate". *Silviculture Magazine*, outono 2013, pp. 6-8.

_____. "Designing Successful Forest Renewal Practices for our Changing Climate". Natural Sciences and Engineering Council of Canada, Strategic Project Grant, 2015. Proposta do Projeto Mother Tree.

SIMARD, S. W.; MARTIN, K.; VYSE, A.; LARSON, B. "Meta-Networks of Fungi, Fauna and Flora as Agents of Complex Adaptive Systems". In: PUETTMANN, K.; MESSIER, C.; COATES, K. D. (Orgs.). *Managing World Forests as Complex Adaptive Systems: Building Resilience to the Challenge of Global Change.* Nova York: Routledge, 2013, cap. 7, pp. 133-64.

Créditos das imagens

Miolo

p. 19: Peter Simard | p. 21: Sterling Lorence | p. 23: Jens Wieting | p. 26: Gerald Ferguson | p. 35: Winnifred Gardner | p. 40: Cortesia de Enderby & District Museum & Archives, EMDS 1430 | p. 41: Peter Simard | p. 43: Cortesia de Enderby & District Museum & Archives, EMDS 1434 | p. 46: Cortesia de Enderby & District Museum & Archives, EMDS 0541 | p. 47: Cortesia de Enderby & District Museum & Archives, EMDS 0460 | p. 48: Cortesia de Enderby & District Museum & Archives, EMDS 0464 | p. 51: Cortesia de Enderby & District Museum & Archives, EMDS 0461 | p. 52: (bottom) Cortesia de Enderby & District Museum & Archives, EMDS 0392 | p. 63: Jean Roach | p. 73: Patrick Hattenberger | p. 94: Jean Roach | p. 109: Jean Roach | p. 171: Patrick Hattenberger | p. 267: Bill Heath | p. 277: Jens Wieting | p. 280: Bill Heath | p. 291: Bill Heath | p. 317: Bill Heath | p. 325: Robyn Simard | p. 345: Bill Heath | p. 352: Emily Kemps | p. 361: Bill Heath

Caderno de fotos

p. 1: Jens Wieting | p. 2: Jens Wieting | p. 3: Jens Wieting | p. 4: Bill Heath (topo) e Paul Stamets (base) | p. 5: Dr. Teresa (Sm'hayetsk) Ryan | p. 6: Camille Defrenne (topo) e Peter Kennedy, Universidade de Minnesota (base) | p. 7: Camille Vernet (topo) e Jens Wieting (base) | p. 8: Jens Wieting | p. 9: Bill Heath | p. 10: Dr. Teresa (Sm'hayetsk) Ryan | p. 11: Camille Vernet (topo) e Joanne Childs and Colleen Iversen/ Oak Ridge National Laboratory, U.S. Department of Energy (base) | p. 12: Jens Wieting | p. 13: Jens Wieting (topo e base) | p. 14: Paul Stamets (topo) e Kevin Beiler (base) | p. 15: Dr. Teresa (Sm'hayetsk) Ryan | p. 16: Diana Markosian

Todas as demais fotografias são cortesia da autora.

Índice remissivo

Números de página em *itálico* indicam fotografias.

abetos, 120, 204; álamos e, 235-6; bétulas e, 213-4; diretriz de crescimento livre e, 157, 163; framboesas e, 163; gramas e, 239; perda de água e, 62; salgueiros e, 163; samambaias e, 164

abetos-de-douglas, 39, 49, *52*, 55, 61-4, *63*, 84, 86-7, 100; agrupamentos e, 59, 81, 118; *Armillaria* e, 225, 338-9; árvores-mães e, 273, 276, *277*; experimentos sobre reconhecimento de parentesco, 308-13, 319-24, 330, 341; bétulas e, 118-24, 164-6, 205, 225, 236; espécies micorrízicas compartilhadas entre, 192-4; experimento do doutorado sobre troca de carbono (1993), 174-97; modelagem computacional para 100 anos de crescimento, 213-4; plantações para demonstração, 238-49; sítio do doutorado de 1993, retorno ao (2014), 333-41; cones e sementes, 266, 273; conexões micorrízicas com carvalhos-brancos-do-oregon, 151; dilema do prisioneiro com *Armillaria* e pseudômonas, 225-6; doença da raiz e, 245; espécies micorrízicas e tamanho de raízes, 192-4; experimento de campo do doutorado sobre árvores antigas e, 200-3; experimento de densidade, retorno ao, 338-40; extremidades de raízes revestidas por fungos, 76; fotossíntese e, 63-4; germinação de sementes e desenvolvimento de raiz-fungo, 266-9; mapeamento de redes micorrízicas e, 262-75; morte de, 292; necessidades hídricas e, 62-4; esquisa de Jean sobre, 104; pínus e (estudos com Song), 294, 299; rede subterrânea e, 248-50; redistribuição hidráulica e, 216; remoção de vegetação daninha e, 114-5, 151-2; *Rhizopogon* e: como ossos de esqueleto micorrízico, 262-3; ligações entre árvores antigas e plântulas, 264-7; seca e, 62-3; sementes crescendo próximas de, 64;

sementes de cones e, *54*; sinalização e, 274-5; ursos-cinzentos e, 92-4

abetos-de-engelmann, 55, 89-90; efeito da remoção de vegetação daninha sobre, 107

abetos-do-canadá: aplicação de herbicida e, 107-8; experimento de crescimento livre e, 113-5; fraqueza de, em plantação, 29-30, 235, 341; plantações de, substituídas por abetos-subalpinos, 20, 28-30; plantio em agrupamentos e, 59

abetos-subalpinos, 89-90, 101, 218-9, 221-2, 235, 341; abetos-do-canadá e, 20, 28; agrupamentos, 81, 118; água e, 62-3; álamos e, 221-2; áreas de corte raso com, 20, 28, 100; efeito da remoção de vegetação daninha e, 107; infestação por lagarta-do-abeto, 288; tapetes fúngicos amarelos, 66

aborígines, povo, 97, 279, 329, 334, 337, 351-52

açúcar: abetos maduros e plântulas e, 202; decomposição do, 183; fotossíntese e, 178-9; passagem das folhas para as extremidades das raízes, 178-9; redes subterrâneas para, 179-84

Adams, lago, 174, 333-5

Adams, rio, 350

adaptação, 223, 228

agentividade, 351

água: álamos e, 65-6; árvores e fluxo de, 61-2; árvores velhas e, 64-6, 267-8; árvores-mães e, 323; competição por, 129-30; experimento do mestrado e, 135-43; filamentos fúngicos e, 76-7; micorrizas e, 202-3; transporte de, 141-3, 178-9; *ver também* transpiração

águia, 349; americana, 360, 362

álamo, 65, 84, 166, 243; abeto-do-canadá (híbrido) e, 235-6; abetos-subalpinos e, 218-22; experimentos de remoção de ervas daninhas e, 114-5; pinheiros e, 163

alce, 226-7, 281, 334

Índice remissivo

alce, 334
aleloquímicos, 275
Amanitas, 41
amieiro-verde, 87-90, 355, 358; água e, 135-6, 138-40, 142-5; apresentação sobre pínus em Williams Lake e, 157-68, 237; arganazes e coelhos e, 146; besouro-do-pinheiro e, 148; estudo de Arnebrant e, 182; mudas de pínus e, 119-20; nitrogênio e, 125, 129-30, 136, 144, 147, 150-1, 237; pinheiros-lodgepole e, experimentos do mestrado, 125-54, 225-26; remédios e, 237; volume da madeira e, 146-7
amieiro-vermelho: amieiro-verde e, 152; remoção dos, para plantio de abetos-de-douglas, 151-3
aminoácidos, 183, 202, 274-5
amônia, 136
amora salmonberry, 346
analisador de gases infravermelho, 181
anéis de crescimento, 18
antibióticos, 246
aranhas, 42
áreas de corte raso: abetos-subalpinos e, 100; bétulas misturadas com mudas em, 120-3; danos causados por, 282, 344; eficiência e, 97; experimento com amieiros no mestrado e, 124-50; mamíferos e, 227; manifestações e, 173; mudas morrendo em, 32, 64, 79-81, 84; pesquisas sobre remoção de vegetação daninha em, 106-15; plantações de pínus e, comparadas a agrupamentos de abetos, pínus e abetos, 59-61; primeira visita a, 20, 27-32; primeiro trabalho sobre, no Serviço Florestal, 53-9, 61, 97; recuperação de, 356; redes micorrízicas e, 79-81, 278-9
arganazes, 131, 146
Armillaria, cogumelos-do-mel, 42, 64
Armillaria ostoyae, 117, 119, 121, 203, 206, 225-26, 236, 240, 241-2, 245-6, 336, 338
Armillaria sinapina, 241-2
Arnebrant, Kristina, 150, 182
arnicas, 65
Arrow, lagos, 20, 214, 295, 353
"árvore-loba", 279
"Árvore-mamãe" (poema), 360
árvores: ciclos de crescimento e dormência de, 18; como pessoas, 85, 350-1; competição e, 66-7, 80; comunicação e interde-

pendência entre, 14-5, 289-90; maiores subsidiam menores com carbono, 221-2; mudança climática e, 19, 211, 300-2; persistência em meio a perturbações, 19; raízes de, 22; rede fúngica sob, 15, 66; *ver também* redes fúngicas micorrízicas; saber nativo sobre os fungos e natureza simbiótica das, 85; seleção de grupo e individual e, 225; *ver também* florestas; árvores-mães; florestas e árvores mais velhas; *ver também espécies específicas*
árvores deixadas para fornecer sementes, 59
árvores e florestas velhas, 18, *48*, 96-7, 322-3; complexidade micorrízica em, 202-3, 259-71; jovens nutridas por, 15-6, 266-73; *ver também* árvores-mães
árvores que estão morrendo, 311, 321-4, 332, 341-2
árvores-avós, cedros, 347, 358
árvores-mães, *361*; artigos sobre, 281, 308-9; bétulas e, 337; cicutas e, 356-7, 359-60; descendentes nutridas por, 15-6, 221-2, 330; infestadas por besouros, 350; morrendo, 292, 300-5, 332, 341-5; perda de, com corte raso, 278-9; reconhecimento de parentes em abetos-de-douglas e, 308-13, 319-24; rede neural e, 273-4, 275-8, *277*; resposta do público a, 348; salmão e, 344-5; serviço florestal e, 348; teixo e, 329-31; trilha com Mary para ver, 286, 289-90
Asay, Amanda, 308-13, 319-24, 342-3
Ashlu, rio, 297
Assiniboine, monte, 218
Association of British Columbia Forest Professionals, 250
Atomic Energy of Canada, 137-8
Avatar (filme), 348
aves, 115, 237, 323; que fazem ninhos em cavidades, 239-40
azaleias, falsas, 107, 112, 163, 355
azulão-norte-americano, 233

Bacillus, 203, 246
bactérias simbióticas, fixação de nitrogênio e, 88, 237
bardana, 293
beija-flores, 334
Beiler, Kevin, 265
Belgo, riacho, 115

Bell Pole Company, 53

Bella Bella, British Columbia, 345, 349

besouro-do-pinheiro, 38, 218-21, 224, 227, 243, 258, 286-91, 293, 344, 350

bétulas de casca branca, 41, 44

bétulas-de-papel, 64, 165-6, 322, 355, 358; abeto-de-douglas e, 166, 202, estudos adicionais sobre trocas, 204-8, 211-2, 221-5, 236-7, 245-7, estudos do doutorado (1993), 174-97, estudos do doutorado revistos (2014), 333-41; *Armillaria ostoyae* e, 206, 226, 240, 246; *Armillaria sinapina* e, 241-2; árvores velhas e, 200-2; *Bacillus* e, 246; cedro e, 338; compartilhamento de carbono, descobertas sobre, corroboradas, 310; conferência sobre latifoliadas e coníferas, demonstração em sítio e, 236-49; fotossíntese por, 242; húmus e, 41-4; indústria madeireira e, 118-9; interações competitivas e cooperativas e, 212-3; margens de rios e, 334-5; modelos de, de computação, por cem anos, 213-4; mudança climática e, 242-3; *Nature* (publicação sobre), 198-9, 211-2; nitrogênio e, 202, 240, 246; povo nativo e, 335; primeiros experimentos com abetos, cedros, lariços e, 118-24, 213; *Pseudomonas fluorescens* e, 206; remoção de vegetação indesejada e, 114, 116-7, 221; valor de mercado das, 240-2, 335-6

biodiversidade, 118, 228, 236-7, 241-3, 337-8, 364

Blue, rio, 107, 199

Blue River (Colúmbia Britânica), 107, 110-2, 174

Blue River Legion, 112

Bolletus, 224

bomba de pressão, 134, 143

bordos, 329-31

Boulder Creek, 54, 58, 81

Britannia, mina, 354-9

Britannia, riacho, 354-5

Bryant, riacho, 225-7

buffaloberry, 56

butter-and-egg, flores, 233

cabras, 99, 226

cacto, flores de, 252

Cakile edentula, 309, 311

cálcio, 144

calhas, transporte de madeira por, 50-3, *51*, *52*

Canadian Broadcasting Corporation (cbc), 217, 220, 232

câncer de mama, 295-9, 304-8, 313-9, 326-32

cantarelos, 41, 113, 241

carbono: amieiros e, 237; armazenamento de, 242-3, 323-4, 364-5; árvores velhas e, 267-8, 323-4; bétulas-abetos, transferências de, 194-5, 211-2; debate sobre, na Inglaterra, 210; movimentação de, entre espécies, 221-5; *Piloderma* e, 203; Read, estudos sobre rede fúngica e, 177-81; transferências de nitrogênio e, 274; transferências por árvores genitoras, 221-2; transferências por árvores que estão morrendo e, 323, 341-4

carbono-13, dados: estudos sobre abetos-pínus e lagarta-do-abeto e, 298-300, 303-4; estudos sobre bétulas-abetos e, 179-90, 194-5, 199, 208; estudos sobre desfolhação e, 303-4, 321-2; estudos sobre reconhecimento de parentes e, 320-2; parentes e não aparentadas, estudos sobre árvore-mãe e, 341-4

carbono-14, dados: estudos sobre bétulas-abetos e, 177-81, 183-91, 194-5, 199, 208

carbono, gradiente fonte-dreno, 182-3

Cariboo, montanhas, 107

Caribou Cattle Company, 169

caribu, 227-8

carvalhos, 151, 153, 239, 252

Castlegar (Colúmbia Britânica), 353

castores, 334

cedros, 39, 44, *48*, *52*, 54, 201, 322, 329-30, 338; bétulas e, 118-9, 213; carbono transferido para, 207-8; corte raso e, 349; estudos sobre bétulas e abetos e, 181, 190, 194, 338; extração de madeira no passado e, 52-3; feitura de cestos e, 345-6; micorrizas arbusculares e, 181, 194, 330-1; salmões e, 346-7

células crivadas, 178-9

Cenococcum, 193

cenoura selvagem, 85

centáureas, 270-1, 293

centopeias, 42, 357

chapim-da-montanha, 233; chapim-de-cabeça-preta, 247, 308

choupo, 22, 68, 75, 91, 114, 230, 239

Índice remissivo

cicutas, 32, 39, 44, 49, 54, 204, *291*, 297-8, 354-60
Clayoquot Sound, manifestações, 173
climas locais, 160-1
cloroplastos, 181
Coast Salish, povo, 85
Coates, Dave, 159, 163, 167, 194, 198, 209, 236-7, 240-1, 244, 247-50
coelhos, 131, 146
cogumelos, 36-7, 41-2, 64, 66, 113; como extremidade da rede no subsolo da floresta, 24; florestas maduras e, 203; raízes de abeto-de-douglas e, 77-8; *ver também espécies específicas*
cogumelos-ostra saprotróficos, 64
colêmbolos, 42, 149
Columbia, rio, 20, 252, 353
Colúmbia Britânica: cientistas norte-americanos e, 129; financiamento para ciência da silvicultura na, 282-3; floresta pluvial temperada, 21; Ministério das Florestas, 283; morte de florestas de pínus e, 220; *ver também localidades específicas*
Comissão Técnica Mista Chinook na Comissão Canadense-Estadunidense do Salmão-do-Pacífico, 345-6
competição, 81, 115, 127-9, 172-3, 208-10, 251, 310
complexidade, ciência da, 363
comunicação, 322
contador de cintilação, 190, 208
cooperação, 80-1, 172-3, 208-10, 226, 351
corte manual de árvores, 49-51, 54
corte raso, manifestações contra o, 173
Cortinarius, 223-4
corujas, 95-6, 239-40, 335; coruja-pintada, 118; corujinhas-flamejantes, 58
Corvallis (Oregon), 147, 157-9, 286
corvos, 222-4
Costa Oeste, trilha da, 90-1, 99
cotovia, 233
crescimento livre, diretrizes de, 173, 235-6, 238, 281; amieiros e, 125, 146, 157-68; experimentos com Roundup e, 106-15; infestação e, 164; reformulação, 364
crowberry (arbusto), 102

dano abiótico, 282
Darwin, Charles, 222
Daybreak (programa de rádio), 232

defesa, sinais de, 275, 294, 300, 303-7
DeLong, Rhonda, 206
dilema do prisioneiro, 226
dióxido de carbono atmosférico: florestas como escoadouro para, 199; fotossíntese e, 17-8, 63; mudança climática e, 363-4; prática do corte raso e, 192
dispersadores de sementes, animais, 222-3
dominância, teoria da, 173
dreno, força do, 179
Dudley, Susan, 309, 311
Durall, Dan, 183-90, 192, 203
dutos, 22

Eagle, rio, 124, 200
East Barrière, lago, 239
ecossistemas, 228, 337-8, 343-5, 351, 358
ecótono, 294
ectomicorrizas, 87-8, 110, 123, 181, 204, 209, 215
Edgewood (Colúmbia Britânica), 20, *26*
Elefante, montanha, 306, 316
Environmental Protection Agency (EPA), 183-4
enxertos de raiz, 64-5
enxofre, 129, 144
enzimas; liquens e, 102; Roundup e, 113
epilóbio, 33, 35, 114, 120, 127-8, 163, 235-6
ericoides, micorrizas, 88-9, 102, 266
erosão, 237
ervas, 135-6
Escócia, 239
espectrômetro de massa, 147, 190, 208, 298, 303
esporos, 24
esquilos, 95, 115, 131, 222-4
estômatos, 17, 138, 276; seca e, 63; transpiração e, 63, 77, 141
evolução, 223-5, 228-9
extração de madeira, 28; crescimento rápido, preferência por, 67; extração manual no passado, 46-54, 46, *51*, *52*, *55*, 97; indústria atual, 42, 344; primeiro emprego em madeireira, 20, 97-100, 102-4; renovável, 97

falcões, 335
Falkland Stampede, *73*
falsebox (arbusto), 175, 204
Ferguson, Charles, bisavô, 20-1, 34

400   *A árvore-mãe*

Ferguson, Ellen, bisavó, 20-1, 24-5, *26*
Ferguson, família, 25, 70
Ferguson, Gerald, 21
Ferguson, Hubert ("vovô Bert"), 33-4, *35*, 100-1, 358
Ferguson, Ivis, 21
Ferguson, rancho, *26*, 34
Ferguson, Wayne, 70-1, 73-4, 107, 169
Ferguson, Winnifried Beatrice ("vovó Winnie"), 21, 24-5, *26*, 28, 33, *35*, 100-2, 108, 110, 134, 155, 163, 215, 248, 256, 278, 295, 305, 326, 334, 358
ferrugem, 218; ferrugem da bolha de pinheiro-branco, 47; ferrugem-do-pínus, 82
fertilizantes, 78-9, 129
filossilicatos, 203
floema, 64-5, 115, 141, 178, 180, 213, 218, 287, 339
flor-de-espuma, 56
florestas: camadas de espécies em, 54; como um todo integrado, 60, 96-7, 226-9, 258; economia e, 106; extração de madeira pela família em, no passado, 46-8; lentidão dos experimentos em, 213; recuperação de, 32, 54, 97, 355-9; sabedoria e, 15-6, 220, 228
fluxo de pressão, 179
fogo, 88, 218-9, 223, 237, 243, 248, 264, 287, *291*, 292, 344
fonte-dreno, gradiente: abetos maduros e plântulas e, 201; árvores-mães e, 275-6; controle do carbono pelas árvores e, 222; definição, 179; eletroquímico, e extremidades de raízes fúngicas, 275; troca entre bétulas e abetos e, 182-3; mudanças sazonais, 211-2
formigas, 42, 64, 216
fósforo, 87, 129, 144-5, 203, 271, 293
fotossintato, 150; folhas como fontes de, 179; raízes como drenos de, 179-80
fotossíntese: abeto-de-douglas e, 63-4; abetos velhos e, 202; água e, 136; definição, 178-9; experimentos com bétulas e abetos e, 174-81, 183-5, 195; mensuração de taxa de, 181; micorrizas e, 78; transpiração e, 141
framboesa thimbleberry, 120, 235, 270, 334, 336; abetos e, 163; amieiros e pinheiros e, 127-8; bétulas e, 336; experimento de crescimento livre e, 113

framboeseiras, 107
Frankia, 125, 144
Fraser, rio, 77, 80, 83-4
fungo coral, 66, 69, 77-80
fungo da mancha azul, 286-7
fungo xilófago marrom, 64
fungos parasíticos, 79
fungos patogênicos, 79-80, 166
Furry, riacho, 354

gafanhotos, 62, 292
gaio-azul, 252
gaio-canadense, 289, 326-7
gases do efeito estufa, 352
geada, danos pela, 146, 236
Geiger, contador, 189-91
genet, definição, 263
genética, diversidade, 309
gengibre-selvagem, 112, 254
ginseng-do-alasca, 56, 90, 254
Glee (série de TV), 316
Globe and Mail (Toronto), 232
glutamato, 274
golfinhos, 349, 355
Gorzelak, Monika, 242-5
Graham, ilha, 349
gramas, 65, 265-6; amieiros e pínus e, 128-9, 136; bétulas e, 122; bromo, 292-3; de crescimento em tufos, 86, 270; espruces e, 239; festuca, 86; invasões de plantas daninhas exóticas e, 270; junco-canadense, 236; junegrass, 86; micorrizas *arbusculares* e, 85-8, 123, 293; pinegrass, 86-8, 127, 165, 233, 236, 270; que estão morrendo, 293; remoção de vegetação daninha e, 115; trigo bluebench, 85-6
groselha, 107
grouseberry, 287
gualtéria, 120

habitat, perda de, 227, 345
Haida, povo, 349
Haida Gwaii (ilhas Queen Charlotte), 83, 169, 349
Halifax Herald, 199
Hartig, redes de, 120, 267-8, 302
Healy Pass, trilha, 218
Heath, Bill, 116, 137, 155-6, 197, 207, 253, 291, 315, 327, 353

Índice remissivo

Heath, Kelly Rose Elizabeth, 207, 253, *267*, 333-4, 336-9
Heath, Oliver Raven James, 207, 253, 353
Heiltsuk, povo, 345, 347, 349, 358
herbicidas, 124-5, 219, 229; pesquisas sobre, 107-14, 128-30; redução do uso de, 257; *ver também* Roundup
hifas, 23, 26, 30, 42, 76, 80, 178, 180, 182, 193, 199, 206, 268, 276, 300, 302, 311, 333, 341
hipsômetro a laser, 333
hortaliças, 215, 228, 331-2
Howe, estreito de, 354-5
Hudson, baía do, montanha da, 248
Hugh Keenleyside, represa, 353
húmus, 25, 41-4, 100-2
Huppel (Colúmbia Britânica), 40

infecções por doença da raiz, 121
Inonoaklin, vale, 20, 25
insetos, danos por, 211, 282; *ver também* besouro-do-pinheiro
InspireHealth, seminário, 313
Internato para Indígenas, 169

Jiggs (cachorro), resgatado da casinha, 39-45, 41, 48, 66, 124
Jones, Melanie, 211
jubarte, 349

Kamloops (Colúmbia Britânica), 97, 104, 111, 116, 126, 154, 158, 197, 207, 213, 234-49, 252, 258, 301, 308, 312
Kelowna (Colúmbia Britânica), 115-6
Kesey, Ken, 290
Kingfisher, riacho, *40, 46, 55, 109*
Kokanee, geleira, 254
Kootenay, lago, 253, 318
Kootenay, rio, 256
Krulwich, Robert, 347
Kwakwaka'wakw, povo, 349

Laccaria laccata, 193
Lactarius, 193
lagarta-do-abeto (praga), 288, 292, 294, 299, 344; abetos-pínus, estudos sobre, 302-4
lariço-alpino, 219
lariço-ocidental: armilariose, 245; bétula e, 118-20, 122-3, 213, 338
Larocque, Allen, 345-9
lebre-americana, 334

lesmas, 42
Lewis, Kathy, 282-3
licença-maternidade, 232, 234
Lillooet (Colúmbia Britânica), 83, *84*
Lillooet, cordilheira, *17, 46, 54, 66, 77, 83, 97, 105, 121-2, 357, 360*
Lillooet, lago, 99
líquen, 65-6, 83, 101-3, 112; barba-de-velho, 20; liquens-de-lobo, 56, 95
lírio-do-vale, 107; falso, 330
lírios, 233, 338
Lizzie, lago, 99, 101
lobos, 219-21, 226-9, 349
Logan Lake, 67
luz: abetos e bétulas e, 174-8; amieiros e pínus e, 129, 144-5
Lytton (Colúmbia Britânica), 83

Mabel, lago, *35, 39, 43, 45, 47-8, 51-2, 52, 56, 64, 68, 109, 135, 139, 155, 178, 198, 204*
Malpass, dr., 314-9, 329, 331-2, 343
manejo florestal, 14, 228-9, 282-3
manifestações no riacho Texas, 84
manto fúngico, definição, 268
Mary (companheira), 198, 285-92, 295-301, 304, 307, 312-3, 316-8, 322, 324-5, 327, 329-30, 347, 353
Mica, represa, 353
micélio, 24, 66; abetos velhos e, 266-9; raízes de arvoretas de abeto e, 25-6, 30
micorrizas arbusculares, 86-9, 181, 194, 204, 266, 322; cedros, bordos e, 331-32; ectomicorrízicas e, 215; gramas e, 209-10, 293; hortaliças e, 215-16, 331; teixos e, 330-1; tomates e, 294
micorrizas monotropoides, 88, 150
Miller, Bruce "Subiyay", 337, 350
Miller, Trish, 355
mineração, 354-9
mirtilo, 28, 88, 102, 107, 110-2, 163, 270, 334, 355; amieiros e pínus e, 128-9; fungos ericoides e, 266
mirtilo-anão, 102
modelos de computação, 213
moléculas sinalizadoras, 321
Monashee, cordilheira, 33, 39, 99, 280, 295, 331, 353
monoterpenos, 288
Monsanto, 108, 157

montanhas costeiras, 64

Mother Tree Project [Projeto Árvore-Mãe], 363-5

Mother Trees Connect the Forest (documentário), 289-90, 308

mudança climática, 184, 218-9, 223-4, 242-3, 279, 281-2, 291, 298, 300-1, 323, 343-4, 353, 363-4

mudanças sazonais, micorrizas e, 203

mudas, 18; áreas de corte raso e, 79-82; árvores velhas e, 15, 64-5, 266-73; de viveiro e plântulas de florestas maduras, 272; extração de madeira no passado e, 53-4, 59; métodos de plantio das madeireiras e, 20, 29-31, 36-9, 109; que não vingam, 105; remoção de vegetação daninha em áreas de corte raso e, 107-15

musgos, 112

mutualismo, 78

Mycena, cogumelos, 22-4

Nakusp (Colúmbia Britânica), *26, 35*, 252, 305

National Geographic, 347

nativo, povo *ver* aborígines, povo; *e nações específicas*

Nature, 198-9, 207-11, 229, 251, 270

Nature's Scientific Reports, 300

natureza: reconectando com, 351-3; resiliência da, 51

Nelson (Colúmbia Britânica), 116, 150, 252-6, 259-62, 267, 269, 281-4, 291, *291*, 304, 312-4, *361*

neurotransmissores, 274-5

nitrogênio, 139-40, 170; amieiros e, 125, 129-30, 136, 144, 147, 150-1, 237; árvores velhas e, 267-8; dados sobre transferências de, e previsões, 152-3; déficits de, e florestas, 144; experimentos sobre remoção de plantas daninhas e, 115, 148-9; feijão e, 215-6; micorrizas e, 202-3; pseudômonas fluorescentes e, 226; salmões e, 344-7; transferências entre amieiros e pínus e, 145-52, 182-3; transferências entre bétulas e abetos e, 182-3, 240; tremoceiros e saboeiros e, 270; *Tuber* e *Bacillus* e, 203

Nlaka'pamux, povo, 84, 91, 101, 107, 191

North Thompson, rio, 107, 214

nutrientes, ciclo de, 25, 79-80, 129, 144-5; *ver também* carbono; nitrogênio

Nuu-chah-Nulth, povo, 349

Okanagan University College, 211

Onward Rach, 158

orcas, 355

orquídeas, 56, 112, 266; orquídeas calypso, 56

Orrego, Gabriel, 356

pastinaga-de-vaca, 58, 91, 120

pé-de-gato, 65

peles, comércio de, 107

Périgord, trufa, 193

Perry, David, 194, 294

pesticidas, 129

Phialocephala, 193

Philip, Leanne, 211

pica-pau, 95, 217, 231, 239, 242, 334-5; pica-pau-cinzento, 292

Pickles, Brian, 320-1

Piloderma, 202-3

pincel-indiano, 56, 107

pinheiro-branco-ocidental, 47, 48, *48*, 54, 220

pinheiro-de-casca-branca, 218-20, 222, 289, 292; animais e, 223-4, 226, 289; idade de, 223

pinheiro-lodgepole (ponderosa), 38, 65, 87-9, 92-5, 219-22; álamos e, 163; amieiros e, 114-5, 119-20, 125-54, 225-26; armilariose e, 245; besouro-do-pinheiro e, 219-20, 286-9; cones de, e fogo, 88, 289; extremidades de raízes ectomicorrízicas e, 110; morte de árvore-mãe e, 291-4; mudas em áreas de corte raso e, 59-60; política de crescimento livre e, 145-6, 281; redes micorrízicas de abetos-de-douglas e, 293-4, 300-5; seca e incêndios e, 62-4; valor de mercado e, 240

pinheiros: camadas de espécies e, 54; enxerto de raízes, 222; infestação por besouro-do-pinheiro, 227; morte de florestas, 220

pinheiros-jack, híbridos, 220

pintar rochas, comentário, 229-33, 250

pintassilgo, 242

Pisolithus (puffball), 62, 66, 74, 77-81

pistas vindas pelas raízes, 309

plantações, 20, 28-32, 36-7, 54-5, 59-61, 86, 105-9, 119, 221

planta-fantasma, 88-9, 149-50

plantas: experimentos de crescimento livre e, 112-3; fisiologia similar à neural, 275-6; liquens e fungos e, 101-3; migração de, para terra firme, 79-80; mutualismo e, 78-9; sintonizadas umas com as outras, 216

Índice remissivo

plantas nativas: apresentação de Williams
Lake sobre sobrevivência de árvores e,
157-68; conferência sobre latifoliadas e coníferas e, 235-7; experimentos de remoção
de plantas daninhas e, 114-9; plantações
de crescimento livre e erradicação de,
106, 108-9; remoção de, 196
poluição por metais, 354-9
porquinha Mercy (personagem de livro
infantil), 268
potássio, 129
"Precisamos de novas diretrizes para salvar
nossas florestas" (Simard e Lewis), 282
Pseudomonas fluorescens, 203, 206, 225-6

quebra-nozes-de-clark, 222-4, 289
quimioterapia: Diabo Vermelho, 314-9, *317*;
paclitaxel, 324-31
Quirks and Quarks (programa de rádio), 232

Radiolab, 347
radioterapia, 327
raízes: açúcar seguindo para, 178-9; água
extraída por, 44; estudos de laboratório
e rotulagem de carbono, 190-2; estudos
de raízes de bétulas-abetos, 203-4; fungos
e, 25-7, 76-7, 268-9; observação de (na
infância), 43-5
Read, Sir David, 177-8, 182, 199, 210
reconhecimento de parentesco, experimentos de, 308-13, 319-24, 339-44
redes fúngicas micorrízicas: abeto-de-douglas, estudo de, 293-4; e infestação por
lagarta-do-abeto, 299-305; abetos velhos e
jovens e, 200-3, 259, 309-10; adaptação de,
a mudanças no ambiente, 223-4; analogia
com rede neural e, 15, 273-8; arquitetura
das, 308; bétulas com cedros, lariços, abetos e, 120-1; bétulas e pseudômonas e, 225;
bétulas, 41-2; colêmbolos e, 149; compartilhamento de nitrogênio entre amieiro
e pínus e, 149-51; compartilhamento de,
(por bétulas e abetos), 174-80, 194, 202-3; e
mudanças sazonais, 212; e rastreamento
de carbono, 182-92; compartilhamento
entre abetos e carvalhos e, 151; complexidade de, em florestas velhas, 340; corte
raso e, 278-9; definição, 15; dossel e, 248;
espécies de, em bétulas e abetos, defini-

ção de, 192-4; experimento com mudas de
coníferas e, 117-9; extremidades de raízes
de abeto-de-douglas e, 76; extremidades
de raízes e, 22, 37, 78, 120, 179-80; fertilizantes e, 78-9; fluxos hídricos e, 66, 216;
funções desempenhadas por, 202-3; generalistas, definição, 202, 222-3; glutamato,
passagem de, por, 274; hortaliças e, 215;
importância de, para raízes de plântulas,
30-2; mapeamento de, sob abetos, 261-75,
311, 340-1; migração de plantas para terra
firme e, 79-80; mirtilos e, 88; morte de,
e impacto em árvores, 124-5; mudança
climática e, 298-303; nitrogênio de salmões e, 346, 350; número de espécies de,
na floresta, 202-3; passagem de açúcares
fotossintéticos de plantas para, em troca
de água e nutrientes, 78; percepção do
ambiente por, 275-6; pinheiros e, 65, 145;
plantas e, 86; prados nativos e, 270-1; primeiro exame de, próximo a raízes
de árvore, 77-8; razões para o suporte de,
por árvores, 221-2; reconhecimento de
parentes e, 309, 321-4; relação de plantas
com, definição, 78-80; saúde de plântulas
e, 30-1, 78-81, 105, 113-4, 124-5; transferência
de solo e, 207-8; vantagem evolucionária
e, 223; vantagens de espécies de árvores
hospedeiras para, 224-5
redistribuição hidráulica, 143, 216, 271-2
reflorestamento: programa de pesquisa, 158;
requisitos governamentais de, 29-30
Reimchem, Tom, 346
remoção de ervas daninhas: biodiversidade
e, 236; conferência sobre, 235-7; efeitos de
curto e longo prazo da, 148-9, 164; experimentos sobre, 114-7
remoção de tocos, 246
represas, 353
Revelstoke, represa, 353
"Reverendo, o", 161-2, 165-7, 170, 237-43, 245
revolução verde, 129
Reynolds, John, 346
Rhizopogon (falsa trufa), 75-8, 202, 262-6, 271,
276-8
rizinas, 102
rizomas, 42, 65, 86, 127-8, 204
rizomorfos, 205
Roach, Winnifried Jean Mather ("Jean"), *63*,
83-97, *84*, 101-2, 104, 109, 120, 124, 132-5, 137,
141, 154-5, 183, 199, 225, 227, 238-9, 243, 245,

404 A árvore-mãe

247-8, 252, 269, 281, 295, 297, 313, 322, 331, 333-4, 338-40
Rocha do Pedido, 101, 183
Rochosas, montanhas, 83, 107, 290
Rocky Mountain Trench, vale, 235
rododendros, 28, 107, 112, 115, 163
rosas selvagens, 65
Roundup (glifosato), 108-16, 130, 157, 314
Ryan, Teresa Sm'hayetsk, 235-7, 239-41, 345-6, 348-9

saboeiro, 56, 237, 270
sabugueiro, 107
Sachas, Nava Sophia, 251, 252-3, 256-60, 260, 264, 268, 271, 276, 281, 283-4, 286, 289, 291, 294, 296, 303-7, 314-6, 320, 323-8, 325, 330, 333-4, 353, 364
Sachs, Don, 132-5, 137, 144, 147, 150-5, 158, 161, 172, 192, 197-8, 200, 207, 209, 211, 213, 218-9, 230-5, 237, 252-9, 260, 271, 274, 276, 281, 283, 286, 297, 305-6, 314, 353
Sachs, Hannah Rebekah, 231-7, 246, 251-3, 251, 256-61, 260, 265, 267, 271, 276, 281, 283, 286, 291, 294, 296, 303-6, 314-6, 320, 323, 326-7, 330, 333-4, 352, 353-62, 364
salgueiros, 22, 58, 90, 163, 236; salgueiros-de--scouler, 89, 114
Salish, povo, 351
salmão, 335, 353, 355; árvores-mães e estudos sobre nitrogênio e, 344-50, 357-8; pesca com armadilhas de pedra na maré, 346, 349-50; salmão vermelho, 40
samambaias, 164, 204, 355; avenca, 92; sa-mambaia rendada, 56, 92; samambaia-al-caçuz, 92; samambaia-de-carvalho, 92
saprófitos (definição), 79-80
seca, 62-4, 344
Secwepemc, nação, 279, 335, 350-1
seleção natural, 210, 222, 225-7
sensor de umidade do solo, 292-3
Serviço Florestal de British Columbia, 104, 177-8, 206; conferência sobre latifoliadas e coníferas e excursão, 234-49; decisão de deixar, para seguir vida acadêmica, 252-7; mudança climática e, 184; Nature, artigo na revista, e, 199-200; pesquisa sobre amieiros e, 125, 157-62; pesquisa sobre coníferas e plantio misto para, 116-24; política de regeneração revista pelo,

257-8; primeira investigação sobre efeitos de remoção de vegetação indesejada e, 106-17; relatório extenso para, 250-2; resistência no, 229-34, 250-1; retorno ao, depois dos estudos do doutorado, 210-1; trabalho de avaliar plantações para, 20, 28-30, 36-7, 54-6, 59-61
Serviço Florestal dos Estados Unidos, 118
Shuswap, lago, 19
Shuswap, rio, 18, 40, 43, 48, 55
Sicamous (Colúmbia Britânica), 19
Sigurd (trilha do pico), 297
silvicultura, ciência da, financiamento para, 283
silvicultura, conferências sobre, 124-5, 157-9, 235-48
silvicultura, faculdade de, 67, 79
silvicultura, pesquisas em, 104
Simard, Adélard, 39
Simard, Ellen June ("mamãe", "vovó June-bug"), 19, 20, 33, 35, 39-42, 61, 72-3, 95, 97, 99-103, 112, 132-5, 137, 154-5, 173, 197, 252-5, 283-4, 297, 305-7, 312, 315, 326-7, 353
Simard, Ernest Charles (Peter) ("papai"), 21, 22, 35, 40, 42-8, 51-4, 63, 72-4, 103, 106, 132, 134, 138-43, 155, 158, 183, 197
Simard, estrada da floresta, 109
Simard, Henry ("vovô"), 18, 39-53, 40-1, 43, 46, 51, 124, 140-1
Simard, Jack, 39, 41-3, 51-3
Simard, Kelly, 19, 25, 33-4, 35, 39-42, 41, 46, 48, 61-2, 65, 67-75, 73, 80-1, 83, 101, 106-7, 130, 132, 134-5, 140, 155-6, 158, 168-73, 171, 175, 179-80, 183, 185, 190, 220; morte de, 195-200, 214, 218, 229
Simard, Maria, 39
Simard, Marlene, 139, 155
Simard, Martha ("vovó"), 45, 46, 51, 55
Simard, Matthew Kelly Charles, 207, 253
Simard, montanha, 39, 124, 179
Simard, Napoleon, 39
Simard, Odie, 46
Simard, riacho, 49, 51
Simard, Robyn Elizabeth, 19, 33, 35, 39, 41-2, 46, 48, 68, 73, 101, 107-16, 109, 126, 130-8, 143, 145-6, 150, 154-5, 163, 168, 197, 200, 207, 253, 266, 291, 297, 305, 313, 315, 324-6, 334, 353
Simard, Tiffany, 107, 134, 155, 158, 169, 173, 183, 185, 196-7, 200, 207

Simard, Wilfred (tio), 39-40, 43, 46, 48-52, 52
Simard, Wilfred (tio-avô), 39, 40
simbiose: evolução e, 210; sabedoria antiga sobre a, 337
sinais químicos, 15
sinapses, 275
Sinixt, nação, 21, 353
Skeena, rio, 248, 345
Skokomish, nação, 337
Skookumchuck, corredeiras, 46
solo, 41-5, 53-5, 78, 102-3, 123-5, 135-6, 143-4, 207-8
solo mineral, 25, 31, 41, 43, 54, 135
Sometimes a Great Notion (Kesey), 290
sonda de nêutron, 136-9, 143, 170, 314
Song, Yuan Yuan, 288-9, 294, 298-9, 301-4, 311, 322-4, 341
sorveira (arbusto), 204
Spatsizi Plateau, parque ecológico de, 218
Splatsin, nação, 40
Squamish, nação, 354
Squamish, rio, 297-8, 360
Stein, rio, 83-4, 100, 183
Stein, vale, 84, 98-101
Stryen, riacho, 83-4, 94, 101-2, 150
Subiyay *ver* Miller, Bruce
Suécia, 240
Suillus brevipes ("cogumelo-panqueca"), 23-4, 23, 66, 80, 223-4, 337; raízes de arvoreta de abeto e, 26, 30-1
Sun, dra., 314, 319
Suzanne (autora), 19

Tam McArthur Rim, trilha de, 285, 288-9, 292, 301
tanchagens, 120
Tantalus, cordilheira, 298
tatuzinhos, 42
TED Talks, 327; Banff, 347; TED Walk, Vancouver, 345; TEDYouth, 327
teixos, 204, 314, 319, 329-31; teixo-do-pacífico, 319, 324
Teste, François, 269, 272
tetraz, 334
Thelephora terrestris, 193
Thomas, Macrit, 335-7
Thomas, Mary, 335-7
Thompson, vale do rio, 292

Times (Londres), 199
Times Colonist (Victoria), 232
Tlingit, nação, 349
Tolko Industries, 104
tomateiros: redes micorrízicas entre, 300; sistemas de alerta entre, 288-9, 294
tordo-sargento, 233
trabalho de prisioneiros, 126-32, 225-6
trado de incremento, 339
Trans-Canada Highway, 19, 200
transpiração, 63, 77, 141
tremoceiro, 56, 68, 270, 287
Trends in Ecology & Evolution, 209
três irmãos, técnica dos, 215, 228-9, 331
trílio, 204
Tsimshian, nação, 345, 349
Tsusiat, cataratas, 90
Tuber, 193, 203
tubercules, 271
tuia *ver* cedros
turgor, pressão de, 179
Twieg, Brendan, 262

Unexpected Mrs. Pollifax, The (Dorothy Gilman), 318
Universidade da Colúmbia Britânica, 153, 232, 252-61, 260, 282-3, 320
Universidade da Colúmbia Britânica do Norte, 282
Universidade de Aberdeen, 105
Universidade de Agricultura e Silvicultura de Fujian, 299
Universidade de Sheffield, 177
Universidade de Toronto, 105
Universidade de Victoria, 346
Universidade do Estado do Oregon, 125, 132, 147-54, 157-9, 184, 192, 255
Universidade McMaster, 309
Universidade Simon Fraser, 346
ursos, 20-1, 115, 226, 280, 306-7, 346-9; urso-cinzento, 32-4, 55, 90-7, 347
urzes, 101-2

valeriana, 107, 114
Vancouver, 83, 252-61, 260, 281-2, 297, 303, 313-4, 348, 354
Vancouver, ilha, 90
Vancouver Sun, 230, 282

Vavenby (Colúmbia Britânica), 174
veados, 115, 334
Victoria (Colúmbia Britânica), 191, 232
visco, 95
Vyse, Alan, 104-10, 114, 117, 125, 162, 199-200, 209, 229-30, 235-41, 243-8, 250, 252

Wells Gray Park, 135
Weyerhaeuser Company (Weyco), 103, *109*
Wilcoxina, 193, 276, 278, 302
Willamette, rio, 290

Williams Lake, 80, 107; e apresentação de pesquisa sobre amieiros em, 157-68; rodeio de, 134, 157-8, 200
"wood-wide web", 199, 201, 270, 358

xilema, 140-2, 178, 286

YouTube, 327

zimbro-da-montanha-rochosa, 222-3
Zimonick, Barb, 157-8, 161-5, 167-72, 174-6, 179-82, 205, 207-9, 233-4, 238-9, 243, 247-8

ESTA OBRA FOI COMPOSTA POR MARI TABOADA EM DANTE PRO E
IMPRESSA EM OFSETE PELA GEOGRÁFICA SOBRE PAPEL PÓLEN NATURAL
DA SUZANO S.A. PARA A EDITORA SCHWARCZ EM JULHO DE 2022

A marca FSC® é a garantia de que a madeira utilizada na fabricação do papel deste livro provém de florestas que foram gerenciadas de maneira ambientalmente correta, socialmente justa e economicamente viável, além de outras fontes de origem controlada.